"十二五"职业教育国家规划教材
经全国职业教育教材审定委员会审定

获中国石油和化学工业
优秀教材奖
一等奖

有机化学

袁红兰　金万祥　张文雯　主编

第四版

YOUJI
HUAXUE

化学工业出版社
·北京·

内容提要

本教材是根据教育部有关高职高专教材建设精神,按照工业分析技术专业培养目标和有机化学教学大纲的要求编写的;坚持以能力为本位,以高职工业分析技术专业对有机化学的知识、能力和素质要求为目标,注重理论联系实际,力求做到理论知识方面以"必需"和"够用"为度,体现应用性的特色。

本教材内容包括:有机化合物概述、脂肪烃和脂环烃、芳香烃、对映异构体、卤代烃、含氧及含氮有机化合物、含杂原子有机化合物、生命有机化学、有机化合物的波谱知识简介、有机化合物的分离与纯化技术。在每章都编有"知识目标""能力目标""学习关键词""阅读材料",并在章后附有相关鉴别有机化合物的实验。本次修订在书中加入了二维码资源,方便学生扫码学习相关知识点。

本教材适用于高职高专工业分析技术专业及相关专业教学,也可供相关专业的培训和有关人员自学参考。

图书在版编目(CIP)数据

有机化学/袁红兰,金万祥,张文雯主编.—4 版.—北京:
化学工业出版社,2020.8(2022.1重印)
"十二五"职业教育国家规划教材
ISBN 978-7-122-36738-9

Ⅰ.①有… Ⅱ.①袁… ②金… ③张… Ⅲ.①有机化学-高等职业教育-教材　Ⅳ.①O62

中国版本图书馆 CIP 数据核字(2020)第 082153 号

责任编辑:蔡洪伟　陈有华　　　　　　　　　装帧设计:王晓宇
责任校对:盛　琦

出版发行:化学工业出版社(北京市东城区青年湖南街13号　邮政编码100011)
印　　刷:北京京华铭诚工贸有限公司
装　　订:三河市振勇印装有限公司
787mm×1092mm　1/16　印张18¾　字数487千字　2022年1月北京第4版第3次印刷

购书咨询:010-64518888　　　　　　　　售后服务:010-64518899
网　　址:http://www.cip.com.cn
凡购买本书,如有缺损质量问题,本社销售中心负责调换。

定　价:45.00元　　　　　　　　　　　　　　　　　　版权所有　违者必究

前 言

本教材是根据教育部有关高职高专教材建设精神，按照工业分析技术专业培养目标和有机化学教学大纲为依据编写的。适用于高职高专工业分析技术专业教学，也可作为专科层次化工类相关专业的教学、培训用书。

该教材在编写的过程中，编者坚持以能力为本位，以高职工业分析技术专业对有机化学的知识、能力和素质要求为目标，注重理论联系实际，力求做到理论知识方面以"必需"和"够用"为度，体现应用性的特色。近年来，本教材经全国化工类职业院校的相关专业使用，受到了广大师生的欢迎和好评，2007 年获中国石油和化学工业优秀教材奖一等奖，在"十二五"期间经全国职业教育教材审定委员会审定入选了"十二五"职业教育国家规划教材。

随着职业教育教学改革的不断深入和信息技术的飞速发展。本次修订在保持前一版教材特色的基础上，对书中的重点和难点内容补充了二维码资源，方便学生扫码观看和学习。

本书由贵州工业职业技术学院袁红兰统稿。本书二维码资源由常州工程职业技术学院张文雯提供和整理。

由于编者水平有限，书中难免有不足之处，恳请读者和教育界同仁予以批评指正。

编者

2020 年 2 月

第一版前言

本教材是根据教育部有关高职高专教材建设精神，按照工业分析专业培养目标和有机化学教学大纲要求编写的，适用于高职高专工业分析专业及相关专业教学，也可供相关专业的培训和同等学力的人员自学参考。

在编写的过程中，编者坚持以能力为本位，以高职工业分析专业对有机化学的知识、能力和素质要求为目标，注重理论联系实际，力求做到理论知识方面以"必需"和"够用"为度，体现应用性的特色。

全书由 14 章构成，总学时为 100 学时，本着"实用、实际、实践"的原则，力图体现以下几个方面的特点。

1. 以能力培养为主线的教学思想贯穿于全书。着重以应用、鉴别有机化合物的能力训练为目的，突出理论联系实际原则，淡化理论知识的系统性，强调理论知识的针对性。并从工业分析领域发展的需要精选有机化学内容，注重对各类有机化合物的分类、命名、性质、重要反应机理的认识，不要求对复杂的有机结构理论和有机化合物的合成路线的设计作深入的探究。

2. 贴近生产、生活，激发学生的学习兴趣和求知欲望。教材的编写均以有机化合物在生产或生活中的实际应用为引导，在每章的开篇都编排有"学习指南"和"本章关键词"，使学生有目的地进入新知识的学习。并通过学习、鉴别和应用有机化合物，循序渐进地让学习者达到学习知识、掌握技术技能的目的。

3. 注重对学习者创新能力的培养，扩展学生的知识面，适当地反映有机化学的新成就。通过在章节中插入"阅读材料"，介绍有机化学界名人、典故、新知识、新技术以及环保方面的知识等，拓宽学生视野，激发学生学习本门课程的兴趣。

4. 本教材第十三、十四章编写了有机化合物的波谱知识简介、有机化合物的分离与纯化技术，其中第十四章还包括综合实验。该两章内容主要为工业分析专业的后续专业课打基础，第十三章定性简介主要官能团的几大波谱特征。第十四章是以实验技术和操作规范的基本训练为主要内容。综合实验选择了源于生产、生活的实际内容，以培养学生分析问题、解决问题、掌握实验技术的能力，以期达到以能力为本位的目的。

本书由贵州工业职业技术学院袁红兰和徐州工业职业技术学院金万祥主编，辽宁石化职业技术学院马虹、郑州工程学院化学工业职业学院蒋清民、内蒙古化工职业学院乌云参编，常州工程职业技术学院丁敬敏主审。袁红兰编写第一、二、三、七、九章，金万祥编写第五、六章，马虹编写第四、十、十三章，蒋清民编写第八、十一章，乌云编写第十二、十四章，全书由袁红兰统稿。在全书编写过程中，得到了贵州工业职业技术学院吴筱南、何崎静、韦玲等同志的大力支持，在此致以深切的谢意！

本书编写时参考了相关的专著和资料，在此向其作者一并致谢。

由于编者水平有限，时间仓促，书中难免有不足，恳请读者和教育界同仁予以批评指正。

编者
2004 年 2 月

第二版前言

本教材是根据教育部有关高职高专教材建设精神,按照工业分析与检验专业培养目标和有机化学教学大纲为依据编写的。适用于高职高专工业分析与检验专业教学,也可作为专科层次化工类相关专业的教学、培训与同等学力自学的教材和参考书。

《有机化学》教材第一版是 2004 年出版的,由于在编写的过程中,编者坚持以能力为本位,以高职工业分析与检验专业对有机化学的知识、能力和素质要求为目标,注重理论联系实际,力求做到理论知识方面以"必需"和"够用"为度,体现应用性的特色。几年来,该教材经全国化工类职业院校的相关专业使用,受到了广大师生的欢迎和好评,2007 年获中国石油和化学工业优秀教材奖一等奖。

随着高等职业教育的迅速发展,职业教育教学改革的不断深入,结合工业分析与检验和化工类专业对有机化学的基本概念、基本理论、基本反应的要求,该教材本次再版进行了精心整理、删改和充实,并重点作了以下两个方面的修订:

1. 本着"实用、实际、必需、够用"的原则,更加强调理论知识的针对性,突出了理论联系实际。对有机化合物的结构理论、反应机理部分进行了简化,进一步淡化理论知识的系统性。

2. 为进一步强化有机化学实用技术的能力训练,同时结合近几年相关院校对使用该教材后的反馈意见建议,在第十四章中增加了"回流操作——乙醇中水分的除去""蒸馏操作——无水乙醇的制备""熔点的测定""阿司匹林的制备"的实际操作训练内容。以期达到加强实用性,更加注重把知识传授与培养学生分析问题和解决问题的能力有机结合。

本书的修订工作主要由袁红兰、金万祥、李嘉驹完成。全书修订由袁红兰统稿。在修订过程中,得到了贵州工业职业技术学院吴筱南、何崎静、许祥静等同志的大力支持,在此致以深切的谢意!

由于编者水平有限,修订时间又比较仓促,书中难免仍有不足,恳请读者和教育界同仁予以批评指正。

编者

2008 年 10 月

第三版前言

本教材是根据教育部有关高职高专教材建设精神,按照工业分析技术专业培养目标和有机化学教学大纲为依据编写的。适用于高职高专工业分析技术专业教学,也可作为专科层次化工类相关专业的教学、培训用书。

该教材在编写的过程中,编者坚持以能力为本位,以高职工业分析技术专业对有机化学的知识、能力和素质要求为目标,注重理论联系实际,力求做到理论知识方面以"必需"和"够用"为度,体现应用性的特色。近年来,本教材经全国化工类职业院校的相关专业使用,受到了广大师生的欢迎和好评,2007年获中国石油和化学工业优秀教材奖一等奖。

随着职业教育教学改革的不断深入,结合行业相关职业标准和对分析类专业人才有机化学基本概念、基本理论、基本反应的要求,本次修订进行了精心整理、删改和充实,并重点做了以下几方面工作:

1. 按照职业教育教学改革思路,对有机化学课程的知识、技能的安排以学生的认知规律和职业成长规律为指导思想。本着"实用、实际、必需、够用"的原则,结合化学检验工、有机合成工等职业标准,穿插"想一想"板块,引导学生思考和巩固所学内容。

2. 在学习目标和学习效果上,每一章开篇增加了"知识目标"和"能力目标",使学生有目的地进入新知识的学习,使学习者能明确知道职业综合能力目标,形成明确的学习意图和学习要求,并引导学习者达到学习和应用有机化学知识的目的。

3. 注重对学习者创新能力的培养,扩展学生的知识面,适当地反映有机化学的新成就。对章节中的阅读材料进行更新,引入新知识、新技术以及社会热点,拓宽学生视野,激发学生学习本门课程的兴趣。

本书由贵州工业职业技术学院袁红兰统稿。在修订过程中,得到了杨文渊、李嘉驹等同志的大力支持,在此致以深切的谢意!

由于编者水平有限,书中难免有不足之处,恳请读者和教育界同仁予以批评指正。

编者
2014 年 7 月

目 录

第一章 有机化合物概述 / 001
  第一节 有机化合物与有机化学 / 001
  阅读材料 科学家——维勒 / 002
  第二节 有机化合物 / 003
    一、有机化合物的特性 / 003
    二、有机化合物的结构 / 004
    三、有机反应中共价键的断裂和反应类型 / 006
    四、有机化合物的表示方法 / 006
    五、有机化合物的分类 / 007
  第三节 有机反应中的酸碱概念 / 008
    一、布朗斯特酸碱理论 / 008
    二、路易斯酸碱理论 / 009
  第四节 研究有机化合物的方法 / 010
    一、提纯 / 010
    二、元素分析 / 011
    三、分子与结构式的确定 / 011
    四、官能团的测定 / 012
  第五节 本课程的专业要求 / 012
  阅读材料 绿色化学 / 013
  练习题 / 013

第二章 脂肪烃和脂环烃 / 015
  第一节 烷烃 / 015
    一、烷烃的通式、同系列和同分异构 / 015
    二、碳原子和氢原子的类型 / 016
    三、烷烃的结构 / 017
    四、烷烃的构象 / 018
    五、烷烃的命名 / 020
    六、烷烃的物理性质 / 022
    七、烷烃的化学性质 / 023
    八、烷烃的来源与重要的烷烃 / 025
    九、烷烃的鉴别 / 027
  阅读材料 从最简单的链烃到系列链烃 / 027
  练习题 / 027
  第二节 烯烃 / 028
    一、烯烃的通式、同分异构与分类 / 028
    二、烯烃的结构 / 029
    三、烯烃的命名 / 030
    四、烯烃的物理性质 / 032
    五、烯烃的化学性质 / 032
  第三节 二烯烃 / 037
    一、二烯烃的通式 / 037
    二、二烯烃的分类 / 037
    三、二烯烃的命名 / 038
    四、共轭二烯烃的结构与共轭效应 / 038
    五、共轭二烯烃的亲电加成 / 039
    六、重要的烯烃 / 040
    七、鉴别烯烃的方法 / 041
  阅读材料 人造黄油的成功 / 042
  练习题 / 043
  第四节 炔烃 / 044
    一、炔烃的通式与同分异构 / 044
    二、炔烃的结构 / 045
    三、炔烃的命名 / 045
    四、炔烃的物理性质 / 046
    五、炔烃的化学性质 / 046
    六、重要的炔烃 / 048
    七、炔烃的鉴别 / 048
  练习题 / 049
  第五节 脂环烃 / 050
    一、脂环烃的通式与同分异构 / 051
    二、脂环烃的分类 / 051
    三、脂环烃的命名 / 051
    四、环烷烃的结构和稳定性 / 052
    五、环烷烃的物理性质 / 052
    六、环烷烃的化学性质 / 053
  阅读材料 科学家——齐格勒和纳塔 / 054
  练习题 / 055

第三章 芳香烃 / 056
  第一节 单环芳烃 / 057
    一、苯的结构 / 057
  阅读材料 凯库勒 / 059
    二、单环芳烃的通式与同分异构 / 059

三、单环芳烃的命名 / 059
第二节　单环芳烃的性质 / 060
　　一、单环芳烃的物理性质 / 060
　　二、单环芳烃的化学性质 / 060
第三节　芳烃的亲电取代反应机理 / 062
第四节　苯环上取代反应的定位规律 / 063
　　一、定位规律 / 063
　　二、定位规律的解释 / 064
　　三、二元取代苯的定位规律 / 064
　　四、定位规律的应用 / 065
阅读材料　香的和臭的化合物 / 066
第五节　稠环芳烃 / 067
　　一、萘 / 067
　　二、蒽、菲 / 068
第六节　重要的单环芳烃 / 069
　　一、苯 / 069
　　二、甲苯 / 070
　　三、苯乙烯 / 070
第七节　鉴别芳香烃 / 070
　　一、鉴别芳香烃的方法 / 070
　　二、鉴别芳香烃的试验 / 071
阅读材料　液晶材料 / 072
练习题 / 073

第四章　对映异构体 / 075

第一节　物质的旋光性和比旋光度 / 075
　　一、物质的旋光性 / 075
　　二、比旋光度 / 076
第二节　分子的手性和对称性 / 076
　　一、分子的手性和对称性 / 076
　　二、对称因素 / 077
　　三、手性分子和手性碳原子 / 077
第三节　旋光异构体构型的表示方法 / 078
　　一、费歇尔投影式 / 078
　　二、透视式 / 079
　　三、旋光异构体构型的确定 / 079
第四节　具有两个手性碳原子化合物的
　　　　对映异构 / 081
　　一、具有两个不相同手性碳原子化合物的
　　　　对映异构 / 081
　　二、具有两个相同手性碳原子化合物的
　　　　对映异构 / 082
　　三、外消旋体的拆分 / 083
阅读材料　手性药物与手性合成技术 / 084
练习题 / 084

第五章　卤代烃 / 086

第一节　卤代烃的分类、同分异构与结构 / 086
　　一、卤代烃的分类 / 086
　　二、卤代烃的同分异构 / 087
　　三、卤代烃的结构 / 087
第二节　卤代烃的命名 / 088
第三节　卤代烃的性质 / 088
　　一、卤代烃的物理性质 / 088
　　二、卤代烃的化学性质 / 089
第四节　亲核取代反应和消除反应的机理 / 092
　　一、亲核取代反应的机理 / 092
　　二、消除反应的机理 / 094
第五节　卤代烯烃与卤代芳烃 / 095
　　一、卤代烯烃 / 095
　　二、卤代芳烃 / 097
第六节　重要的卤代烃 / 098
　　一、三氯甲烷 / 098
　　二、四氯化碳 / 098
　　三、二氟二氯甲烷 / 099
　　四、四氟乙烯 / 099
第七节　鉴别卤代烃 / 099
　　一、鉴别卤代烃的方法 / 099
　　二、鉴别卤代烃的试验 / 100
阅读材料　格林尼亚试剂 / 101
练习题 / 102

第六章　醇、酚和醚 / 104

第一节　醇 / 104
　　一、醇的分类与同分异构 / 104
　　二、醇的命名 / 105
　　三、醇的结构 / 106
　　四、醇的性质 / 106
　　五、重要的醇 / 110
第二节　酚 / 111
　　一、酚的结构与分类 / 111
　　二、酚的命名 / 111
　　三、酚的性质 / 111
　　四、重要的酚 / 114
第三节　醚 / 115
　　一、醚的结构与分类 / 115
　　二、醚的命名 / 115
　　三、醚的性质 / 115
　　四、重要的醚 / 117
第四节　醇的鉴别 / 118
　　一、鉴别醇的方法 / 118
　　二、鉴别醇的试验 / 118
第五节　酚的鉴别 / 120
　　一、鉴别酚的方法 / 120
　　二、鉴别酚的试验 / 120
练习题 / 122

第七章　醛和酮　/ 124

第一节　醛、酮的结构　/ 125
第二节　醛、酮的分类及同分异构与命名　/ 125
　一、醛、酮的分类　/ 125
　二、醛、酮的同分异构　/ 125
　三、醛、酮的命名　/ 126
第三节　醛、酮的性质　/ 127
　一、醛、酮的物理性质　/ 127
　二、醛、酮的化学性质　/ 127
第四节　重要的醛、酮　/ 133
第五节　鉴别醛、酮　/ 134
　一、鉴别醛、酮的方法　/ 134
　二、鉴别醛、酮的实验　/ 135
阅读材料　最早得到的醛、酮　/ 138
练习题　/ 139

第八章　羧酸及其衍生物　/ 140

第一节　羧酸　/ 140
　一、羧酸的分类与结构　/ 140
　二、羧酸的命名　/ 141
　三、羧酸的物理性质　/ 142
　四、羧酸的化学性质　/ 143
　五、重要的羧酸　/ 147
阅读材料　己二酸生产新技术　/ 149
第二节　羧酸衍生物　/ 150
　一、羧酸衍生物的命名　/ 150
　二、羧酸衍生物的物理性质　/ 151
　三、羧酸衍生物的化学性质　/ 151
　四、肥皂和表面活性剂　/ 154
　五、羧酸及羧酸衍生物的鉴别　/ 155
阅读材料　反式脂肪酸　/ 157
练习题　/ 157

第九章　乙酰乙酸乙酯和丙二酸二乙酯　/ 159

第一节　乙酰乙酸乙酯　/ 159
　一、克莱森酯缩合反应　/ 160
　二、乙酰乙酸乙酯的互变异构现象　/ 160
　三、乙酰乙酸乙酯在有机合成中的应用　/ 162
第二节　丙二酸二乙酯　/ 163
　一、丙二酸二乙酯的合成　/ 163
　二、丙二酸二乙酯在有机合成中的应用　/ 163
阅读材料　科学家——伍德沃德　/ 164
练习题　/ 165

第十章　含氮有机化合物　/ 166

第一节　胺　/ 166
　一、胺的结构与分类　/ 166
　二、胺的命名　/ 167
　三、胺的性质　/ 168
　四、重要的胺　/ 173
　五、季铵盐和季铵碱　/ 175
　六、胺的鉴别　/ 176
第二节　硝基化合物　/ 178
　一、硝基化合物的结构与分类　/ 178
　二、硝基化合物的命名　/ 179
　三、硝基化合物的性质　/ 179
　四、重要的硝基化合物　/ 182
　五、硝基化合物的鉴别　/ 182
阅读材料　诺贝尔与炸药　/ 185
第三节　腈　/ 186
　一、腈的结构与分类　/ 186
　二、腈的命名　/ 186
　三、腈的性质　/ 186
　四、重要的腈　/ 187
阅读材料　合成纤维　/ 188
第四节　重氮化合物、偶氮化合物　/ 188
　一、重氮化合物、偶氮化合物的结构与命名　/ 188
　二、芳香族重氮化合物　/ 189
　三、偶合反应与偶氮染料　/ 192
阅读材料　含氮化合物与人体健康　/ 194
练习题　/ 195

第十一章　含杂原子有机化合物　/ 197

第一节　杂环化合物　/ 197
　一、杂环化合物的结构与分类　/ 198
　二、杂环化合物的命名　/ 199
　三、杂环化合物的性质　/ 200
　四、重要的杂环化合物　/ 202
阅读材料　植物碱——药物、毒物、毒品　/ 204
第二节　含硫有机化合物　/ 204
　一、含硫有机化合物的结构与分类　/ 204
　二、含硫有机化合物命名　/ 205
　三、硫醇、硫酚、硫醚、磺酸及其衍生物的性质　/ 206
　四、含硫有机化合物的用途　/ 208
阅读材料　生物技术　/ 209
第三节　含磷有机化合物　/ 210
　一、含磷有机化合物的结构　/ 210
　二、含磷有机化合物的分类与命名　/ 210
　三、含磷有机化合物的性质　/ 211
　四、含磷有机化合物的用途　/ 212
阅读材料　化学杀虫剂的一个新家族　/ 213
练习题　/ 213

第十二章　生命有机化学　/ 215

第一节　糖　/ 215
　　一、糖的结构与分类　/ 215
　　二、单糖　/ 216
　　三、二糖和多糖　/ 218
第二节　氨基酸　/ 219
　　一、氨基酸的分类和命名　/ 219
　　二、氨基酸的性质　/ 220
第三节　蛋白质　/ 221
　　一、蛋白质的结构　/ 222
　　二、蛋白质的性质　/ 222
阅读材料　科学家——沃尔特·诺曼·哈沃　/ 223
第四节　糖、蛋白质的用途　/ 224
　　一、糊精　/ 224
　　二、果胶和琼脂　/ 224
　　三、维生素C　/ 225
　　四、酶　/ 225
第五节　糖、蛋白质的鉴别　/ 225
　　一、鉴别糖、蛋白质的方法　/ 225
　　二、糖、蛋白质的鉴别试验　/ 226
阅读材料　转基因植物与服装　/ 228
练习题　/ 228

第十三章　有机化合物的波谱知识简介　/ 229

第一节　波谱概述　/ 229
　　一、电磁波　/ 229
　　二、吸收光谱的产生　/ 230
第二节　紫外光谱　/ 231
　　一、紫外光谱的基本原理和表示方法　/ 231
　　二、紫外光谱和有机化合物结构的关系　/ 232
　　三、紫外光谱图的解析　/ 233
　　四、紫外光谱的应用　/ 234
第三节　红外光谱　/ 235
　　一、分子振动与红外光谱的基本原理　/ 235
　　二、红外光谱的一般特征　/ 235
　　三、烷、烯、炔及芳烃的红外吸收光谱　/ 237
　　四、红外光谱图的剖析举例　/ 239
　　五、红外吸收光谱的应用　/ 240
第四节　核磁共振谱　/ 241
　　一、核磁共振的基本原理　/ 241
　　二、核磁共振的表示方法　/ 242
　　三、NMR图谱的解析举例　/ 245
　　四、核磁共振波谱的应用　/ 246
第五节　质谱　/ 246
　　一、质谱基本原理　/ 246
　　二、质谱的表示方法　/ 247
　　三、质谱的应用　/ 247
阅读材料　质谱技术的一些进展　/ 250
练习题　/ 250

第十四章　有机化合物的分离与纯化技术　/ 253

第一节　萃取　/ 253
　　一、萃取的基本原理及种类　/ 253
　　二、不同类型萃取的用途　/ 254
　　三、萃取操作步骤　/ 255
　　四、萃取操作——乙醚中过氧化物的检验及除去　/ 257
练习题　/ 257
第二节　回流　/ 257
　　一、回流的基本原理及种类　/ 257
　　二、不同类型回流的用途　/ 258
　　三、回流装置的安装及回流操作步骤　/ 259
　　四、安装回流装置时的注意事项　/ 260
　　五、回流操作——乙醚中水分的除去　/ 261
　　六、回流操作——乙醇中水分的除去　/ 261
练习题　/ 262
第三节　蒸馏　/ 262
　　一、蒸馏的基本原理与种类　/ 262
　　二、不同类型蒸馏的用途　/ 262
　　三、各种蒸馏装置的安装、操作及注意事项　/ 264
　　四、蒸馏操作——无水乙醚的制备　/ 269
　　五、蒸馏操作——无水乙醇的制备　/ 269
练习题　/ 270
第四节　重结晶　/ 270
　　一、重结晶的基本原理与用途　/ 270
　　二、重结晶中使用的装置及其操作技术　/ 270
　　三、重结晶操作步骤　/ 274
　　四、重结晶操作的试验　/ 275
练习题　/ 276
第五节　熔点的测定　/ 276
　　一、熔点测定的基本原理与用途　/ 276
　　二、熔点测定的操作步骤　/ 277
　　三、熔点测定操作——萘的熔点测定　/ 279
练习题　/ 280
第六节　综合实验　/ 280
　　一、综合技能训练的意义和目的　/ 280
　　二、综合技能训练的要求　/ 280
　　三、综合技能训练的内容　/ 281
阅读材料　超临界流体萃取技术　/ 288
练习题　/ 288

参考文献　/ 289

第一章 有机化合物概述

知识目标 了解有机化合物和有机化学的含义，掌握有机化合物的特性和分类；了解碳以四价成键的方式及相应的共价键理论；掌握表达有机化合物的方法和有机反应中的反应类型，了解有机反应中的酸碱概论和研究有机化合物的方法。

能力目标 能简单描述有机化合物的特性和研究方法；能指出所给有机物的类别；能根据已知的实验数据计算出待定有机化合物的分子式；能正确地指出各类化合物的组成；能正确地写出各类化合物的结构；培养具备用有机化学和有机化合物相关知识分析、鉴定有机化合物的能力。

学习关键词 有机化合物、有机化学、碳原子的四价、共价键、官能团、同分异构、构造式。

第一节 有机化合物与有机化学

有机化合物广泛存在于自然界，它与人类的生活密切相关，人们的生活一刻也离不开有机物质。最初人们将自然界的物质按其来源、组成和性质分为两大类，一类是无机化合物，另一类是有机化合物。

1675 年，法国化学家勒穆（N. Lemery）首先把来源于岩石、土壤、海洋及空气中的一些物质称为无机化合物或无机物，如矿石、金属、盐类等；而把来源于动植物的物质称为有机化合物或有机物。1806 年瑞典著名化学家柏则里斯（J. Berzelius，1779～1848 年）提出有机物只能从有生命力的动植物体中制造出来，而不能在实验室用人工方法制备出来的"生命力论"后，首次将研究有机化合物的化学定义为有机化学。

1825 年，正是柏则里斯的优秀门生——德国化学家维勒（F. Wohler）在实验室用氰酸钾和氯化铵制备氰酸铵的实验中，在加热蒸发氰酸铵溶液时无意中得到了一种白色粉末状固体。经过三年的潜心研究表明，这种白色粉末固体正是哺乳动物新陈代谢的产物——尿素。

$$NH_4OCN \xrightarrow{60℃} H_2N-\underset{\underset{O}{\|}}{C}-NH_2$$

尿素的人工合成，对"生命力论"产生了强大的冲击，它证明在有机物和无机物之间根本不存在由生命力支配而产生的本质区别，有机物和无机物一样，也可以通过实验手段合成出来。自尿素人工合成以后，又有不少有机化合物，如醋酸、油脂、葡萄酸、柠檬酸、琥珀酸、苹果酸等一系列过去从动植物体中提取的有机物在实验室里问世。

随着分析技术的进步，人们发现有机化合物有一个共同的特点，即都含有碳元素。于是，1848年德国化学家葛梅林（L. Gmeliin，1788~1853年）将有机化合物定义为碳化合物，有机化学也就是研究碳化合物的化学。分析表明有机化合物除了含碳元素外，还含有氢、氧、氮、卤素等元素，其中尤以含碳、氢元素为众，因此，有机化合物也可看作是碳氢化合物及其由碳氢化合物衍生而来的化合物。1874年，德国化学家肖莱马（K. Schorlemmer，1834~1892年）将有机化合物定义为碳氢化合物及其衍生物，有机化学定义为研究碳氢化合物及其衍生物的化学。

由上可见，"有机化合物"这一名词的含义已随着科学的不断进步和发展，被完全更新。同样任何一个定义也必将随着科学的不断进步和发展，不断得到修正和完善。因此有机化合物这一名词已不再具有原来的意义，它只是由于历史和习惯的缘故才沿用至今。

21世纪是生命科学的世纪，人们已经能够从分子和原子的水平上来认识许多生命现象，这将促使有机化学从实验方法到理论都会产生巨大的进展，显示出其蓬勃发展的强劲势头和活力。世界上每年合成的近百万个新化合物中约70%以上是有机化合物。其中有些因其所具有的特殊功能而用于材料、能源、医药、生命科学、农业、食品、石油化工、交通、环境科学等与人类生活密切相关的各行各业中，直接或间接地为人类提供大量的必需品。与此同时，人们也面对所合成的大量有机物对生态、环境、人体的影响问题。展望未来，科技进步将使人们更注重优化使用有机化合物，将人类的生存环境变得更优美。因此作为工业分析专业的学生学习并认识有机化合物，掌握有机化合物的鉴别方法就很有必要了。

阅读材料

科学家——维勒

维勒（Friedrch Wohler，1800~1882年），德国化学家，1825年首次从无机物人工合成出有机化合物——尿素。

1822年，维勒制得氰酸银（AgCNO）、氰酸铅[Pb(CNO)$_2$]等氰酸盐。1825年，他将氰酸银用氯化铵溶液处理，得到一种白色结晶状物质，实验表明这种白色晶体物质毫无氰酸盐性质。他还将氰酸铅用氢氧化铵溶液处理，也得到一种白色晶体。最初，他认为这种白色晶体物质是一种生物碱，但是检验结果是否定的。后来他考虑到是尿素，把它和从尿中提取的尿素进行比较，证明是同一物质。

维勒是在1828年发表的《论尿素的人工合成》，事实上，早在1824年他已经人工制得尿素。同年他用瑞典文在《斯德哥尔摩科学院报告》中发表《论氰化钠》。1825年他又用德文发表此论文。文中叙述将氰[(CN)$_2$]与氢水作用获得草酸[(COOH)$_2$]和一种白色奇异的结晶物质。不过当时他没有认清这白色奇异的结晶物质是尿素。

> 维勒在1828年2月22日给他的老师贝齐乌斯的信中写道"我要告诉阁下，我不用人或狗的肾脏制成尿素。氰酸铵是尿素。"
>
> 尿素的人工合成打破了"生命力论"，也打开了无机物与有机物之间不可逾越的界墙。

第二节　有机化合物

想一想

有机物和无机物有哪些区别和联系？有机物的特征与有机物的结构有什么关系？

一、有机化合物的特性

有机化合物简称有机物，有机物与无机物（无机化合物）之间尽管不存在绝对的分界线，但是二者在化学结构、物理性质、化学性质以及化学反应性能等方面存在显著的差异。有机物与无机物比较有以下特点。

（1）结构复杂　虽然组成有机化合物的元素不多，但由于碳原子之间能相互成键，其结构较之无机物要复杂得多，有机化合物的同分异构现象使其种类繁多。

（2）容易燃烧　由于有机物大都含有碳、氢两种元素，因此大多数有机物都易燃烧，如汽油、油脂等。而大多数无机物都不能燃烧，如食盐、碳酸钙等都不能燃烧。因此，可以通过灼烧试验初步区别有机物和无机物。

（3）熔点、沸点较低　有机化合物的熔点较低，一般在400℃以下，而无机化合物的熔点则比较高，如氯化钠的熔点为800℃，这是由于有机物多属于分子晶体，聚集状态靠微弱的范德华力作用，这就使固态有机物熔化或液态有机物汽化所需要的能量较低，而无机化合物多属离子晶体，分子间的排列是靠离子间静电吸引作用，要破坏无机分子间的排列，所需能量就高得多。因此，有机物的熔点和沸点比无机物要低得多。

（4）难溶于水，易溶于有机溶剂　有机化合物分子中的化学键多数为共价键，一般极性较弱或完全没有极性，而水是一种极性较强的溶剂。根据"相似相溶"规则，即极性化合物易溶解于极性溶剂中；非极性化合物易溶解于非极性溶剂中。因此，对于极性大的无机物，水是很好的溶剂。而大多数有机分子都属弱极性或非极性分子，因此，有机物难溶于水，易溶于有机溶剂。有机物的这一特性给有机分析带来一定的困难，选择一个恰当的溶剂进行有机物的鉴别，是工业分析专业学生在学习过程中需注意和考虑的问题。

（5）反应速率慢　无机物的反应大多是离子反应，因此反应极为迅速，如氯离子和银离子反应，可瞬间生成氯化银沉淀。而有机物的反应一般是分子反应，反应速率较慢。如氯乙烷与硝酸银的醇溶液在常温下不发生反应，只有加热才能有氯化银沉淀生成。

（6）副反应多　有机分子的结构比较复杂，分子的各部位都有可能参加不同程度的化学反应，因此反应产物复杂，产率也较低，很少达到100%。所以，在一定反应条件下，主要的反应方向称为主反应，其余的反应称为副反应。

二、有机化合物的结构

1. 碳原子的四价

碳原子位于元素周期表的第 2 周期第ⅣA族。碳原子在周期表中的特殊位置，决定了碳原子是四价，并可以相互连接成碳链，也可以由碳链首尾相连形成碳环。碳原子也能以碳碳单键(C—C)、碳碳双键(C=C)或碳碳三键(C≡C)的方式相互连接。例如：

乙烷　　　　　乙烯　　　　　乙炔　　　　　环丙烷
碳碳单键　　　碳碳双键　　　碳碳三键　　　碳环

2. 共价键的形成

碳原子与其他原子结合时，一般是通过共用电子对方式形成共价键。由两个原子各提供一个电子，进行"电子配对"而形成的共价键，叫做单键，用一条短直线"—"表示。两个原子各有两个或三个未成键的电子相互配对，形成的共价键分别称为双键或三键。

3. 共价键的特点

共价键与离子键相比，它具有下列特点。

（1）共价键有饱和性　价键理论认为，在一个原子轨道中，只能容纳两个自旋方向相反的电子，当一个电子和另一个电子配对成键后，就不能再和其他电子配对成键了，这就是共价键的饱和性。

（2）共价键有方向性　根据原子轨道最大重叠原理，电子云重叠部分越大，所形成的共价键越牢固。而原子轨道中除了 s 轨道呈球形对称外，其余的 p、d、f 轨道都有着一定的空间伸展方向，原子轨道必须在各自电子云密度最大的方向上重叠才能形成稳定的共价键，因此，共价键有方向性。

以 H 原子和 Cl 原子形成氯化氢分子为例（图 1-1）。H 原子轨道沿 x 轴向 Cl 原子轨道接近，重叠最大，形成稳定的 HCl 分子；若 H 原子轨道沿另一方向接近 Cl 原子轨道，则重叠较

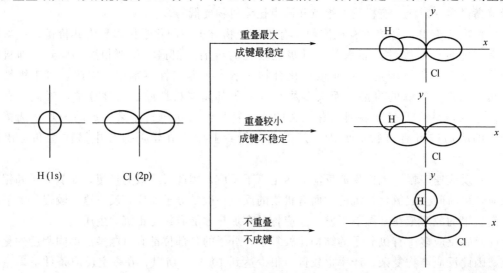

图 1-1　s 和 p 电子原子轨道的三种重叠情况

少，形成的 HCl 分子不稳定；H 原子轨道沿 y 轴方向向 Cl 原子轨道接近，则不能重叠。

4. 共价键的属性

键长、键角、键能以及键的极性，都是由共价键表现出来的性质，这些表征化学键性质的物理量，统称为共价键的属性。

(1) **键长** 形成共价键的两个原子核之间的距离称为键长。一些常见共价键的键长如表 1-1 所示。

表 1-1 常见共价键的键长和键能

共价键	键长/nm	键能/(kJ/mol)	共价键	键长/nm	键能/(kJ/mol)
C—C	0.154	347	C—F	0.142	485
C—H	0.110	414	C—Cl	0.178	339
C—N	0.147	305	C—Br	0.191	285
C—O	0.143	360	C—I	0.213	218
N—H	0.103	389	C=C	0.134	611
O—H	0.097	464	C≡C	0.120	837

(2) **键角** 共价键有方向性，因此任何一个两价以上的原子与至少两个原子成键时，键与键之间的夹角称为键角。键角反映了分子的空间结构。

(3) **键能** 由原子形成共价键所放出的能量，或共价键断裂成两个原子所吸收的能量叫做键能，其单位为 kJ/mol。气态的双原子分子键能也是键的离解能，多原子分子的键能则是多个共价键的离解能的平均值。例如甲烷分子各键的离解能：

$$CH_4 \longrightarrow \cdot CH_3 + \cdot H \quad E_d = 423 \text{kJ/mol}$$

$$\cdot CH_3 \longrightarrow \cdot CH_2 + \cdot H \quad E_d = 439 \text{kJ/mol}$$

$$\cdot CH_2 \longrightarrow \cdot CH + \cdot H \quad E_d = 448 \text{kJ/mol}$$

$$\cdot CH \longrightarrow \cdot C + \cdot H \quad E_d = 347 \text{kJ/mol}$$

而甲烷分子中 C—H 键的键能为 $(423+439+448+347)/4 = 414(\text{kJ/mol})$，可见多原子分子中，键能和键的离解能不同。

键能反映了共价键的强度。通常键能愈大，则键愈牢固，分子愈稳定。一些常见共价键的键能如表 1-1 所示。

(4) **键的极性** 两个相同原子形成的共价键（例如 H—H、Cl—Cl），电子云对称地分布在两个成键原子间，这样的共价键没有极性，称为非极性共价键。而两个不相同的原子形成的共价键，由于两原子的电负性不同，即吸引电子的能力不同，成键电子云偏向电负性较大的原子，使之带有部分负电荷（用 δ^- 表示），与之相连的原子则带有部分正电荷（用 δ^+ 表示），这种键具有极性，称作极性共价键，如 HCl、CH_3Cl 等。键的极性大小主要取决于成键两原子的电负性值之差，与外界条件无关，是永久的性质。构成共价键的两个不同原子，其电负性差值越大，键的极性越大。常见元素的电负性值列于表 1-2 中。

表 1-2 常见元素的电负性值

元素	电负性值	元素	电负性值	元素	电负性值
H	2.2	F	4.0	Cl	3.0
C	2.5	Si	1.9	Br	2.9
N	3.0	P	2.2	I	2.6
O	3.5	S	2.5		

极性共价键的电荷分布是不均匀的,正电中心与负电中心不相重叠,这就构成了一个偶极。偶极矩值 μ 就等于正电中心或负电中心的电荷 q 与两个电荷中心之间距离 d 的乘积,即 $\mu = qd$(单位为 C·m)。

在双原子分子中,键的偶极矩即是分子的偶极矩。但多原子分子的偶极矩则是整个分子中各个共价键偶极矩的矢量和,例如:

$$\mu = 0 \qquad \mu = 6.47 \times 10^{-30} \text{C·m}$$

偶极矩为零的分子是非极性分子,反之为极性分子;且偶极矩越大,分子的极性越强。键的极性影响化学反应活性,分子的极性还影响化合物的沸点、熔点和溶解度等性质。

三、有机反应中共价键的断裂和反应类型

有机化合物发生化学反应时,无非是旧键的断裂和新键的生成。共价键断裂可以有两种方式。一种是形成共价键的两个电子平均分布到两个成键原子或基团,共价键的这种断裂方式称为均裂,均裂产生具有未成对电子的原子或基团,称为自由基(或游离基),它是电中性的。

$$A:B \xrightarrow{\text{均裂}} A· + B·$$

发生共价键均裂的反应称为均裂反应,也称为自由基型反应。 产生均裂反应的条件是光照、加热等。

共价键的另一种断裂方式是成键的一对电子完全为被成键原子中的一个原子或基团所占据,形成正、负离子,这种断裂方式称为异裂。

$$A:B \xrightarrow{\text{异裂}} A^{\delta+} + B^{\delta-} \text{ 或 } A^{\delta-} + B^{\delta+}$$

发生共价键异裂的反应称为异裂反应,也称为离子型反应。 产生异裂反应的条件除催化剂外,多数由于极性试剂进攻或反应在极性溶剂中进行,离子型反应又根据反应试剂分为亲电试剂和亲核试剂。在反应过程中,如果试剂从与它反应的那个原子获得电子,并与之共用形成化学键,这种试剂称为亲电试剂。例如缺电子的正离子 H^+、Cl^+、Br^+ 等往往为亲电试剂,由亲电试剂首先进攻而引起的反应称为亲电反应。在反应过程中,如果试剂把电子给予与它反应的那个原子并与之共用形成化学键,这种试剂称为亲核试剂,例如富有电子的负离子 OH^-、CN^- 或具有孤对电子的分子 NH_3、H_2O 等往往为亲核试剂,由亲核试剂首先进攻而引起的反应称为亲核反应。

四、有机化合物的表示方法

由于有机化合物普遍存在同分异构现象,因此仅用分子式不能准确表示某一种有机化合物,必须用构造式或构造简式来表示,构造式是表示有机化合物构造的式子。例如:

化合物	甲烷	乙醇	甲醚
分子式	CH_4	C_2H_6O	C_2H_6O
构造式	H–C(H)(H)–H	H–C(H)(H)–C(H)(H)–O–H	H–C(H)(H)–O–C(H)(H)–H
构造简式	CH_4	$CH_3—CH_2—OH$	$CH_3—O—CH_3$

分子式仅能表示分子中原子在数量上的关系，构造式则能够表示分子中各原子的排列顺序和连接方式，构造简式是介于构造式和分子式之间的一种式子，它既能基本上表示分子内原子的排列情况，又能很容易地看出原子的种类和数目，有机化合物常用构造简式表示。

五、有机化合物的分类

有机化合物一般有如下两种分类方法：一种是根据分子中碳原子的连接方式即碳链骨架分类；另一种是根据决定分子主要化学性质的特殊原子或基团即官能团分类。

1. 根据碳架分类

由碳原子彼此相互连接所形成的碳链或碳环称为碳架。根据碳架可分为开链化合物和环状化合物。

（1）开链化合物　碳原子相互结合形成链状，两端张开不成环，也称脂肪族化合物。例如：

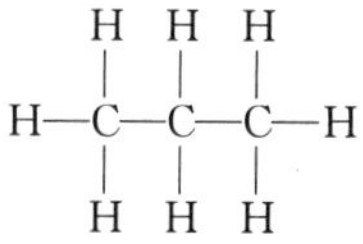

丙烷 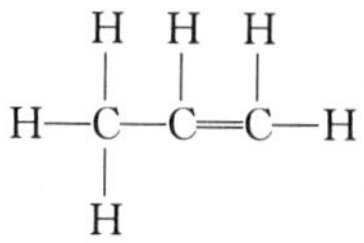　　　丙烯 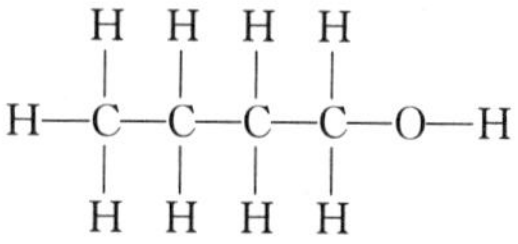　　　1-丁醇

（2）环状化合物　碳原子间或碳原子与其他原子相互连接成环，它们又可分为三种。

① 脂环族化合物　碳原子互相连接成环，其性质与开链化合物（脂肪族化合物）相似，也叫脂肪族环状化合物。例如：

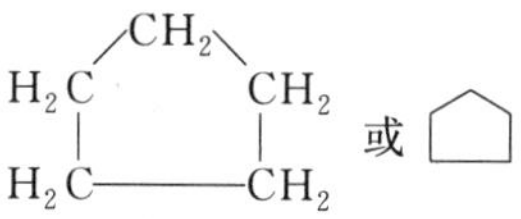

环戊烷 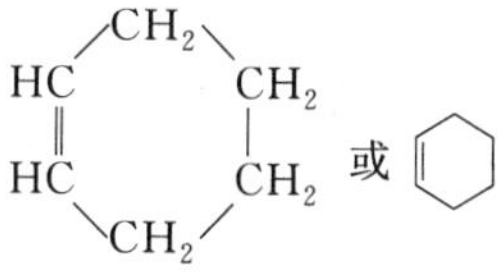　　　环己烯

② 芳香族化合物　这类化合物分子中都含有一个由 6 个碳原子组成的在同一平面内的环闭共轭体系，其性质与脂肪族化合物有较大的区别。例如：

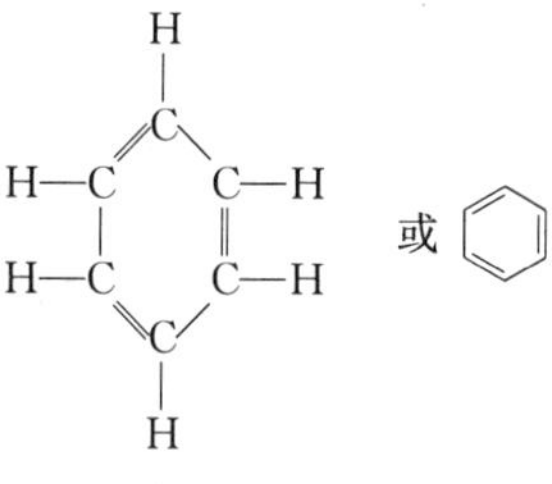

苯 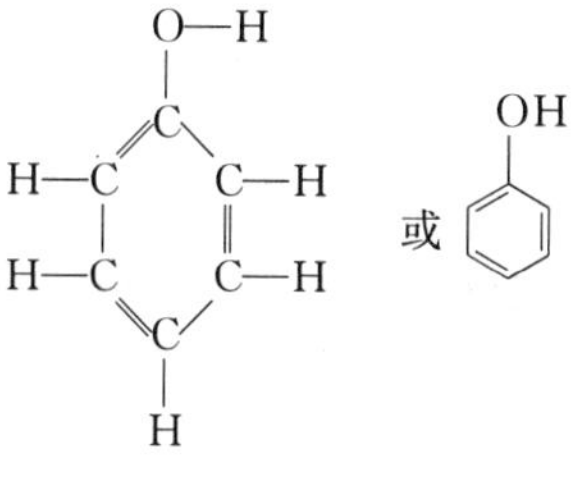　　　苯酚 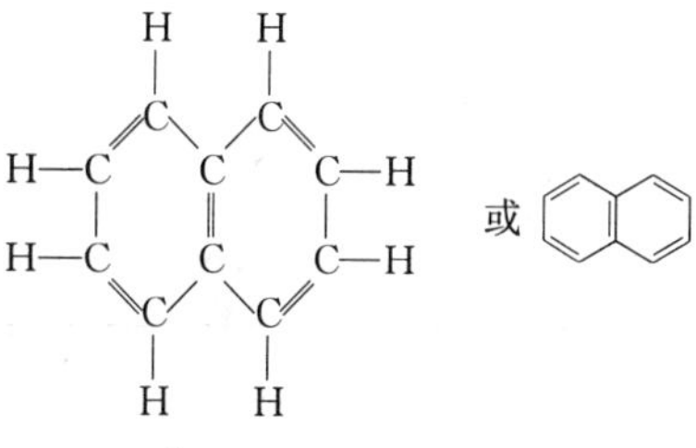　　　萘

③ 杂环化合物　这类化合物分子中的环是由碳原子和其他非碳原子（如 O、N、S 等）组成的。由于非碳原子又称"杂"原子，所以这类化合物称为杂环化合物。例如：

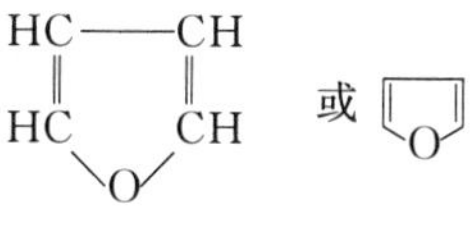

呋喃 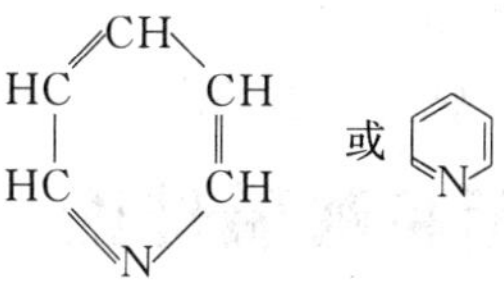　　　吡啶

2. 按官能团分类

官能团是指有机物分子结构中具有反应活性，决定化合物主要化学性质的原子或基团。一般说来具有相同官能团的化合物化学性质上是基本相同的。通常按官能团分类的方法研究有机化合物。表 1-3 列出了常见有机物的官能团及其名称。

表 1-3　常见有机物的官能团及其名称

有机物分类	官能团结构	官能团名称	实例	
烯烃	$\mathrm{\searrow C\!=\!C\!\nearrow}$	碳碳双键	$CH_2\!=\!CH_2$	乙烯
炔烃	—C≡C—	碳碳三键	HC≡CH	乙炔
卤代烃	—X (F, Cl, Br, I)	卤基	CH_3CH_2Cl	氯乙烷
醇	—OH	醇羟基	CH_3CH_2OH	乙醇
酚	—OH	酚羟基	C_6H_5OH	苯酚
醚	—O—	醚键	$C_2H_5OC_2H_5$	乙醚
醛	$-\overset{O}{\underset{\|}{C}}-H$	醛基	$CH_3\overset{O}{\underset{\|}{C}}-H$	乙醛
酮	$-\overset{O}{\underset{\|}{C}}-$	羰基	$CH_3\overset{O}{\underset{\|}{C}}CH_3$	丙酮
羧酸	$-\overset{O}{\underset{\|}{C}}-OH$	羧基	$CH_3\overset{O}{\underset{\|}{C}}-OH$	乙酸
硝基化合物	$-NO_2$	硝基	$C_6H_5NO_2$	硝基苯
胺	$-NH_2$	氨基	CH_3NH_2	甲胺
腈	—CN	氰基	CH_3CN	乙腈
重氮化合物	$-\overset{+}{N}_2NX^-$	重氮基	$C_6H_5-\overset{+}{N}_2NCl^-$	氯化重氮苯
偶氮化合物	—N=N—	偶氮基	$C_6H_5-N=N-C_6H_5$	偶氮苯
磺酸	$-SO_3H$	磺酸基	$C_6H_5-SO_3H$	苯磺酸

第三节　有机反应中的酸碱概念

大多数有机化合物不溶于水，许多有机反应也不是在水溶液中进行的，不能用阿伦尼乌斯酸碱理论衡量其酸碱性。有机化学中常用布朗斯特酸碱理论和路易斯酸碱理论。

一、布朗斯特酸碱理论

根据布朗斯特（J. N. Bronsted）-劳尔（T. M. Lowry）定义：在反应中能提供质子的分

子或离子均称为酸，也叫布朗斯特酸或质子酸；在反应中能接受质子的分子或离子均称为碱，也叫布朗斯特碱或质子碱。

布朗斯特酸碱理论比阿伦尼乌斯酸碱理论包含的范围更大。如 OH^- 可以接受质子是碱，NH_3、Cl^-、$C_2H_5O^-$ 都能接受质子，都是碱。酸碱的概念是相对的，同一种物质在一种反应中是酸（给出 H^+），而在另一种反应中也可以是碱（接受 H^+）。

一种酸在给出质子后的剩余部分就成了碱，称为这种酸的共轭碱，而碱在接受质子后就成了酸，即这种碱的共轭酸。

$$CH_3COOH \rightleftharpoons CH_3COO^- + H^+ \qquad NH_3 + H^+ \rightleftharpoons NH_4^+$$
$$\text{酸} \qquad\qquad \text{共轭碱} \qquad\qquad\qquad \text{碱} \qquad\qquad \text{共轭酸}$$

酸与它的共轭碱或碱与它的共轭酸统称共轭酸碱对。酸碱反应就是酸把质子转移给碱变为其共轭碱，而碱接受质子变为其共轭酸的过程。

$$\begin{array}{cccc} \text{酸1} & \text{碱2} & \text{酸2} & \text{碱1} \\ CH_3COOH + H_2O & \rightleftharpoons & H_3^+O & + & CH_3COO^- \\ H_2SO_4 + ROH & \rightleftharpoons & RO^+H_2 & + & HSO_4^- \\ HCl + C_6H_5NH_2 & \rightleftharpoons & C_6H_5N^+H_3 & + & Cl^- \end{array}$$

通式：
$$HA + B \rightleftharpoons BH^+ + A^-$$

一个酸的酸性越强（放出质子的能力越强），则其共轭碱的碱性越弱（接受质子的能力越弱）；同样，一个碱的碱性越强，则其共轭酸的酸性越弱。在酸碱反应中有两对共轭酸碱对（酸1和碱1，酸2和碱2），反应的结果是强酸与强碱反应生成弱酸和弱碱。

二、路易斯酸碱理论

有机化学中也常用路易斯（G. N. Lewis）酸碱概念。它是由接受或给予电子来定义的。路易斯酸即具有空轨道或未充满电子外层轨道，能够接受外来电子对的分子或离子，即电子受体；路易斯碱即具有孤对电子或 π 电子的分子或离子，即电子供体。

酸碱反应是路易斯碱的孤对电子或 π 电子通过配位键而跃迁到路易斯酸的空轨道上去，形成一个加合物，叫做酸碱配合体。例如，在 BF_3 中硼的外层有六个电子，可以接受一对电子，BF_3 是路易斯酸；而 NH_3 分子中，氮上有一对孤对电子，能给予电子对，所以，NH_3 是路易斯碱。在 $AlCl_3$ 中，铝的外层有六个电子，可以接受一对电子，所以 $AlCl_3$ 是路易斯酸，Cl^- 有一对电子，能给予电子，Cl^- 是路易斯碱。

$$BF_3 + NH_3 \longrightarrow F_3B:NH_3$$
$$AlCl_3 + Cl^- \longrightarrow [AlCl_4]^-$$

路易斯酸碱概念的范围非常广泛，常用于有机化学反应机理和反应规律的探讨，一般有机化学中的酸碱，通常是指布朗斯特概念的酸和碱。

常见的路易斯酸为有空轨道的分子或正离子，如 $AlCl_3$、BF_3、$FeCl_3$、$ZnCl_2$、Ag^+、R^+、NO_2^+ 等。路易斯碱为具有未共用电子对的分子或负离子，如 NH_3、ROH、X^-、OH^-、RO^- 等。

路易斯酸具有接受电子对的能力，具有亲电性，因而它是亲电试剂，而路易斯碱具有给予电子对的能力，具有亲核性，是亲核试剂。路易斯酸碱的强弱，即试剂亲电性或亲核性的强弱。大多数有机化学反应，都可以看作是路易斯酸碱反应。因此，路易斯酸碱概念以及亲电、亲核概念，是学习有机反应机理必须掌握的基本概念。

第四节 研究有机化合物的方法

一、提纯

在研究任何一种化合物以前,必须保证该化合物是单一纯净的物质,而从天然物中提取或人工合成所得到的有机物,往往掺杂着许多杂质,因此必须使用各种方法将这些杂质除去即提纯,以得到纯净的化合物。常用的提纯方法有以下几种。

1. 结晶和重结晶法

利用被提纯的晶体物质和杂质在同一种溶剂内的溶解度不同,使其与杂质分离的方法叫结晶,其中十分重要的是溶剂的选择。通常,所用的溶剂应不与被提纯的晶体物质发生化学反应;所用溶剂必须在较高温度时对被提纯的晶体物质溶解度很大,而在温度较低时则溶解度很小;而此溶剂对杂质溶解度很大,在结晶或重结晶时杂质不随晶体一同析出,或不溶,加热时杂质很少溶解,在热过滤时被除去。这样就可以把被提纯的晶体物质溶在热的溶剂中,形成热的过饱和溶液,冷却后就会慢慢析出结晶。

重结晶是提高结晶物质纯度的重要方法,将第一次所得粗晶溶解于适量的热溶剂中,若杂质在此热溶剂中不溶时则可趁热将其过滤除去,滤液冷却后即可析出晶体。

用于结晶和重结晶的常用溶剂有:水、甲醇、乙醇、丙酮、乙酸乙酯、氯仿、二氧六环、四氯化碳、苯等。

2. 蒸馏法

蒸馏通常是指将液体有机物加热至沸使之汽化,然后再将汽化之蒸气冷凝为液体的过程,主要用于液体有机物的分离和提纯。通过蒸馏不仅可以把挥发性物质与不挥发性物质分离开来,而且还可把沸点不同的液体混合物分离开来。蒸馏有常压蒸馏、减压蒸馏、水蒸气蒸馏及分馏。

3. 升华法

某些固体物质可不经过熔化,而直接变为蒸气,然后冷凝又变为固体,此过程叫升华。只有在其熔点温度以下具有相当高(高于 26.7kPa)蒸气压的固态物质才可利用升华进行提纯。利用升华可除去不挥发性杂质,或分离不同挥发度的固体混合物。升华常可得到较高纯度的产物,但操作时间长,损失也较大。

4. 萃取法

利用某一物质在两种彼此不能相溶或微溶的溶剂中有不同的溶解度,将其从溶解度小的溶剂中转移到溶解度大的溶剂中的过程称为萃取。通过萃取可以从反应混合物或动植物组织中提取所需要的物质。此外,也可以用来除去少量杂质,使产品纯化。

5. 色谱法

利用吸附剂对混合物各组分的吸附能力不同,经溶剂淋洗把提取物质与杂质分离的方法称为色谱法。常用的吸附剂有氧化铝、硅胶、淀粉等。色谱可分为柱色谱、薄层色谱、液相色谱等。

二、元素分析

1. 元素定性分析

元素定性分析的目的是分析有机物由哪些元素组成。把有机物和氧化铜一起放在试管中燃烧，试管上部有水珠，证明有机物中含氢；把生成的气体导入石灰水中产生白色沉淀，说明有二氧化碳产生；把有机物与钠熔融，如果分子中有氮、硫、卤素，则产生氰化钠、硫化钠、卤化物，产生的这些物质再用无机定性分析法测定。

2. 元素定量分析

元素定量分析就是确定各种元素的百分含量。

（1）**碳和氢的定量分析**　将准确称量的样品放在一根燃烧管里，用红热的氧化铜氧化，经彻底燃烧后生成的二氧化碳和水，用纯的氧气流分别赶到吸附在石棉上的氢氧化钠粉末和高氯酸镁的两个吸收管内，两个吸收管的增重分别表示生成的二氧化碳和水的质量，由此数据可计算分子中的碳和氢的含量。

（2）**氮的定量分析**　将有机物彻底燃烧，氮变为氮气，用二氧化碳气流把它带入装满了浓氢氧化钾溶液并带有刻度的管子内，二氧化碳被吸收，未被吸收进入管子的气体即为氮气，测量氮气体积，从而计算出含氮量。

（3）**卤素的定量分析**　将样品放在氧气流中，在铂的催化作用下分解，然后用过氧化氢还原，卤素变为卤离子，用硝酸银溶液滴定。

（4）**硫的定量分析**　将有机物与发烟硝酸共热氧化，硫被氧化为硫酸根，用钡盐滴定。

（5）**氧的定量分析**　将样品在管内与活性炭混合烧至1200℃，样品中的氧全部变为一氧化碳。用氮气流使其与五氧化二碘反应，使一氧化碳转变为二氧化碳，同时游离出碘，碘可用滴定法测定。

三、分子与结构式的确定

1. 实验式的计算

将各元素的质量分数用相应元素的原子量去除，就得出化合物中各元素原子的简单比，这个简单比即为实验式。

例：有一含碳、氢、氧三种元素的有机化合物，称取 3.26g 样品燃烧，得到 4.74g CO_2 和 1.92g H_2O。则求实验式的步骤。

$$m(C) = m(CO_2) \times \frac{M(C)}{M(CO_2)} = 4.74 \times \frac{12}{44} = 1.29(g)$$

$$w(C) = \frac{1.29}{3.26} \times 100\% = 39.6\%$$

$$m(H) = m(H_2O) \times \frac{2M(H)}{M(H_2O)} = 1.92 \times \frac{2}{18} = 0.213(g)$$

$$w(H) = \frac{0.213}{3.26} \times 100\% = 6.53\%$$

$$w(O) = 100\% - w(C) - w(H) = 100\% - 39.6\% - 6.53\% = 53.87\%$$

则 C、H、O 原子数之比为：

$$C = \frac{39.6}{12} = 3.3 \qquad 3.3/3.3 = 1$$

$$H = \frac{6.53}{1} = 6.53 \qquad 6.53/3.3 = 1.98$$

$$O = \frac{53.87}{16} = 3.37 \qquad 3.37/3.3 = 1.02$$

所以 $\quad C : H : O = 1 : 1.98 : 1.02 \approx 1 : 2 : 1$

故实验式为 $(CH_2O)_n$

2. 分子量的测定

对气体和易挥发的有机化合物的分子量可用蒸气密度法测定。其原理是量取一定量的有机物气体，然后换算成在标准状况下 22.4L 的质量，就得到该物质的分子量。

固体物质经常用沸点升高或凝固点降低法测其分子量。沸点升高或凝固点降低的度数取决于溶液中溶质分子的数目，即等数目的溶质分子在同一溶剂内则必然具有相同的沸点或凝固点。1mol 的固体溶质溶在 1000g 溶剂内时凝固点降低的度数叫摩尔凝固点降低常数。按下式可求出溶质的分子量。

$$M = \frac{1000 m_B E}{m_A T}$$

式中 $\quad m_B$ ——样品 B 的质量，g；

E ——摩尔凝固点降低常数；

m_A ——溶剂 A 的质量，g；

T ——B 样品溶在 A 溶剂内所观察到的凝固点降低的度数。

四、官能团的测定

用化学分析法测定分子中可能存在的基团，方法很烦琐，现在已将物理仪器应用于化学分析，这给有机物结构的测定带来了很大的方便和准确性。例如，利用红外光谱分析可以确定分子中某些基团的存在；通过紫外光谱可以确定化合物中有无共轭体系；核磁共振谱可以提供分子中氢、碳、磷等原子的结合方式；质谱分析除可测定分子量外，还可以根据形成的碎片推断化合物的结构等。实际工作中仪器分析和化学分析方法结合运用，才能得到正确的结果。

第五节 本课程的专业要求

本课程是"工业分析与检验专业"的一门专业基础必修课程。随着有机化合物应用不断渗透到各个领域，鉴定、分析有机化合物就成了工业分析常规的分析工作。要进行有机化合物的鉴别、分析，就必须认识有机化合物，了解其性能，掌握有机化合物的基本知识。随着科学技术的日新月异，鉴别、分析有机化合物技术也在朝着快速、高效、微量、自动化等方向发展。同时，由于有机化合物种类的不断增加，在工业分析中越来越多地使用有机化合物作溶剂和试剂，日常的常量分析也大量运用了有机化合物作掩蔽剂、富集剂、萃取剂、沉淀剂、配位剂、滴定剂等。如果对有机化合物没有很好的认识和了解，就很难做到准确、合理、安全地应用有机化合物。因此，"工业分析与检验"专业的学生学习本课程的基本要求是：认识有机化合物基本知识，即掌握有机化学的含义，有机化合物特点、性质、结构特征，重要的有机化学反应机理、用途以及有机化合物的书写、命名，能根据有机化合物的性质，正确、安全地使用和定性分析有机化合物，并能掌握分离有机混合物和纯化有机化合物的基本技术，能正确选择仪器设备、安装装置，安全规范地操作。

总之，通过学习本门课程后，应能认识、应用、鉴别有机化合物。

绿色化学

绿色化学又称为环境友好化学或可持续发展的化学，是运用化学原理和新化工技术来减少或消除化学产品的设计、生产和应用中有害物质的使用与产生，使所研究开发的化学产品和过程更加环境友好。

在绿色化学基础上发展的技术称为绿色技术或清洁生产技术。理想的绿色技术是采用具有一定转化率的高选择性化学反应来生产目的的产品，不生成或很少生成副产物或废物，实现废物的"零排放"；工艺过程使用无害的原料、溶剂和催化剂；生产环境友好的产品。

绿色化学是20世纪90年代出现的具有明确的社会需求和科学目标的新兴交叉学科，已成为当今国际化学化工研究的前沿，是21世纪化学化工科学发展的重要方向，是实现可持续发展的重要保障。绿色化学及其引发的产业革命正在全世界迅速崛起，观念创新和技术创新成为主要推动力，冲击着各行各业，不仅为传统化学工业带来革命性变化，也必将推动生态材料工业、绿色制造工业、绿色能源工业和绿色生态农业等的建立和发展，主要体现在以下几个方面：

① 石油化学工业的绿色化。例如，用沸石催化剂替代三氯化铝生产乙苯、异丙苯；用离子交换树脂催化剂替代硫酸生产仲丁醇；甲醇低压羰基合成乙酸；在磷酸硅铝分子筛催化作用下，甲烷两步转化生产乙烯等。

② 化学制药的绿色化。例如抗抑郁药物Zoloft的活性组分舍曲林的合成过程，只选用环境友好的乙醇作溶剂，省去了原来需要应用的THF、甲苯等溶剂，使原来工艺中的反应操作大为简化，既减少了原材料，提高了整个反应产率，同时又减少了废物的排放。

③ 农药工业的绿色化。也就是指那些对害虫和病菌高效，对人畜、害虫天敌和农作物安全，在环境中易于分解，在农作物中低残留或无残留的农药。

④ 绿色新材料。又称生态材料、环境协调材料，是指那些具有良好使用性能或功能，对资源和能源消耗少，对生态环境污染小，有利于人类健康，可降解循环利用或再生利用率高，在制备、使用、废弃直至再生循环利用的整个过程中，都与环境协调友好的一大类材料。

⑤ 能源工业的绿色化。主要包括煤的清洁燃烧技术、生物质的转化技术、绿色能源的开发等方面。

——摘自贡长生，单自兴主编.绿色精细化工导论.北京：化学工业出版社，2005.

练习题

1. 什么是有机化合物？有机化合物有哪些特性？
2. 有机化学的含义是什么？
3. 研究有机化合物的方法主要有哪几种？
4. 下列化合物中，哪些分子有极性？试用箭头表示出偶极矩的方向（用箭头指向负极）。

(1) CH_4　　　　　　　　　　　(2) $CHCl_3$
(3) CH_3OCH_3　　　　　　　　(4) CH_3CH_2Br
(5) $CH_3\underset{\underset{OH}{|}}{C}HCH_3$　　　　　　　(6) CH_2I_2

5. 一般有机物是以共价键结合的，共价键的键能又比离子键的键能大，而有机物的熔点一般却比无机物低，二者是否有矛盾？试加以解释。

6. 解释下列名词

(1) 同分异构 　　　　　　　　　　(2) 化学构造
(3) 构造式 　　　　　　　　　　　(4) 共价键
(5) 极性键 　　　　　　　　　　　(6) 键长
(7) 键能 　　　　　　　　　　　　(8) 键角
(9) 离子键 　　　　　　　　　　　(10) 均裂和异裂
(11) 官能团 　　　　　　　　　　　(12) 亲电反应
(13) 亲核反应 　　　　　　　　　　(14) 亲电试剂
(15) 亲核试剂

7. 下列化合物按碳架区分，各属于哪一族？若按官能团区分，又各属于哪一类？

(1) 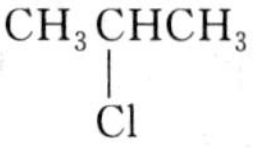 CH_3CHCH_3
　　　　$|$
　　　　Cl

(2) CH_3CH_2OH

(3) $CH_3CH_2CH_2CH_3$

(4) 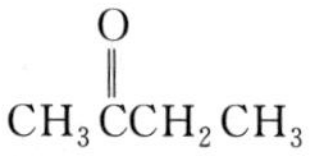 $CH_3\overset{O}{\overset{\|}{C}}CH_2CH_3$

(5) 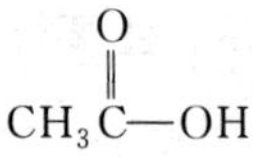 $CH_3\overset{O}{\overset{\|}{C}}-OH$

(6)

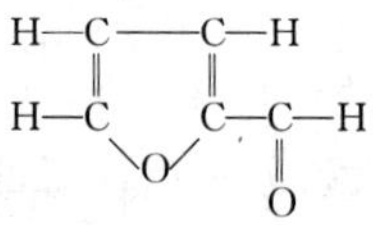

(7)

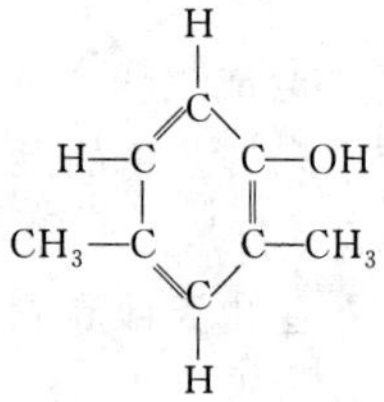

(8)

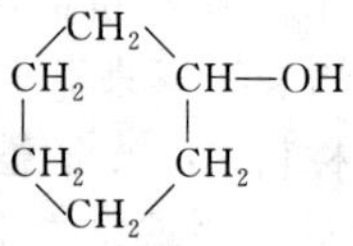

(9)

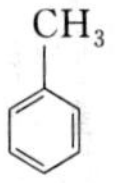

(10)

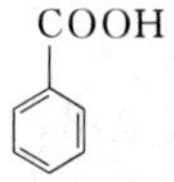

(11)

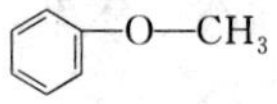

(12)

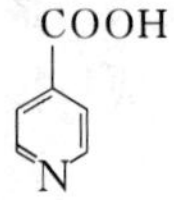

8. 指出下列化合物中的官能团。

(1) CH_3CH_2OH

(2) $C_2H_5-O-C_2H_5$

(3) 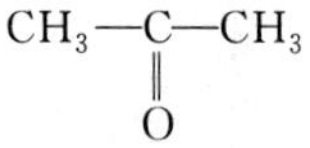 $CH_3-\underset{\underset{O}{\|}}{C}-CH_3$

(4)

(5)

(6) 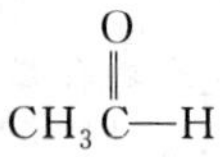 $CH_3\overset{O}{\overset{\|}{C}}-H$

第二章　脂肪烃和脂环烃

知识目标　掌握烃的同分异构现象、烃的结构特点、烃的命名方法（其命名方法是认识其他有机化合物的基础）、通式、同系列；掌握各类脂肪烃的性质、反应机理及其用途，理解各类脂肪烃结构与性质之间的关系，学会鉴别烃的方法。

能力目标　能由给定脂肪烃的结构推测其在给定反应条件下发生的化学变化；能根据性质鉴别对脂肪烃作简单的化学鉴别。

学习关键词　烷烃、烯烃、炔烃、环烷烃、共轭二烯烃、系统命名法、同分异构、顺反异构、构造式、碳原子、氢原子的类型、加成反应、氧化反应、催化加氢、溴的四氯化碳反应、高锰酸钾反应、炔银反应。

第一节　烷烃

分子中只含有碳、氢两种元素的有机化合物称为烃（音 tīng），原称碳氢化合物。根据有机化合物的分类，烃可以分为开链烃和环状烃两大类。开链烃也称脂肪烃，它又分为饱和烃和不饱和烃两类。环状烃也称闭链烃，它又分为脂环烃和芳香烃两类。

饱和烃是指分子中碳原子间以单链相连，其余的价键全部为氢原子所饱和的一类烃。饱和烃又称烷烃。

一、烷烃的通式、同系列和同分异构

1. 烷烃的通式和同系列

烷烃广泛存在于自然界。从天然气和石油中分离出来的烷烃有甲烷（CH_4）、乙烷（C_2H_6）、丙烷（C_3H_8）、丁烷（C_4H_{10}）等。从甲烷开始，每增加一个碳原子，就相应地

增加两个氢原子。因此，可用 C_nH_{2n+2} 的式子来表示这一系列化合物的组成，这个式子就叫作烷烃的通式，式中 n 代表碳原子数。

这些结构相似，具有同一个通式，而在组成上相差一个或多个 CH_2 的许多化合物组成一个系列，叫同系列。同系列中各化合物互称同系物，CH_2 称为该同系列的系差。显然，同系列中各同系物的化学性质是相似的，其物理性质随着碳原子数的增加而呈规律性的变化。因此，只要掌握了同系列中某几个典型的、有代表性的化合物的性质，就可以推知其他同系物的一般化学性质，这对认识和鉴别烷烃提供了方便。

2. 烷烃的同分异构

在甲烷、乙烷、丙烷分子中，碳原子之间只有直链连接一种连接方式。从丁烷开始，分子中碳原子之间有不同的连接方式，即除直链连接外，还有侧链连接，从而产生了构造异构体。例如丁烷（C_4H_{10}）有下列两种构造异构体。

正丁烷（沸点：-0.5℃）　　　　　异丁烷（沸点：-10.2℃）

简写为：　　　　$CH_3CH_2CH_2CH_3$　　　　　　　　$(CH_3)_2CHCH_3$

上述构造异构现象，是由于分子中碳链的连接方式不同而引起的，称为碳链异构（或碳架异构）现象。正丁烷和异丁烷互为碳链异构体。

戊烷有三种同分异构体，其构造式如下。

正戊烷（沸点36.1℃）　　　异戊烷（沸点29.9℃）　　　新戊烷（沸点9.4℃）

或

$CH_3-CH_2-CH_2-CH_2-CH_3$　　　$CH_3-\overset{CH_3}{\underset{H}{C}}-CH_2-CH_3$　　　$CH_3-\overset{CH_3}{\underset{CH_3}{C}}-CH_3$

简写为：$CH_3CH_2CH_2CH_2CH_3$　　　$(CH_3)_2CHCH_2CH_3$　　　$C(CH_3)_4$

从丁烷和戊烷的同分异构现象看出，同分异构体产生的原因是由于碳原子的排列方式即碳架不同而引起的。因此，可以根据碳架的不同排列方式推导出各种异构体的构造式。

在烷烃分子中，异构体数目是随着碳原子数的增加而增加，见表2-1。

二、碳原子和氢原子的类型

在烷烃分子中，碳氢原子并不是完全等同的。我们把只与一个碳原子相连的碳称为伯碳原子，用1°表示；与两个碳原子相连的碳称为仲碳原子，用2°表示；与三个碳原子相连的碳称为叔碳原子，用3°表示；与四个碳原子相连的碳称为季碳原子，用4°表示。连接在伯、仲、叔碳原子上的氢原子则分别称为伯、仲、叔氢原子，用1°H、2°H、3°H表示。

第二章　脂肪烃和脂环烃

表 2-1　烷烃的同分异构体数目

碳原子数	异构体数	碳原子数	异构体数
1	1	10	75
2	1	11	159
3	1	12	355
4	2	13	802
5	3	14	1858
6	5	15	4347
7	9	20	366319
8	18	30	4111646763
9	35		

例如：

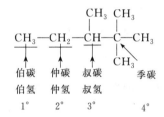

二维码1　甲烷的结构动画

三、烷烃的结构

1. 甲烷的结构

甲烷是最简单的烷烃，其分子式为 CH_4。甲烷分子是一个正四面体结构，碳原子位于正四面体的中心，它的四个价键从中心指向正四面体的四个顶点，并和氢原子连接，四个 C—H 键的键长都为 0.109nm，键角都是 109.5°。

甲烷的正四面体结构可以由碳原子轨道的杂化来加以解释。碳原子在以四个单键与其他四个原子或原子团结合时，一个 s 轨道和三个 p 轨道杂化后，形成四个等同的 sp^3 杂化轨道，如图 2-1 所示。

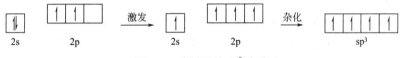

图 2-1　碳原子的 sp^3 杂化

四个 sp^3 杂化轨道的轴在空间的取向相当于从正四面体的中心伸向四个顶点的方向，只有这样，价电子对间的互斥作用才最小，所以各轴之间的夹角为 109.5°。四个 sp^3 杂化轨道再和四个氢原子的 1s 轨道沿键轴方向重叠（sp^3-s）形成了四个等同的 C—H 键，即生成了甲烷分子。

从图 2-2 中可以看出，C—H 键中成键原子的电子云是沿着它们的轴向重叠的，这样形成的键叫 σ 键。由于是沿轴向重叠，轨道重叠程度较大，因此 σ 键较牢固。且成键原子绕键轴作相对旋转时，并不影响电子云的重叠程度，也就是不会破坏 σ 键，因此以 σ 键相连的两个原子可以作相对旋转，其电子云分布不发生变化。甲烷的其他模型如图 2-3～图 2-5 所示。

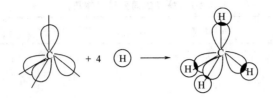

图 2-2　甲烷的形成和碳氢 σ 键

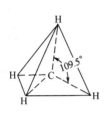 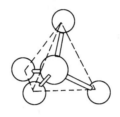 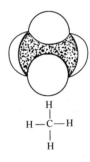

图 2-3　甲烷分子的正四面体模型　　图 2-4　甲烷分子的球棍模型　　图 2-5　甲烷分子的斯陶特模型

2. 其他烷烃的结构

其他烷烃分子的结构与甲烷分子相似，分子中的每个碳原子也都是正四面体结构。如乙烷分子中含有两个碳原子，其 C—C 键是由两个 sp^3 轨道形成的，每个碳原子余下的三个 sp^3 轨道分别与三个氢原子的 1s 轨道重叠形成三个 C—H(σ) 键。这样乙烷分子中六个 C—H 键都是等同的。

由于 sp^3 杂化碳原子的几何构型为正四面体，各键之间的夹角为 109.5°，这就决定了丙烷以上的高级烷烃碳原子的排列不是直线形的。由于 σ 键可以自由旋转，因此，可形成多种曲折形式。但为了方便起见，一般在书写构造式时，仍写成直链形式。

四、烷烃的构象

由于 σ 键可以沿键轴自由旋转，使碳原子上所连接的原子或原子团在空间排列成不同的形式，称为构象，引起的这种异构现象称为构象异构。一个分子可有无数个构象异构体。

1. 乙烷的构象

乙烷分子中两个甲基以单键相连，如果固定一个甲基，而使另一个甲基绕 C—C 单键旋转，就会使碳原子上的氢原子在空间的相对位置随之发生变化，产生不同的构象。乙烷可以有无数的构象，但其中典型的构象有两种：一种是交叉式，另一种是重叠式。为了便于观察，常用透视式和纽曼（Newman）投影式（图 2-6）来表示构象。

纽曼投影式是沿 C—C 键向垂直于键轴的纸面投影，用一圆圈代表后面一个碳原子，从圆圈向外伸出的线表示后面一个碳原子上的键，用圆心代表离眼睛较近的碳原子，与这个圆心相连的线表示该碳原子上的键。

将后面一个甲基固定，并将甲基氢原子朝上为标准，然后把前面一个甲基沿 C—C 键轴旋转，当前后两个碳上的 C—H 键在纸面上的投影线之间的夹角为 0 时，两甲基上的氢原子相互重叠，叫重叠式构象。当旋转角度达到 60° 时，后一个甲基的氢原子正好在前一个甲基上两上氢原子之间，这时两个甲基互相交叉，称交叉式构象。

在交叉式构象中，两个碳原子上的氢原子以及 C—H 键 σ 电子对之间的距离最远，相互排斥力最小,整个分子体系的能量最低,这种构象最稳定,称为优势构象。而在重叠式构象中,两个碳原子上的氢原子以及C—H键的σ电子对之间距离最近,斥力最大,分子体系的能量最高,不稳定。重叠式构象的能量比交叉式构象的能量高出12.5kJ/mol(图2-7)。

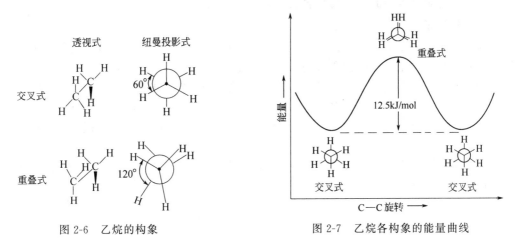

图2-6 乙烷的构象

图2-7 乙烷各构象的能量曲线

2. 丁烷的构象

在丁烷分子中,以C2—C3键作为旋转键轴也会产生无数构象,其中比较典型的有四种。

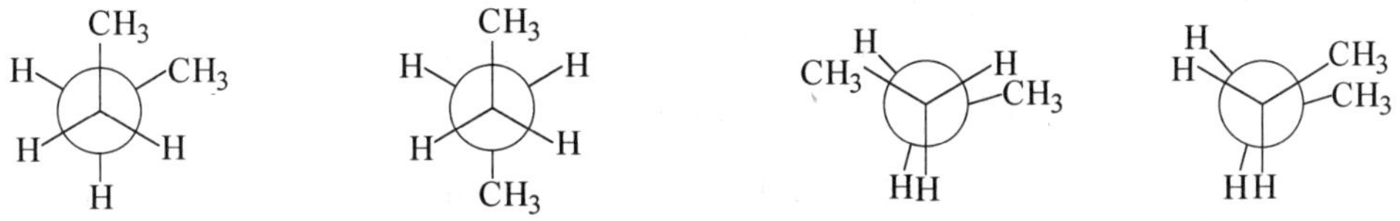

斜交叉式 Ⅰ　　全交叉式 Ⅱ　　半重叠式 Ⅲ　　全重叠式 Ⅳ

可以看出,在全交叉式构象中,两个甲基相距最远,斥力最小,能量最低,而全重叠式构象中,两个甲基相距最近,斥力最大,体系能量最高。丁烷各构象的能量曲线见图2-8。

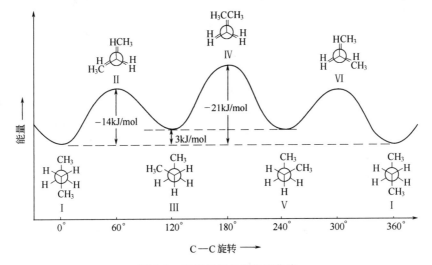

图2-8 丁烷各构象的能量曲线

全交叉式能量最低、最稳定,是优势构象。室温时,全交叉式占68%,斜交叉式占32%,重叠式很少。由于能垒很小,分子热运动可使各个构象迅速相互转变。但在极低的温度下，分子碰撞能降低，平均内能降低，可分离得到优势构象。

五、烷烃的命名

对于烷烃的命名常用的有普通命名法和系统命名法。

1. 普通命名法

普通命名法是历史逐渐形成并且沿用至今的一种最常用的方法，又叫习惯命名法，这种命名法对于一些简单化合物的命名特别有用，基本原则如下。

① 对直链的烷烃叫做"正某烷"，"某"是指烷烃中碳原子的数目，在十以内用甲、乙、丙、丁、戊、己、庚、辛、壬、癸表示，十以上用中文数字表示。例如：

$$CH_3CH_2CH_2CH_3 \qquad CH_3CH_2CH_2CH_2CH_2CH_2CH_2CH_2CH_2CH_2CH_2CH_3$$
$$\text{正丁烷} \qquad\qquad \text{正十二烷}$$

② 把链端第二位碳原子上连有一个甲基支链的，叫做"异"某烷；把链端第二位碳原子上连有两个甲基支链的，叫做"新"某烷，例如：

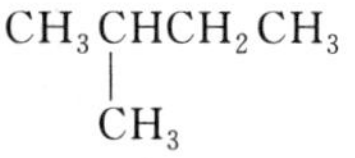

异戊烷 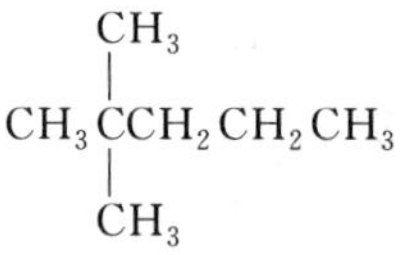　　　　　　新庚烷

普通命名法仅适用于含碳原子数较少、结构简单的烷烃，结构复杂的则不适用。

烷烃分子中去掉一个氢原子后剩下的原子团叫做烷基，其通式为"$C_nH_{2n+1}-$"常用 R— 表示。表 2-2 列出了常见烷基的构造式及命名。

表 2-2　常见烷基的构造式及命名

碳原子数	烷 烃	烷 基	命 名	英文缩写
1	甲烷 CH_4	CH_3-	甲基	Me—
2	乙烷 C_2H_6	CH_3CH_2-　C_2H_5-	乙基	Et—
3	丙烷 C_3H_8	$CH_3CH_2CH_2-$	正丙基	n-Pr—
		CH_3-CH-　$(CH_3)_2CH-$ 　　　$|$ 　　CH_3	异丙基	i-Pr—
4	丁烷 C_4H_{10}	$CH_3CH_2CH_2CH_2-$	正丁基	n-Bu—
		$CH_3-CH-CH_2-$ 　　$|$ 　CH_3	异丁基	i-Bu—
		CH_3-CH_2-CH- 　　　　$|$ 　　　CH_3	仲丁基	sec-Bu—
		$\quad CH_3$ $\quad\,\,|$ CH_3-C- $\quad\,\,|$ $\quad CH_3$	叔丁基	t-Bu—

2. 系统命名法

系统命名法是常用的命名方法。它是在日内瓦命名法的基础上经过国际纯粹与应用化学联合会（international union of pure and applied chemistry，IUPAC）多次修订后的命名法，现已普遍为各国所采用。我国所用的系统命名法，也是根据此命名法，结合我国文字的特点制定的。

第二章 脂肪烃和脂环烃

系统命名法对于直链烷烃的命名，与普通命名法相同，但不写"正"字，例如：

$$CH_3CH_2CH_2CH_2CH_3$$

普通命名法　　　　　正戊烷
系统命名法　　　　　戊　烷

对于带支链的烷烃，可以看作是直链烷烃的烷基衍生物，应按下列规则命名。

（1）**选择主链**　从烷烃的构造式中，选择最长碳链作主链，而把主链以外的其他烷基看做主链上的取代基。例如：

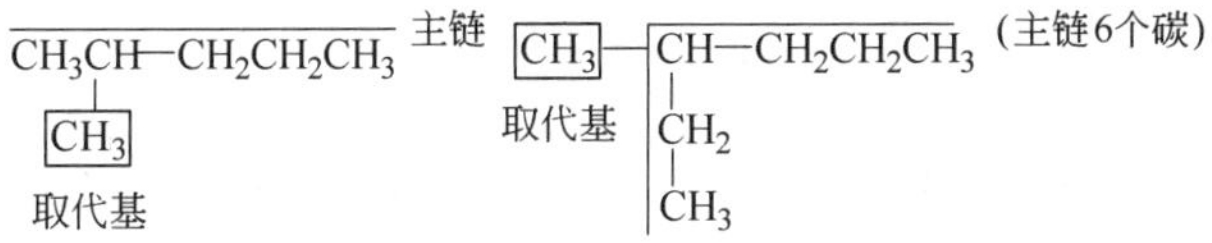

若分子中有两条以上等长的最长碳链时，要选择取代基最多的最长碳链作主链。例如：

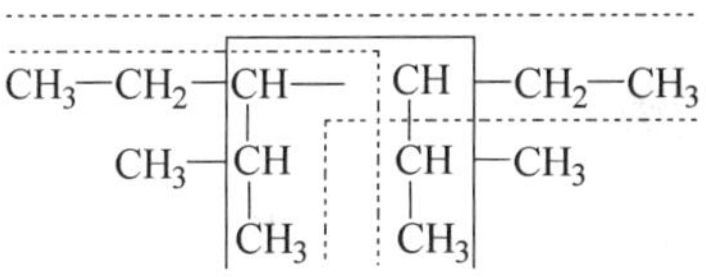

四条最长碳链均为六个碳原子，但虚线所划的碳链连接两个或三个取代基，而实线所划的碳链则连接四个取代基，故应选择上述实线所划的碳链为主链。

（2）**主链编号**　从靠近取代基一端（支链）开始，把主链上的碳原子依次用阿拉伯数字进行编号。

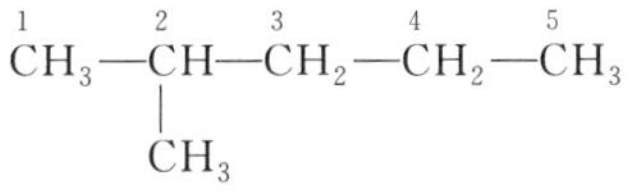

正确编号 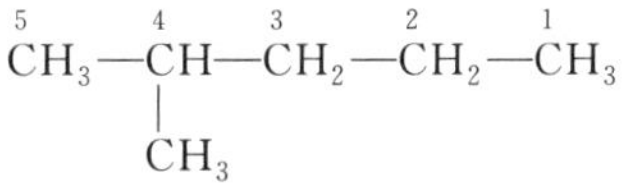　　　　　　　　　　错误编号

若从主链任何一端开始，第一个支链的位次都相同时，则把构造比较简单的支链编为较小的位次。例如：

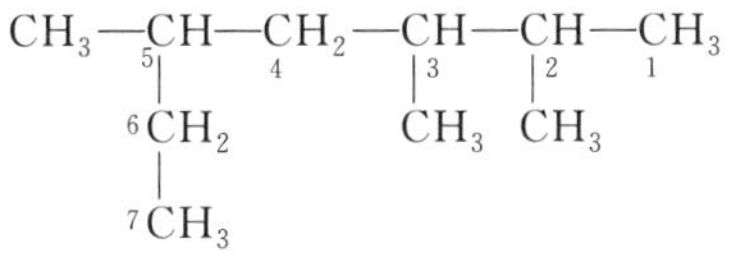

正确编号 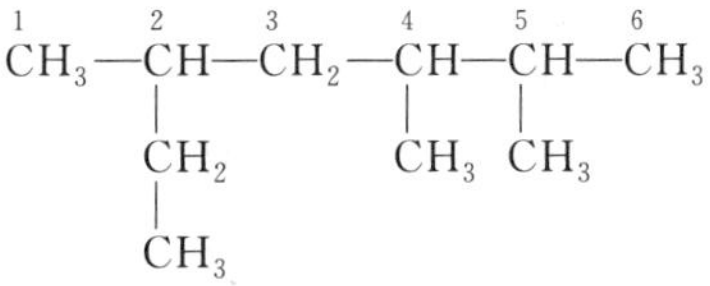　　　　　　　　　　错误编号

若从主链上任何一端开始，第一个支链的位次且取代基都相同时，应当采用使取代基具有"最低系列"的编号。所谓"最低系列"指的是从碳链不同方向编号，得到两种不同编号的系列，则逐次逐项比较各系列的不同位次，最先遇到位次最小者的系列，定为"最低系列"。例如：

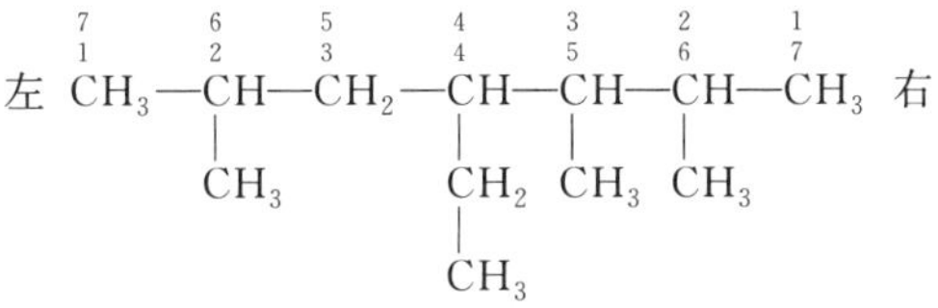

从左至右编号取代基位次：2、4、5、6；
从右至左编号取代基位次：2、3、4、6（最低系列）。
从上可见，从右至左编号，第二项首先出现最小，所以该编号系列为最低系列。

（3）**写出全称**　把取代基的位次、名称依次写在母体烷烃之前，若含有几个取代基，则小的写在前面,大的写在后面,若含有两个以上的相同取代基,则把它们合并起来,在取代基的名称之前用中文数字二、三等表示相同取代基的数目,注意取代基的位次必须逐个用阿拉伯数字注明,位次的阿拉伯数字之间要用","隔开,阿拉伯数字与取代基名称之间必须用半字线"-"隔开。例如:

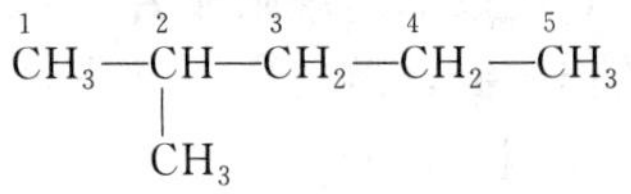

$$\underset{1}{CH_3}-\underset{2}{\underset{|}{CH}}-\underset{3}{CH_2}-\underset{4}{CH_2}-\underset{5}{CH_3}$$
$$\underset{}{CH_3}$$

2-甲基戊烷

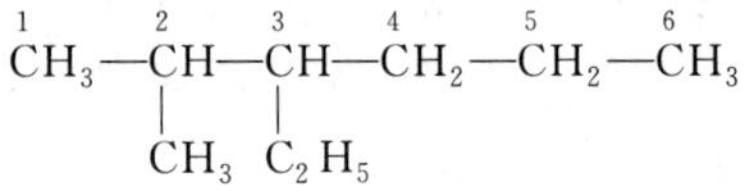

$$\underset{1}{CH_3}-\underset{2}{\underset{|}{CH}}-\underset{3}{\underset{|}{CH}}-\underset{4}{CH_2}-\underset{5}{CH_2}-\underset{6}{CH_3}$$
$$\underset{}{CH_3}\ \ \underset{}{C_2H_5}$$

2-甲基-3-乙基己烷

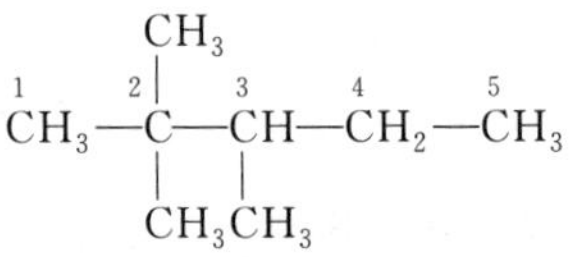

$$\underset{1}{CH_3}-\underset{2}{\underset{|}{\underset{|}{C}}}-\underset{3}{\underset{|}{CH}}-\underset{4}{CH_2}-\underset{5}{CH_3}$$
$$\underset{}{CH_3\ CH_3}$$

2,2,3-三甲基戊烷

$$\underset{1}{CH_3}-\underset{2}{CH_2}-\underset{3}{\underset{|}{CH}}-\underset{4}{\underset{|}{C}}-\underset{5}{CH_2}-\underset{6}{CH_2}-\underset{7}{CH_3}$$
$$\underset{}{C_2H_5\ CH_3}$$

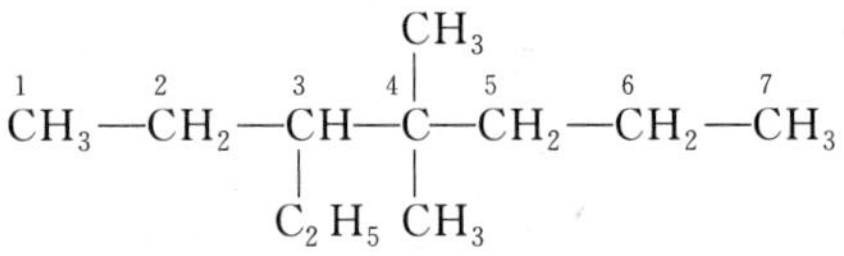

4,4-二甲基-3-乙基庚烷

六、烷烃的物理性质

有机化合物的物理性质通常指物态、熔点、沸点、密度、折射率、溶解度等,这些物理性质是鉴别有机化合物的重要依据。同时这些性质对于正确、安全、合理地使用有机化合物有着重要的指导意义。表 2-3 列出一些直链烷烃的物理常数,从中可以清楚地看出直链烷烃的物理性质随分子量的增加而呈现出一定的递变规律。

表 2-3　一些直链烷烃的物理常数

物态	名　称	分子式	熔点/℃	沸点/℃	密度/(g/cm³)	折射率 n_D^{20}
气态	甲烷	CH_4	-182.5	-164	0.466(-164℃)	
	乙烷	C_2H_6	-183.3	-88.6	0.572(-108℃)	
	丙烷	C_3H_8	-189.7	-42.1	0.5005	
	丁烷	C_4H_{10}	-138.4	-0.5	0.6012	
液态	戊烷	C_5H_{12}	-129.7	36.1	0.6262	1.3575
	己烷	C_6H_{14}	-95.0	68.9	0.6603	1.3751
	庚烷	C_7H_{16}	-90.6	98.4	0.6838	1.3878
	辛烷	C_8H_{18}	-56.8	125.7	0.7025	1.3974
	壬烷	C_9H_{20}	-51	150.8	0.7176	1.4054
	癸烷	$C_{10}H_{20}$	-29.7	174	0.7298	1.4102
	十一烷	$C_{11}H_{24}$	-25.6	195.9	0.7402	1.4176
	十二烷	$C_{12}H_{26}$	-9.6	216.3	0.7487	1.4216
	十三烷	$C_{13}H_{28}$	-5.5	235.4	0.7564	1.4256
	十四烷	$C_{14}H_{30}$	5.9	253.7	0.7628	1.4290
	十五烷	$C_{15}H_{32}$	10	270.6	0.7685	1.4315
	十六烷	$C_{16}H_{34}$	18.2	287	0.7733	1.4345
固态	十七烷	$C_{17}H_{36}$	22	301.8	0.7780	1.4369
	十八烷	$C_{18}H_{38}$	28.2	316.1	0.7768	1.4390
	二十烷	$C_{20}H_{42}$	36.8	343	0.7886	1.4491

(1) 物态　在室温和常压下,$C_1\sim C_4$ 是气态,$C_5\sim C_{16}$ 为液态,C_{17} 以上为固态。

(2) 沸点　直链烷烃的沸点随分子量的增加而有规律地升高,如图 2-9 所示。在相同碳原子数的烷烃异构体中直链烷烃沸点最高，支链烷烃沸点较低，支链愈多，沸点愈低，例如：

名　称	正丁烷	异丁烷	戊烷
构造式	$CH_3CH_2CH_2CH_3$	$(CH_3)_2CHCH_3$	$CH_3CH_2CH_2CH_2CH_3$
沸点/℃	－0.5	－10.2	36.1
名　称	异戊烷	新戊烷	
构造式	$(CH_3)_2CHCH_2CH_3$	$(CH_3)_4C$	
沸点/℃	27.9	9.5	

想一想

不查表，将下列化合物按沸点由高至低的顺序排列。
（1）3,3-二甲基戊烷　（2）正庚烷　（3）2-甲基庚烷　（4）正戊烷　（5）2-甲基己烷

（3）熔点　直链烷烃的熔点随分子量的增加而升高，其中含偶数碳原子的升高幅度比含奇数碳原子的多一些，如图 2-10 所示。

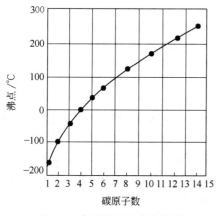

图 2-9　直链烷烃的沸点曲线

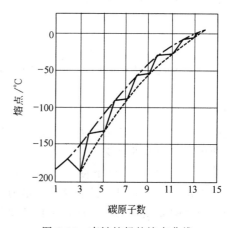

图 2-10　直链烷烃的熔点曲线

（4）密度　直链烷烃的密度随碳原子数的增加而增大，但密度均小于 $1.0g/cm^3$。

（5）溶解度　烷烃难溶于水，易溶于四氯化碳、苯、氯仿等有机溶剂中。

（6）折射率　直链烷烃的折射率随分子量的增加而升高，对于液体烷烃可用折射率进行鉴别，这比利用熔点、沸点、密度等物理常数鉴别烷烃更为准确和可靠。

七、烷烃的化学性质

烷烃分子中都是以比较牢固的 σ 键相连，因此烷烃的化学性质很不活泼，尤其直链烷烃具有很强的稳定性。在常温下不易与强酸、强碱、强氧化剂及强还原剂反应，但在高温、光照或催化剂存在下，则可发生反应。

1. 氧化反应

烷烃在空气中燃烧生成二氧化碳和水，并放出大量的热。例如：

$$CH_4 + 2O_2 \xrightarrow{点燃} CO_2 + 2H_2O \quad \Delta H = 891.0 kJ/mol$$

$$2C_2H_6 + 7O_2 \xrightarrow{点燃} 4CO_2 + 6H_2O \quad \Delta H = 1560.8 kJ/mol$$

燃烧产生的热量，可用于人类的生产和生活。

烷烃燃烧通式为：

$$C_nH_{2n+2} + \frac{3n+1}{2}O_2 \xrightarrow{燃烧} nCO_2 + (n+1)H_2O$$

这是汽油和柴油作为内燃机燃料的基本原理。

在化工生产中，可以控制适当的条件使烷烃发生部分氧化，生成一系列有用的含氧衍生物。如用石油的轻油馏分（主要含 C_4H_{10}）氧化生产乙酸，用石蜡（$C_{20}\sim C_{30}$ 的烷烃）氧化成高级脂肪酸。又如甲烷可氧化生成甲醛或一氧化碳和氢气的混合物。

$$CH_4 + O_2 \xrightarrow[600℃]{NO} \underset{甲醛}{HCHO} + H_2O$$

$$CH_4 + \frac{1}{2}O_2 \xrightarrow[650℃]{Ni\text{-}Al_2O_3} CO + 2H_2$$

一氧化碳和氢气的混合物俗称合成气，可用来合成甲醇、氨、尿素等。

2. 裂化反应

烷烃在隔绝空气的情况下进行热分解的反应叫裂化反应。裂化反应的实质是 C—C 键和 C—H 键的断裂，其产物是复杂的混合物。例如：

$$CH_3-CH_2-CH_2-CH_3 \xrightarrow{\triangle} \begin{cases} \underset{甲烷}{CH_4} + \underset{丙烯}{CH_3-CH=CH_2} \\ \underset{乙烯}{CH_2=CH_2} + \underset{乙烷}{CH_3-CH_3} \\ H_2 + \underset{1\text{-}丁烯}{CH_3-CH_2-CH=CH_2} \end{cases}$$

得到的甲烷、乙烷、乙烯、丙烯、1-丁烯都是重要的基本有机化工原料。裂化反应在石油化学工业中有很重要的意义。

若在高于 700℃ 温度下将石油进行深度裂化，这个过程在石油工业中叫做裂解，可以得到更多的化工基本原料，其主要目的是为了得到更多的低级烯烃（化工原料），而裂化是为了得到更多的高质量汽油，这是裂解和裂化的不同之处。

3. 卤代反应

烷烃中的氢原子被卤原子（氯原子、溴原子）取代的反应，叫做卤代反应。

烷烃与氯气在室温和黑暗中不起反应，但在高温或光照下反应却很剧烈。例如甲烷与氯气的混合物在日光照射下可发生爆炸，生成氯化氢和碳。

$$CH_4 + 2Cl_2 \xrightarrow{日光} C + 4HCl$$

若在漫射光或热（约在 400℃）的作用下，甲烷中的氢原子可逐渐被氯原子取代，得到一氯甲烷、二氯甲烷、三氯甲烷和四氯化碳四种产物的混合物。

$$CH_4 + Cl_2 \xrightarrow[或 \triangle]{光照(h\nu)} \underset{一氯甲烷}{CH_3Cl} + HCl$$

$$CH_3Cl + Cl_2 \xrightarrow{h\nu} \underset{二氯甲烷}{CH_2Cl_2} + HCl$$

$$CH_2Cl_2 + Cl_2 \xrightarrow{h\nu} \underset{三氯甲烷}{CHCl_3} + HCl$$

$$CHCl_3 + Cl_2 \xrightarrow{h\nu} \underset{四氯化碳}{CCl_4} + HCl$$

若控制反应条件，特别是调节甲烷与氯气的摩尔比，可以使某种氯代烷成为其中的主要产品。例如：$n(CH_4):n(Cl_2)=50:1$ 时，一氯甲烷的产量可达 98%，如果 $n(CH_4):n(Cl_2)=1:50$ 时，产物几乎全部是四氯化碳。

> **想一想**
>
> 烷烃发生溴代和氯代的选择性如何？
>
> 一般情况下，烷烃与卤素进行卤代反应时，其反应速率次序是：$F_2>Cl_2>Br_2>I_2$。但由于氟与烷烃的反应过于激烈，难以控制，而碘代反应又难于进行。实际上，卤代反应通常是对氯代和溴代反应而言。
>
> 如果分子中有不同类型的氢原子，则氢原子被取代的活性为：叔氢原子＞仲氢原子＞伯氢原子。

4. 卤代反应的机理

有机化学的反应包括共价键的断裂和形成。根据不同的分子结构和反应条件，共价键可采取两种断裂方式——均裂和异裂，有机反应依此也分为离子型反应和自由基反应两种。

(1) 离子型反应　共价键断裂时，共用电子对完全为成键的某一原子或原子团所有形成正、负离子，这种断裂方式称为异裂。由此引起的反应称为离子型反应。

(2) 自由基反应　共价键断裂时，共用电子对平均分配到成键的两个原子上，生成具有未成对电子的原子或原子团，叫做自由基，这种断裂方式称为均裂。通过均裂引起的反应称为自由基反应。

烷烃的卤代反应是一个典型的自由基反应。以 CH_4 的氯代反应为例，反应经历以下过程。

① 氯分子吸收光子而均裂成两个氯自由基。

链的引发　　　　　　　　$Cl:Cl \xrightarrow{h\nu} Cl\cdot + Cl\cdot$

② 氯自由基很活泼，使甲烷分子中的一个 C—H 键均裂，产生一个新的甲基自由基。

链的增长　　　　　　　　$Cl\cdot + CH_4 \longrightarrow CH_3\cdot + HCl$

③ 甲基自由基与氯分子作用生成一氯甲烷，同时产生新的氯原子自由基。

链的增长　　　　　　　　$CH_3\cdot + Cl_2 \longrightarrow CH_3Cl + Cl\cdot$

生成的自由基再重复②、③的反应，使反应反复地进行下去，并且不断地生成一氯甲烷和氯化氢。但反应不会无限制地进行下去，因为反应体系中的自由基可以相互结合形成稳定化合物，使反应终止。

④ 链的终止　　　　　　　　$Cl\cdot + Cl\cdot \longrightarrow Cl_2$
　　　　　　　　　　　　　　$CH_3\cdot + Cl\cdot \longrightarrow CH_3Cl$
　　　　　　　　　　　　　　$CH_3\cdot + CH_3\cdot \longrightarrow CH_3-CH_3$

这种在引发后能自动进行一连串步骤的反应，叫做链反应。链反应一般包括三个阶段：链引发、链增长和链终止。其中，反应②是慢反应，决定整个反应的速率。由于反应②的试剂为自由基，所以，烷烃的卤代称为自由基链反应。每个氯自由基可以使反应重复 5000 次，即每吸收一个光子可以生成 10000 个氯甲烷分子。

自由基反应常有下列几个特点：①它们都在气相或非极性溶剂中进行；②在室温和暗处并不起反应，但当光照或加热时反应立即进行；③能够引发生成自由基的试剂（如过氧化物、四甲基铅等），在较低温度下也能反应；④反应受自由基抑制剂的抑制。

八、烷烃的来源与重要的烷烃

1. 烷烃的来源

烷烃主要来自石油和天然气。从油田得到未经加工的深褐色的黏稠液体叫原油，主要成分为烃类（烷烃、环烷烃和芳香烃）的混合物。一般可按沸点的不同分馏而得到各种不同的馏分。石油的几种主要馏分大致情况见表 2-4。

表 2-4 石油的几种主要馏分

名 称		大致组成	沸点范围/℃	用 途
石油气		$C_1 \sim C_4$	40 以下	燃料、化工原料
粗汽油	石油醚	$C_5 \sim C_6$	40～60	溶剂
	汽 油	$C_7 \sim C_9$	60～205	内燃机燃料、溶剂
	溶剂油	$C_9 \sim C_{11}$	150～200	溶剂（溶解橡胶、涂料）
煤油	航空煤油	$C_{10} \sim C_{15}$	145～245	喷气式飞机燃料油、工业洗涤油
	煤 油	$C_{11} \sim C_{16}$	160～310	
柴油		$C_{16} \sim C_{18}$	180～350	柴油机燃料
机械油		$C_{18} \sim C_{20}$	350 以上	机械润滑
凡士林		$C_{18} \sim C_{22}$	350 以上	制药、防锈涂料
石蜡		$C_{18} \sim C_{30}$	350 以上	制皂、蜡烛、蜡纸、脂肪酸

天然气广泛存在于自然界，其主要成分为低级烷烃的混合物，通常含 75％甲烷、15％乙烷、5％丙烷，其余则为较高级的烷烃。

2. 重要的烷烃

烷烃的主要来源为天然气和石油，天然气中主要成分是甲烷，同时还含有乙烷、丙烷、丁烷等，它们不仅是重要的能源，也是十分重要的化工原料。

(1) 甲烷 甲烷是由一个碳原子和四个氢原子组成的最简单的有机化合物。它是一种无色、无味、无臭的气体，易溶于乙醇、乙醚等有机溶剂中。与空气混合体积达 5.3％～14％时，遇火就会爆炸。它主要存在于天然气、石油气、沼气、煤矿的坑气中。

利用废物和农业副产物（枯枝叶、垃圾、粪便、污泥）经微生物发酵，可以得到含甲烷体积分数为 50％～70％的沼气。剩余的渣还可用做肥料。所以在农村推广使用沼气一举两得。

煤矿的坑气中混有甲烷，当它含量达到 5％时，就会发生爆炸起火，俗称瓦斯爆炸。

地球表面覆盖着甲烷、水、氨、氮，在阳光的辐射作用下，可以产生氢氰酸、甲醛、氨基酸等，进而缩合生成嘌呤、蛋白质、糖类、核酸等生命的基础物质。

甲烷与水蒸气的混合物，在镍催化作用下，于 725℃反应，生成一氧化碳和氢气的混合物。

$$CH_4 + H_2O \xrightarrow[725℃]{Ni} CO + 3H_2$$

(2) 石油 石油是烷烃的混合物，除天然气外，经分馏可以得到 $C_5 \sim C_9$ 的粗汽油、$C_{10} \sim C_{16}$ 的煤油、$C_{16} \sim C_{20}$ 的润滑油、$C_{20} \sim C_{24}$ 的石蜡及残余物沥青。石油的热裂解是将大烃分子变为较小分子的一种方法，近年来用催化裂解法可在较低的温度和压力下操作，这样可以从石油中获取人类所需要的汽油。汽油中以庚烷的爆炸力最强，异辛烷（2,2,4-三甲基戊烷）爆炸力最弱，所以把这两种作为标准（即辛烷值）。辛烷值越高，燃烧情况越好，增加压缩率，可提高内燃机的效率。辛烷值为 56 的汽油可在公共汽车上使用。辛烷值极高的汽油可用于飞机航行。

有人认为石油是由古代动植物的遗体在压力下受细菌作用经长期的地质变化及各种氧化物催化作用形成的。从石油中可分出血红素、叶绿素、激素等有机物也是该说法的有力证据。

石油目前作为化工原料的主要来源，除了裂解得到较小的烃类分子以外，还可经催化重整得到各种芳香烃化合物。

想一想

柴油和汽油的牌号是如何确定的？

九、烷烃的鉴别

由于烷烃的化学性质稳定，一般不用化学反应来鉴别，而是借助元素分析、溶解度试验、物理常数和波谱分析来鉴别。

当一个有机物其元素定性分析的结果只含有碳、氢两种元素，该化合物又不与水或5%的氢氧化钠、5%的盐酸、浓硫酸作用时，一般就认为该物质可能是烷烃，再通过物理常数的测定或波谱分析，便可鉴定是什么烷烃。

烷烃的元素定性分析方法可通过碳和氢与氧化铜一起加热而测得。碳氧化成CO_2，氢氧化成H_2O。

$$(C,H) + CuO \xrightarrow{\triangle} Cu + CO_2 + H_2O$$

由于烷烃的鉴定在日常分析工作中用得很少，因此这里就不详细介绍了。

阅读材料

从最简单的链烃到系列链烃

烃（tīng）是碳（tàn）和氢（qīng）的切音，表明它是碳氢化合物，这是我国化学家们创造的具有中国特色的化学名词。

甲烷、乙烷、乙炔是三种最简单的烃，都是链烃。它们也是最先得到的链烃化合物。1776年意大利物理学家最先在意大利北部科摩湖的淤泥中收集到一种气体——甲烷。由荷兰化学家卡斯贝特森将酒精与绿矾油（硫酸）共同加热，放出一种气体——乙烯。乙炔俗称电石气，1836年爱尔兰化学教授E.戴维在加热碳和碳酸钾试图制取金属钾的过程中，将残渣（碳化钾）放进水中，结果产生一种气体，并发生爆炸。因而确定它的化学组成是C_2H_2，称为乙炔。

1862年德国化学家肖莱马干馏一种煤所获得的石脑油中分离出戊烷、己烷、庚烷，并在1863年从美国宾夕法尼亚产的石油中获得了它们。

法国化学家日拉尔在1843～1845年所著的《有机化学概论》中，将大量的有机物排列称为homologous（同系物）的系列。他排列出烷系、烯系、炔系的同系物系列。第一系列的成员称为饱和烃，其他两个系列称为不饱和烃。第二系列就按照它的第一个成员最初的命名成油气（olefine），称为烯烃系列。

第一系列与它们的衍生物形成一系列有机化合物，德国化学家霍夫曼又提出为脂肪族化合物。

——摘自凌永乐编. 化学元素的发现. 北京：科学出版社，2000.

1. 写出庚烷的9种同分异构体的构造简式。
2. 用系统命名法命名下列化合物。

(1) 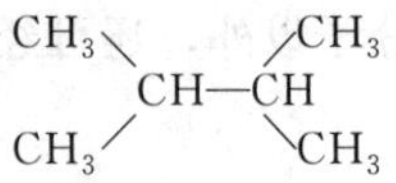

(2) 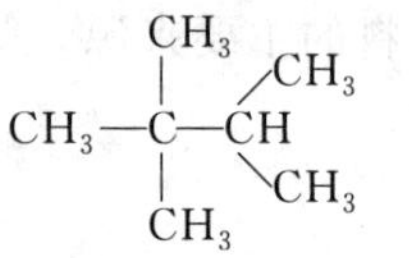

(3) 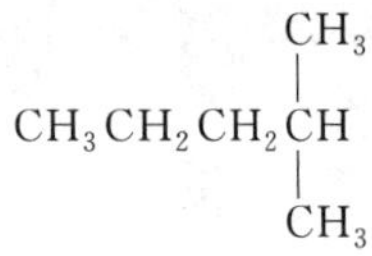

(4) 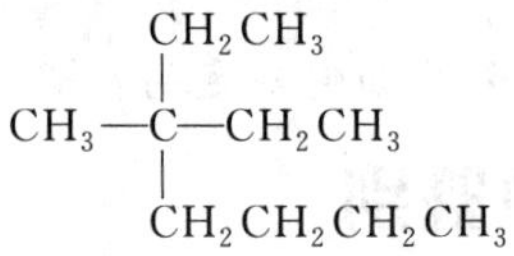

(5) 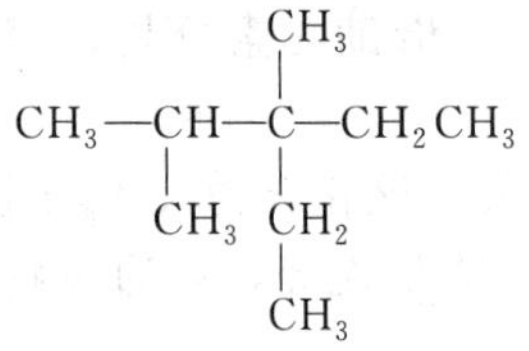

(6) 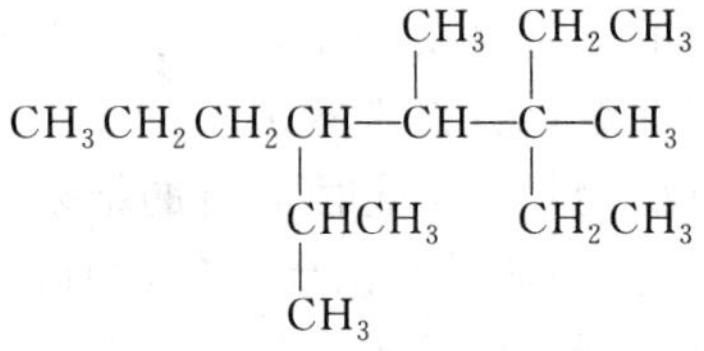

3.写出下列化合物的构造式

(1) 2,3-二甲基己烷

(2) 2-甲基-3-异丙基庚烷

(3) 2,2,3,4-四甲基戊烷

(4) 2,3,4-三甲基-3-乙基戊烷

4.写出符合下列条件的 C_5H_{12} 的构造式，并以系统命名法命名。

(1) 只含有伯氢，没有仲氢或叔氢

(2) 只含有一个叔氢

(3) 只含有伯氢和仲氢而无叔氢

5.按下列名称写出相应的构造式，并指出原名称违背了哪些命名原则，试写出正确名称。

(1) 2-乙基丁烷

(2) 2,4-二甲基丁烷

(3) 3-异丙基庚烷

(4) 3,4-二甲基戊烷

(5) 2-乙基戊烷

(6) 2,2,4-三甲基戊烷

(7) 2,5,6,6-四甲基-1-乙基辛烷

(8) 1,1,1-三甲基丁烷

6.写出下列分子的透视式和纽曼投影式所表示的构造式。

(1) 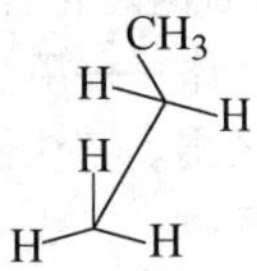

(2) 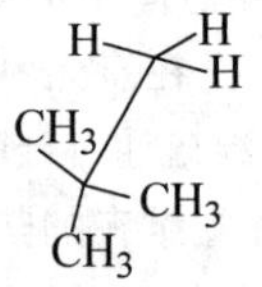

(3) 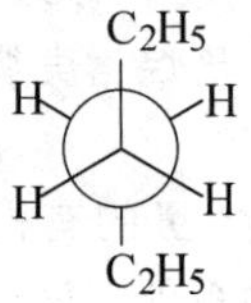

(4) 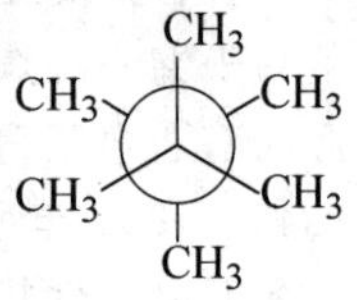

第二节 烯烃

一、烯烃的通式、同分异构与分类

1. 烯烃的通式

烯烃含有一个碳碳双键（C ═C），它比同碳原子数的烷烃少两个氢，因此，烯烃的通式为 C_nH_{2n}（$n \geqslant 2$）。这个通式代表一系列的烯烃。例如 $CH_2═CH_2$、$CH_3CH═CH_2$、

$CH_3CH_2CH=CH_2$ 等，它们都互为同系物。

2. 烯烃的同分异构

由于烯烃含有碳碳双键，碳碳双键又不能自由旋转。因此，同分异构现象比烷烃复杂。

（1）**烯烃的构造异构** 烯烃的构造异构除碳链异构外，还由于双键在链中的位置不同，即官能团位置异构而产生。例如在烯烃的同系物中，乙烯和丙烯都没有异构体，从丁烯开始有构造异构现象。

$$CH_3-CH_2-CH=CH_2 \qquad CH_3-CH=CH-CH_3 \qquad CH_3-\underset{\underset{CH_3}{|}}{C}=CH_2$$

  1-丁烯   2-丁烯   2-甲基-1-丙烯
   ①   ②   ③

丁烯有三个构造异构体，其中①和③或②和③是碳链异构体，①和②是位置异构体。

（2）**烯烃的顺反异构** 烯烃的官能团是碳碳双键，由于双键两端碳原子所连接的四个原子都是处在同一平面上，碳碳双键又不能自由旋转。因此，当双键的两个碳原子上各连有不同的原子或基团时，就可能存在两种不同的空间排列方式，形成两个不同的化合物。例如：2-丁烯有下列两种空间不同排列的异构体。

$$\underset{H}{\overset{CH_3}{}}C=C\underset{H}{\overset{CH_3}{}} \qquad\qquad \underset{H}{\overset{CH_3}{}}C=C\underset{CH_3}{\overset{H}{}}$$

   顺-2-丁烯   反-2-丁烯

通常把这种异构现象叫做顺反异构现象。两个相同原子或基团处于碳碳双键同侧的，叫做顺式异构体。两个原子或基团处于碳碳双键异侧的，叫做反式异构体。

必须指出，并不是所有含双键的化合物都存在顺反异构现象，只有在碳碳双键的两个碳原子上分别连有不同的原子或基团时，才产生顺反异构现象。例如：

$$\underset{b}{\overset{a}{}}C=C\underset{b}{\overset{a}{}} \qquad \underset{b}{\overset{a}{}}C=C\underset{d}{\overset{a}{}} \qquad \underset{b}{\overset{a}{}}C=C\underset{e}{\overset{d}{}}$$

（式中 a、b、d、e 代表四个不同的原子或基团）如果任何一个双键碳原子上连有两个相同的原子或基团时，就不可能发生顺反异构现象。例如：

$$\underset{a}{\overset{a}{}}C=C\underset{b}{\overset{a}{}} \qquad \underset{b}{\overset{a}{}}C=C\underset{b}{\overset{d}{}}$$

1-丁烯、异丁烯就属这种情况，所以没有顺反异构体。

顺反异构体不仅在化学活泼性上有差异，并且其物理性质也存在很大的差异，因此可利用它们性质上的差异进行鉴别。

二、烯烃的结构

1. 烯烃的结构特点

在烯烃分子中，双键碳原子和其他原子结合时，其价电子采取 sp^2 杂化方式，即由一个 s 轨道与两个 p 轨道进行杂化，形成三个能量均等的 sp^2 杂化轨道，呈平面三角形分布，余下一个 p 轨道不参与杂化。三个 sp^2 杂化轨道的轴在同一个平面上，键角都是 120°。只有这样，三个杂化轨道才能彼此相距最远，从而互斥作用最小。余下的一个 p 轨道保持原来的形状，其轴垂直于三个 sp^2 杂化轨道形成的平面。以乙烯分子为例，两个 sp^2 杂化的碳原子分别形成两个 sp^2-s 的 C—H σ 键和一个 sp^2-sp^2 的 C—C σ 键，所有原子均在同一平面上。p 轨道垂直于分子平面，并且相互平行，它们彼此侧面重叠形成 π 键。因此乙烯分子中的双键是由一个 σ 键和一个 π 键组成，见图 2-11、图 2-12。

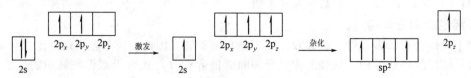

图 2-11 碳原子轨道的 sp^2 杂化

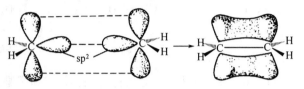

二维码2 π键的形成

图 2-12 乙烯分子中 π 键的形成

想一想

C═C 能否像 C—C 那样旋转？为什么？

2. σ 键与 π 键比较

烯烃分子结构中都含有 π 键，π 键的特性可通过与 σ 键比较说明，如表 2-5 所示。

表 2-5 π 键与 σ 键比较

项 目	σ 键	π 键
(1)存在情况	可存在于任何共价键中	不能单独存在，必须与 σ 键共存
(2)成键情况	① 沿键轴方向成键 ② 电子云密集在成键的两原子间，近似圆柱形 ③ 有对称轴 ④ 电子云重叠面积大	① 电子云侧面交叉成键 ② 电子云分布在 σ 键所在平面上两侧 ③ 无对称轴 ④ 电子云重叠面积小
(3)键的性质	① 以 σ 键为轴可自由旋转 ② 键能较大 ③ σ 电子云流动性小，不易极化，σ 键稳定	① π 键不能自由旋转 ② 键能较小 ③ π 电子云流动性较大，易极化，π 键性质活泼

3. 其他烯烃的结构

其他烯烃分子中的碳碳双键，也都是由一个 σ 键和一个 π 键组成，π 键垂直于 σ 键所在的平面，以丙烯为例，其分子结构简要表示如下：

$$\underset{sp^3}{H-\underset{|}{\overset{|}{C}}}-\underset{sp^2\pi}{\overset{H}{\underset{||}{C}}}\overset{\sigma}{=}\underset{sp^2}{\overset{H}{\underset{|}{C}}}-H$$

三、烯烃的命名

应用最广泛的是系统命名法和 Z-E 命名法。

1. 系统命名法

烯烃的系统命名原则与烷烃相似，主要原则是：

① 选择含有双键的最长碳链作为主链，按碳原子数称为某烯；

② 从靠近双键一端把主链碳原子依次编号，双键的位置用双键碳原子中编号较小的数字表示；

③ 将双键位置标在名称前，即按取代基位置、取代基名称、双键位置、主链烯烃顺序

来命名。

例如：

$CH_2=CH-CH-CH_3$
           |
           CH_3

3-甲基-1-丁烯

$CH_3-CH=CH-CH_2$
       | |
       CH_3 CH_2CH_3

3-甲基-2-乙基-1-丁烯

$CH_3-CH=C-CH_2-CH_3$
         |
         CH_3

3-甲基-2-戊烯

$\begin{matrix} & & CH_3 & & \\ & & | & & \\ & HC-CH_3 & & & \\ & | & & & \\ CH_2=C-CH_2-C-CH_2-CH_3 \\ & & & | & \\ & & & CH_3 & \end{matrix}$

4,4-二甲基-2-异丙基-1-己烯

2. Z-E 命名法

(1) Z-E 命名法中的次序规则

① 比较与主链碳原子直接相连的原子的原子序数，原子序数大的次序在前，同位素按质量大小顺序排列。例如：

$$Br>Cl>P>O>N>C>H$$

② 如果与主链碳原子直接相连的原子相同，则比较第二个原子，依此类推。

CH_3 CH_3
  | |
$CH_3-C->CH_3-CH->CH_3CH_2->CH_3-$
  |
CH_3

③ 如果基团中有双键或三键，看作是以单链连接了两个或三个相同的原子，如：

$-CH=CH_2$ 相当于 $-C-CH_2$ $-C\overset{O}{\underset{H}{=}}$ 相当于 $-C-O$
                      | | | |
                      H CH_2 H   H

$-C\equiv N$ 相当于 $-C\overset{N}{\underset{N}{\equiv}}N$ $-C\overset{OH}{=}O$ 相当于 $-C\overset{OH}{-}O$
                                                                                    |
                                                                                    O

所以 $CH\equiv C->-C(CH_3)_3>CH_2=CH->(CH_3)_2CH-$

(2) Z-E 命名法　用顺反异构命名法命名时，则把两个双键碳原子上所连的两个相同的原子或基团在双键同侧的称为顺式，相同基团在双键异侧的称为反式。例如：

$\begin{matrix} CH_3 & & CH_3 \\ & C=C & \\ H & & H \end{matrix}$ $\begin{matrix} CH_3 & & H \\ & C=C & \\ H & & CH_3 \end{matrix}$

顺-2-丁烯　　　反-2-丁烯

如果双键碳原子上连有四个不同的取代基，则很难用顺反命名法来确定构型，且容易造成混乱。国际上统一规定用 Z-E 命名法，Z 是德文 Zusammen 的字头，指同一侧的意思，E 是德文 Entgegen 的字头，表示相反的意思。Z-E 命名法是分别比较双键两个碳原子上所连两个基团的次序大小，如果两个次序大的基团在双键同侧则称 Z，如果两个次序大的基团在双键两侧的则称 E。有时为清楚和方便，常常利用箭头表示双键碳原子上的两个原子或基团由优先顺序的编号大到小的方向，即大→小，当两个箭头方向一致时，是 Z 式，反之是 E 式。
例如：

$\begin{matrix} CH_3 & & CH_2CH_3 \\ & C=C & \\ H & & CH_3 \end{matrix}$ $\begin{matrix} CH_3 & & CH_3 \\ & C=C & \\ H & & Br \end{matrix}$ $\begin{matrix} CH_3 & & CH_2CH_3 \\ & C=C & \\ CH_3CH_2 & & CH(CH_3)_2 \end{matrix}$

Z-3-甲基-2-戊烯　　　E-2-溴-2-丁烯　　　Z-3-甲基-4-异丙基-3-庚烯

烯烃分子中去掉一个氢原子剩下的基团称为烯基，如

$CH_2=CH-$　　　　$CH_2=CH-CH_2-$　　　　$CH_3-CH=CH-$
乙烯基　　　　　　　烯丙基　　　　　　　　　　丙烯基

四、烯烃的物理性质

烯烃的物理性质也是随碳原子数的增加而呈规律性的变化。它们的熔点、沸点、密度随着分子量的增加而增加（熔点规律性较差），相对密度都小于1，难溶于水而易溶于有机溶剂。$C_2 \sim C_4$ 的烯烃为气体，$C_5 \sim C_{15}$ 为液体，高级的烯烃为固体。反式异构体的熔点比顺式异构体高，但沸点则比顺式异构体低，部分烯烃的物理常数见表2-6。

表2-6　烯烃的物理常数

名称	熔点/℃	沸点/℃	相对密度(d_4^{20})	折射率
乙烯	−169.5	−103.7	0.570	1.363(−100℃)
丙烯	−185.2	−47.7	0.610	1.3675(−70℃)
1-丁烯	−130	−6.4	0.625	1.3777(−25℃)
顺-2-丁烯	−139.3	3.5	0.621	1.3931(−25℃)
反-2-丁烯	−105.5	0.9	0.604	1.3845(−25℃)
1-戊烯	−166.2	30.11	0.641	1.3877
1-己烯	−139	63.5	0.673	1.3837
1-庚烯	−119	93.3	0.698	1.3998
1-辛烯	−107.1	121.3	0.715	1.4448

五、烯烃的化学性质

烯烃的结构特点是有碳碳双键，π键比较活泼，容易断裂，烯烃的主要反应就发生在π键上。烯烃的主要反应是在碳碳双键上易发生加成、氧化和聚合反应，以及α-氢原子易发生取代反应等。

1. 加成反应

烯烃与其他试剂反应时，π键断裂，试剂中的两个一价原子或原子团分别加到双键两端的碳原子上，生成饱和化合物，这种反应称为加成反应。烯烃在一定的反应条件下可与氢气、卤素、卤化氢、硫酸、水发生加成反应。例如：

$$CH_2=CH_2 \begin{cases} \xrightarrow{H_2, Ni/\triangle} CH_3-CH_3 \\ \xrightarrow{X_2/CCl_4} H_2C(X)-CH_2(X) \quad (X=Cl, Br) \\ \xrightarrow{HX} H_2C(H)-CH_2(X) \quad (X=Cl, Br) \\ \xrightarrow{H_2SO_4, 0\sim15℃} CH_2(H)-CH_2(OSO_3H) \text{（硫酸氢乙酯）} \xrightarrow{H_2O} CH_3CH_2OH \\ \xrightarrow{H_3PO_4, 硅藻土, \triangle}_{H_2O} CH_3CH_2OH \text{（乙醇）} \\ \xrightarrow{HOX, 70℃} CH_2(X)-CH_2(OH) \quad (X=Cl, Br) \text{（卤乙醇）} \end{cases}$$

上述反应物乙烯分子是对称分子，因此无论试剂加在哪个双键碳上，其产物都是相同的。而对于不对称烯烃如 $CH_3CH=CH_2$ 与不对称试剂如卤化氢加成时，从理论上则会生成两种产物，例如：

$$CH_3CH=CH_2 + HBr \longrightarrow \underset{(I)}{CH_3\underset{Br}{\underset{|}{C}}H\underset{H}{\underset{|}{C}}H_2} + \underset{(II)}{CH_3\underset{H}{\underset{|}{C}}H\underset{Br}{\underset{|}{C}}H_2}$$

马尔科夫尼科夫（Markovnikov）研究了大量的反应后得出一条经验规律：不对称烯烃与不对称试剂加成时，氢原子总是加到含氢较多的双键碳原子上，这条经验规律称为马尔科夫尼科夫加成规则，简称马氏加成规则，则上述反应中（Ⅰ）为主产物。又如：

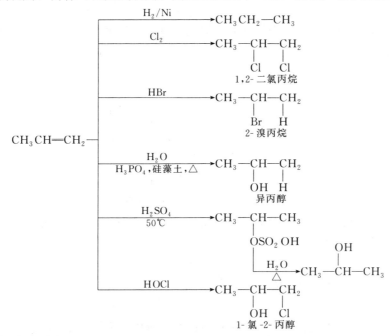

2. 亲电加成反应机理

（1）亲电加成反应　在有机反应中，由亲电试剂（路易斯酸）进攻而引起的加成反应称为亲电加成反应。由于反应中间体是正、负离子，所以又称为离子型反应。烯烃的加成属亲电加成反应。其基本机理如下。

① 试剂异裂形成离子

$$A:B \longrightarrow A^+ + B^-$$

② 亲电试剂进攻受极化的 π 键，形成碳正离子中间体。这一步反应的活化能较高，是慢反应。

$$\underset{\diagup}{\diagdown}C=C\underset{\diagdown}{\diagup} + A^+ \xrightarrow{慢} -\underset{|}{\overset{|}{C}}-\overset{+}{\underset{|}{\overset{A}{C}}}-$$

③ 碳正离子很活泼，一旦形成随即与反应体系中的亲核试剂结合。

$$-\underset{|}{\overset{+}{\underset{|}{C}}}-\overset{A}{\underset{|}{\overset{|}{C}}}- + B^- \xrightarrow{快} -\underset{|}{\overset{B}{\underset{|}{C}}}-\overset{A}{\underset{|}{\overset{|}{C}}}-$$

烯烃与卤化氢的加成就是如此：

$$HCl \longrightarrow H^+ + Cl^-$$

$$CH_2=CH_2 + H^+ \xrightarrow{慢} CH_3-CH_2^+$$

$$CH_3-CH_2^+ + Cl^- \xrightarrow{快} CH_3-CH_2Cl$$

烯烃与卤素的加成要复杂一些。当溴接近双键时，溴分子的 σ 键受到 π 电子的影响而极化。溴原子与 π 电子形成一个 π 配合物，继续极化，π 键破裂形成带正电荷的三元环状溴鎓离子中间体。

$$\begin{matrix} CH_2 \\ \| \\ CH_2 \end{matrix} + Br^{\delta+}-Br^{\delta-} \longrightarrow \left[\begin{matrix} CH_2 \\ \| \\ CH_2 \end{matrix} \longrightarrow Br^+ \cdots Br^- \right] \longrightarrow \begin{matrix} CH_2 \\ | \\ CH_2 \end{matrix} \!\!\!\!\!\! \overset{+}{Br} + Br^-$$

　　　　　　　　　　　　　　　　过渡态　　　　　　　溴鎓离子

中间体一经形成，体系中的亲核试剂立即从溴原子的背面进攻碳原子，因此，烯烃同卤素加成属反式加成。

$$CH_2\overset{+}{\underset{Br}{\diagup\!\!\!\diagdown}}CH_2 + Br^- \longrightarrow \begin{matrix} Br & H \\ | & | \\ C-C \\ | & | \\ H & Br \\ H & H \end{matrix}$$

$$\bigcirc + Br_2 \longrightarrow \begin{matrix} Br & H \\ \bigcirc \\ H & Br \end{matrix}$$

反-1,2-二溴环己烷

如果反应体系中有其他亲核试剂存在，也会在此时加入反应。因此，乙烯在溶液中有 NaCl 存在时与溴加成则生成两种产物。

$$CH_2=CH_2 + Br_2 \xrightarrow{NaCl} \underset{Br}{\overset{Br}{\underset{|}{CH_2-CH_2}}} + \underset{Cl}{\overset{Br}{\underset{|}{CH_2-CH_2}}}$$

（2）诱导效应　在电负性不同的原子形成的共价键中，成键电子云偏向电负性较大的一方，使共价键出现极性，共价键的极性影响到分子中其他部分，使整个分子的电子云密度分布发生一定程度的改变。这种由于成键原子间电负性的差异，共价键产生极性，并通过静电诱导作用，沿着碳链向某一方向偏移，这种原子间的相互影响称为诱导效应，常用符号"I"表示。例如，1-氯代丙烷分子中电子云的偏移情况。

$$H \xrightarrow{\delta\delta\delta+} C^3 \xrightarrow{\delta\delta+} C^2 \xrightarrow{\delta+} C^1 \xrightarrow{\delta-} Cl$$

由于 C—Cl 键的极性，使电子云沿碳链向氯原子偏移，不但与氯原子直接相连的 C^1 产生部分正电荷，也使其他碳原子产生稍弱和更弱的部分正电荷。箭头"→"表示电子云的偏移方向。诱导效应沿碳链而逐渐减弱，第 3 个碳原子后，可忽略不计。

诱导效应电子云的偏移方向是以 C—H 键中的氢作为比较标准，当其他原子或原子团 X 或 Y 取代氢原子，电子云密度分布就发生了改变；若取代原子或原子团 X 的电负性大于氢原子，则电子云偏向 X，X 称为吸电子基，由吸电子基引起的诱导效应称为吸电子诱导效应，常以 −I 表示。反之，当取代原子或原子团 Y 的电负性小于氢原子时，电子云偏向碳原子，Y 称为推电子基团，由推电子基团引起的诱导效应称为推电子诱导效应，常以 +I 表示。

第二章 脂肪烃和脂环烃

$$-\overset{|}{\underset{|}{C}}{\rightarrow}X \qquad -\overset{|}{\underset{|}{C}}-H \qquad -\overset{|}{\underset{|}{C}}{\leftarrow}Y$$
$$-I\text{效应} \qquad\quad 标准 \qquad\quad +I\text{效应}$$

下列基团具有吸电子诱导效应。

① 电负性比较大的原子：—F，—Cl，—Br。

② 含氮、氧原子的基团：—NO_2，—NR_2，—$\overset{O}{\underset{}{C}}$—，—COOH，—OR，—OH。

③ 不饱和烃基：—⟨⟩，—C≡CH，CH_2=CH—。

一般的饱和脂肪烃基都具有推电子的诱导效应。

诱导效应具有以下三个特点。a. 诱导效应的强弱取决于基团吸电子或给电子能力的大小，吸电子或给电子能力越强，诱导效应越强。b. 诱导效应具有叠加性。如果几个基团作用于同一个共价键，则这个键所受的诱导效应是几个基团诱导效应的向量和，方向相同时相加，方向相反时相减。c. 诱导效应是沿 σ 键传递的，随着距离的增加，这种作用迅速减弱。一般间隔三个单键时这种作用就基本消失了。

(3) 碳正离子的稳定性　碳正离子的正电荷所在碳原子为 sp^2 杂化，为平面结构，正电荷处于垂直于此平面的 p 轨道中。按照静电学定律，带电体系的稳定性随电荷分散程度增加而增大。烷基是给电子基团，通过超共轭（σ-p）使碳正离子的电荷分散，因此碳正离子所连烷基越多，碳正离子越稳定。不同的碳正离子稳定性为：

$$CH_3-\overset{CH_3}{\underset{CH_3}{\overset{|}{\underset{|}{C^+}}}} > CH_3-\overset{CH_3}{\underset{H}{\overset{|}{\underset{|}{C^+}}}} > CH_3-CH_2^+ > CH_3^+$$

想一想

乙烯、丙烯、异丁烯在酸催化下与水加成，其反应速率哪个最快？为什么？

(4) 马氏加成规则的解释　利用诱导效应可以很好地解释马氏规则。在亲电加成反应中，亲电试剂优先进攻电子云密度较大的部位。在不对称烯烃中，由于诱导效应，使双键碳原子上的电子云密度不同，例如在丙烯分子中

$$CH_3\rightarrow CH=CH_2$$

甲基的推电子诱导效应，增加了双键上的电子云密度，使亲电加成容易进行。但双键碳原子上的电子云密度不是均等增加，而是 C^1 上电子云密度更高，亲电试剂优先进攻 C^1。

$$CH_3-CH=C^1H_2 \xrightarrow{H^+} CH_3-\overset{+}{CH}-C^1H_3 \xrightarrow{Br^-} CH_3-\overset{Br}{\underset{|}{CH}}-C^1H_3$$

从形成的中间体稳定性也可以解释马氏加成规则。亲电加成的中间体是碳正离子，形成的中间体越稳定，反应越容易进行。丙烯与 HBr 加成时可形成两种碳正离子中间体。

$$CH_3-CH=CH_2 + H^+ \Bigg\langle \begin{array}{l} \rightarrow CH_3-CH_2-\overset{+}{CH_2} \quad \text{I} \\ \rightarrow CH_3-\overset{+}{CH}-CH_3 \quad \text{II} \end{array}$$

由于 II 的稳定性大于 I，所以主要生成 II，发生马氏加成。

马氏规则从本质上讲就是在亲电加成中，亲电试剂主要加到电子云密度较大的双键碳原子上。例如：

$$CH_2=CH-COOH + HBr \longrightarrow CH_3-\underset{\underset{Br}{|}}{CH}-COOH$$

(5) 反马氏加成　在过氧化物存在下，烯烃的加成不符合马氏加成规则，称为反马氏加成。

$$CH_3-CH=CH_2 + HBr \xrightarrow{\text{过氧化物}} CH_3-CH_2-CH_2Br$$

因为在过氧化物存在下发生的是自由基加成，自由基碳原子也是 sp^2 杂化，单电子在 p 轨道中，由于烷基的诱导效应，其稳定性为：

$$\cdot CH_3 < \cdot CH_2R < \underset{R}{\cdot \underset{|}{CH}-R'} < \underset{R''}{\cdot \underset{|}{\overset{R'}{\underset{|}{C}}}-R}$$

　　　　　　　　　　　伯自由基　　仲自由基　　叔自由基

在反应中主要生成仲自由基，发生反马氏加成。

$$HBr \xrightarrow{\text{过氧化物}} Br\cdot$$

$$CH_3-CH=CH_2 + Br\cdot \longrightarrow CH_3-\overset{\cdot}{C}H-CH_2Br$$

$$CH_3-\overset{\cdot}{C}H-CH_2Br + HBr \longrightarrow CH_3CH_2CH_2Br + Br\cdot$$

3. 氧化反应

由于烯烃分子中双键的活泼性，易发生双键的氧化，且氧化剂和氧化条件不同时，生成的产物不同，用高锰酸钾溶液作氧化剂时，高锰酸钾溶液的浓度、酸碱性、温度对产物的影响很大。例如：

$$R-\underset{CH_3}{\overset{}{\underset{|}{C}}}=CH_2 \begin{cases} \xrightarrow{H_2O,OH^-/\text{室温}} R-\underset{OH}{\overset{CH_3}{\underset{|}{C}}}-\underset{OH}{\overset{}{\underset{|}{C}H_2}} + MnO_2\downarrow + KOH \\ \xrightarrow{H_2SO_4,\Delta} R-\overset{O}{\overset{\|}{C}}-CH_3 + H-\overset{O}{\overset{\|}{C}}-OH \xrightarrow{[O]} CO_2 + H_2O \end{cases}$$

$$R-CH=CH-R' \xrightarrow[H_2SO_4/\triangle]{KMnO_4} RCOOH + R'COOH$$

经反应式表明：①当与冷的碱性高锰酸钾溶液作用时，烯烃 π 键断裂，生成邻二醇。同时，高锰酸钾的紫红色迅速退去，并产生棕色的二氧化锰沉淀；②烯烃在过量的、热的高锰酸钾或酸性高锰酸钾溶液中强烈氧化时，双键中的 π 键和 σ 键全部断裂，生成相应的氧化产物，$H_2C=\cdots$ 生成二氧化碳和水；$RCH=\cdots$ 生成羧酸（RCOOH）、$R-\underset{R'}{\overset{}{\underset{|}{C}}}=\cdots$ 生成酮 $R-\underset{\|}{\overset{}{\underset{O}{C}}}-R'$；而紫色的 MnO_4^- 还原为无色的 Mn^{2+}。因此，根据氧化产物，可推知原来的烯烃的结构。因所得的羧酸或酮，都是烯烃经氧化后双键断裂而生成的，即把所得氧化产物分子中的氧都去掉，剩余部分经双键连接起来就为原来的烯烃。

4. 聚合反应

在一定的条件下，烯烃可以彼此相互加成，形成高分子化合物，这种由低分子量的化合物转变为高分子量的化合物的反应，叫做聚合反应。参加聚合的小分子叫单体，聚合后的大分子叫聚合物。例如，乙烯在 400℃ 和 101.3～152MPa（1000～1500atm）下可聚合成聚乙烯，卤乙烯也可聚合成聚卤乙烯，它们都是很重要的高分子材料。

第二章 脂肪烃和脂环烃

$$nCH_2=CH_2 \xrightarrow[101.3\sim152MPa]{400℃} \text{---}(CH_2-CH_2)_n\text{---}$$

同样方法丙烯也可制得聚丙烯，聚丙烯大量做成薄膜、纤维和塑料等。

5. α-氢的卤代反应

与双键相邻的碳原子称为α-碳原子，α-碳原子上的氢原子称为α-氢。由于C—H键受双键的影响较大，在一定条件下也表现出活泼性，α-碳氢键易断裂，在高温气相或紫外光照射下易发生自由基取代反应。例如：

$$CH_3-CH=CH_2 + Cl_2 \begin{cases} \xrightarrow{CCl_4,\text{低温}} CH_3-\underset{Cl}{CH}-\underset{Cl}{CH_2} \quad \text{加成} \\ \xrightarrow[500\sim600℃]{\text{高温气相}} \underset{Cl}{CH_2}-CH=CH_2 \quad \text{取代} \end{cases}$$

高温下由丙烯生产3-氯丙烯是工业上的重要方法，它主要用于制备烯醇、环氧氯丙烷、甘油和树脂等。与烷烃的卤代反应相似，反应按自由基历程进行。

如果采用其他卤化试剂，反应也可在较低温度下进行。例如，用 N-溴丁二酰亚胺（简称NBS）为溴化剂，则α-溴代可以在较低温度下进行。

$$CH_3CH=CH_2 + \underset{\text{NBS}}{\begin{matrix}CH_2-C\\|\quad\quad\;\;\backslash\\\quad\quad\;\; N-Br\\|\quad\quad\;\;/\\CH_2-C\end{matrix}} \xrightarrow[CCl_4]{h\nu} BrCH_2CH=CH_2 + \begin{matrix}CH_2-C\\|\quad\quad\;\;\backslash\\\quad\quad\;\; NH\\|\quad\quad\;\;/\\CH_2-C\end{matrix}$$

想一想

提出两种区别烯烃和烷烃的化学方法，并指出区别时出现的现象。

第三节 二烯烃

一、二烯烃的通式

分子中含有两个双键的烯烃称为二烯烃。开链二烯烃比烯烃多一个碳碳双键，因此，它比相应烯烃少两个氢原子，其通式为 C_nH_{2n-2}。

二、二烯烃的分类

二烯烃的性质与双键的相对位置密切相关。根据两个双键的相对位置，二烯烃可以做如下分类。

（1）**隔离二烯烃** 两个双键被两个或两个以上单键隔开的二烯烃。例如：

$$CH_2=CH-CH_2-CH_2-CH_2-CH=CH_2$$
1,6-庚二烯

（2）**累积二烯烃** 两个双键连接在同一个碳原子上的二烯烃。例如：

$$H_2C=C=CH_2$$
丙二烯

（3）**共轭二烯烃** 两个双键被一个单键隔开的二烯烃。例如：

$$CH_2=CH-CH=CH_2$$
1,3-丁二烯

隔离二烯烃两个双键相隔较远，互相影响较小，其性质与单烯烃相似。累积二烯烃很活泼，容易异构化变成炔烃。共轭二烯烃中两个双键相互影响，表现出特有的性质，是本节讨论的重点。

三、二烯烃的命名

二烯烃的命名要选择含两个双键在内的最长碳链作主链，由距离双键最近的一端起依次编号，母体称为某二烯，并在名称前标明两个双键的位置。例如：

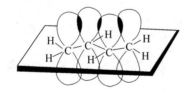

2-甲基-1,3-丁二烯　　　　　　　2-甲基-1,4-戊二烯

想一想

C_5H_8 的所有开链烃的异构体及其命名。

四、共轭二烯烃的结构与共轭效应

1. 共轭结构

共轭二烯烃中的两个双键被一个单键隔开，即含有 $\overset{|}{C}=\overset{|}{C}-\overset{|}{C}=\overset{|}{C}$ 这种结构体系的称为 π-π 共轭体系。在此共轭体系中，四个碳均为 sp^2 杂化，除 C1 与 C2 间、C3 与 C4 间存在 π 键外，由于 C2 与 C3 上的 p 轨道相互平行，并且距离很近，也能肩并肩地交盖，所以四个碳原子上的四个 p 轨道事实上是形成了一个大 π 键。电子在大 π 键中活动区域得到扩大，造成离域。由于电子的离域，使得共轭体系中的电子云密度的分布和键长发生平均化。"共轭"即表示"相互联系，相互影响"的意思。1,3-丁二烯中 p 轨道和大 π 键如图 2-13 所示。

二维码3　1,3-丁二烯的结构

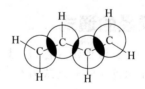

图 2-13　1,3-丁二烯中 p 轨道和大 π 键

2. 共轭效应

共轭（或离域）效应的产生与诱导效应不同，它产生于 sp^2 杂化轨道的共平面性，只有碳原子的共平面，才能使 p 轨道相互平行、侧面重叠而发生离域。根据 p 轨道重叠的类型不同，共轭体系可分为如下几种。

（1）π-π 共轭　在 1,3-丁二烯分子中，单双键相互交替，π 电子产生离域形成共轭体系。这种两个 π 轨道重叠形成的共轭体系称为 π-π 共轭体系，共轭效应有如下几个特点。

① 形成共轭体系后分子的势能降低，结构趋于稳定。表 2-7 列出了共轭体系和非共轭体系氢化热的数值。

表 2-7 共轭二烯和非共轭二烯氢化热的数值

化 合 物	结 构 式	氢化热/(kJ/mol)	共轭能/(kJ/mol)
1-丁烯	$CH_2=CH-CH_2-CH_3$	-126	
1,3-丁二烯	$CH_2=CH-CH=CH_2$	-239	13
1,4-戊二烯	$CH_2=CH-CH_2-CH=CH_2$	-254	
1,3-戊二烯	$CH_2=CH-CH=CH-CH_3$	-226	28

② 共轭体系中单双键差别减小，键长有平均化趋势。例如：

孤立的单双键长　C—C　$1.54×10^{-10}$ m　C=C　$1.34×10^{-10}$ m

1,3-丁二烯键长　C—C　$1.48×10^{-10}$ m　C=C　$1.37×10^{-10}$ m

③ 由于离域的 π 电子可以在整个共轭体系内流动，当共轭体系一端的电子云密度受到影响时，整个共轭体系中每一个原子的电子云密度都受到影响，共轭体系有多长，影响的范围就有多长，不受距离限制。

④ 由于共轭体系内各原子仍保留着一部分单双键的属性，电子在各原子间流动速率不同，所以影响的结果常使共轭体系中各原子的电子云密度出现疏密交替的现象。例如：

$$\overset{\delta^+}{CH_2}=\overset{\delta^-}{CH}-\overset{\delta^+}{CH}=\overset{\delta^-}{CH_2} \quad \overset{\delta^+}{CH_2}=\overset{\delta^-}{CH}-\overset{\delta^+}{CH}=\overset{\delta^-}{O}$$

(2) p-π 共轭　π 键的两个 p 轨道与其相邻原子上的 p 轨道相互平行重叠，使成键电子发生离域产生共轭效应，称为 p-π 共轭。例如在氯乙烯分子中，氯原子上带有未共用电子的 p 轨道与 π 轨道处于共平面，而侧面重叠，形成 p-π 共轭体系（图 2-14）。共轭效应使氯原子的电子向双键转移，C—Cl 键具有部分双键性质，且 C—Cl 键的极性减小。

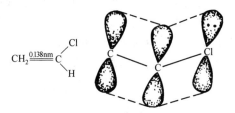

图 2-14　氯乙烯分子中的 p-π 共轭体系

	C—Cl 键长	偶极矩
CH_3CH_2-Cl	$1.78×10^{-10}$ m	$6.839×10^{-30}$ C·m
$CH_2=CH-Cl$	$1.72×10^{-10}$ m	$4.837×10^{-30}$ C·m

烯丙基正离子（$CH_2=CH-CH_2^+$）中，碳原子均为 sp^2 杂化，正离子的空 p 轨道与 π 键发生重叠形成 p-π 共轭体系。正电荷得到分散，很稳定。

五、共轭二烯烃的亲电加成

共轭二烯烃具有一般烯烃的性质，还具有自己的特性。共轭二烯烃比单烯烃稳定，但共轭二烯烃作为一个体系，亲电加成反应时比单烯烃活泼。例如，1,3-丁二烯与 Br_2 进行亲电加成反应时得到两种产物。

$$\overset{1}{CH_2}=\overset{2}{CH}-\overset{3}{CH}=\overset{4}{CH_2} \xrightarrow{Br_2} \begin{array}{l} CH_2-CH-CH=CH_2 \\ || \\ BrBr \\ \text{1,2-加成产物} \\ CH_2-CH=CH-CH_2 \\ || \\ BrBr \\ \text{1,4-加成产物} \end{array}$$

前一种产物溴加到 C^1、C^2 上，称为 1,2-加成产物；后一种产物溴加到 C^1、C^4 上（共轭体系的两端），双键转移到中间，称为 1,4-加成产物。

1,3-丁二烯与溴化氢加成与溴加成类似，也得 1,2-和 1,4-加成的两种产物。可见 1,2-和 1,4-加成是共轭体系的特点。为什么会有 1,2-和 1,4-两种加成产物呢？还是从反应机理上来理解这一特性。

$$\overset{1}{CH_2}=\overset{2}{CH}-\overset{3}{CH}=\overset{4}{CH_2} \xrightarrow{HBr} \begin{array}{l} \xrightarrow{H^+ \text{加到} C^2 \text{上}} \overset{+}{CH_2}-CH_2-CH=CH_2 \\ \qquad\qquad\qquad \text{伯碳正离子，不稳定} \\ \xrightarrow{H^+ \text{加到} C^1 \text{上}} CH_3-\overset{+}{CH}-CH=CH_2 \\ \qquad\qquad\qquad \text{烯丙基碳正离子，稳定} \end{array}$$

亲电加成反应第一步是质子先与双键进行加成生成碳正离子中间体。反应时，质子要么加在 C^2 或 C^3 上生成伯碳正离子，要么加在 C^1 或 C^4 上生成烯丙基碳正离子。这两个碳正离子的稳定性决定着质子的加成方向。烯丙基碳正离子电荷分散，能量低，稳定。其结构式表示为：

$$CH_3-\overset{+}{CH}-CH=CH_2 \longleftrightarrow CH_3-CH=CH-\overset{+}{CH_2}$$

它的共轭杂化体为：

$$CH_3-\overset{\delta+}{CH}\cdots\cdots\overset{\delta+}{CH}\cdots CH_2$$

共轭结构式表示了正电荷的分散程度。在烯丙基碳正离子结构式中，正电荷分散在三个碳原子上，主要集中在两端的碳原子上，其电荷分散程度比伯碳正离子的大，故加成方向是质子加到 C^1 或 C^4 上，生成稳定的烯丙基碳正离子。由此可知，共轭烯烃加成首先在端基碳原子上加成。

在烯丙基碳正离子的共振结构式中，前式为仲碳正离子，后式为伯碳正离子，前者比后者稳定。在第二步和溴负离子反应时，溴负离子既可以进攻 C^2，也可以进攻 C^4，分别生成 1,2-和 1,4-加成两种产物。由于 C^2 正电荷密度大，故 1,2-加成速率比 1,4-加成速率快。

$$\underset{1}{CH_3}-\underset{2}{\overset{\delta+}{CH}}\cdots\cdots\underset{3}{CH}\cdots\underset{4}{\overset{\delta+}{CH_2}} \xrightarrow{Br^- \text{进攻}} \begin{array}{l} \xrightarrow{C^2} CH_3\underset{|}{CH}-CH=CH_2 \\ \qquad\quad Br \\ \xrightarrow{C^4} CH_3CH=CH-\underset{|}{CH_2} \\ \qquad\qquad\qquad\quad Br \end{array}$$

由于 1,2-加成产物中的双键在末端，不如 1,4-加成产物双键在中间的稳定，所以称 1,2-加成产物为动力学控制产物，1,4-加成产物为热力学控制产物。到底以哪个加成产物为主，一般由反应温度决定。例如：

$$CH_2=CH-CH=CH_2+HBr \longrightarrow CH_3-\underset{|}{CH}-CH=CH_2 + CH_3-CH=CH-\underset{|}{CH_2}$$
$$\qquad\qquad\qquad\qquad\qquad\qquad\qquad Br \qquad\qquad\qquad\qquad\qquad\qquad Br$$

反应温度	1,2-加成产物	1,4-加成产物
$-80℃$	80%	20%
$40℃$	20%	80%

实验表明，在高温条件下以 1,4-加成为主，在低温下以 1,2-加成为主。在写反应方程式时，没有特别表明反应条件的就以 1,4-共轭加成处理。另外，共轭二烯烃加成时，第一步的反应比单烯烃反应快，主要是因为中间体碳正离子较稳定的缘故。

六、重要的烯烃

乙烯、丙烯和异丁烯都是最重要的烯烃，是基本有机合成及三大合成材料的重要原料。

石油裂解工业提供和保证了乙烯、丙烯和异丁烯的来源。

（1）乙烯　乙烯是无色、稍带甜味、可燃性的气体，工业上，乙烯主要来源于石油的裂化和裂解。实验室里，乙烯是用浓硫酸与乙醇混合加热到160～180℃，使乙醇脱水而制得，反应方程式如下：

$$CH_3-CH_2-OH \xrightarrow{浓 H_2SO_4, 160\sim180℃} CH_2=CH_2 + H_2O$$

乙烯具有典型烯烃的化学性质。它是生产乙醇、乙醛、环氧乙烷、苯乙烯、氯乙烯、聚乙烯的基本原料。目前乙烯的系列产品，在国际上占全部石油化工产品产值的一半以上。此外，乙烯还用做水果催熟剂等。

（2）丙烯　丙烯是无色、易燃的气体，与空气能形成爆炸混合物。丙烯可由石油裂解而得到。目前，丙烯在工业上得到广泛的应用，可用来制备甘油、丙烯腈、氯丙醇、异丙醇、丙酮、聚丙烯等。这些产品可进一步制备塑料、合成纤维、合成橡胶等。

（3）异丁烯　异丁烯是制备丁基橡胶的主要原料，也可作为有机玻璃、环氧树脂和叔丁醇等的原料。

七、鉴别烯烃的方法

烯烃不溶于水、稀酸和稀碱，但能溶于浓硫酸。可用下列两种试剂鉴别烯烃：溴的四氯化碳溶液与含烯键的化合物起加成反应，使溴的红棕色退去，但无HBr放出。在室温下烷烃或芳烃与溴试剂则不起反应。

$$\begin{matrix} \diagdown \\ C=C \\ \diagup \end{matrix} + Br_2/CCl_4 \longrightarrow \begin{matrix} Br\ Br \\ | \ \ | \\ C-C \\ \diagup \ \ \diagdown \end{matrix}$$

烯键与高锰酸钾溶液作用，紫色退去，并有红棕色MnO_2沉淀生成。

二维码4　1-戊烯与单质溴的反应

$$3\begin{matrix}\diagdown \\ C=C \\ \diagup\end{matrix} + 2KMnO_4 + 4H_2O \longrightarrow 3\begin{matrix} \diagdown \ \ \diagup \\ C-C \\ | \ \ | \\ OH\ OH\end{matrix} + 2MnO_2 \downarrow + 2KOH$$

1. 溴的四氯化碳试验

目的：
① 会利用溴的四氯化碳试验鉴别烯烃；
② 会区别卤加成反应和卤取代反应。

仪器：试管、试管架、滴瓶、小药匙、量筒、吸管。

设备：烘箱。

试剂：0.02g/mL溴的四氯化碳溶液、四氯化碳。

试验样品：精制石油醚、粗汽油、苯乙烯、乙醇、肉桂酸、苯酚、苯甲醛、甲酸。

安全：使用溴、四氯化碳时不要加热，不要与皮肤直接接触；注意防火。

态度：认真实验，规范操作，仔细观察，及时记录。

步骤：
① 加2滴液体样品或一小药匙固体样品（约30mg）于干燥试管中；
② 加入1mL四氯化碳，使样品溶解；
③ 向试管中滴加溴的四氯化碳溶液，边加边振荡至加入量约为0.5mL；
④ 仔细观察溴的颜色是否退去，并做好记录；
⑤ 若溴的颜色已退，则向试管口吹一口气，有白色烟雾出现，说明发生的是取代反应，

白色烟雾是溴化氢;

⑥ 再向试管中加入多于 2 滴的溴的四氯化碳溶液才能使溴的棕色维持 1min 时,则表明有加成或取代反应发生,反应为正结果;

⑦ 将废液倒入指定地点;

⑧ 清洗仪器,倒置于试管架上;

⑨ 按所列的试样重复上述①~⑧的步骤。

注意事项:

① 加成反应和取代反应都可使溴的颜色退去,因此应向试管口吹一口气以区别发生的是取代反应还是加成反应。本试验样品中苯酚发生的就是取代反应。

② 四氯化碳不能溶解 HBr,而水可以溶解 HBr,因此本试验用的试管必须干燥。

③ 烯烃两端连有芳基、羟基等均可影响加成反应的速率,有的甚至使加成反应的速率变得很慢乃至不能发生;本试验应注意仔细观察苯乙烯、肉桂酸的反应情况。

2. 高锰酸钾试验

目的:会利用高锰酸钾试验鉴别烯烃。

仪器:试管、试管架、滴管、小药匙、量筒、吸管。

试剂:0.01g/mL 的高锰酸钾溶液、丙酮。

试样:精制石油醚、粗汽油、苯乙烯、乙醇、肉桂酸、苯酚、苯甲醛、甲酸。

安全:使用高锰酸钾时避免与皮肤接触,注意易燃丙酮的防火。

态度:认真实验,规范操作,仔细观察,及时记录。

步骤:

① 加 2 滴液体样品或 1 小药匙固体样品(约 30mg)于试管中;

② 加 1mL 丙酮于试管中,使样品溶解(乙醇、甲酸加水溶解);

③ 逐滴加入高锰酸钾溶液,边加边振摇至加入量为 0.5mL;

④ 仔细观察溶液的颜色是否变化,并做好记录;

⑤ 当再多加入 0.5mL 的试剂被还原即不呈现紫色,表示有双键存在;

⑥ 将废液倒入指定的地点;

⑦ 清洗试管,倒置于试管架上;

⑧ 按所列的样品重复②~⑦的步骤。

注意事项:

① 碳碳三键以及易氧化官能团如乙醇、苯酚、甲酸等在本试验条件下可与高锰酸钾反应;

② 当烯基两端连有芳基、羧基、羟基等不会影响氧化反应的速率,注意观察苯乙烯、肉桂酸与高锰酸钾的反应。

阅读材料

人造黄油的成功

黄油是欧美人嗜食的食品,它是从牛乳中提取的脂肪,又称乳脂或白脱。它传入我国后也引起不少人的嗜爱。

1869 年,当时法国闹黄油荒,法国皇帝拿破仑三世考虑到他军队的供给,发布命令,提供奖金用于奖励那些能发明像黄油那样营养和适口的替代食品的人。

第二章 脂肪烃和脂环烃

> 法国化学家麦琪·毛里斯受奖金的诱惑，进行了人造黄油的研制，并于 1870 年取得成功。他实验的方法是将牛油和碳酸钾、胃蛋白酶共同蒸煮，分离后再混合牛乳、水进行搅拌，压制成人造黄油，他先后在英国和法国取得专利，并在 19 世纪 70 年代初在巴黎建厂生产。
>
> 今天的人造黄油是用植物油作原料，经过加氢化学反应，也就是氢化反应而制成。化学家们在 19 世纪初经过化学分析，确定黄油、牛油、猪油等固体动物油脂主要是饱和脂肪酸酯，也就是分子中含氢原子数达到饱和，而豆油、花生油等液体植物油脂主要含不饱和脂肪酸酯。加氢反应就是使不饱和脂肪酸酯变成饱和的化合物分子。
>
> 加氢反应是法国化学家萨巴蒂埃和他的学生塞德伦的研究成果。他们的研究成果是使液体的脂肪酸（油酸）经氢化反应后转变成固体脂肪酸（硬脂酸）。这就为人造黄油开辟了道路。萨巴蒂埃因此获得 1912 年诺贝尔化学奖。

练习题

1. 写出戊烯 C_5H_{10} 的所有同分异构体，并用系统命名法命名之。

2. 根据下列名称写出相应的构造式，若发现原来的名称不正确，请予以改正。
   (1) 2-甲基-3-乙基-1-戊烯
   (2) 2-异丙基-3-甲基-2-己烯

3. 用系统命名法命名下列化合物，其中有顺反异构体的要写出构型及名称。

   (1) $CH_3CH\!=\!CHCH\!-\!CH_3$
           $\quad\quad\quad\quad\quad\quad\ \ |$
           $\quad\quad\quad\quad\quad\quad\ \ CH_3$

   (2) $CH_3\!-\!C\!=\!CHCH CH_3$
           $\quad\quad\quad |\quad\quad |$
           $\quad\quad\quad CH_3\ \ CH_3$

   (3) $CH_3CH_2\!-\!C\!=\!CCH_2CH_3$
           $\quad\quad\quad\quad |\quad |$
           $\quad\quad\quad\quad CH_2CH_3$
           $\quad\quad\quad\quad CH_2CH_3$

   (4) $CH_3C\!=\!CHC(CH_3)_3$
           $\quad\quad |$
           $\quad\quad CH_2CH_3$

   (5) $CH_2\!=\!CCH\!=\!CH_2$
           $\quad\quad\ |$
           $\quad\quad\ CH_3$

4. 完成下列反应式。

   (1) $CH_3CH\!=\!CH_2 + Cl_2 \xrightarrow[\text{光或}500℃]{<250℃} ?$

   (2) $CH_2CH\!=\!CH_2 \xrightarrow[KMnO_4,\ H^+/\text{浓或加热}]{KMnO_4,\ OH^-/\text{稀或冷}} ?$
           $\ \ |$
           $\ \ CH_3$

   (3) $\ \ CH_3$
       $\quad\ \ |$
       $\ \ CH\!-\!CH\!=\!CH_2 + Cl_2 + H_2O \longrightarrow ?$
       $\ \ |$
       $\ \ CH_3$

   (4) $CH_3CH_2CH\!=\!CH_2 + H_2O \xrightarrow{H^+} ?$

   (5) $CH_3CH\!=\!CHCH_3 + H_2SO_4 \longrightarrow ? \xrightarrow{H_2O,\ \triangle} ?$

(6) $CH_2=CH-CH_2-CH_2 \xrightarrow{Br_2} ?$
$\xrightarrow{HBr} ?$

5. 用化学方法鉴别下列化合物。
(1) $CH_3(CH_2)_2CH_3$
(2) $CH_3-CH=CH-CH_3$
(3) $CH_2=CH-CH=CH_2$

6. 在下列各组化合物或活性中间体中，哪一个更稳定些？为什么？
(1) 3-甲基-2,5-庚二烯和 5-甲基-2,4-庚二烯
(2) 2-戊烯和 2-甲基-2-丁烯
(3) $CH_3\overset{+}{C}H-\underset{\underset{CH_3}{|}}{CH}-CH=CH_2$ 和 $CH_3-\underset{\underset{CH_3}{|}}{\overset{+}{C}}-CH_2-CH=CH_2$

(4) $CH_3\overset{+}{C}HCH_2CH=CH_2$ 和 $\overset{+}{C}H_2CH=CHCH_2CH_3$
(5) $CH_3CH_2CH_2\overset{\cdot}{C}H_2$ 和 $CH_3\overset{\cdot}{C}HCH_2CH_3$

7. 下列化合物有无顺反异构现象？若有，写出其顺反异构体，并用顺反命名法和 Z-E 命名法命名。
(1) 2-甲基-1,3-丁二烯   (2) 1,3-戊二烯   (3) 3,5-辛二烯

8. 1,3-丁二烯在甲醇中与氯反应，可生成 $CH_3OCH_2CH=CHCH_2Cl$（30%）和 $CH_2=CHCHCH_2Cl$（70%）。试用反应机理解释之。
$\underset{OCH_3}{|}$

9. 有两分子式为 C_6H_{12} 的烯烃，分别用浓的高锰酸钾酸性溶液处理，其产物不同。一个生成 $CH_3COCH_2CH_3$ 和 CH_3COOH，另一个生成 $(CH_3)_2CH-CH_2COOH$、CO_2 和 H_2O，试写出这两个烃的构造式。

10. 化合物 A，分子式为 $C_{10}H_{18}$，经催化加氢得到化合物 B，B 的分子式为 $C_{10}H_{22}$。A 与过量高锰酸钾溶液作用得到下列三种化合物：

$CH_3-\overset{O}{\underset{\|}{C}}-CH_3$ $CH_3-\overset{O}{\underset{\|}{C}}-CH_2CH_2\overset{O}{\underset{\|}{C}}-OH$ $CH_3-\overset{O}{\underset{\|}{C}}-OH$

试写出化合物 A 的构造式。

第四节　炔烃

一、炔烃的通式与同分异构

1. 炔烃的通式

由于炔烃含有碳碳三键，它比相同碳原子的烯烃少两个氢原子，其通式为 C_nH_{2n-2}。例如：

$CH_3CH_2C\equiv CH$　　$CH_3-C\equiv CCH_3$　　$CH_3-CH-C\equiv C-CH_3$
$\qquad\qquad\qquad\qquad\qquad\qquad\qquad\qquad\qquad\quad\underset{CH_3}{|}$
　　1-丁炔　　　　　　2-丁炔　　　　　　4-甲基-2-戊炔

2. 炔烃的同分异构

乙炔（$CH\equiv CH$）和丙炔（$CH_3-C\equiv CH$）都没有异构体。从丁炔开始有构造异构现象，炔烃构造异构体的产生，也是由于碳链不同和碳碳三键位置不同引起的，但由于碳链分支的地方不可能连有三键，炔烃也没有顺反异构。所以炔烃的构造成异构体比碳原子数相同

的烯烃少。例如戊烯有五个构造异构体，而戊炔只有三个。

$$CH_3-CH_2-CH_2-C\equiv CH \qquad CH_3-CH_2-C\equiv C-CH_3 \qquad CH_3-CH-C\equiv CH$$
$$\qquad\qquad\qquad\qquad\qquad\qquad\qquad\qquad\qquad\qquad\qquad\qquad |$$
$$\qquad\qquad\qquad\qquad\qquad\qquad\qquad\qquad\qquad\qquad\qquad\qquad CH_3$$

1-戊炔　　　　　　　　2-戊炔　　　　　　　　3-甲基-1-丁炔

二、炔烃的结构

在炔烃分子中构成碳碳三键的碳原子为 sp 杂化，呈直线形。下面以乙炔为例说明碳碳三键的形成。

二维码5　乙炔的结构

乙炔分子中，碳原子外层四个价电子以一个 s 轨道与一个 p 轨道杂化，组成两个等同的 sp 杂化轨道，两个 sp 杂化轨道的轴在一条直线上。两个 sp 杂化的碳原子，各以一个 sp 杂化轨道结合成 $C_{sp}-C_{sp}$ σ键。另一个 sp 杂化轨道各与氢原子结合成 $C_{sp}-H_s$ σ键，所以乙炔分子中的碳原子和氢原子都在一条直线上，亦即键角为 180°。每个碳原子上余下的两个相互垂直的 p 轨道，则分别侧面重叠形成两个相互垂直的 π 键，这种 π 键的电子云并不是分开的四个球形，而是围绕 $C_{sp}-C_{sp}$ σ键形成的一个圆筒形。所以，C≡C 是由一个 σ 键和两个 π 键组成的，如图 2-15、图 2-16 所示。

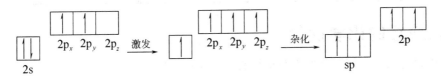

图 2-15　碳原子轨道 sp 杂化

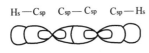

(a) 乙炔碳 - 碳sp-sp、碳 - 氢sp-s 所形成的 σ 键

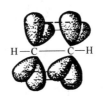

(b) 两组 p-p 形成的 π 键

(c) 三键系统电子云可视作圆筒状

图 2-16　乙炔碳碳三键的形成

三、炔烃的命名

炔烃的命名与烯烃类似。选择包含三键在内的最长碳链作主链，从靠近三键一端开始编号，标明三键位置。例如：

$$CH_3CH_2C\equiv CCH_3 \qquad\qquad CH_3CHC\equiv CH$$
$$\qquad\qquad\qquad\qquad\qquad\qquad\qquad\quad |$$
$$\qquad\qquad\qquad\qquad\qquad\qquad\qquad\quad CH_3$$

2-戊炔　　　　　　　　3-甲基-1-丁炔

如果分子中同时存在双键和三键时，称为烯炔。命名时要注意应使双键或三键位号最小，烯炔同号时优先考虑双键位号最小，并将炔放在后边。例如：

$$CH_3-CH=CH-C\equiv CH \qquad HC\equiv C-CH_2-CH=CH_2 \qquad CH_3-C\equiv C-CH_2-CH=CH_2$$
$$\qquad\qquad\qquad\qquad\qquad\qquad\qquad\qquad\qquad\qquad\qquad\qquad\qquad\qquad\qquad\qquad |$$
$$\qquad\qquad\qquad\qquad\qquad\qquad\qquad\qquad\qquad\qquad\qquad\qquad\qquad\qquad\qquad\qquad CH_2CH_3$$

3-戊烯-1-炔　　　　　　　1-戊烯-4-炔　　　　　　　4-乙基-1-庚烯-5-炔

四、炔烃的物理性质

炔烃的物理性质与烯烃、烷烃基本相似，随碳原子数增加而有规律性的变化。常温常压下，四个碳以下的炔烃是气体，$C_5 \sim C_{15}$ 的炔烃是液体，C_{16} 以上的炔烃为固体。与分子量相同的烯烃比较，炔烃的密度大、沸点高。炔烃不溶于水而易溶于大多数有机溶剂。一些炔烃的物理常数见表 2-8。

表 2-8　一些炔烃的物理常数

名　称	构　造　式	沸点/℃	熔点/℃	相对密度
乙炔	HC≡CH	—	−82	0.168
丙炔	$CH_3C≡CH$	83.4	−101.5	0.671
1-丁炔	$CH_3CH_2C≡CH$	8.1	−112.5	0.668
2-丁炔	$CH_3C≡CCH_3$	27.0	−32.5	0.694
1-戊炔	$CH_3CH_2CH_2C≡CH$	40.2	90	0.695
2-戊炔	$CH_3CH_2C≡CCH_3$	56	−101	0.713
3-甲基-1-丁炔	$(CH_3)_2CHC≡CH$	29.3	−89.7	0.666
1-十八碳炔	$CH_3(CH_2)_{15}C≡CH$	180(2kPa)	22.5	0.6896(0℃)

五、炔烃的化学性质

炔烃中含有两个 π 键，能发生与烯烃类似的反应，但反应活性不同。

1. 亲电加成反应

$$HC≡CH \xrightarrow{HX} H_2C=CH-X \longrightarrow H_3C-CHX_2$$

$$HC≡CH \xrightarrow{X_2} \underset{X\ X}{HC=CH} \xrightarrow{X_2} \underset{X\ X}{\overset{X\ X}{H-C-C-H}} \quad (X_2\ 为\ Br_2\ 时，可使溴退色)$$

$$HC≡CH \xrightarrow[HgSO_4/H_2SO_4]{H_2O} [\underset{OH\ H}{HC=CH}] \xrightarrow{重排} \underset{O}{HC-CH_3}$$
乙醛

不对称炔烃与不对称试剂反应时，遵从马氏加成规则，例如：

$$CH_3-C≡CH \xrightarrow{HCl} \underset{Cl\ H}{CH_3-C=CH} \xrightarrow{HCl} \underset{Cl\ H}{\overset{Cl\ H}{CH_3-C-C-H}}$$

炔烃的亲电加成反应活性比烯烃弱。因为炔烃三键的碳原子为 sp 杂化，与 sp^2 杂化轨道相比，它的轨道中 s 成分所占比例要大，轨道距核较近，所容纳的电子更靠近原子核，电子受原子核束缚较强，此外，两个碳的 sp 杂化轨道形成的 π 键较短，因此增强了两碳原子间 p 轨道的交盖面，所以炔烃虽然有两个 π 键，但不像烯烃那样易给出电子，因此炔烃的亲电加成反应一般比烯烃慢些。例如分子中同时含有双键和三键，加卤素时，双键优先反应：

$$H_2C=CH-CH_2-C≡CH + Br_2 \longrightarrow \underset{Br\ Br}{H_2C-CH-CH_2-C≡CH}$$

2. 亲核加成反应

HCN 是一个典型的亲核试剂，与烯烃不起反应，但在一定条件下可与炔烃起加成反应生成烯腈。

$$HC\equiv CH + HCN \xrightarrow{Cu_2Cl_2,\ 80℃} H_2C=CH-CN$$

为什么烯烃不能与 HCN 反应，炔烃却可以？

3. 氧化还原反应

炔烃能被高锰酸钾等氧化剂氧化，三键断裂生成两分子羧酸。

$$3HC\equiv CH + 10KMnO_4 + 2H_2O \longrightarrow 6CO_2\uparrow + 10KOH + 10MnO_2\downarrow$$

$$CH_3CH_2CH_2-C\equiv C-CH_2CH_3 \xrightarrow{KMnO_4,\ 100℃} CH_3CH_2CH_2COOH + CH_3CH_2COOH$$

炔烃也能燃烧并放出大量的热，产生 3000℃ 的高温，可用于切割和焊接金属，例如：

$$HC\equiv CH + O_2 \longrightarrow CO_2 + H_2O$$

因炔烃对催化剂的吸附作用比烯烃强，炔烃的催化加氢比烯烃容易进行。在铂、钯或镍的催化下，炔烃与氢加成生成烷烃。例如：

$$CH_3-C\equiv C-CH_3 \xrightarrow{H_2,\ Pt} CH_3CH_2CH_2CH_3$$
$$\text{2-丁炔} \qquad\qquad\qquad \text{正丁烷}$$

4. 炔烃的活泼氢的反应

（1）**炔氢的酸性和碱金属炔化物的生成**　炔烃三键碳原子上的氢原子称为活泼氢，也叫炔氢。炔氢表现出一定的活泼性，与其结构有直接关系。如前所述，三键碳原子、双键碳原子和烷烃单键碳原子由于杂化状态不同，轨道中的 s 成分不同，电负性大小也不同。

键型	$C\equiv C$	$C=C$	$C-C$
碳原子杂化状态	sp	sp^2	sp^3
s 成分比例	1/2	1/3	1/4
电负性	3.29	2.73	2.48

杂化碳原子的电负性越大，与之相连的氢原子越容易离去，同时生成的碳负离子也越稳定。因此乙炔的酸性比乙烯和乙烷强，但比水弱。例如，将乙炔通过加热熔融的金属钠时，就可以得到乙炔钠或乙炔二钠等金属炔化物：

$$CH\equiv CH \xrightarrow[190\sim 220℃]{Na} HC\equiv CNa + H_2\uparrow \xrightarrow{Na\ 220℃} NaC\equiv CNa + H_2\uparrow$$

含有炔氢的炔烃也可以和强碱（如氨基钠）作用，生成金属炔化物：

$$RC\equiv CH + NaNH_2 \xrightarrow{\text{液氨}} RC\equiv CNa + NH_3$$

生成的炔化钠可以与卤代烃反应生成较高级的炔烃：

$$RC\equiv CNa + R'X \longrightarrow RC\equiv CR'$$

这是由低级炔烃制备高级炔烃的重要方法之一，因此炔化物是个有用的有机合成中间体。

（2）**重金属炔化物的生成**　在含有炔氢的炔烃中加入硝酸银或氯化亚铜的氨溶液，立即有炔化银的白色沉淀或炔化亚铜的砖红色沉淀生成。

$$HC\equiv CH + 2Ag(NH_3)_2NO_3 \longrightarrow AgC\equiv CAg\downarrow + 2NH_4NO_3 + 2NH_3\uparrow$$
$$RC\equiv CH + Ag(NH_3)_2NO_3 \longrightarrow RC\equiv CAg\downarrow + NH_4NO_3 + NH_3\uparrow$$
$$HC\equiv CH + 2Cu(NH_3)_2Cl \longrightarrow CuC\equiv CCu\downarrow + 2NH_4Cl + 2NH_3\uparrow$$
$$RC\equiv CH + Cu(NH_3)_2Cl \longrightarrow RC\equiv CCu\downarrow + NH_4Cl + NH_3\uparrow$$

上述反应很灵敏，现象明显，可用于鉴别含有活泼氢的炔烃。另外，生成的重金属炔化物容易被盐酸、硝酸分解为原来的炔烃。

$$AgC\equiv CAg + 2HCl \longrightarrow HC\equiv CH + 2AgCl\downarrow$$

$$RC\equiv CAg + HNO_3 \longrightarrow RC\equiv CH + AgNO_3$$

因此可以利用此性质分离和精制含炔氢的炔烃。

重金属炔化物湿润时比较稳定，在干燥状态下，受热、受撞击或受震动后容易发生爆炸，故实验后应及时用酸处理。

想一想

如何将丁烷、1-丁烯、1-丁炔鉴别开来？

5. 聚合反应

炔烃也能发生聚合反应，但只能生成低级聚合物。在不同的条件下发生不同的聚合。例如：

$$HC\equiv CH \xrightarrow[NH_4Cl]{Cu_2Cl_2} CH_2=CH-C\equiv CH$$

乙烯基乙炔

$$3HC\equiv CH \xrightarrow{500℃} \bigcirc$$

六、重要的炔烃

乙炔是最重要的炔烃。它不仅是一种重要的有机合成原料，而且大量地用作高温氧炔焰的燃料。

纯净的乙炔是无色无臭气体，俗称电石气，微溶于水，但在丙酮中溶解度很大，1L丙酮可溶解25L乙炔，因此工业上常用丙酮来贮运乙炔。乙炔与空气的混合物遇火会发生爆炸，而且爆炸范围很大［含乙炔3%～80%（体积分数）］。因此在使用乙炔时需防止高温，远离火源。

乙炔是一种重要的化工原料，用途极为广泛，其综合利用如下所示：

```
                    Cl₂
                ┌──────→ 四氯乙烷 ──→ 三氯乙烯 ──→ 四氯乙烯
                │  HCl
                ├──────→ 氯乙烯 ──→ 聚氯乙烯
          加成  │  H₂O
乙炔 ──┬──────→├──────→ 乙醛 ──→ 乙酸
       │        │  CH₃COOH
       │        └──────→ 乙酸乙烯酯 ──→ 聚乙烯醇
       │聚合
       └──────→ 乙烯基乙炔 ──→ 氯丁橡胶
```

工业上可从天然气和石油裂解制备乙炔或由焦炭和生石灰在高温电炉中作用生成电石，再与水反应生成乙炔。

$$3C + CaO \xrightarrow{200℃} CaC_2 + CO$$

$$CaC_2 + 2H_2O \longrightarrow HC\equiv CH + Ca(OH)_2$$

七、炔烃的鉴别

1. 鉴别炔烃的方法

炔烃的鉴别可用下列几种方法进行鉴别。

（1）重金属炔化物试验法　三键碳原子上的氢原子比较活泼，可被金属取代，生成金属炔化物。

$$RC\equiv CH \xrightarrow{2AgNO_3+2NH_3\cdot H_2O} RC\equiv C-Ag\downarrow + 2NH_4NO_3 + 2H_2O$$
炔银（白色）

$$RC\equiv CH \xrightarrow{2CuCl+2NH_3\cdot H_2O} RC\equiv C-Cu\downarrow + 2NH_4Cl + 2H_2O$$
炔铜（砖红色）

干燥的炔化银或炔化铜受热或震动时，易发生爆炸生成金属和碳。例如：

$$Ag-C\equiv C-Ag \xrightarrow{\triangle} 2Ag+2C$$

所以在操作过程中特别要注意，试验完毕后，应用稀硝酸使炔化物分解。

$$Cu-C\equiv C-Cu+2HNO_3 \longrightarrow HC\equiv CH+2CuNO_3$$

（2）氧化反应法

$$RC\equiv CH+KMnO_4 \xrightarrow{\triangle} RCOOH+MnO_2\downarrow +CO_2\uparrow$$

反应现象是高锰酸钾紫色退去，析出棕褐色的 MnO_2 沉淀，因此此法可用做炔烃的定性检验。

2. 鉴别炔烃的试验——炔化银试验

目的：学会用炔化银试验鉴别 $RC\equiv CH$ 类型的炔类化合物。

仪器：试管、试管架、滴瓶、吸管、量筒。

试剂：5％的氢氧化钠溶液、5％的硝酸银溶液、2mol/L 的氨水溶液。

试样：精制石油醚、粗汽油、乙炔。

安全：

① 炔银受热或受震动易发生爆炸，反应完毕立即加稀硝酸分解；

② 所有试剂均有腐蚀性，避免与皮肤直接接触，以防灼伤。

态度：认真实验，规范操作，仔细观察，及时记录。

步骤：

① 在试管中加入 0.5mL 质量分数 5％的硝酸银溶液，再加 1 滴质量分数 5％的氢氧化钠溶液，此时有沉淀生成；

② 继续向试管中滴加 2mol/L 的氨水溶液直至沉淀溶解为止；

③ 在此溶液中加入 2 滴试样（气体则通入），观察有无白色沉淀生成，记下实验现象；

④ 观察完毕，立即加入 1＋1 稀硝酸分解炔化银，以防干燥爆炸；

⑤ 将废液倒入指定的地点；

⑥ 按所列的样品重复①～⑤的步骤；

⑦ 清洗试管，倒置于试管架上。

注意事项：

① 炔烃与溴的四氯化碳溶液和高锰酸钾试剂均可发生反应，炔化银试验是鉴别 $RC\equiv CH$ 类型炔烃的特效试验；

② 整个试验过程严禁加热。

1. 炔烃的三个共价键是否完全一样。
2. 炔烃的通式为 C_nH_{2n-2}，是否符合这个通式的化合物都是炔烃？

3. 用系统命名法命名下列化合物。

(1)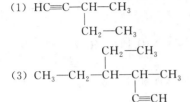

(2) $(CH_3)_3CC{\equiv}CCH(CH_3)_2$

(3) $CH_3-CH_2-\underset{\underset{C{\equiv}CH}{|}}{CH}-\underset{\underset{CH_2-CH_3}{|}}{CH}-CH_3$

(4) $CH{\equiv}C-\underset{\underset{CH_3}{|}}{CH}-C{\equiv}CH$

4. 完成下列反应式。

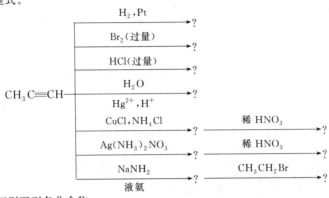

5. 用化学方法区别下列各化合物。
(1) 2-甲基丁烷　3-甲基-1-丁炔　　(2) 1-庚炔　2-戊炔　己烷　　(3) 丁烷　1-戊烯　1-戊炔

6. 选择填空。
(1) 在下列化合物中，_____是共轭体系，_____是非共轭体系。

  A. $(CH_3)_3CCH{=}CH_2$ B. $CH_2{=}\underset{\underset{CH_3}{|}}{C}-CH{=}CH_2$

  C. $CH_2{=}CH-C{\equiv}CH$ D. $RC{\equiv}C-C{\equiv}CR$

(2) 在下列化合物中，_____碳原子是 sp^3 杂化碳原子，_____碳原子是 sp^2 杂化碳原子，_____碳原子是 sp 杂化碳原子。

$$\underset{5}{CH_3}-\underset{4}{CH}{=}\underset{3}{CH}-\underset{2}{CH}{\equiv}\underset{1}{CH_2}$$

(3) 下列化合物中碳碳键键能最大的是_____，键长最长的是_____。

$$HC{\equiv}\underset{①}{C}-\underset{②}{CH_2}-\underset{③}{CH}{=}\underset{④}{CH_2}$$

(4) 在下列化合物中，①、②、③碳原子的电负性由大到小的次序是____。

$$CH_2{=}\underset{\underset{\underset{①}{CH_3}}{|}}{\overset{②}{C}}-\overset{③}{C}{\equiv}CH$$

7. 化合物 A 的分子式为 C_6H_{10}，A 加氢后生成 2-甲基戊烷，A 在硫酸汞催化下加水则生成酮（$R-\underset{\underset{O}{||}}{C}-R'$），A 与氯化亚铜氨溶液作用有沉淀生成。写出 A 的构造式及各步反应式。

8. 有 A 和 B 两个化合物，它们的分子式都是 C_5H_8，都能使溴的四氯化碳溶液退色。A 与 $Ag(NH_3)_2NO_3$ 反应生成白色沉淀，用 $KMnO_4$ 溶液氧化，则生成丁酸和二氧化碳。B 不与 $Ag(NH_3)_2NO_3$ 反应，而用 $KMnO_4$ 溶液氧化则生成乙酸和丙酸。写出 A 和 B 的构造式及各步反应式。

第五节　脂环烃

脂环烃是一类由碳原子相互连接成环，而具有与开链脂肪烃相似性质的环状碳氢化合物。具有脂环烃结构的化合物广泛存在于自然界，如一些植物的香精油、维生素、激素等都含有脂环结构。工业分析中有的脂环烃可作溶剂。

一、脂环烃的通式与同分异构

1. 脂环烃的通式

环烷烃可看成链状烷烃分子内两端的伯碳原子上各去掉一个氢原子后相互连成的环状化合物，它比相应烷烃少两个氢，因此，单环环烷烃的通式为 C_nH_{2n}，与烯烃的通式相同。因此，单环烷烃与相同碳原子数的烯烃互为同分异构体。

2. 脂环烃的同分异构

环烷烃的异构现象比烷烃复杂，组成环的碳原子数不同，以及环上取代基结构及其位置不同都可产生同分异构体。例如，C_5H_{10} 的环戊烷有下列五种构造异构体。

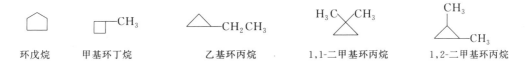

环戊烷　　　甲基环丁烷　　　乙基环丙烷　　　1,1-二甲基环丙烷　　　1,2-二甲基环丙烷

二、脂环烃的分类

脂环烃可按照分子中碳环的数目分为单环脂肪烃及多环脂肪烃。按分子中组成的碳原子数，又可分为三元环、四元环、五元环、六元环等。单环脂肪烃又可按成环的碳碳键是否饱和，分为饱和脂环烃和不饱和脂环烃两类。环烷烃为饱和脂环烃，环烯烃、环炔烃为不饱和脂环烃。

1. 单环脂肪烃

2. 二环脂肪烃

3. 多环脂肪烃

4. 不饱和脂环烃

三、脂环烃的命名

单环脂肪烃的命名，与相应的开链烃相似，在相同碳原子数的开链烃名称前加一"环"字即可。环上如有两个或多个不同的取代基时，要以含碳原子数最少的取代基作为1位。当

环上有不饱和键时，则其位置愈小愈好，并应小于取代基的位次。环上的其他取代基则按最低系列循环编号，环上取代基的列出次序与链烃相同，例如：

环丙烷 （简写 △）

1,2-二甲基环丁烷

1-甲基-4-异丙基环己烷

环戊烯

5-甲基-1,3-环己二烯

环辛炔

在脂环烃中，单环烷烃较重要，是本节主要讨论的内容。

四、环烷烃的结构和稳定性

环烷烃和烷烃一样，分子中各碳原子间都是以 sp^3 杂化轨道重叠所形成的 σ 键连接的，其稳定性与成环的碳原子数有关，即与环的大小有关。为什么环烷烃的稳定性会因环的大小而异呢？下面分别讨论之。

在环丙烷分子中，三个碳原子必然要在同一平面上，并呈等边三角形，这样其夹角应该是 60°。由于环丙烷中碳原子都是以 sp^3 方式杂化的，而正常的 sp^3 杂化的碳原子轨道间夹角为 109.5°。为了实现最大重叠，必须将杂化轨道的夹角压缩，而量子力学计算结果表明，sp^3 杂化轨道的夹角不能小于 104°。所以，环丙烷分子中的 σ 键不能像开链烷烃那样从对称轴的方向重叠，只能从偏离轨道对称轴一定的角度重叠，这样重叠程度较小，形成的键也不稳定。这种电子云不是对称分布在轨道对称轴上，而是分布在一条曲线上的键称为弯曲键或香蕉键，如图 2-17 所示。

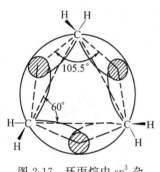

图 2-17 环丙烷中 sp^3 杂化轨道重叠示意

实际上环丙烷分子的键角为 105.5°，比正常的键角小，这样形成的键就没有正常的 σ 键稳定。这种由于键角偏离正常键角而产生的力称为角张力。环丙烷分子中存在较大的角张力，因此不稳定。

环丁烷分子与环丙烷相似，sp^3 杂化轨道也是弯曲重叠形成弯曲键，但弯曲程度比较小，产生较小的角张力，因而比环丙烷稳定。环戊烷分子中的碳原子不在同一平面上，键角与正常键角接近，没有角张力。所以环比较稳定，而在环己烷中，它的碳原子完全保持正常的键角，不存在角张力，轨道实现最大重叠，是脂环烃中最稳定的化合物。

五、环烷烃的物理性质

环烷烃的物理性质及其递变规律与烷烃基本相似。它的熔点、沸点、相对密度均比同碳烷烃略高。常见环烷烃的物理常数如表 2-9 所示。

表 2-9　常见环烷烃的物理常数

名　称	沸点/℃	熔点/℃	相对密度
环丙烷	−33	−127	
环丁烷	13	−80	
环戊烷	49	−94	0.746
环己烷	81	6.5	0.778
环庚烷	118	−12	0.810
环辛烷	149	14	0.830

六、环烷烃的化学性质

环烷烃的化学性质与烷烃相似，也能发生取代和氧化反应，但由于碳环结构的特殊性，表现出一些特殊性质，特别是小环易发生开环加成反应。

1. 加成反应

（1）加氢　环烷烃催化加氢后，环被破坏，生成烷烃，但环的大小不同，加氢反应难易不同。例如

$$\triangle + H_2 \xrightarrow[80℃]{Ni} CH_3CH_2CH_3$$

$$\square + H_2 \xrightarrow[120℃]{Ni} CH_3CH_2CH_2CH_3$$

$$\pentagon + H_2 \xrightarrow[300℃]{Ni} CH_3CH_2CH_2CH_2CH_3$$

（2）加卤素和卤化氢　环丙烷和环丁烷能像烯烃一样同卤素和卤化氢发生加成，开环形成卤代烷烃，但反应活性不同。

$$\triangle + Br_2 \xrightarrow{CCl_4} CH_2-CH_2-CH_2 \\ \quad\quad\quad\quad\quad\;\; |\quad\quad\quad\quad\; | \\ \quad\quad\quad\quad\quad Br\quad\quad\quad\; Br$$

$$\square + Br_2 \longrightarrow CH_2-CH_2-CH_2-CH_2 \\ \quad\quad\quad\quad\quad\;\; |\quad\quad\quad\quad\quad\quad\quad\; | \\ \quad\quad\quad\quad\quad Br\quad\quad\quad\quad\quad\; Br$$

$$\triangle + HBr \longrightarrow CH_3-CH_2-CH_2 \\ \quad\quad\quad\quad\quad\quad\quad\quad\quad\quad\;\; | \\ \quad\quad\quad\quad\quad\quad\quad\quad\quad\;\; Br$$

$$\square + HI \longrightarrow CH_3-CH_2-CH_2-CH_2 \\ \quad\quad\quad\quad\quad\quad\quad\quad\quad\quad\quad\quad\quad\;\; | \\ \quad\quad\quad\quad\quad\quad\quad\quad\quad\quad\quad\quad\; I$$

$$\triangle\text{-}CH_3 + HCl \longrightarrow CH_3-CH-CH_2-CH_3 \\ \quad\quad\quad\quad\quad\quad\quad\quad\quad\quad\quad\;\; | \\ \quad\quad\quad\quad\quad\quad\quad\quad\quad\; Cl$$

环丙烷在室温下可与溴加成使溴水退色，而环丁烷需要在加热条件下才能反应；环丙烷可与 HX 反应，环丁烷只能同活泼的 HI 反应。

2. 取代反应

在高温或光照下，环戊烷、环己烷与卤素发生取代反应，同烷烃相似，发生环上氢原子的取代反应。

$$\pentagon + Br_2 \xrightarrow[\text{或 300℃}]{\text{紫外线}} \pentagon\text{-}Br + HBr$$

3. 氧化反应

在室温下，环烷烃与氧化剂（如 $KMnO_4$ 水溶液）不起反应，因此可用 $KMnO_4$ 稀溶液鉴别环丙烷和烯烃。若在强氧化剂或催化剂影响下加热，则发生环破裂生成二元羧酸。如环己烷被氧化生成己二酸。

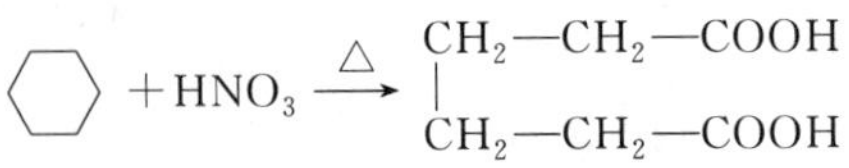

$$\bigcirc + HNO_3 \xrightarrow{\triangle} \begin{array}{l} CH_2-CH_2-COOH \\ | \\ CH_2-CH_2-COOH \end{array}$$

综上所述，环烷烃既像烷烃，又像烯烃，五碳和六碳环烷烃的化学性质与烷烃相似，易发生取代反应。小环烷烃的化学性质（如环丙烷、环丁烷）与烯烃相似，易发生开环加成反应。环丙烷、环丁烷可使溴水退色（与烷烃区别），却不能使高锰酸钾水溶液退色（与烯烃区别）。

环烯烃、环炔烃的性质与相应的烯烃、炔烃性质相似。

阅读材料

科学家——齐格勒和纳塔

齐格勒 　　　　　　　　纳塔

齐格勒（Karl Ziegler）是德国化学家。1898 年出生，1973 年逝世，享年 75 岁。齐格勒于 1920 年在德国的马尔堡大学获得有机化学博士学位。从 1943 年开始任德国普朗克煤炭研究院院长，1949 年任德国化学学会第一任主席。

齐格勒对自由基化学反应、金属有机化学等都有深入的研究。1953 年，齐格勒在研究乙基铝与乙烯的反应时，只生成了乙烯的二聚体，后经仔细分析，发现是金属反应器中存在的微量镍所致。这说明除了乙基铝外，过渡金属的存在会影响乙烯的聚合反应，为此齐格勒做了大量的试验研究。通过一系列筛选试验，他发现由四氯化钛和三乙基铝组成的催化剂可使乙烯在较低压力下聚合，并且聚合物完全是线型的，易结晶、密度高、硬度大，这就是低压聚乙烯（也叫高密度聚乙烯）。低压聚乙烯与高压聚乙烯相比，具有生产成本低、设备投资少和工艺条件简便等优点。

齐格勒在从事科学研究的同时，也特别重视对科技人才的培养。他对助手的要求极为严格，制定了一些特殊的"戒规"，如要求他的助手必须把某重要书籍从第一页背到最后一页，要把书读到"翻破"的程度。他对自己的要求也非常严格，以身作则，有些危险而重要的实验，总是自己亲自动手，甚至昼夜不离开实验室，而且暂时不让别人进去，以防发生意外。

第二章 脂肪烃和脂环烃

纳塔（Giulis Natta）是意大利科学家，出生于1903年，逝世于1979年，享年76岁。在齐格勒研制的催化剂 $TiCl_4/Al(C_2H_5)$ 问世后不久，纳塔试图将此催化剂用在丙烯的聚合反应中，但结果得到的却是无定形和结晶型聚丙烯混合物。后来纳塔经过一系列试验研究，改进了齐格勒催化剂，用 $TiCl_3/Al(C_2H_5)$ 成功地制得了结晶型聚丙烯。1955年纳塔发表了丙烯聚合方面的研究论文。

由于齐格勒和纳塔发明了乙烯和丙烯聚合的新催化剂，奠定了定向聚合的理论基础，改进了高压聚合工艺，使聚乙烯、聚丙烯等工业得到了巨大的发展。为此，他们两人于1963年共同获得了诺贝尔化学奖。

为纪念齐格勒和纳塔的业绩，在德国的普朗克煤炭研究院铸有这两位科学家的铜碑塑像。

练习题

1. 命名下列各化合物。

2. 写出下列化合物的构造式。
(1) 1-甲基-4-异丙基环己烷
(2) 1,1-二甲基环丁烷
(3) 1-氯-2-溴环己烷
(4) 3-异丙基环己烯
(5) 环戊基环戊烷
(6) 1,4-二甲基环己烷

3. 完成下列反应。

4. 有一化合物分子式为 C_4H_8，能和 HI 及 Br_2（室温）发生加成反应，但不能使冷的高锰酸钾溶液退色。写出该化合物的可能构造式。

5. 用化学方法区别下列各组化合物。
(1) 丙烷、丙烯、环丙烷
(2) 1,2-二甲基环丙烷、环戊烷、戊烯
(3) ⬡ 、⬡ 、$CH_3CH_2CH_2CH_2C\equiv CH$

6. A、B 两个异构体的分子式为 C_5H_{10}，溴与 A 反应得到 C_5H_9Br，溴与 B 反应得到 $C_5H_{10}Br_2$；A 氧化后得到一个羧酸 $C_5H_8O_4$，而 B 氧化后得到含醋酸的混合物，试写出 A 与 B 的构造式及上述反应的方程式。

7. 分子式为 C_4H_6 的三个异构体 A、B 和 C 能发生如下的化学反应：
(1) 三个异构体都能与溴发生反应，且 B、C 反应的溴量是 A 的两倍；
(2) 三者都能与 HCl 发生反应，而 B、C 在 Hg^{2+} 催化下与盐酸反应得到同一种化合物；
(3) B 和 C 能迅速地和含 $HgSO_4$ 的硫酸溶液作用，得分子式为 C_4H_8O 的化合物；
(4) B 能和 $Ag(NH_3)_2NO_3$ 作用生成白色沉淀。
试推测化合物 A、B 和 C 的结构，并写出有关的方程式。

第三章 芳香烃

知识目标 理解苯环的特殊结构、"芳香性"概念、芳烃的分类；理解单环芳烃的同分异构现象，掌握芳香烃的命名方法及芳香烃的亲电取代反应（卤化、硝化、磺化、傅-克反应）、氧化反应、加成反应；理解苯环上取代反应的定位规律；掌握鉴别芳香烃的方法。

能力目标 能由给定芳香烃的结构推测其在给定反应条件下发生的化学变化；能正确、安全地应用和鉴别芳香烃化合物。

学习关键词 苯、芳烃、芳香性、烷基化、酰基化、定位规则。

芳香烃是芳香族化合物的母体，是一类具有特定环状结构和特殊化学性质的化合物。这一类化合物因为最初是从树脂和香精油中获得的，大多数具有芳香气味，因而称为"芳香烃"或"芳烃"。随着有机化学的发展，人们发现许多具有芳香族化合物特性的化合物，都没有芳香味，而具有芳香味的化合物都不具备芳香族化合物的特性，所以"芳香烃"一词只是沿用了历史的名词。芳香烃是指具有苯的结构，以及与苯有相似的化学性质和电子结构的一类有机化合物。根据分子中含有苯环的数目及苯环的连接情况，可将芳香烃分为三类。

想一想

芳香性是由什么决定的？

1. 单环芳香烃

分子中只含有一个苯环的芳烃，包括苯、苯的同系物和苯基取代的不饱和烃。例如：

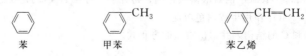

2. 多环芳香烃

分子中含有两个或两个以上苯环的化合物称为多环芳香烃。多环芳香烃可根据苯环的连接方式分为三种。

（1）联苯类　苯环之间通过单键相连接，例如：

联苯　　　　　　　　　　　　　　　1,4-联三苯

（2）多苯代脂肪烃　苯环之间通过烷基间接相连，也可以看作脂肪烃分子中的氢原子被苯环取代的产物。例如：

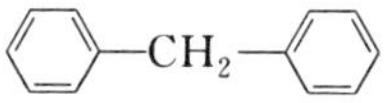

二苯甲烷 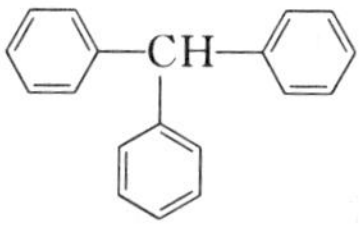　　　　　　　　　　　　　三苯甲烷

（3）稠环芳烃　两个或两个以上苯环彼此共用两个相邻的碳原子连接起来的芳香烃叫做稠环芳烃，例如：

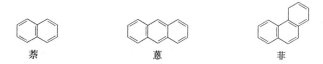

萘　　　　　　　蒽　　　　　　　菲

3. 非苯芳烃

分子中不存在苯环结构，但具有与苯相似的电子结构和性质的环烃，例如：

环丙烯正离子　环戊二烯负离子　环庚三烯正离子

第一节　单环芳烃

一、苯的结构

1825年从煤焦油中发现一种无色液体，其分子式为C_6H_6，命名为苯。按苯的分子式中C∶H＝1∶1，可知它是一个高度不饱和的化合物，但苯并不表现不饱和化合物性质，它在一般情况下不发生加成反应而易发生取代反应，不被氧化，说明苯很稳定。苯的这种不易加成、不易氧化、容易取代和苯环具有特殊稳定性的性质，称之为芳香性。

1. 苯的凯库勒结构式

苯加氢还原生成环己烷，可以说明苯具有六碳环的结构。苯的一元取代产物只有一种，说明碳环上六个碳原子和六个氢原子是等同的。据此，1865年凯库勒提出了苯是一个对称的六碳环，双键和单键交替排列的结构：

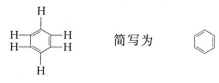

简写为

凯库勒提出苯的环状结构观点是正确的，在有机化学发展史上做出了卓越的贡献，但凯库勒结构有两个主要的缺陷。

① 不能说明苯的特殊稳定性。

② 按凯库勒式，苯分子中单双键交替，有单双键的区别，邻位二取代应有两种：

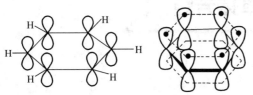

但实际上苯的邻位二取代产物只有一种，完全没有单双键的区别。因此，凯库勒式并不能代表苯分子的真实结构。

2. 苯分子结构的近代概念

现代物理方法测定苯分子是平面的正六边形结构。苯分子的六个碳原子和六个氢原子都分布在同一平面上，相邻碳碳之间的键角为120°。

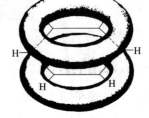

键角＝120℃　　碳碳键键长＝0.139nm　　碳氢键键长＝0.108nm

二维码6　苯的结构

根据杂化轨道理论，苯分子中的六个碳都是 sp^2 杂化的，每个碳原子都以三个 sp^2 杂化轨道分别与碳和氢形成三个 σ 键。由于三个 sp^2 杂化轨道都处在同一平面内，所以苯环上所有原子都在一个平面内，并且键角为120℃。每个碳上余下的未参加杂化的 p 轨道由于都垂直于苯分子形成的平面而相互平行［图3-1(a)］，因此 p 轨道可以相互重叠，发生共轭，形成一个环状离域的大 π 键［图3-1(b)］。

六个 π 电子可均匀地离域在大 π 键轨道中，π 电子云像两个中空的面包圈位于苯环的上下方，如图3-2所示。

(a) 苯分子的六个 p 轨道　　(b) 苯分子中的共轭大 π 键

图 3-1　苯的 p 轨道交盖

图 3-2　苯的离域 π 电子轨道

由于所有碳原子上的 p 轨道重叠程度完全相等，所以碳碳键长完全相等，它比烷烃中的碳碳单键短，而比孤立的碳碳双键长。所以实际上苯环不是结构式表示的那样一种单、双键间隔的体系，而是形成了一个电子密度完全平均化了的没有单、双键之分的大 π 键。

另外，由于苯环中电子离域地分布在平面的上、下两侧，所以受原子核的约束较 σ 电子为小，这就与烯烃中的 π 电子一样，易为亲电试剂进攻。所不同的是，烯烃容易进行亲电加成，而芳香烃则由于具有保持稳定的共轭体系结构的倾向，所以容易进行亲电取代反应。

阅读材料

凯库勒

凯库勒（Friedrich August Kekule，1829～1896年）是德国人，有机化学结构的奠基者，其中以引入苯环式的结构最为著名。

凯库勒生于德国 Darmstadt。1875年介绍了甲烷等简单碳化合物的组成式。1865年，凯库勒从白日梦中悟到"六个碳原子构成一个环，各与一个氢原子连接"，提出了苯是一个对称的六碳环，双键和单键交替排列的结构。凯库勒提出苯的环状结构观点，在有机化学发展史上起了重要的作用。

凯库勒1896年逝世于Bonm。

二、单环芳烃的通式与同分异构

苯是最简单的单环芳烃，其同系物可以看作是苯环上的氢原子被烷基取代的衍生物，称为烷基苯。根据苯环上氢原子被烷基取代的数目，有一烷基苯、二烷基苯、三烷基苯等。烷基苯的通式是 C_nH_{2n-6}，当 $n=6$ 时，分子式为 C_6H_6，即为苯，苯没有构造异构体。

简单的一烷基苯只有一种，也没有构造异构体。例如：

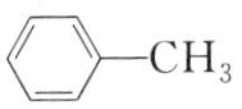

甲苯 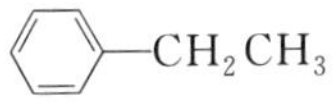　　　　　　　　　　乙苯

但是当取代基含有三个或三个以上的碳原子时，由于碳链结构不同，可产生异构体。例如：

正丙苯 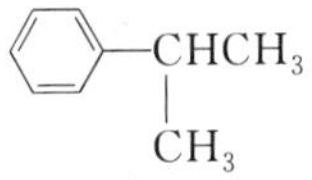　　　　　　　　　异丙苯

当苯环上连有两个或两个以上取代基时，亦产生同分异构体，例如两个甲基取代的苯环化合物则有以下三种异构体：

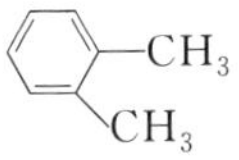

邻二甲苯 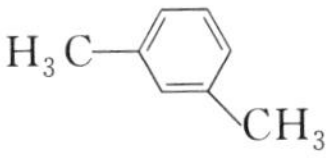　　　　　间二甲苯 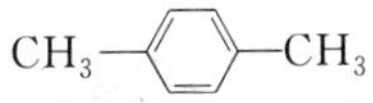　　　　　对二甲苯

三、单环芳烃的命名

苯的同系物的命名通常以苯环为母体，烷基作为取代基来命名。例如：

苯 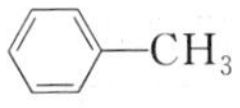　　　　甲苯 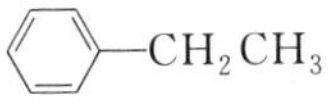　　　　乙苯 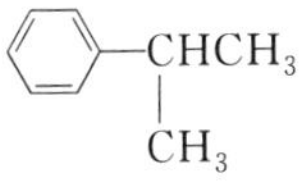　　　　异丙苯

苯环上有多个取代基时，由于取代基位置不同，命名时应在名称前注明取代基位置。二元取代苯中取代基的位置可用邻、间、对（简写作 o-、m-、p-）等字表示，例如：

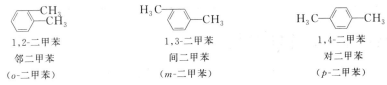

1,2-二甲苯　　　　　1,3-二甲苯　　　　　1,4-二甲苯
邻二甲苯　　　　　　间二甲苯　　　　　　对二甲苯
（o-二甲苯）　　　（m-二甲苯）　　　（p-二甲苯）

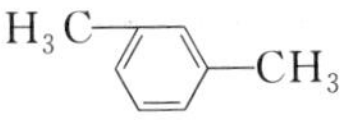

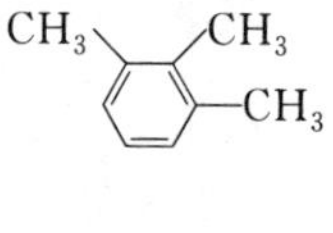

1,2,3-三甲苯 1,2,4-三甲苯 1,3,5-三甲苯
连三甲苯   偏三甲苯   均三甲苯

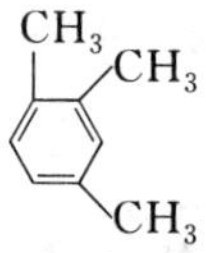

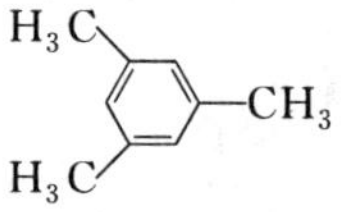

苯分子中减去一个氢原子剩下来的原子团 C_6H_5—叫做苯基。苯基又可简写作 Ph—。甲苯分子中苯环上减去一个氢原子，得到甲苯基，如 o-$CH_3C_6H_4$—为邻甲苯基。支链上减去一个氢原子，则得到苯甲基或苄基 $C_6H_5CH_2$—。

芳烃分子中芳环上减去一个氢原子，剩下的原子团称为芳基，简写作 Ar—。

对于结构复杂或支链上有官能团的化合物，可以把支链当作母体，将苯环当作取代基命名。例如：

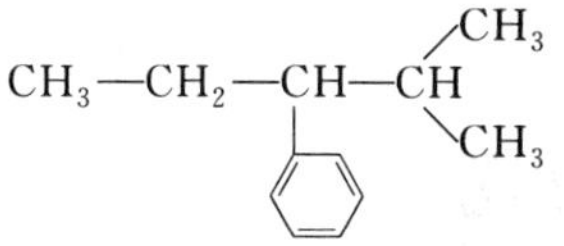

2-甲基-3-苯基戊烷 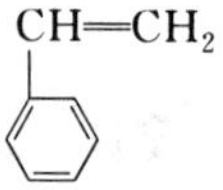   苯乙烯

当苯环上连有多个官能团则按以下顺序命名，顺序在前的官能团作母体，在后的官能团作取代基。

—SO_3H，—COOH，—CHO，—CN，—OH，—NH_2，—R，—NO_2，—X

例如：

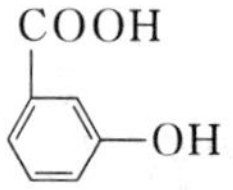

3-羟基苯甲酸 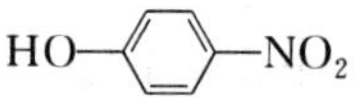   对硝基苯酚

第二节 单环芳烃的性质

一、单环芳烃的物理性质

苯及其同系物一般是无色液体，相对密度 0.86~0.9，不溶于水而溶于有机溶剂，如乙醚、四氯化碳、石油醚等非极性溶剂，而且它们本身也是很好的溶剂。沸点随着碳原子增加而升高。对位异构体有较高的对称性，熔点比邻、间位异构体高。一些常见单环芳烃的物理常数如表 3-1 所示。

表 3-1 一些常见单环芳烃的物理常数

化合物	熔点/℃	沸点/℃	相对密度	化合物	熔点/℃	沸点/℃	相对密度
苯	5.5	80.1	0.879	乙苯	−95	136.2	0.867
甲苯	−95	110.6	0.876	正丙苯	−99.6	159.3	0.862
邻二甲苯	−25.5	144.4	0.880	异丙苯	−96	152.4	0.862
间二甲苯	−47.9	139.1	0.864	苯乙烯	−33	145.8	0.906
对二甲苯	13.2	138.4	0.861				

二、单环芳烃的化学性质

苯的结构决定了苯容易发生亲电取代反应，在特定条件下也能发生加成反应。有些支链的反应与脂肪烃基相同。

1. 苯环的亲电取代反应

（1）苯的卤化　苯与氯或溴反应，在铁或卤化铁催化下，苯环上的氢原子可被氯原子或溴原子取代，生成氯苯或溴苯。

$$C_6H_6 + Br_2 \xrightarrow{FeBr_3, \triangle} C_6H_5Br + HBr$$

溴化铁作为催化剂与溴反应，生成 Br^+ 和 $FeBr_4^-$：

$$Br_2 + FeBr_3 \longrightarrow Br^+ + FeBr_4^-$$

Br^+ 作为缺电子的亲电试剂进攻苯环。

（2）硝化反应

$$C_6H_6 + 浓 HNO_3 \xrightarrow[50℃]{浓 H_2SO_4} C_6H_5NO_2 + H_2O$$

（3）磺化反应

$$C_6H_6 + 浓 H_2SO_4 \xrightarrow{70\sim80℃} C_6H_5SO_3H + H_2O$$

（4）傅-克（Friedel-Crafts）反应

傅-克烷基化反应

$$C_6H_6 + CH_3CH_2Br \xrightarrow{无水 AlCl_3} C_6H_5CH_2CH_3 + HBr$$

傅-克酰基化反应

$$C_6H_6 + CH_3-\underset{\underset{O}{\|}}{C}-Cl \xrightarrow{无水 AlCl_3} C_6H_5-\underset{\underset{O}{\|}}{C}-CH_3 + HCl$$

常用的催化剂有 $AlCl_3$、$FeCl_3$、$ZnCl_2$、BF_3 等，其中以 $AlCl_3$ 活性最高。当苯环上连有强吸电子基团（硝基、磺酸基、酰基和氰基）时，一般不发生傅-克反应。

这几类反应有以下几方面值得注意。

硝化反应、磺化反应发生后得到的一取代产物硝基苯、苯磺酸再进行二取代时，得到的是间位二取代产物，且反应条件较一取代苛刻。

$$C_6H_5NO_2 + HNO_3 \xrightarrow[100℃]{浓 H_2SO_4} 间-C_6H_4(NO_2)_2 + H_2O$$

$$C_6H_5SO_3H + 发烟 H_2SO_4 \xrightarrow{200\sim245℃} 间-C_6H_4(SO_3H)_2 + H_2O$$

而甲苯硝化时，在30℃即可反应，主要得到邻、对位产物。

$$C_6H_5CH_3 + HNO_3 \xrightarrow[30℃]{H_2SO_4} 邻-CH_3C_6H_4NO_2 + H_3C-C_6H_4-NO_2(对)$$

$$C_6H_5CH_3 + H_2SO_4 \xrightarrow{室温} 邻-CH_3C_6H_4SO_3H + H_3C-C_6H_4-SO_3H(对)$$

由此可见，苯、甲苯、硝基苯等进行取代反应的活性为：甲苯＞苯＞硝基苯。

2. 氧化反应

（1）**芳烃的侧链氧化**　芳香环侧链上连有烃基，并且 α-碳上含氢原子，此烃基侧链可被高锰酸钾等强氧化剂氧化为羧基。例如：

$$\text{C}_6\text{H}_5\text{—CH}_3 \xrightarrow[\Delta]{\text{KMnO}_4} \text{C}_6\text{H}_5\text{—COOH}$$

$$\text{C}_6\text{H}_5\text{—CH}_2\text{CH}_3 \xrightarrow[\Delta]{\text{KMnO}_4} \text{C}_6\text{H}_5\text{—COOH}$$

若侧链烃基无 α-H（如叔烷基），一般情况下不氧化，例如：

$$\text{H}_3\text{C}-\text{C}_6\text{H}_4-\text{C}(\text{CH}_3)_3 \xrightarrow[\Delta]{\text{KMnO}_4} \text{HOOC}-\text{C}_6\text{H}_4-\text{C}(\text{CH}_3)_3$$

　　　　对叔丁基甲苯　　　　　　　对叔丁基苯甲酸

（2）**苯环氧化**　苯环一般不被常见的氧化剂（如高锰酸钾、重铬酸钾加硫酸、稀硝酸等）氧化，但在强烈条件下如高温及催化剂作用下，也可被氧化，苯环开裂，生成顺丁烯二酸酐。

$$2\,\text{C}_6\text{H}_6 + 9\text{O}_2 \xrightarrow[400\sim500℃]{\text{V}_2\text{O}_5} 2\,\begin{array}{c}\text{H—C—C}\\\text{H—C—C}\end{array}\!\!\!\!\!\!\!\!\!\!\!\!\!\text{O}\!\!\!\!\!\!\!\!\!\!\text{O} + 4\text{H}_2\text{O} + 4\text{CO}_2\uparrow$$

顺丁烯二酸酐

顺丁烯二酸酐主要用来制不饱和聚酯树脂，也可用作环氧树脂的固化剂。

3. 加成反应

芳烃易起取代反应而难于加成，但在一定条件下（如催化剂、高温、高压、光照等），仍可发生加成反应。例如苯催化加氢生成环己烷。

（1）**加氢**　在催化剂铂、镍、钯的催化作用下，苯能与氢加成生成环己烷。

$$\text{C}_6\text{H}_6 + 3\text{H}_2 \xrightarrow{\text{Ni 或 Pt},180\sim250℃} \text{环己烷}$$

苯的一些衍生物还可还原为环己烷的衍生物。例如：

$$\text{C}_6\text{H}_5\text{—CH}_3 \xrightarrow{\text{Ni 或 Pt},\,\Delta} \text{甲基环己烷}$$

（2）**加氯**　在日光或紫外线的照射下，氯与苯加成，生成六氯环己烷。

$$\text{C}_6\text{H}_6 + 3\text{Cl}_2 \xrightarrow{\text{光照}} \text{C}_6\text{H}_6\text{Cl}_6$$

六氯环己烷（六六六）

第三节　芳烃的亲电取代反应机理

已知苯是一个平面结构的分子，π 电子云分布于平面的上、下方，有利于亲电试剂从环的上方或下方进攻。因此苯的取代反应一般都是亲电取代反应。

亲电取代反应分两步进行。

第一步，在催化剂作用下产生亲电试剂（路易斯酸）E^+：

$$Cl_2 + FeCl_3 \longrightarrow [FeCl_4]^- + Cl^+$$

$$HNO_3 + 2H_2SO_4 \longrightarrow 2HSO_4^- + H_3^+O + N^+O_2$$

$$H_2SO_4 + H_2SO_4 \longrightarrow HSO_4^- + H_3^+O + SO_3$$

$$R-Cl + AlCl_3 \longrightarrow [AlCl_4]^- + R^+$$

第二步，亲电试剂 E^+ 进攻苯环，与离域的 π 电子相互作用，亲电试剂从苯环的 π 体系中获得两个电子，与苯环的一个碳原子形成 σ 键而生成 σ-配合物。

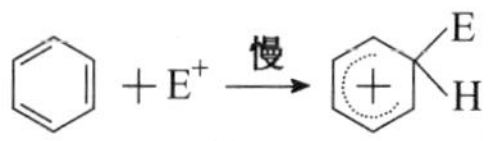

在 σ-配合物中，有一个碳原子由 sp^2 杂化变为 sp^3 杂化，不再有 p 轨道，脱离了共轭体系，苯环只剩下四个 π 电子分布于五个碳原子的共轭体系，能量比较高，不稳定。它很容易从 sp^3 杂化碳原子上失去一个质子，从而恢复到原来的 sp^2 杂化状态，结果又形成六个 π 电子的闭合共轭体系，恢复苯环结构，从而降低了能量，生成取代苯。

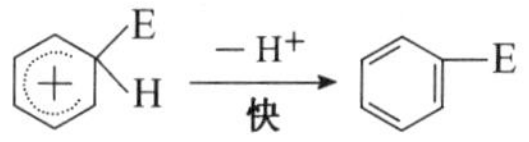

例如，卤代反应的机理：

$$Br_2 + FeBr_3 \longrightarrow [FeBr_4]^- + Br^+$$

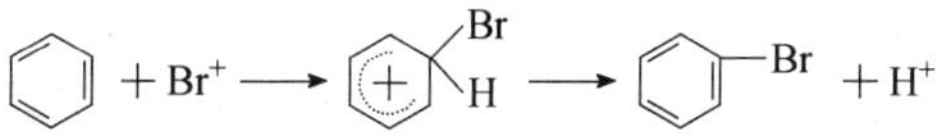

$$[FeBr_4]^- + H^+ \longrightarrow FeBr_3 + HBr$$

在傅-克烷基化反应中，亲电试剂是碳正离子，当碳正离子的碳原子数在三个以上时，则碳正离子发生重排，形成更稳定的碳正离子，生成以带支链的烷基苯为主的取代产物。

$$CH_3CH_2CH_2^+ \longrightarrow CH_3-\overset{+}{C}H-CH_3$$

磺化反应的亲电试剂为 SO_3，硫原子以空轨道进攻苯环：

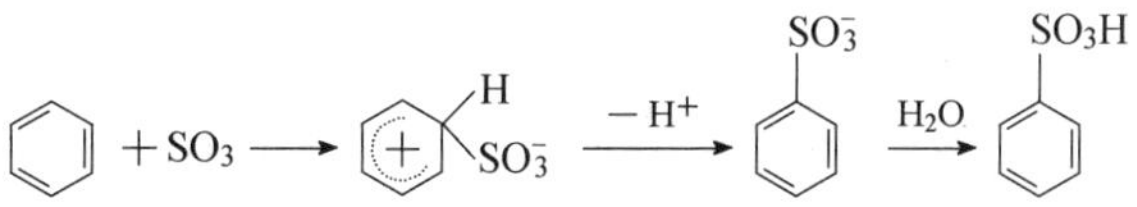

第四节 苯环上取代反应的定位规律

一、定位规律

从甲苯、硝基苯、苯磺酸进行二取代的反应可以看出，苯环上原有的取代基对新进入的取代基有两方面的影响，一是影响反应的难易程度，二是影响第二个取代基的进入位置。由此可知芳环上已有的取代基决定第二个取代基进入芳环的位置，则称此取代基为定位基。定位基有两类。

1. 邻、对位定位基

苯环带有这类取代基时，环上电子云密度增加，从而致活芳环使亲电取代反应易于进行。这类定位基使第二个取代基进入它的邻位或对位，属于邻、对位定位基的有 $-NR_2$、$-NHR$、$-NH_2$、$-OH$、$-OR$、$-NHCR$、$-OCR$、$-CH_3(-R)$、$-X$ 等，卤素（$-X$）虽然
$\qquad\qquad\qquad\qquad\qquad\ \|\qquad\quad\|$
$\qquad\qquad\qquad\qquad\qquad\ O\qquad\quad O$
是邻、对位定位基，但它不起致活芳环的作用。

2. 间位定位基

苯环上连有这类取代基时，环上电子云密度降低，使得亲电取代反应较难进行，即致钝了苯环，这类定位基使第二个取代基进入它们的间位。属于间位定位基的有 $-\overset{+}{N}R_3$、$-NO_2$、$-SO_3H$、$-\underset{O}{\overset{\|}{C}}-H$、$-\underset{O}{\overset{\|}{C}}-R$、$-\underset{O}{\overset{\|}{C}}-OH$ 等。

二、定位规律的解释

为什么邻、对位定位基和间位定位基对芳环有致活和致钝的作用？取代基的定位性质与它们的结构有何关系？

苯是一个对称分子，苯环上的电子云密度分布均匀。当进行亲电取代反应时，六个碳原子受亲电试剂进攻的机会均等。当苯环上有了一个取代基后，受这个取代基的影响，芳环上其余五个碳原子电子云密度发生改变，不再是均一化的。而亲电试剂必然进攻电子云密度较高的碳原子，从而导致了定位基的取代指向性。

例如，甲苯中甲基有给电子的诱导效应及超共轭效应，使苯环上甲基的邻位和对位电荷密度大于苯，因而甲苯的亲电取代反应活性高于苯，且第二取代基进入甲基的邻对位。

苯酚中的酚羟基也是致活基团。羟基中氧原子电负性较大，所以羟基的诱导效应是拉电子。同时氧原子上的未共用电子对与苯环上的大 π 键构成 p-π 共轭体系，氧上一对未共用电子可发生离域，向苯环上转移。因而，羟基连在芳环上可产生给电子共轭效应。由于上述共轭效应＞诱导效应，总的结果是羟基的存在增加了芳环的电子云密度，使亲电取代反应活性增强。对比下列一组反应：

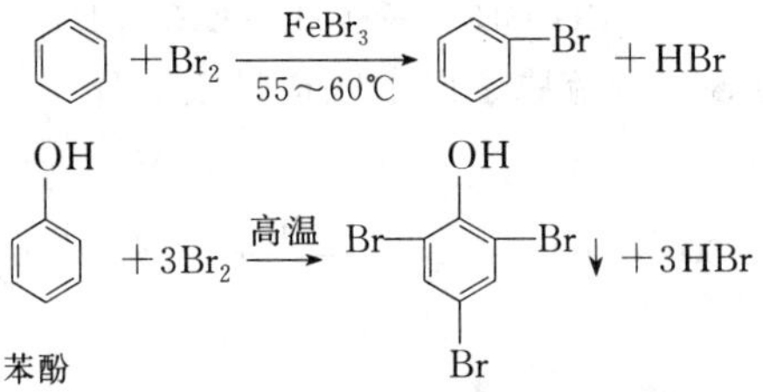

苯酚与溴在常温下即可反应，得到三溴苯酚的白色沉淀，而苯与溴的反应则需要催化剂及加热。

间位定位基对苯环起吸电子作用，使环上电子云密度降低，不利于亲电试剂进攻。因而间位定位基对苯环起致钝作用。例如硝基苯，组成硝基的氮原子和氧原子的电负性都比碳原子大，硝基具有吸电子诱导效应。当它与苯环相连时，吸电子性能使苯环上的电子云密度降低。此外，硝基可与芳环形成 π-π 共轭，由于氧的电负性较强，从而使硝基对芳环产生吸电子共轭效应，在共轭效应和诱导效应的共同作用下，芳环的电子云密度降低，尤其是硝基的邻、对位降低更多。因此，硝基苯的亲电取代反应就比苯困难，且取代位置是电子云密度相对较高的间位。

三、二元取代苯的定位规律

在苯环上已有两个取代基时，可以综合分析两个取代基的定位效应来推测取代反应中第三个取代基进入的位置。

① 两个取代基的定位效应一致，则第三个取代基进入的位置由原取代基共同决定，例如：

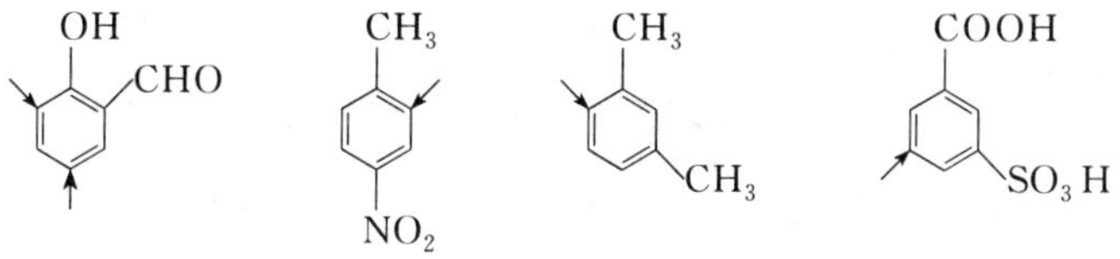

[结构式: 2-羟基-3-甲基苯甲醛类; 2-甲基-4-硝基; 2,4-二甲基; 3,5-取代苯甲酸磺酸]

② 两个取代基的定位效应不一致，其中一个取代基是邻、对位定位基，另一个是间位定位基时，则第三个取代基进入的位置主要由邻、对位取代基决定，例如：

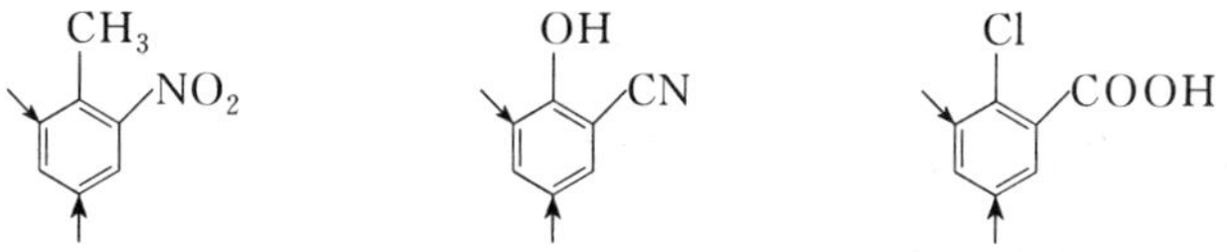

[结构式若干]

③ 两个取代基的定位效应不一致，而它们属于同一类定位基时，则第三个取代基进入的位置主要由定位效应强的取代基决定，例如：

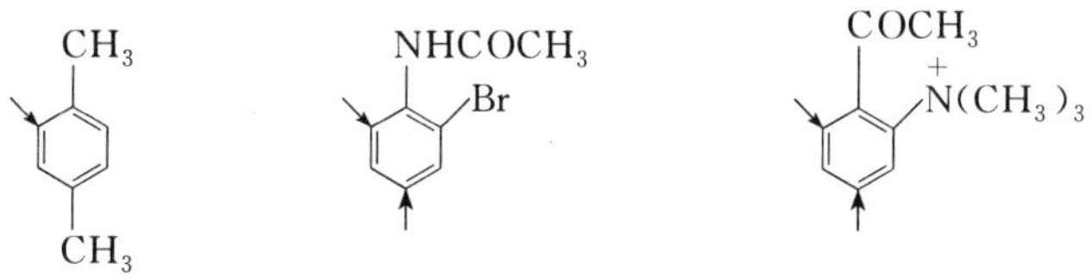

[结构式若干]

④ 当苯环上的两个取代基互为间位时，由于空间位阻，第三个取代基进入前两个取代基之间的产物一般比较少，例如：

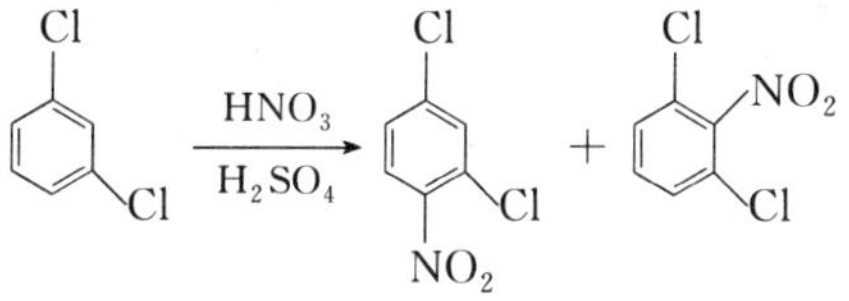

$$\text{间二氯苯} \xrightarrow{HNO_3 / H_2SO_4} \text{2,4-二氯硝基苯 (96\%)} + \text{2,6-二氯硝基苯 (4\%)}$$

四、定位规律的应用

苯环上亲电取代反应的定位规律不仅可以用来解释某些实验现象，更主要的是利用它来指导多取代苯的合成。合成多取代苯时必须考虑定位效应，否则难于达到预期目的。

  例 3-1 >>> 由苯合成间硝基溴苯

由苯合成间硝基溴苯时，则要考虑先溴化还是先硝化。若先溴化再硝化时得到邻硝基溴苯和对硝基溴苯。若先硝化再溴化，则得到间硝基溴苯。所以合成路线应为：

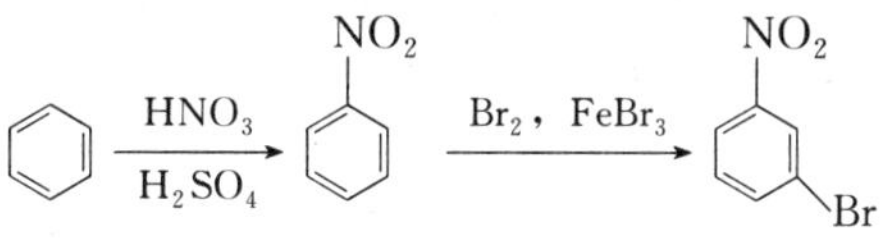

$$\text{苯} \xrightarrow{HNO_3 / H_2SO_4} \text{硝基苯} \xrightarrow{Br_2, FeBr_3} \text{间硝基溴苯}$$

  例 3-2 >>> 由甲苯合成间硝基苯甲酸

由甲苯为原料合成间硝基苯甲酸应考虑先氧化，后硝化。合成路线为：

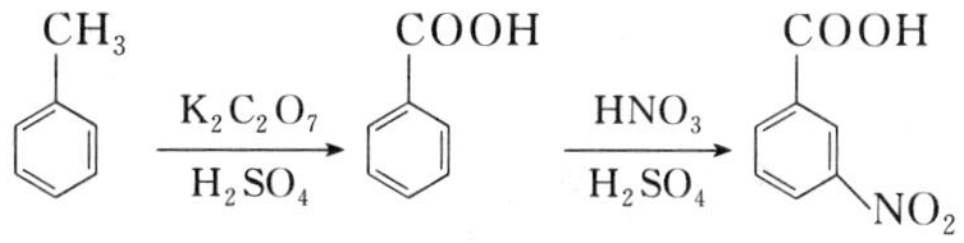

$$\text{甲苯} \xrightarrow{K_2Cr_2O_7 / H_2SO_4} \text{苯甲酸} \xrightarrow{HNO_3 / H_2SO_4} \text{间硝基苯甲酸}$$

若合成邻硝基苯甲酸或对硝基苯甲酸，则顺序相反。

$$\text{甲苯} \xrightarrow{\text{HNO}_3 / \text{H}_2\text{SO}_4} \begin{array}{c} \text{邻硝基甲苯} \\ \text{对硝基甲苯} \end{array} \xrightarrow{\text{K}_2\text{Cr}_2\text{O}_7 / \text{H}^+} \begin{array}{c} \text{邻硝基苯甲酸} \\ \text{对硝基苯甲酸} \end{array}$$

例 3-3 由对二甲苯合成 2-硝基对苯二甲酸

由对二甲苯合成 2-硝基对苯二甲酸时，先氧化和先硝化都可以得到目标化合物。

$$\text{对二甲苯} \nearrow\searrow \begin{array}{c} \text{2-硝基对二甲苯} \xrightarrow{[O]} \text{2-硝基对苯二甲酸} \quad \text{I} \\ \text{对甲基苯甲酸} \xrightarrow{\text{HNO}_3/\text{H}_2\text{SO}_4} \text{2-硝基对苯二甲酸} \quad \text{II} \end{array}$$

但路线 II 中，有两个致钝基团的对苯二甲酸硝化需要有发烟硝酸和发烟硫酸及很高的温度，且收率低，对设备腐蚀性大，难于工业化。而路线 I 中含两个致活基团的对二甲苯硝化时在稀硝酸和室温下就能反应，且收率高，反应条件温和，是最佳的工业化路线。

阅读材料

香的和臭的化合物

广阔的自然界里花草树木放出芳香，化学家们在欣赏它们的同时，更想弄清楚它们是由什么化学物质构成，以便人工制取它们来美化人们的生活。与此同时也有一些地方散溢着令人不愉快的臭味，化学家们同样不想放过它们，也想要弄清楚它们是什么化学物质。

香的物质通称香料，多取自植物，也有来自动物的，还有人工合成的。植物的花、果、叶、茎、干都含有芳香的液体，通称香精油，可以利用压榨、蒸馏、浸取等方法将它们分离出来。

香精油的化学组成成分主要是萜烯和它们的衍生物。萜烯是指具有 $(C_5H_8)_{12}$ 成分的烃类。它们和它们的衍生物广泛存在于植物的精油和树脂中，呈固体或液体，易挥发，有香气，难溶于水，能溶于有机溶剂，除用作香料外，也用于医药中。它们的分子结构无定式，有长链的、一环的、二环的等。

知道了香的物质构成，那么生活中不愉快的臭味是什么原因呢？臭物实际上主要是含胺的化合物，例如，烂鱼臭虾的臭味实际上就是有甲胺（CH_3NH_2）的缘故。

含氮的蛋白质中氨基酸受腐败细菌的作用，发生化学变化，就产生一些有臭味的胺化合物。人粪的臭味就由粪臭素和吲哚产生，都是蛋白质中的色氨酸经细菌作用的产物。

还有些有臭味的化合物是由于含有硫。低级硫醇具有强烈的恶臭。例如乙硫醇（C_2H_5SH）就是一个恶臭的化合物。1833 年丹麦化学家蔡斯发现了它。它在空气中的浓度达到 10^{-11} g/L 时，就因它的臭味而被人们感觉到。因此把它掺进煤气中以提醒人们对煤气漏气的警惕。

第五节 稠环芳烃

两个或两个以上苯环共用两个相邻的碳原子而组成的多环体系称为稠环芳烃，典型的稠环芳烃有：

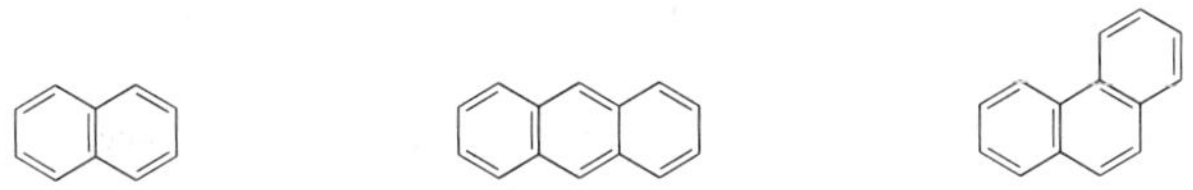

萘　　　　蒽　　　　菲

它们与苯的结构相比，有如下异同点：①碳原子都是 sp² 杂化，都是平面分子，分子中都存在由 p 轨道侧面重叠形成的闭合共轭体系；②都有离域 π 键，都具有芳香性；③p 轨道重叠程度不同，电子云密度分布不均匀，键长不完全相等，反应活性不同，芳香性不如苯典型。几种芳烃的性质比较见表 3-2。

表 3-2　几种芳烃的性质比较

芳　烃	苯	萘	蒽	菲
离域能/(kJ/mol)	150.7	255.2	382.0	351.5
开环所需能量/(kJ/mol)	150.7	255.2	80.6	50.1
芳香性及稳定性	强←……………………………………→弱			
化学活性	弱……………………………………→强			

一、萘

1. 萘的命名

萘分子命名时，从共用碳原子的邻位开始编号，共用碳原子不编号，或用 α，β 来表示。

例如：

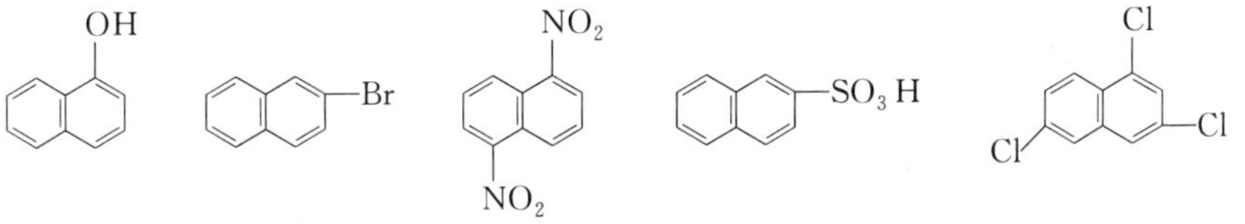

α-萘酚　　β-溴萘　　1,5-二硝基萘　　2-萘磺酸　　1,3,6-三氯萘

2. 萘的性质

萘是白色结晶体，熔点 80.2℃，沸点 218℃，易升华，不溶于水而溶于有机溶剂。有特殊气味，是重要的有机合成原料。

萘的化学性质比苯活泼，能发生与苯类似的反应。

（1）亲电取代反应　萘比苯更容易发生亲电取代反应，α-位上电子云密度最高，所以主要发生在 α-位上。

α-溴萘

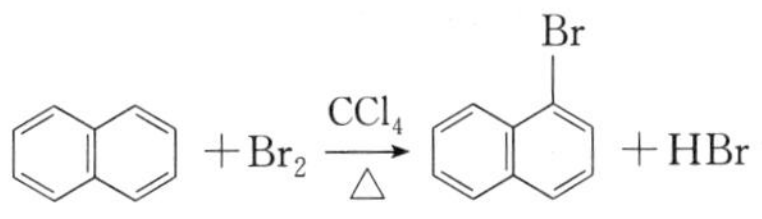

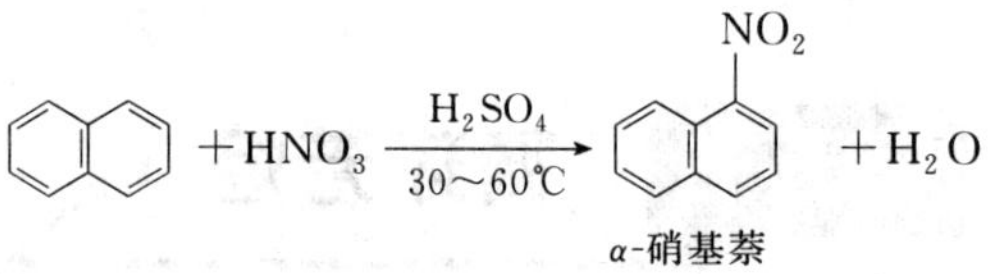

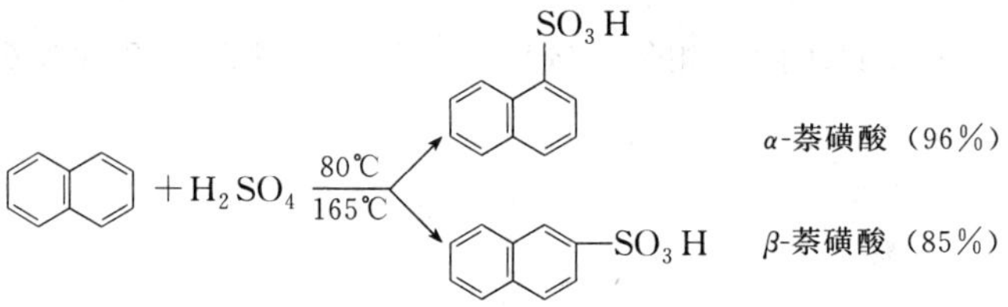

$$\text{萘} + HNO_3 \xrightarrow[30\sim60℃]{H_2SO_4} \text{α-硝基萘} + H_2O$$

$$\text{萘} + H_2SO_4 \xrightarrow[165℃]{80℃} \begin{cases} \text{α-萘磺酸}（96\%） \\ \text{β-萘磺酸}（85\%） \end{cases}$$

萘的溴代不需要路易斯酸催化，硝化的速率比苯快 750 倍。磺化时低温生成 α-萘磺酸，高温生成 β-萘磺酸。把 α-萘磺酸与硫酸加热至 165℃ 即可转变为 β-萘磺酸。

（2）氧化反应　萘容易被氧化，随反应条件不同生成不同的氧化产物，例如：

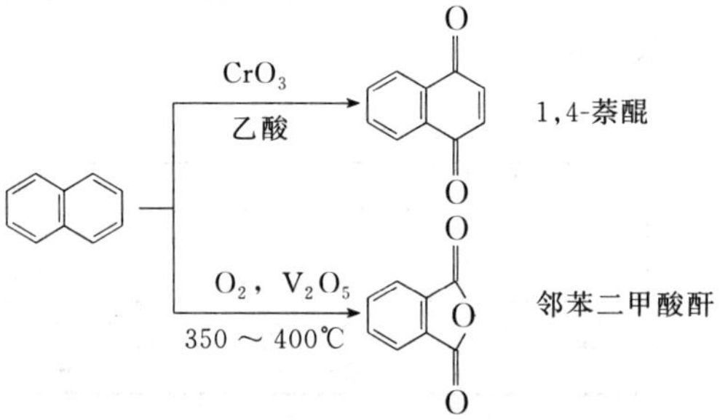

$$\text{萘} \begin{cases} \xrightarrow[\text{乙酸}]{CrO_3} \text{1,4-萘醌} \\ \xrightarrow[350\sim400℃]{O_2,\ V_2O_5} \text{邻苯二甲酸酐} \end{cases}$$

（3）加成反应　萘的加成反应比苯容易，但比烯烃难。萘加氢不需要催化剂，在用金属钠-乙醇反应时可加氢还原为四氢萘，保留苯环结构，四氢萘若要进一步还原，则需要与苯还原相同的条件。

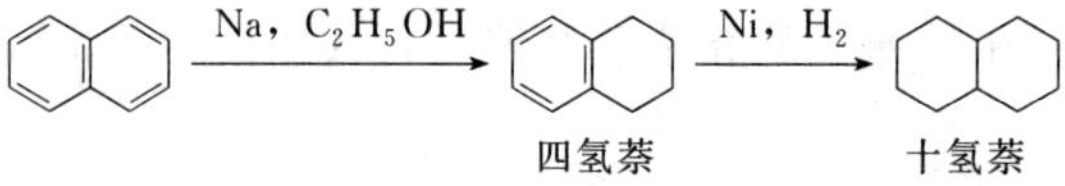

$$\text{萘} \xrightarrow{Na,\ C_2H_5OH} \text{四氢萘} \xrightarrow{Ni,\ H_2} \text{十氢萘}$$

二、蒽、菲

1. 蒽、菲的命名

蒽和菲都有特定的编号：

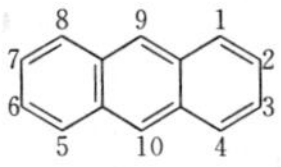

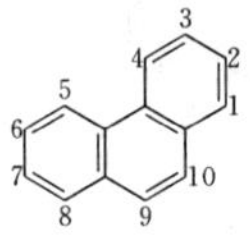

例如：

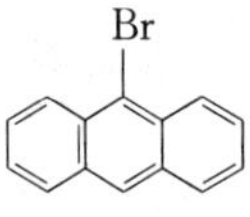

9-溴代蒽 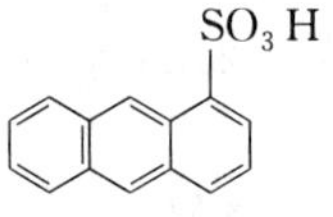　　　1-蒽磺酸 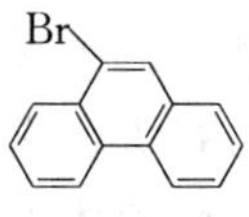　　　9-溴菲

2. 蒽、菲的性质

蒽是片状结晶，具有蓝色荧光，熔点 216℃，沸点 340℃，不溶于水，难溶于乙醇和乙醚，能溶于苯等有机溶剂。

菲是无色而有荧光的片状晶体，熔点 100℃，沸点 340℃，不溶于水而溶于有机溶剂，其溶液呈蓝色荧光。

由于蒽在有机溶剂中的溶解度很小，可以利用溶解度的不同来分离蒽和菲。

由于蒽、菲的芳香性比苯差，它们的化学活性增强，容易发生取代、加成、氧化等反应。例如：

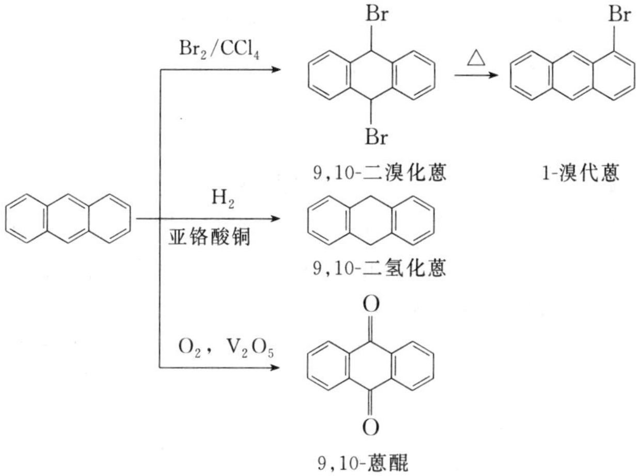

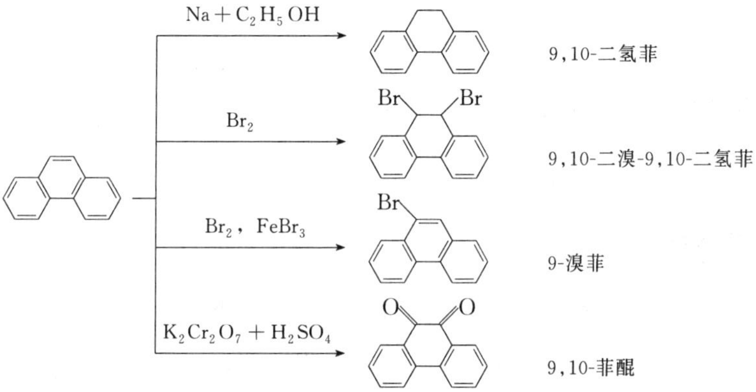

蒽醌为浅黄色晶体，熔点285℃。工业上用作制备蒽醌染料，又作为棉织物印花的导氧剂。菲醌是橙红色针状晶体，熔点206℃。可用作杀菌拌种剂防止小麦莠病等。

其他稠环芳烃还有芘和苯并芘。

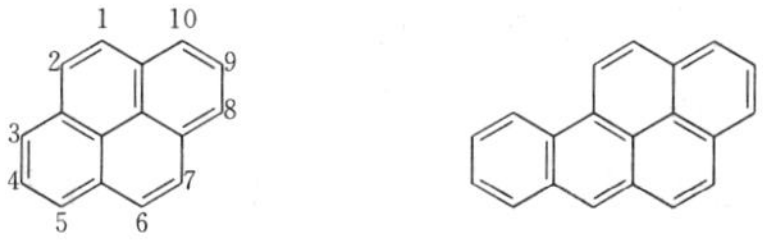

芘　　　3,4-苯并芘

它们存在于煤焦油和沥青中，有较强的致癌作用。煤的燃烧、干馏，以及有机物的燃烧焦化都可产生。

第六节　重要的单环芳烃

一、苯

苯来源于炼焦工业中，从焦炉气和煤焦油中获得。随着石油化学工业的发展，苯则主要由石油的铂重整获得。

苯是无色、易燃、易挥发的液体。熔点 5.5℃，沸点 80.1℃，相对密度 0.879，不溶于水，易溶于乙醇、乙醚等有机溶剂。具有特殊气味，其蒸气有毒，苯的蒸气与空气能形成爆炸性混合物，爆炸极限为 1.5%~8.0%（体积分数）。

苯是重要的化工原料之一，它广泛用来生产合成纤维、合成橡胶、塑料、农药、医药、染料和合成洗涤剂等。苯也常用作有机溶剂。

二、甲苯

甲苯一部分来自煤焦油，大部分从石油的铂重整获得。

甲苯是无色、易燃、易挥发的液体。沸点 110.6℃，相对密度 0.867，不溶于水，易溶于乙醇、乙醚等有机溶剂。具有与苯相似的气味，其蒸气有毒。蒸气与空气形成爆炸性混合物，爆炸极限为 1.2%~7.0%（体积分数）。

甲苯在催化剂（如钼、铬、铂等）及加温、加压条件下，能发生歧化反应，生成苯和二甲苯，反应如下：

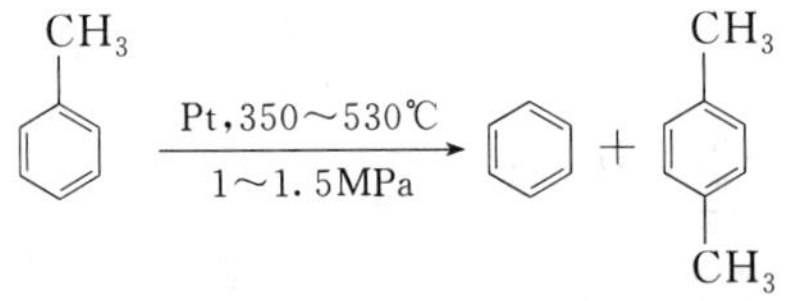

$$\text{C}_6\text{H}_5\text{CH}_3 \xrightarrow[1\sim1.5\text{MPa}]{\text{Pt},350\sim530℃} \text{C}_6\text{H}_6 + \text{C}_6\text{H}_4(\text{CH}_3)_2$$

甲苯也是重要的化工原料之一，它主要用来制造三硝基甲苯（TNT）、苯甲醛和苯甲酸等重要物质。

甲苯可用作溶剂，也可直接作为汽油的组分。

三、苯乙烯

工业上生产苯乙烯是由乙苯经侧链脱氢而得，反应如下：

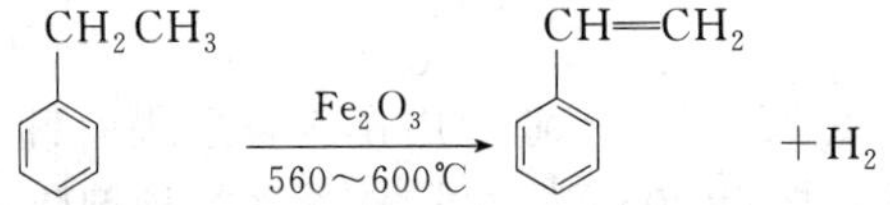

$$\text{C}_6\text{H}_5\text{CH}_2\text{CH}_3 \xrightarrow[560\sim600℃]{\text{Fe}_2\text{O}_3} \text{C}_6\text{H}_5\text{CH}=\text{CH}_2 + \text{H}_2$$

苯乙烯为无色、易燃液体，沸点 145.2℃，相对密度 0.906，难溶于水，溶于乙醇和乙醚。苯乙烯有毒，在空气中的允许浓度在 0.1mg/L 以下。苯乙烯易聚合成聚苯乙烯。故生产和贮存时加阻聚剂（如对苯二酚），以防止其聚合。

苯乙烯主要用于合成聚苯乙烯塑料、丁苯橡胶、ABS 工程塑料和离子交换树脂等。

第七节 鉴别芳香烃

一、鉴别芳香烃的方法

1. 甲醛-浓硫酸试验法

甲醛-浓硫酸试验又称 Le Rosen 试验，芳香族化合物及其衍生物在甲醛-浓硫酸溶液中，会发生显色反应，其呈现的颜色与化合物结构有关，许多芳香族化合物均可发生此反应，表 3-3 列出了部分芳烃的颜色变化情况。反应是生成了能够显色的醌型结构产物。例如苯可能经过以下反应：

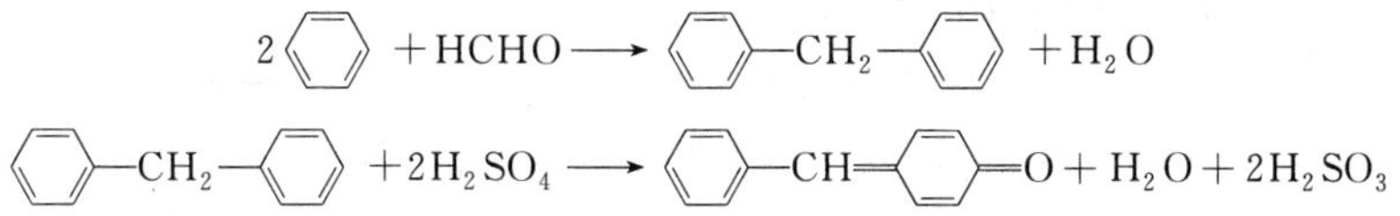

$$2\,C_6H_6 + HCHO \longrightarrow C_6H_5-CH_2-C_6H_5 + H_2O$$

$$C_6H_5-CH_2-C_6H_5 + 2H_2SO_4 \longrightarrow C_6H_5-CH=C_6H_4=O + H_2O + 2H_2SO_3$$

这是芳香族化合物检验中最常用的方法。

表 3-3　部分芳烃的颜色变化情况

化合物名称	颜　色	化合物名称	颜　色
苯、甲苯	红色	萘、菲	蓝绿色→绿色
联苯、三联苯	蓝色→绿蓝色	蒽	黄绿色或绿色

芳香族其他化合物也有类似颜色反应，现象如下：

化合物名称	颜色	化合物名称	颜色
苯甲醚	红紫色	苯甲醛	红色
苯甲醇	红色	对苯二酚	黑色
间苯二酚	红色	β-萘酚	棕色
水杨酸	红色	苯酚	紫色
肉桂酸	砖红色	硝基萘	绿蓝色

2. 无水氯化铝-三氯甲烷试验法

芳香族化合物通常在无水氯化铝的存在下，与氯仿反应生成有色物质。反应产物的颜色与结构有关，表 3-4 列出了部分芳烃的颜色变化情况，一般有红色、紫色、蓝色、绿色。反应用的氯化铝必须是新鲜的或经过升华处理的，这样效果才好。

表 3-4　部分芳烃的颜色变化情况

化合物名称	颜色	化合物名称	颜色
苯及其同系物	橙红色	联苯和菲	紫色
萘	蓝色	蒽	绿色

二、鉴别芳香烃的试验

1. 甲醛-浓硫酸试验

目的：
① 学会用甲醛-浓硫酸试验鉴别不溶于冷浓硫酸的芳烃的方法；
② 了解物质显色与结构之间的关系。

仪器：试管、试管架、滴瓶、小药匙、量筒、吸管。

试剂：四氯化碳（或环己烷）、甲醛-浓硫酸试剂。

试样：正己烷、石油醚、联苯、苯、甲苯、萘。

安全：
① 避免甲醛、浓硫酸与皮肤直接接触；
② 避免吸入四氯化碳蒸气。

态度：认真实验，规范操作，仔细观察，及时记录。

步骤：
① 在试管中加入 1mL 浓硫酸，再继续加入 1 滴 37%～40%甲醛水溶液轻微振荡，

待用；

② 在另一试管中加入 1mL CCl_4（或环己烷）；

③ 继续向试管加入 30mg 固体样品或 1 滴液体样品，使之完全溶解；

④ 取样品溶液 1～2 滴到待用的 1mL 甲醛-浓硫酸试剂中；

⑤ 先注意两液层界面的颜色，振荡后再观察试剂的颜色，记下所观察到的现象；

⑥ 将废液倒入指定地点；

⑦ 清洗仪器，倒置于试管架上；

⑧ 按所列的试样重复上述①～⑦的步骤。

注意事项：

① 溶剂中可能含有芳烃，最好先做一次空白试验以便比较；

② 具有正性反应的化合物，通常溶液呈棕色或黑色。

2. 无水氯化铝-三氯甲烷试验

目的：

① 会用无水氯化铝-三氯甲烷试验鉴别芳烃；

② 进一步理解傅列德尔-克拉夫茨反应。

仪器：试管、试管架、滴管、小药匙、量筒、吸管。

试剂：CCl_4、$CHCl_3$；无水 $AlCl_3$。

试样：正己烷、石油醚、联苯、苯、甲苯、萘。

安全：避免试剂与皮肤和眼接触。

态度：认真实验，规范操作，仔细观察，及时记录。

步骤：

① 取一干燥试管，加入 100mg 无水氯化铝，用强火焰灼烧，使氯化铝升华至试管壁上，冷却；

② 在另一试管中加入 10～20mg 固体试样或 5 滴液体试样，加入 5～8 滴氯仿使试样溶解；

③ 将所得试液沿试管壁缓缓倒入无水氯化铝的试管中；

④ 注意观察当试液流下与氯化铝接触时所发生的颜色变化，记录实验现象。

注意事项：

① 不溶于浓硫酸的脂肪族化合物不显颜色或仅呈浅黄色，许多含有溴的脂肪烃显黄色，含有碘的脂肪烃显紫色；

② 用四氯化碳代替氯仿也会得到类似结果；

③ 具有正性反应的化合物，通常呈棕色。

阅读材料

液晶材料

液晶材料是一种正在发展中的新型材料。液晶广泛应用于钟表、各种仪器仪表的显示。

其实，早在 100 多年前，人们就已经发现了液晶。1888 年，奥地利植物学家莱尼茨尔在研究胆甾醇苯甲酸酯和醋酸酯的性质时，意外地观察到一种奇怪的现象：这些酯类化合物在受热熔化后，首先变为浑浊的液体，同时呈现出五颜六色的美丽光泽；当继续加热升温时，才转变成清亮透明的液体。他感到迷惑不解，因为通常情况下，固体物质受热熔化时，随即变为透明液体。而这些化合物熔化后为什么会存在一种浑浊的中间状态呢？为了探究内在原因，他写信给德国物理学家莱曼，并提供了实验样品，希望能得到解答。莱曼是当时欧洲著名的晶体物理学家，他马上对这个问题产生了浓厚的兴趣。亲自设计了一个新式实验装置，并对样品进行了细致的测试。结果他发现，这些化合物受热熔化后所呈现的浑浊中间态不仅具有液体的流动性，同时还具有晶体所特有的各向异性。因此他把这类化合物命名为液晶，顾名思义，就是液态晶体。也可以理解为是具有晶体特征的液体。

实际上，液晶态就是物质介于液体和晶体之间的一种状态。有人将液晶态与物质的气态、液态和固态三态并论，称之为物质的第四态。

大量的研究表明，能呈现液晶态的化合物大多是一些具有刚性的棒状有机物分子，有一些液晶材料是芳香族酯类、炔类、冠醚类以及具有奇特性能的胆甾醇类等。例如，当温度升高时，液晶的颜色依次从红色转变为黄、绿、蓝、紫等颜色；当温度降低时，液晶的颜色将逆向依次从紫色转变为红色。显然，液晶的颜色与温度存在着对应关系。

现在，只要将液晶测温膜贴在额头上，立即就可测出人的体温。这种测温膜非常适用于不便与医生直接配合的婴幼儿及特殊病人体温的测量。液晶测温膜还可显示人体局部热谱图，用以确定病变部位。在生物体内，由于肿瘤的形成会伴随着血管增生，因而病变部位比正常组织的温度高。过去，医生在检查浅层肿瘤时，需要使用红外线摄影仪来获取热谱图，以确定肿瘤发生的部位，检查费用比较高。现在，医生可以方便地利用液晶测温膜粘贴在患者的病变处，通过观察液晶的颜色变化就能确定病变的确切部位。

由于液晶膜显示热谱图鲜明直观、操作简便，因此除医疗上用于临床检查外，工业上还广泛用于金属热传导无损探伤、重复疲劳的检查等方面。

此外，由于不同的气体能使胆甾型液晶的颜色发生变化，因此，人们自然会想到利用这种液晶来探测大气中的痕量有害气体。目前，胆甾型液晶的这一特性已广泛应用于药厂、化工厂的气体探测器和检漏仪上。

液晶材料是一种正在发展中的新型材料，其中包含着许多物理、化学甚至生物学等方面的知识，它的发展空间非常广阔。虽然液晶材料的开发应用只有短短几十年的时间，但是经过液晶点缀的这个现代世界，已经呈现出十分诱人的五彩缤纷的景色。不难相信，随着人们对液晶认识的不断深入，其应用前景将更为灿烂。

练习题

1. 用系统命名法命名下列化合物。

(1) C₆H₅—C(CH₃)₃

(2) C₆H₅—CH(CH₂CH₃)—CH(CH₃)₂

(3) C₆H₅—CH=CH₂

(4) H₂N—C₆H₄—NO₂

(5) Cl—C₆H₄—COOH

(6) HO₃S—C₆H₃(OH)—SO₃H

2. 在下列化合物中，若发生亲电取代（如硝化）反应，取代基容易导入环上哪个位置，请用箭头表示出来。

(1) 3-甲基苯酚 (H₃C-C₆H₄-OH)

(2) (CH₃)₂N-C₆H₄-C₂H₅

(3) 3-硝基甲苯 (CH₃, NO₂ 取代苯)

(4) H₃C-C₆H₄-SO₃H

(5) 3-乙酰基苯甲酸 (COCH₃, COOH 取代苯)

(6) 3-氯-N-乙酰基苯胺 (NHCOCH₃, Cl 取代苯)

3. 写出甲苯与下列试剂作用的反应式。
(1) 浓 H_2SO_4
(2) 浓 HNO_3-浓 H_2SO_4
(3) $CH_3CH_2CH_2Cl$/无水 $AlCl_3$
(4) Cl_2/$FeCl_3$
(5) $KMnO_4$/△
(6) $CH_3-\overset{O}{\underset{\|}{C}}-Cl$/无水 $AlCl_3$

4. 根据氧化得到的产物，试推测原来芳烃结构。

(1) $C_8H_{10} \xrightarrow[H^+/\triangle]{KMnO_4}$ C₆H₅-COOH

(2) $C_8H_{10} \xrightarrow[H^+/\triangle]{KMnO_4}$ 间苯二甲酸

(3) $C_9H_{10} \xrightarrow[H^+/\triangle]{KMnO_4}$ C₆H₅-COOH

(4) $C_9H_{10} \xrightarrow[H^+/\triangle]{KMnO_4}$ 间苯二甲酸 (HOOC-C₆H₄-COOH)

5. 鉴别下列化合物。
(1) 苯、苯乙烯、苯乙炔、环己烷
(2) 苯、甲苯、1,3-丁二烯、1,3-丁二炔
(3) 环己烯、苯、乙苯

6. 试将下列各组化合物对亲电取代反应的活泼顺序进行排列。
(1) 苯、甲苯、对二甲苯、间二甲苯
(2) 苯胺、苯、硝基苯、甲苯
(3) 对苯二甲酸、苯、对甲苯甲酸、苯甲酸
(4) 甲苯、氯苯、2,4-二硝基氯苯、苯酚

7. A、B、C 三种芳烃分子式均为 C_9H_{12}，氧化时 A 生成一元羧酸，B 生成二元羧酸，C 生成三元羧酸。但硝化时 A 与 B 分别得到两种主要一元硝化产物，而 C 得到一种硝化产物。试推测 A、B、C 的构造式。

8. A 的分子式为 C_9H_8，它能和氯化亚铜氨溶液反应生成红色沉淀，A 经催化加氢得到 B，分子式为 C_9H_{12}，B 用酸性重铬酸钾溶液氧化得到酸性化合物 C，分子式为 $C_8H_6O_4$。再将 C 加热得到 D，分子式为 $C_8H_4O_3$。试写出化合物 A、B、C、D 的构造式及各步反应方程式。

第四章 对映异构体

知识目标

理解对映异构体的含义,掌握含一个和两个手性碳原子化合物的对映异构现象、对映异构体的构型表示与标记方法以及物质的旋光性、分子的手性和对映异构体三者之间的关系。理解对映异构体与分子结构的关系及物质产生旋光性的原因;掌握旋光度、比旋光度、手性、对映体、非对映体、外消旋体和内消旋体等概念;掌握构型的表示和标记方法。

能力目标

能判断给定结构是否存在对映异构;能用费歇尔投影式表示,能用 R-S 命名法进行命名。

学习关键词

对映异构体、旋光性和比旋光度、手性分子、外消旋体、内消旋体、D-L 标记法和 R-S 标记法。

第一节 物质的旋光性和比旋光度

一、物质的旋光性

光波是一种横波,其振动方向垂直于前进方向。普通光是在不同方向上振动的,但当光通过尼柯尔(Nicol)棱镜时,则变成只在一个平面上振动的光,这种光称为平面偏振光,简称偏振光(图 4-1)。

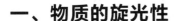

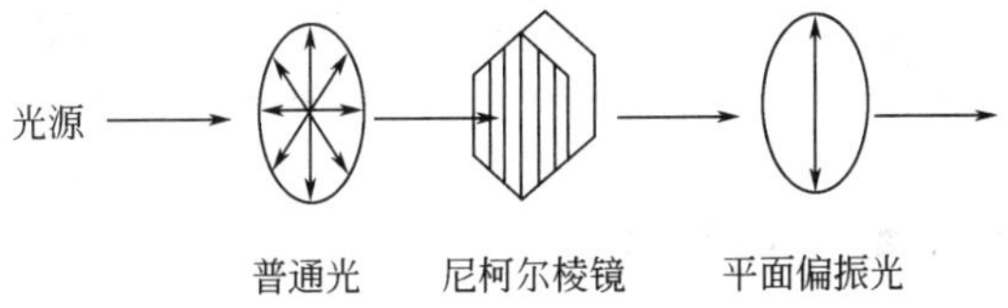

普通光　尼柯尔棱镜　平面偏振光

图 4-1　偏振光

当偏振光通过某介质时，有的介质对偏振光没有作用，即通过介质的偏振光的振动方向没有变化；而有的介质却能使偏振光的振动方向发生旋转，这种能使偏振光的振动方向旋转的性质叫旋光性，具有旋光性的物质叫做旋光性物质或光学活性物质。

某物质是否有旋光性及旋光度大小是多少，可用旋光仪准确地测定出来（图4-2）。旋光仪中有两块尼柯尔棱镜（起偏镜 T_1 和连有刻度盘的检偏镜 T_2）。装有样品溶液的样品管放在 T_1 和 T_2 间的光通道上。当样品无旋光性时，经过 T_1 的偏振光不旋转，直接到达 T_2，T_2 处可观察到明亮。当样品具有旋光性时，则偏振光会旋转一个角度 α，此时若 T_2 不相应转一个角度 α，则观察到灰暗，只有 T_2 相应转一个角度 α，才能观察到明亮。T_2 所转的角度 α 就是旋光度。使偏振光的振动方向向右旋转为右旋，记做 $+\alpha$；向左旋转为左旋，记做 $-\alpha$。

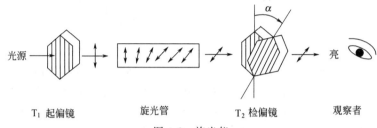

图 4-2　旋光仪

例如，从肌肉中得到的乳酸能使偏振光平面向右旋，称为右旋乳酸。从乳糖在特种细菌作用下发酵得到的乳酸，能使偏振光向左旋，称为左旋乳酸。这是一对对映异构体。

二、比旋光度

一种旋光性物质的旋光度与测定的温度、光源的波长、浓度、样品管长度等因素有关。为了便于比较，国际上需要一个统一的标准。通常规定在20℃，波长为589nm（钠光谱的D线），偏振光通过长为1dm、装有浓度为1.0g/mL溶液的样品管时，测得的旋光度为比旋光度，用 $[\alpha]_D^{20}$ 表示。

比旋光度 $[\alpha]_D^{20}$ 与实测旋光度 α 的关系为：

$$[\alpha]_D^{20} = \frac{\alpha}{c \times l}$$

式中　c——溶液浓度，g/mL；

　　　l——样品管长度，dm。

比旋光度必须表示出旋光方向，有些物质使偏振面向右旋（顺时针方向旋转），可用＋表示。有些物质使偏振面向左旋（逆时针方向旋转），可用－表示。例如，由肌肉中得到的乳酸比旋光度为 $[\alpha]_D^{20} = +3.8°$，则表示测定该乳酸的旋光度时，是在20℃，以波长相当于589nm的钠光灯作光源，通常以D表示，然后通过公式计算出比旋光度为3.8°，"＋"表示乳酸是右旋。

可见在一定温度、一定波长下测得的比旋光度是旋光性物质的一项重要物理常数，比旋光度和熔点、沸点、密度、折射率一样，也是化合物的一种性质。一些重要的旋光性物质的比旋光度都被摘录在大型的化学手册中，以备查用。

第二节　分子的手性和对称性

一、分子的手性和对称性

任何物体都可在平面镜里映出一个与该物体相对应的镜像。当物体能够和它的镜像完全重合时，则它们是对称性的，在它们内部至少可找到一个对称中心或对称面。反之，若物体和它的镜像不能重合，则在它们内部找不到任何对称中心或对称面，是不对称的。正像我们的左右手那样，互为镜像，但不能重合，因此将这种实物与其镜像不能重叠的特性叫做手征性，或称手性。

同样，大部分有机分子与它们的镜像能重合，是对称分子。对称分子对偏振光没有作用。但有一些有机分子与它们的镜像不能重合，是不对称分子也称手性分子。手性分子具有旋光性。例如，乳酸的分子式为 $CH_3CH(OH)COOH$，如前所述，肌肉中发现的乳酸，比旋光度为＋3.8°，称为右旋乳酸［也称为（＋）-乳酸或 D-乳酸］。而发酵过程中产生的乳酸，比旋光度为－3.8°，称为左旋乳酸［有时也称为（－）-乳酸或 L-乳酸］。这两种乳酸具有不同的旋光性，就是因为乳酸是不对称分子。

乳酸是不对称分子，和它的镜像不能重合，它们组成了一对对映异构体：

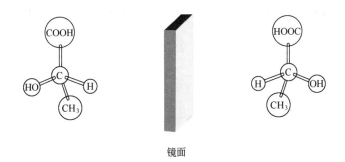

镜面

这对对映异构体，实质上是原子或基团在空间上的排布不同所形成的立体异构体。它们的理化性质相同，但在光学活性上有区别，特称为"旋光异构体"。互为镜像的一组旋光异构体又称为"对映异构体"，简称"对映体"。前述的（＋）-乳酸与（－）-乳酸为对映异构体。对映异构体的比旋光度 $[\alpha]_D^t$ 数值相等，但符号相反。如果把对映异构体等量混合，则两种异构体因旋光方向相反，旋光度刚好相互抵消，不再显示出旋光性。这种对映体的等量混合物称为"外消旋体"。

二、对称因素

分子是否具有手性，与分子的对称性有关。通过分析分子中有无对称因素就能判断它是否有手性，一般说来没有对称因素的分子是手性分子。判断一个分子是否有手性，主要是看该分子是否含有对称面和对称中心，凡是分子中有对称面和对称中心的，则该分子没有手性。

1. 对称面

假设有一个能把分子分割成为镜像关系的平面，则该假设平面就是分子的对称面，如图4-3所示，由此可知，顺-1,2-二氯乙烯和1-丙醇不是手性分子。

2. 对称中心

假设分子中有一个中心点，从分子中任何一个原子向中心做连线，并将此线延长，则在与该点前一段等距离处，可遇到一个同样的原子，这个点就是该分子的对称中心。如图4-4中箭头所指处即为1,3-二氯-2,4-二溴环丁烷分子的对称中心。因此它不是手性分子。

三、手性分子和手性碳原子

一个分子，若与它的镜像不能重合，则称为手性分子。凡手性分子都有旋光异构体，都有旋光性。

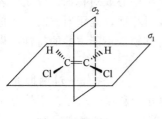 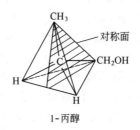 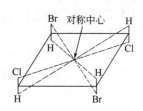

图 4-3　有对称面的分子　　　　　　　　　　图 4-4　1,3-二氯-2,4-二溴环丁烷分子的对称中心

手性分子的结构特点是：在分子中找不到任何对称中心或对称面，这种结构特点叫手性因素。最普遍的手性因素是手性碳原子，即连有 4 个不同的原子或基团的碳原子。手性碳原子常用 * 标出。例如：

丙酸（无手性碳原子，无旋光性）　　　　乳酸（有手性碳原子，有旋光性）

想一想

含手性碳原子的化合物是否都有旋光性？

手性碳原子并不是决定分子是否具有手性的决定因素，主要的是要看镜像和实物能否重叠。有些分子中虽无手性碳原子，但因分子无对称中心和对称面，其镜像和实物不能重叠。这些分子就是手性分子。例如累积双键化合物和 σ 键旋转受阻的联苯类化合物：

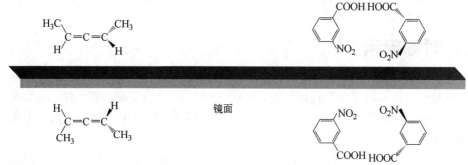

镜面

二维码7　费歇尔投影式

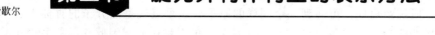

第三节　旋光异构体构型的表示方法

一、费歇尔投影式

为了在平面上表示旋光异构体的不同立体结构，通常采用费歇尔（Fischer）投影式。费歇尔投影式是利用模型在纸上投影得到的表达式，其投影原则如下：

① 以手性碳为中心，画十字线，十字线的交叉点代表手性碳原子；
② 把含碳基团放在竖线上，且把氧化态较高的碳原子放在上端，其他两个基团放在横线上；
③ 竖线上两个基团表示伸向纸面的后方，横线上两个基团表示指向纸面的前方。

例如，乳酸分子的一对对映体用模型和费歇尔投影式分别表示如下：

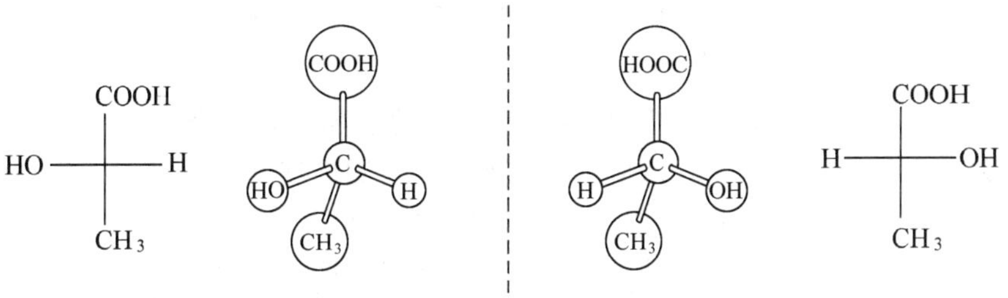

若投影时，不把碳链直立，氧化数高的碳原子放在上端，所得的投影式就不是规范化的费歇尔投影式。非规范化的费歇尔投影式可以通过基团交换得到规范化的费歇尔投影式。但须注意：基团交换一次得到的是原结构的对映体，交换两次得到的是原结构。另外，费歇尔投影式可在纸面内旋转180°或它的倍数，而不会改变原化合物的构型。

二、透视式

有时为了更直观地表示分子构型，也常采用透视式。透视式是将手性碳原子置于纸面，与手性碳原子相连的四个键中两个键用细实线表示处于纸平面上，另两个键一个用楔形实线表示伸向纸面前方，另一个用虚线表示伸向纸面后方。例如乳酸的一对对映体可表示如下：

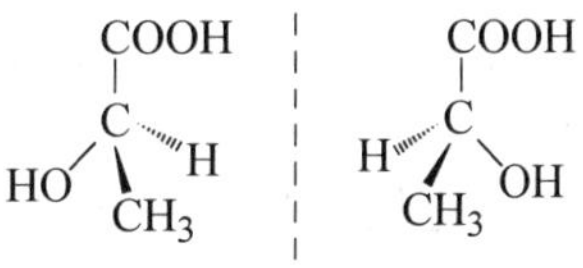

透视式虽然直观，但书写比较麻烦，对于结构较复杂的化合物，则更增加了书写的难度。相比较而言，用费歇尔投影式表示分子构型比较普遍。

三、旋光异构体构型的确定

1. 相对构型 D-L 命名法

在研究旋光异构现象的早期，无法测定旋光异构体的真实构型。对映体的两种构型异构体虽都可以用费歇尔投影式表示，但哪个代表右旋，哪个代表左旋，从费歇尔投影式是看不出来的。它们的旋光性可以从旋光仪测定，但旋光仪也不能测定分子的真实构型。为了确定旋光异构体的构型，人们以甘油醛为标准构型物，人为地规定：在甘油醛的费歇尔投影式中，手性碳原子上的羟基在右边的表示右旋甘油醛，为 D-构型，在左边的表示左旋甘油醛，为 L-构型，如下式所示：

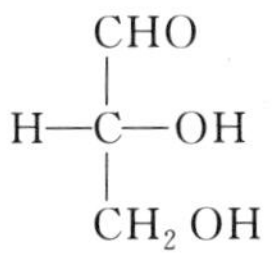

D-(＋)-甘油醛 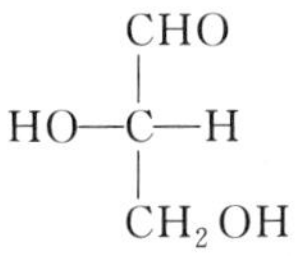   L-(－)-甘油醛

有了 D-(＋)-甘油醛和 L-(－)-甘油醛这两个标准物，我们可以方便地确定与甘油醛结

构上相关联的或相似的手性分子构型。例如，D-(−)-乳酸可以通过 D-(+)-甘油醛经氧化、还原得到。

$$\begin{array}{c}CHO\\H-C-OH\\CH_2OH\end{array} \xrightarrow{[O]} \begin{array}{c}COOH\\H-C-OH\\CH_2OH\end{array} \xrightarrow{[H]} \begin{array}{c}COOH\\H-C-OH\\CH_3\end{array}$$

D-(+)-甘油醛　　　D-(−)-甘油酸　　　D-(−)-乳酸

从上可看出，在这个反应中，只不过是醛基上的氢原子被氧化为 OH，CH₂OH 上的 OH 被还原为 H，并没有涉及手性碳原子上键的断裂，因此左旋的乳酸、左旋的甘油酸和右旋的甘油醛的空间构型是相同的（均用 D 表示），但旋光方向却有(+)有(−)。用上述方法，就将(+)甘油醛、(−)甘油酸和(−)乳酸三个化合物的构型关联起来了。

由于 D-或 L-甘油醛的标准构型是人为规定的，其他手性分子构型则是以 D-或 L-甘油醛为标准通过某种方法与甘油醛相关联而得到的，因而 D、L 构型称为相对构型。

2. 绝对构型 R-S 命名法

相对构型以甘油醛为标准构型物有它的局限性，有的旋光异构体的构型无法以甘油醛为标准来确定。例如，下列化合物就无法用相对构型表达。

1951 年后，由于 X 射线衍射技术的发展，人们可以直接测定对映体结构中的原子或基团的空间排列位置，这样就可以得到它们的真实构型，因此叫绝对构型。绝对构型的标记是英果尔和凯恩确立的，以手性碳原子所连接的基团在空间不同方向上的排布为特征的构型标记法，即 R-S 构型标记法。

① 把手性碳原子所连的 4 个不同的原子或基团（a、b、c、d）根据英果尔-凯恩规则，确定先后次序，假设：a>b>c>d。

② 将次序最小的原子或基团（d）放在距离观察者最远处，并将最小的原子或基团（d）、手性碳和眼睛三者成为一条直线，这时，其他三个原子或基团（a、b、c）则分布在距眼睛最近的同一平面上。

③ 按优先次序观察 a、b、c 的排列顺序，如果 a→b→c 按顺时针排列，该化合物的构型为 R-型，若按逆时针排列，则为 S-型，如图 4-5 所示。

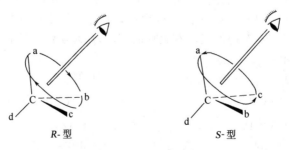

图 4-5　R-S 标记法

有了绝对构型的确定方法，我们就可以确定任何手性化合物中手性碳原子的构型。例如：

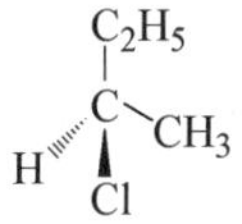

R-2-氯丁烷
顺时针排列，R-构型

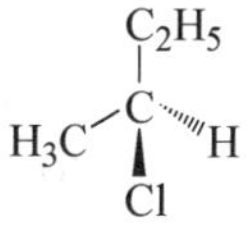

S-2-氯丁烷
逆时针排列，S-构型

绝对构型确定的方法，突破了相对构型确定必须与甘油醛相关的局限，如下面两个化合物，用相对构型无法确定 D-L 构型，但在绝对构型确定方法中，只要知道最小位次的原子或基团的空间位置，就可确定其构型。

S-己烯-3-醇

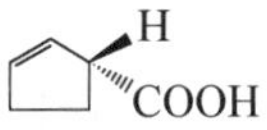

R-环戊烯-3-甲酸

当化合物的构型以费歇尔投影式表示时，构型确定方法是：当优先基次序中最小原子或基团处于投影式的竖线上时，其他三个原子或基团的顺序，若按顺时针由大到小排列，该化合物的构型为 R 型；如按逆时针排列，则是 S 型。例如：

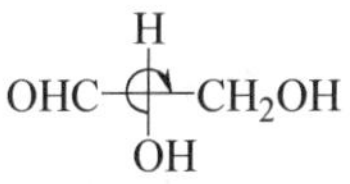

R-甘油醛

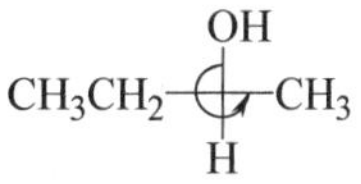

S-2-丁醇

当优先次序中最小的原子或基团处于投影式的横线上时，若其他三个原子或基团按顺时针由大到小排列，该化合物的构型为 S 型，若按逆时针由大到小排列，则是 R 型。例如：

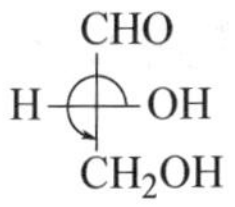

R-甘油醛

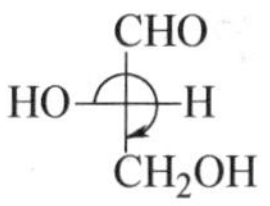

S-甘油醛

注意，用费歇尔投影式直接标注构型和透视式标注构型两种方式的时针方向相反，但结论相同。

这里应强调指出：D-L 法与 R-S 法是两种不同的构型标记法，它们之间无固定关系，一个 D 型化合物若按 R-S 法标记可能是 R 型也可能是 S 型。另外，R-S 标记法也不能确定旋光方向，旋光方向仍需实验测定。

第四节 具有两个手性碳原子化合物的对映异构

一、具有两个不相同手性碳原子化合物的对映异构

含有一个手性碳原子化合物，有两种旋光异构体，即一对对映体。含两个手性碳原子化合物，例如，2-羟基-3-氯丁二酸（图 4-6）有四个旋光异构体，即两对对映体（两组

外消旋体)。

这四个异构体中，Ⅰ与Ⅱ，Ⅲ与Ⅳ互为实物与镜像的关系，是对映体。对映体的等量混合物是外消旋体。

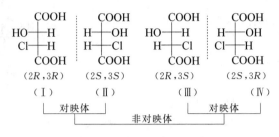

图 4-6 2-羟基-3-氯丁二酸

Ⅰ、Ⅱ与Ⅲ、Ⅳ，它们不能互为实物与镜像，则为非对映体。对映体除旋光方向相反外，其他物理性质完全相同。而非对映体的旋光度不同，旋光方向可能相同也可能不同，其他物理性质则也不相同，不能组成外消旋体。

分子中含有手性碳原子越多，异构体的数目也越多。含有两个手性碳原子的，有四个旋光异构体，即两对对映体（两组外消旋体）；含有三个手性碳原子的，有八个旋光异构体，即有四对对映体（四组外消旋体），以此类推，一个化合物有 n 个不同的手性碳原子，便有 2^n 个旋光异构体，有 2^{n-1} 组对映体（即外消旋体）。

上述异构体的构型也可以用 R-S 标记法来标记，其方法是分别标记每个手性碳原子的构型。例如，Ⅱ中手性碳原子 C2 上所连基团的顺序为：—OH>—CHClCOOH>—COOH>—H，按透视式是逆时针排列，按投影式是顺时针排列，因此 C2 是 S 型；C3 上基团的顺序为：—Cl>—COOH>—CHOHCOOH>—H，按透视式是逆时针排列，按投影式是顺时针排列，因此 C3 也是 S 型。所以，化合物的名称可标记为：$(2S,3S)$-2-羟基-3-氯丁二酸。

二、具有两个相同手性碳原子化合物的对映异构

含有两个或两个以上手性碳原子的化合物中，若分子内部有对称面，则手性碳原子的旋光作用在分子内部就会互相抵消，整个分子不显示旋光性，称之为内消旋体。内消旋体不是手性分子，亦无对映体可言。例如，2,3-二羟基丁二酸（酒石酸）是有两个相同的手性碳原子的化合物，应有 4 个异构体：

```
     COOH        COOH        COOH        COOH
  H——OH       HO——H        H——OH       HO——H
  HO——H        H——OH       H——OH       HO——H
     COOH        COOH        COOH        COOH
   (2R,3R)     (2S,3S)     (2R,3S)     (2S,3R)
    (Ⅰ)         (Ⅱ)         (Ⅲ)         (Ⅳ)
```

Ⅰ与Ⅱ互为实物与镜像的关系，是对映体，其等量混合物为外消旋体。Ⅲ与Ⅳ似乎也是对映体，若将Ⅲ在纸面旋转 180°，即可与Ⅳ重叠，实际上是同一个化合物。同时不难看出，Ⅲ与Ⅳ分子中有对称面（图中横虚线），所以整个分子没有旋光性。这种虽含有手性碳原子，但因存在对称因素而不显旋光活性的化合物，称为内消旋体。

内消旋酒石酸之所以无旋光活性，是因为两个手性碳原子所连 4 个基团相同，当一个手性碳原子的构型为 R，另一个手性碳原子的构型为 S 时，旋光能力相互抵消，因此整个分

子不再具有手性。由此可见，酒石酸有三种异构体，它们分别为（+）-酒石酸，（-）-酒石酸，DL-酒石酸（即内消旋体，有时记作 I-酒石酸）。虽然含有一个手性碳原子的分子必有手性，但是含有多个手性碳原子的分子却不一定都有手性。所以，不能说凡是含有手性碳原子的分子都是手性分子。

内消旋酒石酸和有旋光性的酒石酸是非对映体，除旋光性不同外，物理性质也不相同。酒石酸的物理性质见表 4-1。

表 4-1 酒石酸的物理性质

酒石酸	熔点/℃	溶解度/(g/100g H_2O)	$[\alpha]_D^{25}/(°)$	酒石酸	熔点/℃	溶解度/(g/100g H_2O)	$[\alpha]_D^{25}/(°)$
左旋酒石酸	170	139	-12	内消旋酒石酸	206	20.6	0
右旋酒石酸	170	139	+12	外消旋酒石酸	140	125	0

应当指出，内消旋体和外消旋体是两个不同的概念，它们虽都没有旋光性，但本质却不同。内消旋体是纯净的单一化合物，而外消旋体却是两种互为对映体的手性分子的等量混合物，可以用物理方法、化学方法或生物酶法拆分成两个有旋光性的对映体。

三、外消旋体的拆分

外消旋体是由一对对映体等量混合而成。对映体除旋光方向相反外，其他理化性质相同。例如，它们有相同的沸点、折射率、红外光谱。因此用一般的物理方法（如分馏、重结晶）不能将一对对映体拆分开来。通过有机合成或从天然产物中提取的化合物，往往只有一个立体异构体有所需的生理活性，因此必须经过拆分得到人们所需的生理活性异构体。这种外消旋体的拆分必须要用特殊的拆分方法。拆分方法一般有下列几种。

1. 机械拆分法

利用对映体结晶形态上的差异，借助肉眼或放大镜辨认，把一组对映体的不同结晶分拣出来。如 Pasteur 曾在研究外消旋酒石酸钠铵时发现它们有两种不对称的晶体（1848 年），并借助肉眼而将它们分离，得到左旋和右旋的酒石酸钠铵。此法目前极少应用。但若对映体结晶形态明显不对称，结晶颗粒又宜手工分离时，在实验室少量制备时偶尔会采用。

晶种拆分法是机械拆分法的一种改良。如果一个外消旋体的饱和溶液，其对映体在溶液中的结晶能力不一样，可用其中一种对映体的结晶作为晶种进行接种，从而该种对映体就可从外消旋体的饱和溶液中结晶出来。例如 DL-氯霉素的母体 DL-氨基醇就可利用 D-氨基醇或 L-氨基醇进行拆分。旋光性药物的生产中有许多晶种拆分法的例子。

2. 选择性吸附法

选择性吸附法是指利用某种旋光性的高分子物质作为吸附剂，有选择地吸附外消旋体中的某一对映异构体，而达到拆分的目的。此法拆分效率高，操作简便。目前国内外均在努力研制高效率的旋光性吸附剂，以便应用。

3. 化学拆分法

化学拆分法是将外消旋体与某种旋光性物质发生化学结合，得到非对映体衍生物的混合物。因非对映体衍生物具有不同的物理性能，故可用一般的分离方法将其拆分。最后再把已分离的非对映体衍生物分别变回原来的旋光化合物。用来拆分对映体的旋光性物质，通常称为拆分剂。不少拆分剂是由人工合成或从天然产物中分离提取得到的。常用的有 D-酒石酸和 L-酒石酸，D-α-苯乙胺，L-α-苯乙胺等。化学拆分特别适用于外消旋体为酸或碱的化合物。而无酸、碱基团的外消旋体可先接上酸、碱基团再行拆分。通式如下：

$$\begin{matrix}(+)\text{-RCOOH} \\ (-)\text{-RCOOH}\end{matrix} + 2(+)\text{-R}'\text{NH}_2 \longrightarrow \begin{matrix}(+)\text{-RCOOH} \cdot (+)\text{R}'\text{NH}_2 \\ (-)\text{-RCOOH} \cdot (+)\text{R}'\text{NH}_2\end{matrix}$$

外消旋体   非对映体混合物

$$\longrightarrow \begin{matrix}(+)\text{-RCOOH} \cdot (+)\text{-R}'\text{NH}_2\text{HCl} \longrightarrow (+)\text{-RCOOH} + (+)\text{-R}'\text{NH}_2 \\ (-)\text{-RCOOH} \cdot (+)\text{-R}'\text{NH}_2\text{HCl} \longrightarrow (-)\text{-RCOOH} + (+)\text{-R}'\text{NH}_2\end{matrix}$$

已分离的非对映异构体衍生物   已拆分的对映体

阅读材料

手性药物与手性合成技术

    手性是三维物体的基本属性，也是宇宙的普遍特性。如果一个物体不能与其镜像重合，该物体就称为手性物体。该物体与其镜像就被称为对映体。

    手性药物在生命科学领域中起到非常重要的作用，例如含有手性因素的药物进入人体后，会产生不同的结果。手性药物与其对映异构体在体内会以不同的途径或速度被吸收、活化或降解；手性药物与其对映异构体在人体内与受体发生手性相互作用时，将会产生千差万别的效果。有时一对对映体在体内可能一个对映异构体会产生活性而另一个对映异构体则无效，比如人们熟悉的氯霉素，其中的 D 型异构体具有杀菌作用，而 L 型对映体则完成没有药效。有时一对对映体在体内可能具有相反作用，如反应停于 20 世纪 60 年代在欧美国家广泛使用，发现导致许多婴儿畸形。后来研究表明它的 R 型异构体的确具有减缓孕妇妊娠反应的作用，但 S 型异构体却会使胎儿畸变，导致出生的婴儿四肢短小、外耳畸形、眼帘粘连、胃肠道不畅等。类似的例子还可以举出很多。目前在市场上出售的药物约有半数含有手性中心，这其中又有大约一半是以对映体混合物的形式出售的。人们到 80 年代以后才逐步认识到手性药物的重要性，一方面是由于类似于反应停和氯霉素等药物的对映异构体产生毒副作用的例子不断增加；另一方面则是由于进入 80 年代后在手性化合物的合成以及分离、分析方面有了一些突破性的进展，使得人们对这些问题的探讨有了可能。在 80 年代末至 90 年代初期间，欧洲各国及美国、日本等国在药物开发方面对含有手性因素的药物的管理方面有了一些具体的要求，这对医药工业有着巨大的影响。近几年单一对映体药物每年以 10% 以上的速度增长。

    手性技术在药物中的重要性主要是由于：①不同立体异构体展现不同的生理活性，无效异构体有时是极其有害的；②新药的合理设计日益占据重要位置，各种抑郁剂、阻断剂、拮抗剂对药物的立体构型有更多要求；③环境保护问题日益受到重视，减少不必要异构体的生产、减少废料的排放都要求最好以单一异构体形式生产，这样才能有对环境友好的流程。此外，手性化合物的合成具有很大难度，从学术上来说是具有很强挑战性的。因此，不对称合成（也称手性合成）成为有机合成化学的重点研究内容。在过去的近 20 年中，有机合成化学家们在这一领域展开了大量的研究工作，新的不对称合成反应和合成路线不断涌现，其中一些反应在工业上得以应用。

——摘自尤启东、周伟澄主编. 化学药物制备的工业化技术.
北京：化学工业出版社，2007.

1. 已知葡萄糖的 $[\alpha] = +52.5°$，在 0.1m 长的样品管中盛有未知浓度的葡萄糖溶液，测得其旋光度为

+3.4°，求此溶液的浓度。

2.下列化合物是否有对映异构体？如果有，请写出它们的一对对映异构体。

      1-戊醇 2-戊醇 3-戊醇 苹果酸 柠檬酸 2,3-戊二酸

3.写出下列化合物的费歇尔投影式。

(1) S-2-氯戊烷   (2) R-2-丁醇   (3) S-α-溴乙苯

(4) CHClBrF（S 型） (5) R-甲基仲丁基醚 (6) (2R,3S)-2,3-二溴丁烷

4.判断下列概念正确与否，并解释。

(1) 含手性碳原子的化合物都有旋光性。

(2) 对映异构体的物理性质（旋光方向除外）和化学性质都相同。

(3) 非对映异构体的物理性质和化学性质都相同。

(4) 含 4 个相同基团的手性碳原子的化合物都是对映体。

5.找出下列化合物的手性碳原子，用 R-S 法标明下列化合物中手性碳原子的构型。

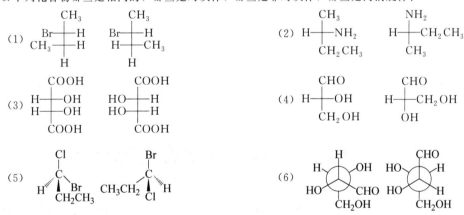

6.下列化合物哪些是相同的，哪些是对映体，哪些是非对映体，哪些是内消旋体？

7.某醇 $C_5H_{10}O$（A）具有旋光性，催化氢化后生成的醇 $C_5H_{12}O$（B）没有旋光性。试写出 A 和 B 的结构式。

8.化合物 A（C_4H_9Br）与氢氧化钠醇溶液反应后生成无旋光性的化合物 B，但 A 与氢氧化钠水溶液反应后，则生成外消旋体（±）C，试写出 A、B、C 的结构式。

第五章 卤代烃

知识目标
掌握卤代烃的命名、结构与性质的关系；重点掌握卤代烃的化学性质；理解亲核取代反应历程，了解消除反应规则；掌握常用的卤代烃的制备方法和鉴别方法。

能力目标
能由给定含卤衍生物的结构推测其在给定反应条件下发生的化学变化；能利用含卤衍生物的性质对其进行制备和鉴别。

学习关键词
卤代烃、卤代烯烃、卤代芳烃、取代反应、消除反应、亲核取代反应。

第一节 卤代烃的分类、同分异构与结构

卤代烃可视为烃分子中的氢原子被卤原子取代后生成的卤素衍生物，简称卤烃。卤原子包括氟、氯、溴、碘四种原子（通常用—X表示）。但我们研究的卤代烃主要是指氯代烃、溴代烃和碘代烃，而氟代烃因其制法、性质都比较特殊，一般单独进行研究。在卤代烃中，卤原子是其官能团。

一、卤代烃的分类

卤代烃可以根据烃基的类型或与卤原子相连接的碳原子的类型分类，也可以根据含卤原子数的多少进行分类。

1. 根据烃基的类型分类

根据烃基类型，卤代烃可分为卤代烷烃、卤代烯烃和卤代芳烃。例如：

卤代烷烃　　　　　　　$CH_3—CH_2—Br$　　　　　　　　$CHCl_3$

卤代烯烃　　　　　　　$CH_3—CH=CCl—CH_3$　　　　　　$CH_2=CH—CH_2Cl$

卤代芳烃

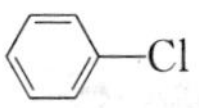

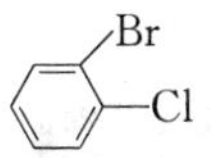

2. 根据与卤原子相连的碳原子的类型分类

根据与卤原子所连接的碳原子类型不同，可分为伯卤代烃、仲卤代烃、叔卤代烃三种。卤原子与伯碳原子相连接的称伯卤代烃。例如：

$$CH_3-CH_2-CH_2-CH_2Cl$$

卤原子与仲碳原子相连接的称仲卤代烃。如：

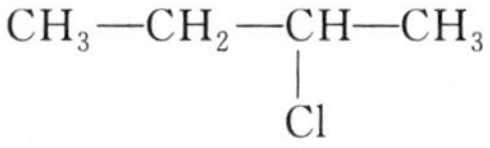

$$CH_3-CH_2-\underset{\underset{Cl}{|}}{CH}-CH_3$$

卤原子与叔碳原子相连接的称叔卤代烃。例如：

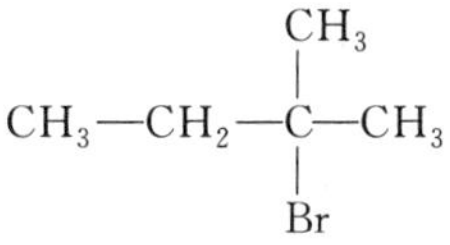

$$CH_3-CH_2-\underset{\underset{Br}{|}}{\overset{\overset{CH_3}{|}}{C}}-CH_3$$

3. 根据分子中含卤原子的数目分类

根据卤代烃分子中所含卤原子的数目可将卤代烃分为一元卤代烃、二元卤代烃、三元卤代烃等。二元及二元以上卤代烃统称为多卤代烃。例如：

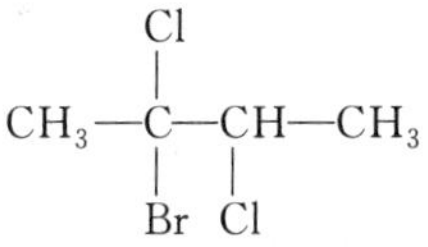

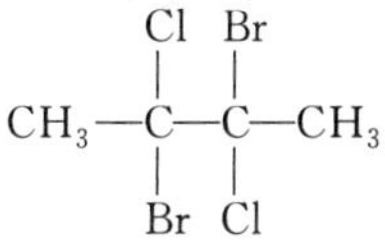

二、卤代烃的同分异构

卤代烃的构造异构主要是由碳链异构和官能团位置异构所引起的，故其异构体的数目比相应的烷烃要多。在书写卤代烃的异构体时，可先写出其碳链异构，再在碳链异构体上进一步写出其官能团位置异构。例如一氯丁烷（C_4H_9Cl）有四种异构体：

$$CH_3-CH_2-CH_2-CH_2-Cl \qquad CH_3-CH_2-\underset{\underset{Cl}{|}}{CH}-CH_3$$

$$CH_3-\underset{\underset{CH_3}{|}}{CH}-CH_2-Cl \qquad CH_3-\underset{\underset{CH_3}{|}}{\overset{\overset{Cl}{|}}{C}}-CH_3$$

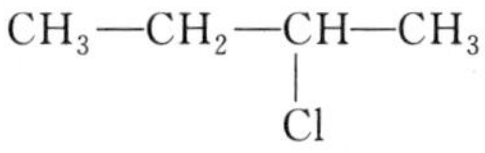

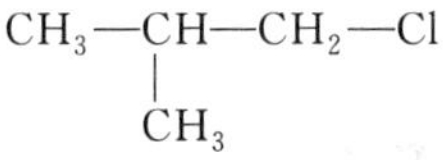

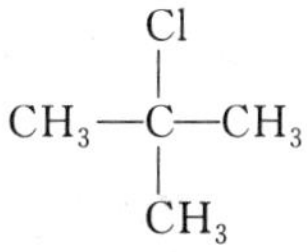

上面四个异构体分别是从正丁烷及异丁烷的碳链变换氯原子的位置衍生出来的。

三、卤代烃的结构

卤代烃的官能团是卤原子，研究卤代烃的结构主要是研究 C—X 键的结构特点。在卤代烃中，由于卤原子的电负性大于碳原子的电负性，所以 C—X 键是极性共价键，即 $C^{\delta+}$—$X^{\delta-}$。以卤代烷为例，相同的烷基不同的卤原子所形成的碳卤键偶极矩也不同。

卤代烷	CH_3-CH_2-Cl	CH_3-CH_2-Br	CH_3-CH_2-I
偶极矩 μ	6.839×10^{-30} C·m	6.772×10^{-30} C·m	6.372×10^{-30} C·m

由上可见，随着卤原子电负性的增大，C—X 键的极性也增大，发生化学反应时卤原子也较易离去。卤代烷烃的化学反应一般都发生在 C—X 键上。卤代烯烃、卤代芳烃根据卤素原子与双键碳原子的位置关系不同，其化学活性差异很大。

第二节 卤代烃的命名

简单的卤代烃可用习惯命名法命名,即以相应的烃作为母体,称为卤(代)某烃:

CH_3Cl　　　　CH_3CH_2Br　　　　$CH_2=CH-Cl$　　　　C_6H_5-Br

氯甲烷　　　　　溴乙烷　　　　　　氯乙烯 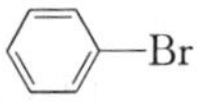　　　　　　　溴苯

简单的卤代烷烃也可称为某烷基卤,例如:

$CH_3CH_2CH_2CH_2Cl$　　　　　　$(CH_3)_3CBr$　　　　　　$(CH_3)_3CCH_2I$

正丁基氯　　　　　　　　　　　叔丁基溴　　　　　　　　新戊基碘

复杂的卤代烃可以用系统命名法命名,把卤代烃视为母体化合物烃的衍生物。其命名步骤如下。

① 选择包含与卤原子直接相连接的碳原子在内的最长的碳链为主链,根据主链碳原子数称为某烃。

② 编号与烷烃系统命名法编号方法相同,但当取代基或支链从两端编号位次相同时,则按照次序规则,次序最后的基团位号最小。

③ 命名时把支链或取代基的位次、数目、名称写在主链烃名称之前,取代基按照次序规则的顺序排列。

例如:

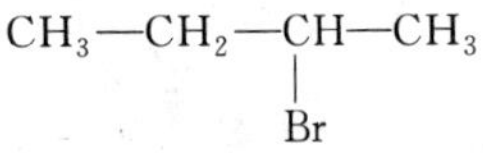

$CH_3-CH_2-\underset{Br}{CH}-CH_3$　　　　$CH_3-\underset{\underset{Br}{|}}{\overset{\overset{Cl}{|}}{C}}-\underset{\underset{Cl}{|}}{\overset{\overset{Br}{|}}{C}}-CH_3$　　　　$CH_3-\underset{\underset{Cl}{|}}{\overset{\overset{CH_3}{|}}{C}}-\underset{\underset{Br}{|}}{\overset{\overset{Br}{|}}{C}}-\underset{}{\overset{\overset{CH_3}{|}}{C}}-CH_2-CH_3$

2-溴丁烷 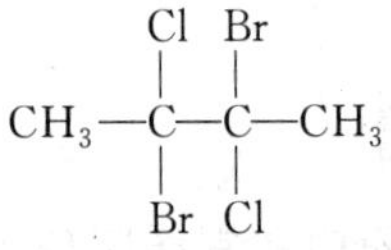　　　　　　　　2,3-二氯-2,3-二溴丁烷 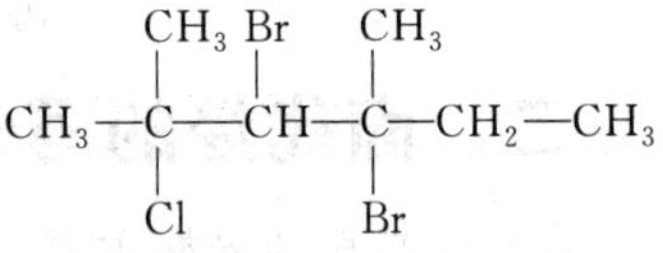　　　　　　2,4-二甲基-2-氯-3,4-二溴己烷

不饱和复杂卤代烃的命名,将含有与卤原子直接相连的碳原子和不饱和键在内的最长碳链作为主链,把不饱和烃看作母体,尽量使双键或三键的位号最小。

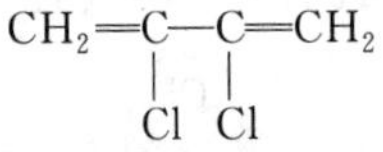

$CH_2=\underset{Cl}{C}-\underset{Cl}{C}=CH_2$　　　　　　　　$CH_2=CH-C\equiv C-Br$

2,3-二氯-1,3-丁二烯　　　　　　　　　　　4-溴-1-丁烯-3-炔

第三节 卤代烃的性质

一、卤代烃的物理性质

1. 物态

在常温常压下,四个碳以下的氟代烷、两个碳以下的氯代烷及溴甲烷为气体,其他常见的卤代烃一般为液体,高级卤代烃(C_{15}以上)为固体。

2. 沸点

含相同卤原子的一卤代烷烃的沸点,随着碳原子数的增加而升高;而同一烃基的卤代烷烃,其沸点从高到低的顺序为:

$$R-I > R-Br > R-Cl$$

在异构体中，直链异构体的沸点最高，支链越多，沸点越低。

想一想

下列各对化合物哪一个沸点较高？
（1）正戊基碘与正己基氯；（2）正丁基溴与异丁基溴；（3）正己基溴与正庚基溴

3. 相对密度

卤代烃的相对密度大于同碳原子数的烷烃。除一氟代烃、一氯代烃的相对密度小于1以外，其他一元卤代烃的密度均大于1。分子中卤原子增多，相对密度增大。同一烃基的卤代烷，其密度从大到小的顺序为：

$$R-I > R-Br > R-Cl$$

4. 溶解性

卤代烃均不溶于水（如溴乙烷滴入水中呈油状），易溶于醇、醚、烃等有机溶剂中。因此常用氯仿、四氯化碳从水层中提取有机物。在萃取时要注意水在上层而大多数卤代烷在下层的特点。

5. 颜色

纯净的一元卤代烷烃都是无色的。由于碘代烷易分解而游离出碘，所以久置后的碘代烷烃会变为红棕色。卤代烷烃在铜丝上燃烧时能产生绿色火焰，可简便地用来鉴定卤素。许多卤烷有香味，但其蒸气有毒，尤其是碘烷，因此使用过程中应尽可能防止吸入。

表 5-1 列出了常见卤代烷的物理常数。

表 5-1　常见卤代烷的物理常数

烷基或卤烷名称	氯 化 物 沸　点 /℃	相对密度 （20℃）	溴 化 物 沸　点 /℃	相对密度 （20℃）	碘 化 物 沸　点 /℃	相对密度 （20℃）
甲基	−24.2	0.916	3.5	1.676	42.4	2.279
乙基	12.3	0.898	38.4	1.460	72.3	1.936
正丙基	46.6	0.891	71.0	1.354	102.5	1.749
异丙基	35.7	0.862	59.4	1.314	89.5	1.703
正丁基	78.5	0.886	101.6	1.276	130.5	1.615
仲丁基	68.3	0.873	91.2	1.259	120.0	1.592
异丁基	68.9	0.875	91.5	1.264	120.4	1.605
叔丁基	52.0	0.842	73.3	1.221	100.0	1.545
二卤甲烷	40.0	1.335	97.0	2.492	181.0	3.325
1,2-二卤甲烷	83.5	1.256	131.0	2.180	分解	2.13
三卤甲烷	61.2	1.492	149.5	2.890	升华	4.008
四卤甲烷	76.8	1.594	189.5	3.27	升华	4.50

二、卤代烃的化学性质

卤代烃的许多化学性质是由官能团——卤原子所产生的。由于卤原子的电负性较大，使得卤代烃分子中的C—X键为极性共价键，因此其化学性质比烃活泼。当发生化学反应时，主要是C—X键断裂并与反应试剂作用生成一系列化合物，在有机合成上具有重要意义。本节主要讨论卤代烷烃的化学性质。

1. 取代反应

在一定条件下，卤代烷分子中的卤原子可以被其他原子或基团取代，生成其他的有机化合物，这种反应称为取代反应。能与卤代烷发生取代反应的试剂通常是负离子或带有未共用电子对的分子（常见的有 H_2O、NH_3、HO^-、RO^-、CN^- 等），也称为亲核试剂，常用 Nu：表示。卤原子在反应中为离开的基团称为离去基团，用 L：表示。这种由亲核试剂进攻而发生的取代反应称为亲核取代反应，常用 S_N 表示，其中 S（substitution）表示"取代"，N（nucleophilic）表示"亲核的"。

反应可用一般式表示为：

$$RX + Nu: \longrightarrow RNu + X:$$

（1）水解　卤代烷与水作用，卤原子被羟基取代生成醇。这个反应是可逆的：

$$RX + H_2O \rightleftharpoons ROH + HX$$

在通常情况下，卤代烷水解很慢。为加快反应速率和促使反应进行完全，常常将卤代烷与强碱（氢氧化钠、氢氧化钾）的水溶液共热来进行水解。由于碱中和了生成的 HX，从而加速了反应并提高了醇的产率。一般卤代烷都可用相应的醇来制得，因此上述反应似乎没有什么合成价值，但在一些比较复杂的分子中当引入一个羟基比引入一个卤原子较难时，则可以先引入卤原子，然后通过水解达到引入羟基的目的。如工业上用一氯戊烷的各种异构体混合物通过水解制得戊醇各种异构体的混合物，作为工业用溶剂。

$$C_5H_{11}Cl + NaOH \xrightarrow{\text{水溶液}} C_5H_{11}OH + NaCl$$

（2）与氰化钠作用　卤代烷与氰化钠或氰化钾在醇溶液中加热回流反应，卤原子被氰基（—CN）取代生成腈（R—CN）：

$$RX + Na^+CN^- \longrightarrow RCN + Na^+X^-$$

如：

$$CH_3CH_2CH_2CH_2Br + NaCN \xrightarrow[\text{回流}]{\text{水-醇}} CH_3CH_2CH_2CH_2CN + NaBr$$

$$BrCH_2CH_2CH_2Br + 2NaCN \xrightarrow[\text{加热}]{\text{水}} CNCH_2CH_2CH_2CN + 2NaBr$$

该反应可使分子增加一个碳原子，在有机合成中常作为增长碳链的方法之一，但由于氰化钠（钾）有剧毒，应用受到限制。另外，氰基也可以转变为羧基（—COOH）、酰氨基（—CONH_2）等。

（3）与醇钠的作用　卤代烷与醇钠作用可制得醚：

$$RX + R'ONa \longrightarrow ROR' + NaX$$

如：

$$CH_3CH_2Br + CH_3CH_2ONa \xrightarrow[55℃, 99\%]{CH_3CH_2OH} CH_3CH_2OCH_2CH_3 + NaBr$$

反应中所用的卤烷一般为伯卤代烷，该反应是制备醚尤其是混醚的一种常用反应。但用叔卤代烷与醇钠反应时，往往主要得到烯烃。

（4）与氨作用　卤代烷与过量的氨作用，卤原子被氨基（—NH_2）取代生成伯胺：

$$RX + NH_3 \longrightarrow [RNH_3 \cdot HX] \xrightarrow{NH_3} RNH_2 + NH_4X$$

如：

$$CH_3CH_2CH_2CH_2Br + 2NH_3(\text{过量}) \longrightarrow CH_3CH_2CH_2CH_2NH_2 + NH_4Br$$
$$\text{正丁胺}$$

$$ClCH_2CH_2Cl + 4NH_3(\text{过量}) \longrightarrow NH_2CH_2CH_2NH_2 + 2NH_4Cl$$
$$\text{乙二胺}$$

（5）与硝酸银作用　卤代烷与硝酸银的乙醇溶液作用生成硝酸酯与卤化银沉淀：

$$RX + AgNO_3 \xrightarrow{C_2H_5OH} RONO_2 + AgX\downarrow$$

该反应可用于卤代烷的定性分析。不同的卤代烷，其反应活性是不同的。当烷基结构相同而卤原子不同时，其反应活性次序是：

$$R-I > R-Br > R-Cl$$

当卤原子相同而烷基结构不同时,其反应活性次序是:

$$叔卤代烷 > 仲卤代烷 > 伯卤代烷$$

其中伯卤代烷通常需要加热才能使反应进行。

2. 消除反应

卤代烷与氢氧化钠或氢氧化钾水溶液反应时,不仅发生取代反应也可以发生从卤代烷中脱去卤化氢的反应,这种从一个有机分子中除去两个原子或基团形成小分子,而有机物本身生成不饱和键的反应称为消除反应,通常用 E 表示。卤代烷的消除反应通常在乙醇溶液中进行。当碱的浓度越大时,消除反应越明显。

$$RCH_2CH_2X + NaOH \xrightarrow[\triangle]{C_2H_5OH} R-CH=CH_2 + NaX + H_2O$$

$$RCH_2CHX_2 + 2KOH \xrightarrow[\triangle]{C_2H_5OH} R-C\equiv CH + 2KX + 2H_2O$$

卤代烷与强碱反应主要生成取代产物还是消除产物,不仅与碱的浓度有关,烃基的结构也是主要影响因素之一。例如:

$$CH_3CH_2Br + CH_3CH_2ONa \xrightarrow[\triangle]{C_2H_5OH} \underset{(10\%)}{CH_2=CH_2} + \underset{(90\%)}{CH_3CH_2OCH_2CH_3}$$

$$\underset{Br}{CH_3\overset{|}{C}HCH_3} + CH_3CH_2ONa \xrightarrow[\triangle]{C_2H_5OH} \underset{(79\%)}{CH_3CH=CH_2} + \underset{(21\%)}{CH_3\overset{CH_3}{\underset{|}{C}H}-OCH_2CH_3}$$

$$\underset{Br}{\overset{CH_3}{\underset{|}{CH_3\overset{|}{C}CH_3}}} + CH_3CH_2ONa \xrightarrow[\triangle]{C_2H_5OH} \underset{(91\%)}{\overset{CH_3}{\underset{|}{CH_3C=CH_2}}} + \underset{(9\%)}{\overset{CH_3}{\underset{\underset{CH_3}{|}}{CH_3\overset{|}{C}-OCH_2CH_3}}}$$

从上述例子可以看出,卤代烷与碱作用所发生的取代反应和消除反应是一对相互竞争的反应。对烷基结构而言,伯卤代烷有利于取代,叔卤代烷有利于消除。一般地伯卤代烷与氢氧化钠、醇钠、氰化钾、氨等发生取代反应,而仲卤代烷特别是叔卤代烷与这些试剂反应时,主要生成消除产物。对溶剂的影响而言,水溶液有利于进行取代反应,而醇溶液有利于进行消除反应。

从上述例子还可以看出,卤代烷烃在进行脱卤化氢发生消除反应时,有可能得到两种不同的消除产物。例如:

$$\underset{H\ \ Br\ \ H}{CH_3-\overset{|}{C}H-\overset{|}{C}H-\overset{|}{C}H_2} \xrightarrow[C_2H_5OH]{KOH} \underset{\underset{(81\%)}{2-丁烯}}{CH_3CH=CHCH_3} + \underset{\underset{(19\%)}{1-丁烯}}{CH_3CH_2CH=CH_2}$$

$$\underset{H\ \ Br\ \ H}{CH_3-\overset{|}{C}H-\overset{\overset{CH_3}{|}}{\underset{|}{C}}-\overset{|}{C}H_2} \xrightarrow[C_2H_5OH]{KOH} \underset{\underset{(71\%)}{2-甲基-2-丁烯}}{CH_3\overset{CH_3}{\underset{|}{C}}=CCH_3} + \underset{\underset{(29\%)}{2-甲基-1-丁烯}}{CH_3CH_2\overset{CH_3}{\underset{|}{C}}=CH_2}$$

实验证明,卤代烷脱卤化氢时,氢原子是从含氢较少的碳原子上脱去的。这个经验规律称为查依采夫(Saytzeff)规则。查依采夫规则的另一种表达形式是:**卤代烷脱卤化氢时,**

较易生成双键碳原子连有较多烷基的烯烃。

3. 与金属镁作用

在无水乙醚中,卤代烷与金属镁作用生成有机镁化合物,产物能溶于乙醚,不需要分离即可直接用于各种合成反应。所生成的产物称为格利雅(Grignard)试剂,简称格氏试剂。

$$RX + Mg \xrightarrow{\text{无水乙醚}} R-Mg-X$$

格氏试剂可按照烷基卤化镁的顺序进行命名。如 CH_3CH_2MgBr 可称为乙基溴化镁。格氏试剂很活泼,能与水、醇、氨、酸等含有活泼氢的化合物反应分解为烃。例如:

$$R-Mg-X + \begin{cases} HOH \longrightarrow RH + Mg{\overset{X}{\underset{OH}{}}} \\ R'OH \longrightarrow RH + Mg{\overset{X}{\underset{OR'}{}}} \\ HNH_2 \longrightarrow RH + Mg{\overset{X}{\underset{NH_2}{}}} \\ HX \longrightarrow RH + MgX_2 \\ CH\equiv CR' \longrightarrow RH + R'C\equiv CMgX \text{ 炔基卤化镁} \end{cases}$$

格氏试剂与活泼氢化合物的反应是定量进行的,在有机分析中常用一定量的甲基碘化镁(CH_3MgI)和一定数量的含活泼氢化合物作用,从生成甲烷的体积可以计算出活泼氢的数量。格氏试剂在空气中能慢慢地吸收氧气,生成烷氧基卤化镁,此产物遇水则分解生成相应的醇。

$$RMgX + \frac{1}{2}O_2 \longrightarrow ROMgX \xrightarrow{H_2O} ROH$$

所以保存格氏试剂时应使它与空气隔绝。

此外,格氏试剂还能与二氧化碳、醛、酮、酯等多种试剂发生反应,生成羧酸、醇等一系列产物,因此它在有机合成上具有广泛的用途。

第四节 亲核取代反应和消除反应的机理

一、亲核取代反应的机理

亲核取代反应是卤代烷的一个重要反应,通过这类反应,卤素官能团可转变为其他多种官能团,在有机合成中起到联系烃类及其衍生物的桥梁作用。因此,有必要了解卤代烃的取代反应机理。

二维码8 亲核取代反应机理及影响因素

大量的研究表明,在卤代烷烃的水解反应中,有些水解反应的速率仅与卤代烷本身的浓度有关,而另一些卤代烷的水解速率不仅与卤代烷的浓度有关,还与试剂(如碱)的浓度有关。这说明卤代烷的水解可能按照两种不同的反应机理进行。

1. 单分子亲核取代反应(S_N1)

实验证明,叔丁基溴在碱性溶液中的水解速率仅与卤代烷的浓度有关,即叔丁基溴的浓度越大,反应速率越快,而与亲核试剂(HO^-、H_2O)的浓度无关。这说明决定反应速率的一步与试剂无关,而仅取决于卤代烷分子本身 C—X 键断裂的难易和它的浓度。

$$(CH_3)_3C-Br + HO^- \longrightarrow (CH_3)_3C-OH + Br^-$$

因此上述反应可认为分两步进行：第一步叔丁基溴在溶剂中首先离解成叔丁基碳正离子和溴负离子,在反应过程中还经历一个 C—Br 键将断未断而能量较高的过渡状态：

$$(CH_3)_3C-Br \xrightarrow{\text{慢}} \{(CH_3)_3C\cdots Br\} \longrightarrow (CH_3)_3C^+ + Br^-$$
过渡状态

这里生成的碳正离子是个中间体,性质活泼,所以又称活性中间体。

第二步是生成的叔丁基碳正离子立即与试剂 HO^- 或水作用生成水解产物叔丁醇。

$$(CH_3)_3C^+ + HO^- \xrightarrow{\text{快}} \{(CH_3)_3C\cdots OH\} \longrightarrow (CH_3)_3C-OH$$
过渡状态

对于多步反应而言,生成最后产物的速率主要由速率最慢的一步来决定。叔丁基溴的水解反应中,C—Br 键的离解速率是慢的,而生成碳正离子后就立即与 HO^- 作用。因此上述第一步反应是决定整个反应速率的步骤,而这一步反应的速率是与反应物卤代烷的浓度成正比的,所以整个反应速率仅与卤代烷的浓度有关,而与试剂浓度无关。在决定反应速率的这一步骤中,发生共价键变化的只有一种分子,所以称为单分子亲核取代反应,用 S_N1 表示。

单分子亲核取代反应的特点是：反应分两步进行,反应速率只与反应物的浓度有关,而与试剂浓度无关,反应过程中有活性中间体——碳正离子生成。

2. 双分子亲核取代反应（S_N2）

实验证明,溴甲烷的碱性水解的反应速率不仅与卤代烷的浓度成正比,也与碱的浓度成正比。

$$CH_3-Br + HO^- \longrightarrow CH_3-OH + Br^-$$

经过研究,认为溴甲烷的碱性水解反应历程可表示如下：

$$HO^- + \underset{H}{\overset{H}{H}}C-Br \longrightarrow HO\cdots\underset{H}{\overset{H}{C}}\cdots Br \longrightarrow HO-\underset{H}{\overset{H}{C}}-H + Br^-$$
过渡态

当亲核试剂 HO^- 进攻溴甲烷中的中心碳原子时,带负电荷的亲核试剂一般总是从溴原子的背面进攻碳原子,在接近碳原子的过程中,逐渐部分地形成 C—O 键,同时 C—Br 键由于受到 HO^- 进攻的影响而逐渐伸长和变弱,使溴原子带着原来成键的电子对逐渐离开碳原子。在这个过程中,体系的能量逐渐增高。随着反应的继续进行,HO^- 继续接近碳原子,由于碳原子逐渐地共用氧原子的电子对,HO^- 的负电荷不断地减低,而溴则带着一对电子从碳原子那里逐渐离开而不断增加负电荷。与此同时,甲基上的三个氢原子由于亲核试剂进攻所排斥也向溴原子一方逐渐偏转,这样就形成了一个过渡态,此时体系能量达到一个最大值。在过渡态,碳原子与 HO^- 还未完全成键,碳原子与溴原子之间的键也没有完全破裂,此时进攻试剂、中心碳原子与离去基团处在一条直线上，而碳和其他三个氢原子处在垂直于这条直线的平面上，—OH 与—Br 分别在平面的两边。随着 HO⁻ 继续接近碳原子和溴原子继续远离碳原子，体系的能量又逐渐降低。最后 HO⁻ 与碳生成 O—C 键，溴则离去而成为 Br⁻。甲基上的三个氢原子也完全转向偏到溴原子一边，这个过程好像雨伞被大风吹得向外翻转一样。水解产物甲醇中—OH 官能团不是连在原来由溴占据的位置上，所得到的甲醇与原来的溴甲烷的构型相反，这称为瓦尔登转化。

这种反应的速率与溴甲烷和碱的浓度都有关系，因此称为双分子亲核取代反应，用 S_N2 表示。其特点是：反应速率既与反应物浓度有关，又与试剂的浓度有关，反应中新键的建立和旧键的断裂是同步进行的，共价键的变化发生在两种分子中，反应得到的产物通常发生构型反转。

卤代烷烃的亲核取代反应是单分子还是双分子亲核取代反应历程，主要受到卤代烷的结构、亲核试剂和离去基团的性质，以及溶剂性质等影响。卤代烷的结构对取代反应的影响表现在：

在 S_N1 反应中是叔卤代烷＞仲卤代烷＞伯卤代烷＞卤代甲烷；而在 S_N2 反应中则有卤代甲烷＞伯卤代烷＞仲卤代烷＞叔卤代烷。因此通常伯卤代烷主要发生 S_N2 反应，叔卤代烷主要发生 S_N1 反应。

二、消除反应的机理

当卤代烷烃进行亲核取代反应时，除了生成取代产物外，常常还有烯烃生成，这是因为同时还发生了消除反应。例如：

$$R-CH_2-CH_2-X + OH^- \begin{cases} \xrightarrow{\text{取代}} R-CH_2-CH_2-OH + X^- \\ \xrightarrow{\text{消除}} R-CH=CH_2 + X^- \end{cases}$$

从上述例子可以看出，卤代烷在发生取代反应时常常伴随着消除反应同时进行，而且是相互竞争的。因为这两种反应的反应历程有相似之处。在反应进行中究竟哪种反应占优势，则要看反应物的分子结构和反应条件。同样，消除反应也有单分子消除和双分子消除反应两种不同的反应历程。

1. 单分子消除反应（E1）历程

与 S_N1 反应历程相似，单分子消除反应历程也是分两步进行的。第一步是卤代烷分子在溶剂中先离解为碳正离子；第二步是在 β-碳原子上脱去一个质子，同时在 α 与 β-碳原子之间形成一个双键。反应历程可表示如下：

离解　　　$H-CR_2-CR_2-X \xrightarrow{\text{慢}} H-CR_2-C^+R_2 + X^-$

去质子　　$\underset{HO^-}{H-CR_2-C^+R_2} \xrightarrow{\text{快}} CR_2=CR_2 + H_2O$

第一步反应速率慢，第二步反应速率快。第一步生成碳正离子是决定反应速率的一步，因为这一步中只有一种分子发生共价键的异裂，所以这样的反应历程称为单分子消除反应，以 E1 表示。整个 E1 的反应速率仅取决于卤烷的浓度，而与试剂的浓度无关，因此 E1 和 S_N1 很相似。它们所不同的仅在第二步，E1 是 HO⁻ 进攻 β-碳原子上的氢原子，使氢原子以质子形式脱掉而形成双键；而 S_N1 则是 HO⁻ 直接与正离子相结合形成取代产物。因此它们常同时发生。但如何衡量 E1 与 S_N1 哪一个占优势，主要决定于碳正离子在第二步反应中消除质子或与试剂结合的相对趋势。

2. 双分子消除反应（E2）历程

双分子消除反应是碱性的亲核试剂进攻卤代烷分子中的 β-氢原子，使这个氢原子成为质子和试剂结合而脱去，同时，分子中的卤原子在溶剂作用下带着一对电子离去，在 β-碳原子与 α-碳原子之间就形成了双键。伯卤代烷在强碱作用下所发生的消除反应，主要是按双分子历程进行的，可用下式表示：

$$Z^- + H-\underset{\underset{R}{|}}{C}H-CH_2-X \longrightarrow [Z\cdots H\cdots \underset{\underset{R}{|}}{C}H\cdots CH_2\cdots X] \longrightarrow ZH + RCH=CH_2 + X^-$$

$$Z^- = HO^-、C_2H_5O^- 等 \quad X = Cl、Br、I 等$$

上述反应是不分阶段的，新键的生成和旧键的破裂同时发生。反应速率与反应物浓度以及进攻试剂的浓度成正比，这说明反应是按双分子历程进行的，因此叫做双分子消除反应，以 E2 表示。E2 反应中形成的过渡态与 S_N2 很相似，其区别在于试剂在 E2 中进攻 β-氢原子，而在 S_N2 中则进攻 α-碳原子。因此，E2 和 S_N2 反应往往也同时伴随着发生。

第五节 卤代烯烃与卤代芳烃

一、卤代烯烃

卤代烯烃分子中含有双键和卤素原子两个官能团，因此由于碳链骨架的异构以及双键和卤原子的位置不同均可以产生异构体，所以卤代烯烃异构体的数目要比相应的卤代烷烃多。

1. 卤代烯烃的分类和命名

根据卤代烯烃中双键和卤原子的位置关系，一元卤代烯烃可分为三类。

（1）乙烯型卤代烯烃　即双键碳原子直接与卤原子相连，通式为 $RCH=CH-X$，这类化合物的卤原子很不活泼，在一般条件下不发生反应。

（2）烯丙型卤代烯烃　即双键碳原子与卤原子只间隔一个饱和碳原子，通式为 $RCH=CHCH_2-X$；这类化合物的卤原子很活泼，很容易进行亲核取代反应。

（3）孤立型卤代烯烃　即双键碳原子与卤原子间隔两个或多个饱和碳原子，通式为 $RCH=CH(CH_2)_nX(n \geq 2)$，这类化合物的卤原子活泼性基本上和卤代烷中卤原子相同。

卤代烯烃的命名通常用系统命名法，即以烯烃为主链，卤素原子为取代基，称为卤代某烯。例如：

$$CH_2=CH-\underset{\underset{Br}{|}}{C}H-\underset{\underset{Br}{|}}{C}H-CH_3$$

3,4-二溴-1-戊烯

$$CH_2=\underset{\underset{CH_3}{|}}{C}-\underset{\underset{Br}{|}}{C}H-\underset{\underset{Cl}{|}}{C}H-CH_3$$

2-甲基-4-氯-3-溴-1-戊烯

2. 卤代烯烃的结构和性质

从结构上看，卤代烯烃具有双键和卤原子两个官能团，因此它们同时具有烯烃和卤烃的性质。但当双键和卤原子的相对位置不同时，它们会相互影响，致使卤原子的活性显示出很大差别，尤其是乙烯型和烯丙型卤代烯烃最为典型，下面以氯乙烯和烯丙基氯为例，阐明它们的结构和性质。

（1）氯乙烯　氯乙烯是无色气体，沸点 $-13.4℃$。在一般条件下氯乙烯分子中的氯原子不能被羟基、氨基或氰基等亲核试剂取代，在一般加热情况下与硝酸银的乙醇溶液也不能反应。也不能和金属镁在无水乙醚条件下生成格氏试剂。与卤化氢加成时速率也比一般烯烃慢，脱去卤化氢也比较困难。这些特性的表现都是氯乙烯分子中双键和氯原子相互影响的结果。

在氯乙烯分子中,氯原子的价电子分布为 $3s^2 3p_x^2 3p_y^2 3p_z^1$,其中一个未成对电子和碳原子的 sp^2 杂化电子组成 C—Cl 键(σ 键)。C—Cl σ 键可以旋转到一定方向而使 $3p^2$ 电子所处的 p 轨道与 C=C 键 2p 轨道相互平行而发生交盖,形成了共轭体系,如图 5-1 所示。由具有未共用电子的 p 轨道和 π 轨道共同组成的共轭体系,称为 p-π 共轭体系。氯乙烯分子中的共轭体系共有四个 p 电子,其中两个 p 电子分别来自两个碳原子,另外两个则来自氯原子,这种 p 电子数目超过原子数目的共轭体系叫做多电子共轭体系。

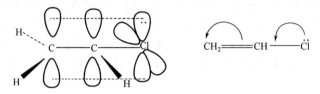

图 5-1 氯乙烯双键碳原子 p 轨道与氯原子 3p 轨道交盖

由于 p-π 共轭的结果,电子云分布趋向平均化,因此 C—Cl 键的偶极矩将减小,氯的一对未共用电子对已不再为氯原子所独占,它们都离域而为整个共轭体系所共有,这就使 C—Cl 键的电子云密度相应增加,键长缩短,使得 C—Cl 键之间结合得更为紧密,从而导致氯原子的活泼性降低,不容易发生一般的取代反应。与此同时,C=C 双键上的 π 电子云也不再局限在原来的范围,而是离域扩展到整个共轭体系,也相应地减弱了碳碳之间的电子云密度,使 C=C 双键之间的键长增长。氯乙烯的亲电加成反应符合马尔可夫尼科夫规律。例如:

$$CH_2=CH-Cl + HBr \longrightarrow CH_3-CH(Br)-Cl$$

	偶极矩	键长		键长	
CH_3CH_2Cl	6.84×10^{-30} C·m	C—Cl	0.178nm		
$CH_2=CHCl$	4.84×10^{-30} C·m	C—Cl	0.172nm	C=C	0.138nm
$CH_2=CH_2$				C=C	0.134nm

从氯乙烯 C—Cl 键的键长可以看出它具有部分双键的性质,所以不易发生亲核取代反应。氯乙烯在少量过氧化物存在下,能聚合成白色粉状固体高聚物——聚氯乙烯,简称 PVC:

$$nCH_2=CH-Cl \xrightarrow{\text{过氧化物}} \ce{-[CH_2-CH(Cl)]_n-}$$

聚氯乙烯具有化学性质稳定、耐酸、耐碱、不易燃烧、不受空气氧化、不溶于一般溶剂等优良性能,常用来制造塑料制品、合成纤维、薄膜、管材及其他类似物,其溶液可做喷漆,在工业上有着广泛的应用。

(2) 3-氯-1-丙烯(烯丙基氯) 烯丙基氯中的氯原子非常活泼,很容易发生取代反应,一般比叔卤代烷中的卤原子活性还要大。在室温下即可与硝酸银的乙醇溶液发生 S_N1 反应,很快生成氯化银沉淀。因而可根据生成卤化银沉淀的快慢,确定卤代烃的活性次序。

对于 S_N1 反应来说,烯丙基氯所以具有这种活泼性是因为氯离解后可以生成稳定的烯丙基碳正离子。这个碳正离子中带正电的碳原子是 sp^2 杂化的,它的一个缺电子的空 p 轨道和相邻的碳碳双键的 π 键发生交盖,使 π 电子云离域(形成缺电子共轭体系),因此正电荷得到分散,使这个碳正离子趋于稳定,如图 5-2 所示。因此,烯丙基氯比较容易离解产生烯丙基碳正离子和氯负离子,故有利于 S_N1 反应的进行。

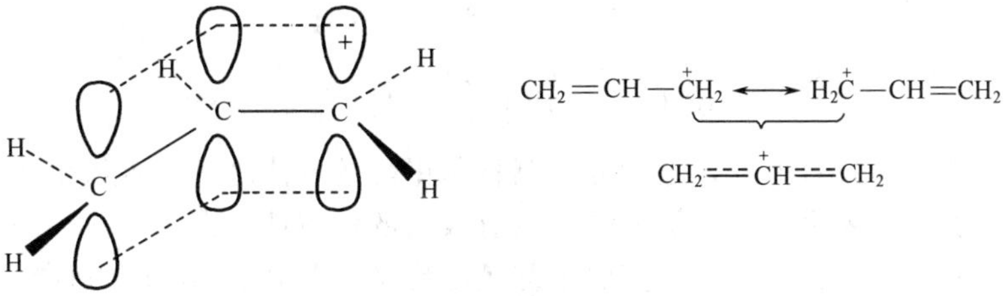

图 5-2 烯丙基碳正离子空 p 轨道及其交盖

一般认为烯丙基氯无论对 S_N1 还是 S_N2 它都是活泼的,对 S_N2 来说主要是它可以形成稳定的过渡态,而使得亲核取代反应需要较少的活化能导致反应速率加快。

二、卤代芳烃

1. 卤代芳烃的分类与命名

卤代芳烃可根据卤原子与芳烃碳原子相连接的位置分为两类,一类为卤原子与芳环侧链烃基上的碳原子相连;另一类为卤原子直接与芳环上的碳原子相连。命名时前者以烷烃为母体,卤素和芳基都作为取代基;后者以芳烃为母体,卤素作为取代基。例如:

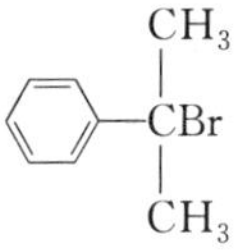

2-苯基-2-溴丙烷 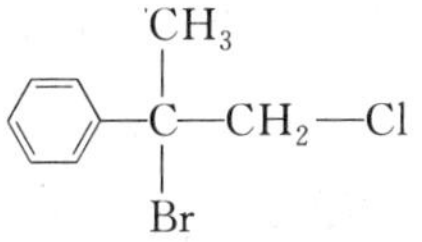　　2-苯基-1-氯-2-溴丙烷 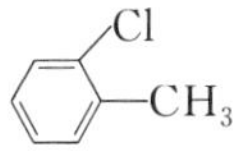　　2-氯甲苯(邻氯甲苯)

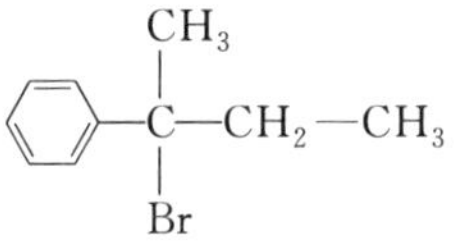

2-溴-2-苯基丁烷 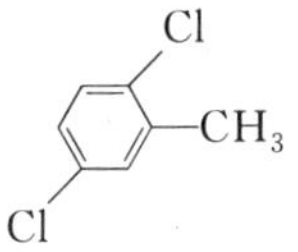　　2,5-二氯甲苯 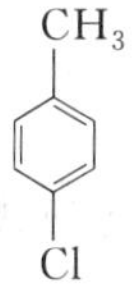　　4-氯甲苯(对氯甲苯)

2. 卤代芳烃的性质

以氯苯和苯氯甲烷为例讨论卤代芳烃的性质。

(1) 氯苯　氯苯为无色的液体,沸点 132℃,可直接由苯氯化制备。氯苯可用作溶剂和有机合成原料,也是某些农药、药物与染料中间体的原料。氯苯在一般条件下不能进行亲核取代反应。其原因是氯苯分子中的氯原子和氯乙烯分子中的氯原子的地位很相似,氯原子是直接与苯环上的 sp^2 杂化碳原子相连的,因此,它也是不活泼的。

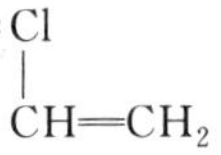

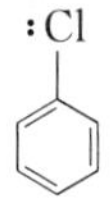

除非用非常强的碱,如在液氨中,用氨基钠与氯苯作用可以生成苯胺。但实际上这个反应有两个阶段:先消除再加成。

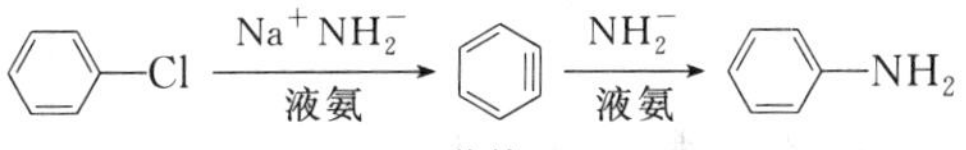

(2) 苯氯甲烷　苯氯甲烷又称氯化苄或苄氯。它是一种催泪性的液体,沸点 179℃,不溶于水。工业上可在日光或较高的温度下通氯气于沸腾的甲苯中来制备。实验室可以从苯的氯甲基化来制备。芳烃与甲醛及氯化氢在无水氯化锌存在下发生反应,芳环上的氢原子被氯甲基

(—CH_2Cl)取代，所以此反应称为氯甲基化反应。在实际操作中可用三聚甲醛代替甲醛：

$$3 \text{C}_6\text{H}_6 + (HCHO)_3 + 3HCl \xrightarrow[60℃]{ZnCl_2} 3 \text{C}_6\text{H}_5CH_2Cl + 3H_2O$$

苯氯甲烷容易水解为苯甲醇，是工业上制备苯甲醇的方法之一。苯氯甲烷分子中的氯原子和烯丙基氯分子中的氯原子性质很相似，具有较大的活泼性，易于发生 S_N1 和 S_N2 反应。如苯氯甲烷可水解、醇解、氨解；在室温下与硝酸银的乙醇溶液作用立刻产生氯化银沉淀；与金属镁在无水乙醚存在下，容易生成格氏试剂。其主要原因是当苯氯甲烷离解成苯氯甲基碳正离子时，亚甲基上的碳正离子是 sp^2 杂化的，它的空 p 轨道与苯环上的 π 轨道发生交盖，造成电子的离域，使碳正离子上的电荷得到分散，因而具有较好的稳定性，足以与亲核试剂发生反应，如图 5-3 所示。

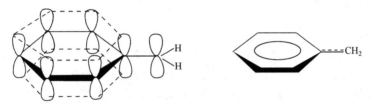

图 5-3 苄基自由基 p 轨道的交盖

第六节 重要的卤代烃

一、三氯甲烷

三氯甲烷（$CHCl_3$）俗称氯仿，为无色具有甜味的液体，沸点 61.2℃，$d_4^{20} = 1.482$，不能燃烧，也不溶于水，是一个良好的不燃性溶剂，能溶解油脂、蜡、有机玻璃和橡胶等，常用来提取中草药有效成分和精制抗生素等。三氯甲烷具有麻醉作用。

氯仿中由于三个氯原子的强吸电子效应，使它的 C—H 键变得较活泼，容易在光的作用下被空气中的氧所氧化并分解生成毒性很强的光气。

$$2CHCl_3 + O_2 \xrightarrow{日光} 2\left[\begin{array}{c} Cl \\ H-O-C-Cl \\ Cl \end{array}\right] \longrightarrow 2 \begin{array}{c} Cl \\ Cl \end{array}\!\!C=O + 2HCl$$

光气

因此氯仿要保存在棕色瓶中，装满到瓶口加封闭，以防与空气接触。

二、四氯化碳

四氯化碳（CCl_4）为无色液体，沸点 26.8℃，$d_4^{20} = 1.5940$，有特殊的气味。四氯化碳不能燃烧，受热易挥发，其蒸气比空气重，不导电，因此它的蒸气可把燃烧物体覆盖，使之与空气隔绝而达到灭火的效果。适用于扑灭油类的燃烧和电源附近的火灾，是一种常用的灭火剂。但四氯化碳在 500℃ 以上高温时，能发生水解而有少量光气生成，故灭火时要注意空气流通，以防中毒。

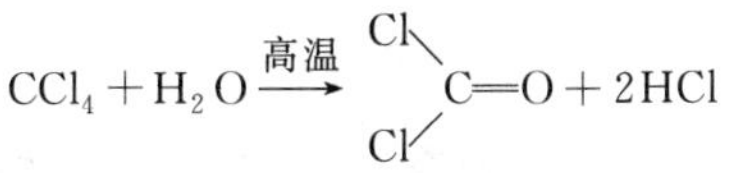

$$CCl_4 + H_2O \xrightarrow{\text{高温}} \underset{Cl}{\overset{Cl}{C}}=O + 2HCl$$

光气

四氯化碳主要用于合成原料和溶剂，能溶解脂肪、涂料、树脂、橡胶等物质，又常用作干洗剂，因其不燃，使用比较安全。但其有一定的毒性，能损害肝脏，使用时应加以注意。

三、二氟二氯甲烷

二氟二氯甲烷（CCl_2F_2）是无色、无臭、无毒、无腐蚀性、化学性质稳定的气体，沸点为$-29.8℃$，易压缩成不燃性液体，解除压力后又立刻气化，同时吸收大量的热，因此广泛地用作制冷剂、喷雾剂、灭火剂等。它的商品名为"氟利昂-12"或F_{12}。

氟利昂（Freon）原为杜邦公司生产的专用商品名称，但现在已经成为通用名称，它们实际上是一些氟氯烷的总称。许多氟氯烷都有良好的制冷性质，但又各有不同的性质。商业上，不同的氟利昂常用不同的数字来代表它的结构，即用F_{xxx}代号表示。其中F表示它是一个氟代烃，F右下角的数字，个位数代表分子中的氟原子数，十位数代表氢原子数加1，百位数代表分子中碳原子数减1。在CCl_2F_2的情况下，碳原子数减1为0，因此省去不写。例如：

	CCl_2F_2	ClF_2C-CF_2Cl	CCl_3F	$CHClF_2$
简称：	F_{12}	F_{114}	F_{11}	F_{22}

由于氟利昂性质极为稳定，在大气中可长期不发生化学反应，但在大气高空积聚后，可通过一系列光化学降解反应，产生氯自由基而破坏高空的臭氧层。高空臭氧层具有保护地球免受宇宙强烈紫外线侵害的作用。臭氧层如被破坏产生所谓"空洞"将失去原来的保护作用，而使地球气候以及整个环境发生巨大变化。现在我国以及许多工业发达国家正在限制使用F_{12}，研究出并已经使用了F_{12}的替代产品，这对保护人类的生存环境具有长远意义。

四、四氟乙烯

四氟乙烯（$CF_2=CF_2$）在常温下为无色气体，沸点$-76.3℃$，不溶于水，可溶于有机溶剂。在过硫酸铵的引发下，可聚合成聚四氟乙烯。

$$nCF_2=CF_2 \xrightarrow{(NH_4)_2S_2O_8} \text{—}[CF_2-CF_2]_n\text{—}$$

聚四氟乙烯的分子量可达$50\times10^4 \sim 200\times10^4$，有优越的耐热和耐寒性能，可在$-100 \sim 300℃$温度范围内使用，化学性质稳定性超过一切塑料，与浓硫酸、浓碱、元素氟和"王水"等都不起反应，力学强度高，由它所制成的塑料有"塑料王"之称，商品名为"特氟隆"。

第七节　鉴别卤代烃

一、鉴别卤代烃的方法

1. 硝酸银的醇溶液试验法

不同烃基结构的卤代烃与硝酸银乙醇溶液反应生成卤化银沉淀的快慢不同，可以鉴别卤代烃。相同结构的烃基不同卤原子与硝酸银乙醇溶液生成沉淀的速率不同或颜色不同,可以鉴别卤代烃。

2. 碘化钠丙酮溶液试验法

许多氯化物或溴化物能与碘化钠丙酮溶液反应生成氯化钠或溴化钠沉淀:

$$RCl + NaI \xrightarrow{\text{丙酮}} RI + NaCl \downarrow$$

$$RBr + NaI \xrightarrow{\text{丙酮}} RI + NaBr \downarrow$$

二、鉴别卤代烃的试验

1. 硝酸银的醇溶液试验

目的:

① 理解硝酸银的醇溶液试验鉴别卤代烃的原理;

② 学会用硝酸银的醇溶液试验鉴别卤代烃。

仪器:试管、试管架、滴瓶、小药匙、量筒、吸管、试管夹。

试剂:饱和的 $AgNO_3$-乙醇溶液。

试样:溴乙烷、苄氯、氯苯、氯仿、正溴丁烷、溴代叔丁烷。

安全:避免试样及试剂与皮肤直接接触、摄入;使用电炉时的用电安全。

态度:认真实验,规范操作,仔细观察,及时记录。

步骤:

① 在试管中加入 0.5mL 饱和硝酸银-乙醇溶液;

② 继续向试管中加 1 滴液体样品或 30mg 固体样品;

③ 振摇后,在室温静置 2min;

④ 仔细观察试管中的现象,及时记下所观察到的现象;

⑤ 若在室温无沉淀生成,将溶液煮沸,再摇动;

⑥ 再次仔细观察试管中的现象并及时记录;

⑦ 在沉淀中加 2 滴稀硝酸,观察沉淀的溶解情况;

⑧ 将废液倒入指定地点;

⑨ 清洗仪器,倒置于试管架上;

⑩ 按所列的试样重复上述①~⑨的步骤。

注意事项:

① 卤化银沉淀不溶于稀硝酸,而有机酸的银盐溶于稀硝酸;

② 在室温下能立刻产生卤化银沉淀的化合物有氢卤酸的盐类、$RCH=CHCH_2Cl$、R_3CCl、$RCHBrCH_2Br$、RI;

③ 在室温下无显著反应,但加热后能产生沉淀的卤代物有 RCH_2Cl、R_2CHCl、$RCHBr_2$;

④ 在加热下也无卤化银沉淀生成的卤代物有 ArX、$RCH=CHX$、$CHCl_3$、$ArCOCH_2Cl$、$ROCH_2CH_2X$ 等。

2. 碘化钠丙酮溶液试验

目的:

① 理解碘化钠丙酮溶液试验鉴别卤代烃的原理;

② 学会用碘化钠丙酮溶液试验鉴别卤代烃。

仪器:试管、试管架、滴瓶、小药匙、量筒、吸管、试管夹、小烧杯。

试剂：碘化钠丙酮溶液。

试样：2-溴丁烷、苄氯、氯苯、氯仿、正溴丁烷、溴代叔丁烷。

安全：避免试样及试剂与皮肤直接接触、摄入；使用电炉时的用电安全。

态度：认真实验，规范操作，仔细观察，及时记录。

步骤：

① 在试管中加入 0.5mL 碘化钠丙酮溶液；

② 继续向试管中加 2 滴液体样品，若是固体样品则取 50mg 溶于少量丙酮中再加到试管中；

③ 振摇后，在室温静置 3min；

④ 仔细观察试管中的现象，及时记下所观察到的现象；

⑤ 若在室温反应不发生，则将试管置于 50℃ 水浴中，温热 6min，取出冷至室温；

⑥ 再次仔细观察试管中的现象并及时记录；

⑦ 将废液倒入指定地点；

⑧ 清洗仪器，倒置于试管架上；

⑨ 按所列的试样重复上述①～⑧的步骤。

注意事项：

① 这个反应可与硝酸银溶液试验平行对照进行，与后者相反，该反应对伯氯化物（或伯溴化物）很易发生，而对于相应的仲卤代烃及叔卤代烃，则反应速率依次降低；

② 1,2-二氯及 1,2-二溴化物不仅产生氯化钠或溴化钠沉淀，并析出游离的碘，溶液呈红棕色；

③ 多溴化物、磺酰氯等反应后也析出碘。

3. 试液的配制

碘化钠丙酮溶液：取 15g 碘化钠溶于 100mL 纯丙酮中，溶液开始无色，然后逐渐转变成淡柠檬黄色。制备好的溶液放在棕色瓶内，当溶液变成红棕色时，就不能使用。

阅读材料

格林尼亚试剂

金属有机化合物是金属与有机烃基结合的一类化合物，含有金属与碳之间存在的键。它们已在有机合成、生物化学、催化作用等多方面得到应用。

1899 年法国里昂大学化学教授巴比尔研究用一种金属取代锌将甲基（—CH$_3$）引入有机化合物，因为锌虽然可以增强甲基碘（CH$_3$I）的活性，但是生成的锌化合物与空气接触易燃，实际操作困难，于是使用镁代替锌。他将镁在无水乙醚中与有机碘结合，形成金属镁的有机化合物 R—Mg—I。

巴比尔指导他的学生格林尼亚（Grignard）继续研究镁的有机卤化物 R—Mg—I。1901 年格林尼亚以此作为他的博士论文课题，证实了这类试剂具有很广泛的用途，可以用来制备烃类、醇、酮、羧酸等。这一试剂最初称为巴比尔-格林尼亚试剂，但巴比尔坚持这一试剂的发展功绩应归于格林尼亚。这样 R—Mg—I 就称为格林尼亚试剂。格林尼亚因此获得 1912 年诺贝尔化学奖。

练习题

1. 命名或写出相应化合物的构造式。

(1) $CH_2ClCH_2CHClCH_3$　　(2) $CH_2=CHCH_2Br$　　(3) $CH_3CH(Br)CH(CH_3)CH(Br)CH_3$ （2,4-二溴-3-甲基戊烷结构）

(4) $CF_2=CF_2$　　(5) 邻氯甲苯　　(6) F_{22}

(7) $CH_2=C(CH_3)-CH_2-CH(Cl)-CH_3$　　(8) $CHCl_3$　　(9) $C_6H_5-C(CH_3)(Br)-CH_2CH_3$

(10) 烯丙基溴　　(11) 苄氯　　(12) 1-苯基-2-氯乙烷

(13) 1-溴环戊烷（环戊基溴）　　(14) 2-甲基-4-氯-5-溴-2-戊烯

(15) $CH_3CH_2CH(Cl)CH(Br)CH_3$ (含甲基)　　(16) $CH_3-C(Cl)=CH-CH_3$ 结构

2. 完成下列反应式。

(1) $CH_2=CHCH_2Br + HBr \xrightarrow{} ? \xrightarrow{NaCN} ?$

(2) $CH_2=CHCH_3 + HBr \xrightarrow{过氧化物} ? \xrightarrow{H_2O(KOH)} ?$

(3) $CH_3-CH(H)-C(CH_3)(H)-CH_2(Br) \xrightarrow{KOH, C_2H_5OH} ? \xrightarrow{HBr} ?$

(4) 1-甲基环己烯 $\xrightarrow{HBr} ?$

(5) $C_6H_5-C(CH_3)(Br)-CH_2CH_3 \xrightarrow{KOH, C_2H_5OH} ? \xrightarrow{Br_2} ?$

(6) 环己烯基-$CH_2Cl \xrightarrow{NaCN} ?$

(7) $CH_2=C(CH_3)-CH(Cl)-CH_2-CH_3 \xrightarrow{AgNO_3, C_2H_5OH} ?$

(8) $CH_3CH(Br)CH_3 \xrightarrow{无水乙醚, Mg} ? \xrightarrow{C_2H_5OH} ?$

3. 用所学方法区别下列各组化合物。

(1) 苄氯与对氯甲苯

(2) 1-氯戊烷、2-溴戊烷和 1-碘戊烷

(3) 1-溴丙烷、2-溴丙烯和 3-溴丙烯

(4) $C_6H_5-CH=CHCl$，　$H_3C-C_6H_4-CH_2Cl$、　$C_6H_5-CH_2CH_2Cl$

4. 完成下列转变：

(1) $CH_3-\underset{\underset{H}{|}}{\overset{\overset{CH_3}{|}}{C}}-CH_2Br \longrightarrow CH_3-\underset{\underset{Br}{|}}{\overset{\overset{CH_3}{|}}{C}}-CH_3$

(2) $CH_3-\underset{\underset{Br}{|}}{\overset{\overset{H}{|}}{C}}-CH_3 \longrightarrow CH_3-\underset{\underset{Br}{|}}{\overset{\overset{Br}{|}}{C}}-CH_3$

(3) 邻甲基甲苯 $\longrightarrow$ $HOCH_2$-邻甲基苯-CH_3

5. 推测下列化合物的结构。

(1) 某烃 A 分子式为 C_5H_{10}，它与溴水不反应，在紫外线照射下与溴作用只得到一种产物 B(C_5H_9Br)。将化合物 B 与 KOH 的醇溶液作用得到 C(C_5H_8)，化合物 C 经臭氧氧化并在 Zn 粉存在下水解得到戊二醛。写出化合物 A 的构造式及各步反应式。

(2) 有两种同分异构体 A 和 B，分子式都是 $C_6H_{11}Cl$，都不溶于浓硫酸。A 脱氯化氢生成 C(C_6H_{10})，C 被高锰酸钾氧化生成 $HOOC(CH_2)_4COOH$；B 脱氯化氢生成分子式相同的 D（主要产物）和 E（次要产物），用高锰酸钾氧化 D 生成 $CH_3-\overset{\overset{O}{\|}}{C}CH_2CH_2CH_2COOH$，用高锰酸钾氧化 E 生成唯一的有机化合物环戊酮（$\bigcirc=O$）写出 A 和 B 的构造式及各步反应式。

第六章 醇、酚和醚

知识目标　掌握醇、酚、醚的命名及化学性质；掌握常用醇、酚、醚及其鉴别方法。

能力目标　能由给定醇、酚、醚的结构推测其在给定反应条件下发生的化学变化；能利用醇、酚醚、的性质对其进行鉴别。

学习关键词　醇、酚、醚、取代反应、消除反应、氧化脱氢、卢卡斯试剂、氯化铁反应。

第一节　醇

醇可以看作是烃分子中饱和碳原子上的氢原子被羟基（—OH）取代而生成的产物。若羟基连接在不饱和碳原子上则形成烯醇，易发生分子结构重排而生成相应的醛或酮，若羟基直接与芳环碳原子相连则形成酚。

一、醇的分类与同分异构

1. 醇的分类

醇可以根据羟基所连接的烃基不同分为饱和醇、不饱和醇和芳醇。例如：

$$CH_3OH \qquad\qquad \underset{\underset{OH}{|}}{CH_2}-\underset{\underset{OH}{|}}{CH}-\underset{\underset{OH}{|}}{CH_2} \qquad\qquad CH_2=CHCH_2OH$$

　　甲醇　　　　　　　　　　　丙三醇　　　　　　　　　　烯丙醇

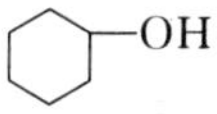

第六章 醇、酚和醚

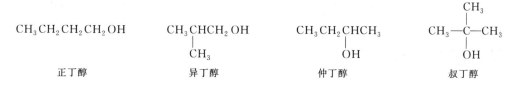

环己醇 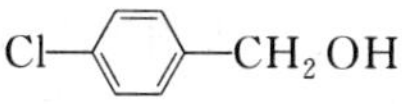　　　　　　对氯苄醇 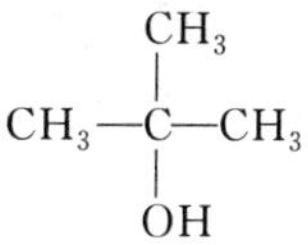　　　　　　叔丁醇

饱和一元醇的通式可用 $C_nH_{2n+1}OH$ 表示，也可用 R—OH 表示。

醇也可以根据羟基所连接的碳原子的类型分为伯醇、仲醇和叔醇。醇还可以根据分子中所含羟基数目的多少分为一元醇、二元醇、三元醇等。含两个以上羟基的醇统称为多元醇。

2. 醇的同分异构

醇的所有同分异构主要由碳架异构、官能团位置异构和官能团异构产生。醚与醇互为同分异构，属于官能团异构。就醇而言，其构造异构表现出碳架异构和官能团的位置异构。

$CH_3CH_2CH_2CH_2OH$　　　　CH_3CHCH_2OH　　　　$CH_3CH_2CHCH_3$　　　　$CH_3-\overset{CH_3}{\underset{OH}{C}}-CH_3$
　　　　　　　　　　　　　　　　　　$|$　　　　　　　　　　　　　$|$
　　　　　　　　　　　　　　　　　CH_3　　　　　　　　　　　OH

正丁醇　　　　　　　　异丁醇　　　　　　　　仲丁醇　　　　　　　　叔丁醇

二、醇的命名

1. 习惯命名法

低级的一元醇可按烃基的习惯名称在后面加一"醇"字来命名。

2. 衍生命名法

结构比较简单的醇，可以甲醇为母体，把其他醇看作是甲醇的烷基衍生物来命名。例如：

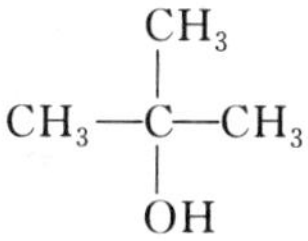

$CH_3-\overset{CH_3}{\underset{OH}{C}}-CH_3$　　　　$CH_3CH_2\underset{OH}{C}HCH_3$　　　　$CH_3CH_2CH_2CH_2OH$

三甲基甲醇 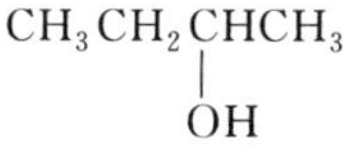　　　　　　甲基乙基甲醇　　　　　　正丁醇

3. 系统命名法

系统命名法的基本步骤为：

① 选择含有羟基在内的最长碳链作为主链，把支链看作取代基；
② 从靠近羟基的一端开始对主链碳原子依次编号，根据主链所含碳原子数目而称为某醇；
③ 将支链的位次、名称及羟基的位次写在主链名称的前面。例如：

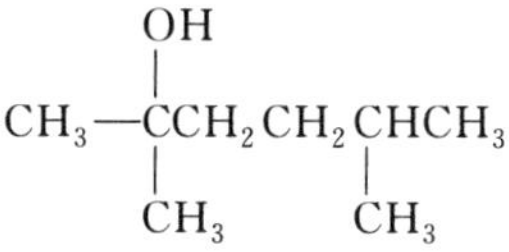

$CH_3-\underset{OH}{C}H-\underset{CH_3}{C}H-CH_2CH_2\underset{CH_3}{C}HCH_3$　　　　　　$CH_3-\underset{CH_3}{\overset{CH_3}{C}}-CH_2-\underset{CH_3}{C}H-CH-CH_3$
　　　　　　　　　　　　　　　　　　　　　　　　　　　　　　　　　　　　　OH

2,5-二甲基-2-己醇 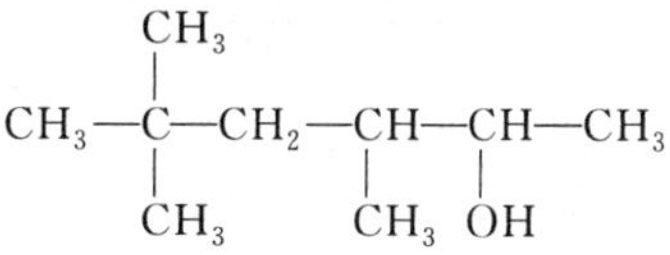　　　　　　　　　　3,5,5-三甲基-2-己醇

不饱和醇的系统命名，应选择连有羟基同时含有不饱和键碳原子在内的碳链作为主链，编号时应尽可能使羟基的位号最小；芳醇的命名，可把芳基作为取代基。例如：

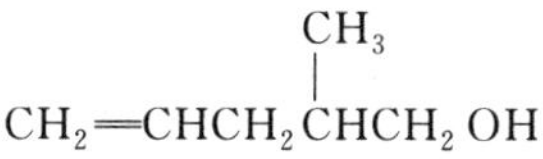

$CH_2=CHCH_2\underset{CH_3}{C}HCH_2OH$　　　　　　　　$C_6H_5-CH=CH-CH_2OH$

2-甲基-4-戊烯-1-醇 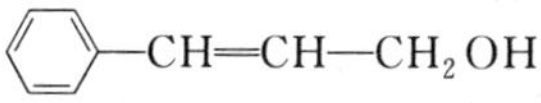　　　　　　　　　　3-苯基-2-丙烯-1-醇

多元醇的命名，应尽可能选择包含多个羟基在内的碳链作为主链，以二、三、四……表示羟基的数目，以 1、2、3…表示羟基的位次，并把它们放在醇名称之前表示出来。

$$\underset{\text{2,5-己二醇}}{\overset{\overset{OH}{|}}{CH}CH_2CH_2\overset{}{CH}CH_3} \qquad \underset{\text{2,2-二甲基-1,3-丙二醇}}{\overset{OH}{CH_2}-\overset{\overset{CH_3}{|}}{\underset{\underset{CH_3}{|}}{C}}-\overset{OH}{CH_2}}$$

三、醇的结构

醇的官能团为—OH，饱和一元醇的通式为 $C_nH_{2n+1}OH$，也可简写为 R—OH。在醇分子中，O—H 键是以氧原子的一个 sp^3 杂化轨道与氢原子的一个 $1s$ 轨道相互交盖而成的；C—O 键则是以碳原子的一个 sp^3 杂化轨道与氧原子的一个 sp^3 杂化轨道相互交盖而成的。由于碳、氧和氢的电负性不同，因此它们都是极性共价键。氧原子的另外两对未共用的电子对分别占据其他两个 sp^3 杂化轨道。

四、醇的性质

1. 醇的物理性质

在常温常压下，低级醇是具有酒味的无色透明液体，十二个碳以上的直链醇为固体。低级直链饱和一元伯醇的沸点比分子量相近的烷烃的沸点要高得多。常见醇的物理常数参见表 6-1。

表 6-1 醇的物理常数

构 造 式	名 称	熔点/℃	沸点/℃	相对密度（20℃）	在水中的溶解度/(g/100g H_2O)
CH_3OH	甲醇	−97	64.7	0.792	∞
CH_3CH_2OH	乙醇	−114	78.3	0.789	∞
$CH_3CH_2CH_2OH$	丙醇	−126	97.2	0.804	∞
$CH_3CH(OH)CH_3$	异丙醇	−88	82.3	0.786	∞
$CH_3CH_2CH_2CH_2OH$	正丁醇	−90	117.7	0.810	7.9
$CH_3CH(CH_3)CH_2OH$	异丁醇	−108	108.0	0.802	10.0
$CH_3CH_2CH(OH)CH_3$	仲丁醇	−114	99.5	0.808	12.5
$(CH_3)_3COH$	叔丁醇	25	82.5	0.789	∞
$CH_3(CH_2)_3CH_2OH$	正戊醇	−78.5	138.0	0.817	2.4
$CH_3(CH_2)_4CH_2OH$	正己醇	−52	156.5	0.819	0.6
$CH_3(CH_2)_5CH_2OH$	正庚醇	−34	176	0.822	0.2
$CH_3(CH_2)_6CH_2OH$	正辛醇	−15	195	0.825	0.05
$CH_3(CH_2)_7CH_2OH$	正壬醇		212	0.827	—
$CH_3(CH_2)_8CH_2OH$	正癸醇	6	228	0.829	—
$CH_3(CH_2)_{10}CH_2OH$	正十二醇	24	259		—
$CH_2=CHCH_2OH$	烯丙醇	−129	97	0.855	∞
⬡—OH	环己醇	24	161.5	0.962	3.6
⬡—CH_2OH	苯甲醇	−15	205	1.046	4
CH_2OHCH_2OH	1,2-乙二醇	−16	197	1.113	∞
$CH_3CHOHCH_2OH$	1,2-丙二醇		187	1.040	∞
$CH_2OHCH_2CH_2OH$	1,3-丙二醇		215	1.060	∞
$CH_2OHCHOHCH_2OH$	丙三醇	18	290	1.261	∞
$C(CH_2OH)_4$	季戊四醇	260			

直链饱和一元醇的沸点随分子量的增加而有规律地增高。在醇的同分异构体中，直链伯醇的异构体沸点最高，支链愈多，沸点愈低，参见表 6-1 所示。

直链饱和一元醇的熔点和相对密度，除甲醇、乙醇、丙醇以外，其余的醇均随分子量的增加而增高。而饱和一元醇的相对密度小于1，芳香醇的相对密度大于1。

甲醇、乙醇、丙醇都能与水互溶，自正丁醇开始，随着烃基增大，在水中的溶解度降低，癸醇以上的醇几乎不溶于水。乙醇与水可混溶，混溶时有热量放出，并使总体积缩小。

甲醇与分子量相近的甲烷（分子量分别为 32 和 30）比较沸点差异很大（分别为 64.7℃ 和 −88.2℃）。此外低级醇易溶于水，随着烃基增大，醇在水中的溶解度降低。这些现象均由于醇能够在分子之间及醇分子与水分子之间形成氢键。以甲醇为例：

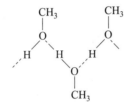 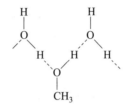

甲醇分子间氢键的形成　　　　甲醇与水分子之间的氢键

当低级醇受热时，既要克服分子间的作用力，还要克服分子间的氢键作用力，所以需要吸收更多的能量，表现出比分子量相近的烃的沸点高。同样由于低级醇能与水分子之间形成较强的氢键作用，因此在水中的溶解度增大。但随着烃基增大，烃基部分的范德华力增大，同时烃基对羟基有屏蔽作用，阻碍了醇羟基与水形成氢键，使得在水中的溶解度逐渐降低。

多元醇分子中含有两个以上的羟基，可以形成更多的氢键，在水中溶解度也较大，故分子中所含羟基越多，沸点越高，在水中溶解度也越大。

2. 醇的化学性质

根据醇官能团的特点，醇主要发生氢氧键断裂和碳氧键断裂两种形式的化学反应。

（1）与活泼金属的反应　醇羟基与水分子中的羟基相似，是极性共价键，容易断裂，与活泼金属钠反应生成醇钠和氢气，但反应比水慢。

$$HOH + Na \longrightarrow NaOH + H_2 \uparrow$$
$$ROH + Na \longrightarrow RONa + H_2 \uparrow$$
醇钠

如：

$$C_2H_5OH + Na \longrightarrow C_2H_5ONa + H_2 \uparrow$$
乙醇钠

该反应随着醇的分子量的增大而反应速率减慢。醇的反应活性为：甲醇＞伯醇＞仲醇＞叔醇。反应中生成的醇钠是白色的固体，具有强的亲核性，在有机合成中常用作强碱、缩合剂和烷氧基化试剂。醇钠遇水会分解成原来的醇与氢氧化钠，反应是一个可逆反应，平衡偏向于生成醇的一边。

$$RONa + HOH \rightleftharpoons ROH + NaOH$$

由上述反应可知，醇是比水弱的酸，根据酸碱定义，较弱的酸，失去氢离子后就成为较强的碱，所以醇钠是比氢氧化钠更强的碱。

醇也能与其他活泼金属（K、Mg、Al 等）反应，生成醇金属和氢气。

如：

$$3CH_3-\underset{\underset{H}{|}}{\overset{\overset{CH_3}{|}}{C}}-OH + Al \longrightarrow \left(CH_3-\underset{\underset{H}{|}}{\overset{\overset{CH_3}{|}}{C}}-O\right)_3 Al + \frac{3}{2}H_2\uparrow$$

异丙醇铝

(2) 生成卤代烃　醇与氢卤酸作用生成卤代烃和水。反应中羟基被卤原子取代，且反应是可逆的。

$$ROH + HX \rightleftharpoons RX + H_2O$$

如：

$$\text{环己醇} \text{—OH} + HCl \xrightarrow{CaCl_2, 回流} \text{环己基—Cl}$$

$$\text{苯基}-CH_2-CH_2OH + HBr \xrightarrow{110℃} \text{苯基}-CH_2-CH_2Br$$

反应中酸的性质和醇的结构都影响该反应的速率。氢卤酸的反应活性是：

$$HI > HBr > HCl$$

醇的反应活性是：

苄醇和烯丙醇＞叔醇＞仲醇＞伯醇＞CH_3OH

例如：

二维码9　醇与卢卡斯试剂的反应

$$CH_3-\underset{\underset{H}{|}}{\overset{\overset{CH_3}{|}}{C}}-OH \xrightarrow[室温]{HCl} CH_3-\underset{\underset{H}{|}}{\overset{\overset{CH_3}{|}}{C}}-Cl$$

$$CH_3CH_2CH_2CH_2OH \xrightarrow[回流]{NaBr, H_2SO_4} CH_3CH_2CH_2CH_2Br$$

将浓盐酸与无水氯化锌所配制的溶液称卢卡斯试剂。在常温下卢卡斯试剂分别与伯醇、仲醇、叔醇作用，叔醇反应最快，仲醇次之，伯醇最慢。由于反应生成的卤代烃不溶于水而显浑浊或分层，因此可通过观察出现浑浊或分层的快慢，把伯醇、仲醇、叔醇区别开来。此反应仅适合于六个碳原子以下的醇，因多于六个碳原子的醇本身不溶于卢卡斯试剂而显浑浊，会干扰鉴别反应。

$$CH_3-\underset{\underset{H}{|}}{\overset{\overset{CH_3}{|}}{C}}-OH + HCl \xrightarrow{ZnCl_2}_{20℃, 1min} CH_3-\underset{\underset{H}{|}}{\overset{\overset{CH_3}{|}}{C}}-Cl + H_2O$$

$$CH_3CH_2\underset{\underset{OH}{|}}{C}HCH_3 + HCl \xrightarrow{ZnCl_2}_{20℃, 10min} CH_3CH_2\underset{\underset{Cl}{|}}{C}HCH_3 + H_2O$$

$$CH_3CH_2CH_2CH_2OH + HCl \xrightarrow{ZnCl_2}_{20℃, 1h不起反应加热后才反应} CH_3CH_2CH_2CH_2Cl + H_2O$$

此外，醇也能与三卤化磷（PX_3）、五氯化磷（PCl_5）、亚硫酰氯（$SOCl_2$）等反应生成相应的卤代烷：

$$ROH + PCl_5 \longrightarrow RCl + POCl_3 + HCl$$

$$ROH + SOCl_2 \longrightarrow RCl + SO_2\uparrow + HCl$$

例如：

$$\text{苯基}-CH_2CH_2OH + SOCl_2 \longrightarrow \text{苯基}-CH_2CH_2Cl + SO_2\uparrow + HCl$$

(3) 生成酯　醇与无机含氧酸（如硫酸、硝酸、磷酸等）和有机酸作用，发生分子间脱水反应生成酯。如甲醇与硫酸反应首先生成酸性酯（硫酸氢甲酯），再经减压蒸馏得中性酯（硫酸二甲酯）。

$$CH_3OH + HOSO_2OH \rightleftharpoons \underset{\text{硫酸氢甲酯}}{CH_3OSO_2OH} + H_2O$$

$$CH_3OSO_2OH + CH_3OSO_2OH \rightleftharpoons \underset{\text{硫酸二甲酯}}{CH_3OSO_2OCH_3} + H_2SO_4$$

硫酸与乙醇作用也可得硫酸氢乙酯和硫酸二乙酯。硫酸二甲酯与硫酸二乙酯都是常用的烷基化剂，但有剧毒，使用时应加强防护。甘油与浓硝酸作用得三硝酸甘油酯。三硝酸甘油酯也叫硝化甘油，是无色或淡黄色黏稠液体，撞击或快速加热能发生猛烈爆炸。几乎不溶于水，溶于乙醇、乙醚、丙酮和苯等有机溶剂。主要用作炸药，在医药上被用作心绞痛的急救药。

$$\begin{matrix} CH_2-OH \\ | \\ CH-OH \\ | \\ CH_2-OH \end{matrix} + \begin{matrix} HONO_2 \\ HONO_2 \\ HONO_2 \end{matrix} \rightleftharpoons \begin{matrix} CH_2-ONO_2 \\ | \\ CH-ONO_2 \\ | \\ CH_2-ONO_2 \end{matrix} + 3H_2O$$

（4）脱水反应　醇脱水反应根据反应条件不同，可以发生分子内和分子间脱水。

$$\begin{matrix} CH_2-CH_2 \\ | \quad\quad | \\ H \quad\quad OH \end{matrix} \xrightarrow[\text{或}Al_2O_3,360℃]{\text{浓}H_2SO_4(98\%),170℃} CH_2=CH_2 + H_2O$$

$$CH_3-CH_2-OH + OH-CH_2-CH_3 \xrightarrow[\text{或}Al_2O_3,260℃]{\text{浓}H_2SO_4(98\%),140℃} CH_3-CH_2-O-CH_2-CH_3 + H_2O$$

从上述反应可以看出，温度对脱水反应有很大影响，低温有利于分子间脱水反应生成醚，高温有利于分子内脱水反应生成烯烃。

醇分子内脱水反应与卤代烃消除脱卤化氢反应相似，也符合查依采夫规则，脱去的是羟基和 β-碳上的氢原子，或者说生成的烯烃双键碳原子上总是尽可能连有较多的烃基。例如：

$$C_6H_5-CH_2CH-CH_3 \xrightarrow{\text{酸}} C_6H_5-CH=CH-CH_3$$
$$\quad\quad\quad\quad | \\ \quad\quad\quad\quad OH$$

$$CH_3CH_2CHCH_3 \xrightarrow[100℃]{66\%H_2SO_4} CH_3-CH=CH-CH_3$$
$$\quad\quad\quad | \\ \quad\quad\quad OH$$

（5）氧化与脱氢　伯醇和仲醇分子中，与羟基直接相连接的碳原子上都连有氢原子，这些氢原子由于受相邻羟基的影响，比较活泼，容易被氧化。常用的氧化剂有高锰酸钾或铬酸（可用 CrO_3 与硫酸作用制取）。伯醇先被氧化成醛，醛继续被氧化成羧酸。仲醇氧化生成酮，氧化产物的碳原子数不变。叔醇分子中与羟基直接相连接的碳原子上没有氢原子，在上述条件下不被氧化，如在剧烈条件下（如在硝酸作用下）氧化，则碳链断裂生成含碳原子数较少的产物。

$$\underset{\text{伯醇}}{\begin{matrix} H \\ | \\ R-C-OH \\ | \\ H \end{matrix}} \xrightarrow[\text{或}CrO_3+H_2SO_4]{[O] \quad KMnO_4+H_2SO_4} R-C\underset{H}{\overset{O}{\diagup\!\!\!\diagdown}} \xrightarrow{[O]} R-C\underset{OH}{\overset{O}{\diagup\!\!\!\diagdown}}$$

$$\underset{\text{仲醇}}{\begin{matrix} H \\ | \\ R-C-OH \\ | \\ R' \end{matrix}} \xrightarrow[\text{或}CrO_3+H_2SO_4]{[O] \quad KMnO_4+H_2SO_4} \underset{R'}{\overset{R}{\diagdown}}C=O$$

脂环醇氧化相当于仲醇氧化，也能生成酮。例如：

$$\text{环己烯-Me} \xrightarrow[\text{KMnO}_4]{\text{稀，冷}} \text{环己基(OH)(OH)Me} \xrightarrow[\text{HAc}]{\text{CrO}_3} \text{环己酮-Me-OH}\quad(\text{Me 表示甲基})$$

五、重要的醇

1. 甲醇

甲醇最早由木材干馏得到，故又称木精。甲醇为无色液体，易燃，爆炸极限为 6.0%～36.5%（体积分数）。有毒，其蒸气与眼接触可引起失明，饮用也可致盲。甲醇主要用于制备甲醛，用作甲基化试剂和溶剂，也可用作燃料。

2. 乙醇

乙醇（俗称酒精）是易燃、易爆的液体，沸点 78.3℃，其蒸气爆炸极限为 3.28%～18.95%，闪点 14℃。70%～75%乙醇的杀菌能力最强，故乙醇可用作消毒剂。

通常 95.6%乙醇溶液含有 4.4%水分，是沸点为 78.15℃的共沸混合物。实验室中制备无水乙醇可将 95.6%乙醇先与生石灰共热，蒸馏得到 99.5%乙醇，再用镁处理除去微量的水分而得到 99.95%乙醇。工业上无水乙醇的制法是先在 95.6%乙醇中加入一定量的苯，再进行蒸馏。先蒸出的是苯、乙醇和水的三元共沸物，然后蒸出苯和乙醇的二元共沸物，最后可得完全无水乙醇。检验乙醇中是否含有水分，可加入少量无水硫酸铜，如呈蓝色就证明有水存在。

乙醇能与 $CaCl_2$ 或 $MgCl_2$ 形成结晶配合物，称为结晶醇。所以实验室中不能用无水氯化钙来干燥醇。

3. 乙二醇

乙二醇（俗称甘醇），沸点 197℃，可与水混溶。不溶于乙醚，是带有甜味但有毒性的黏稠液体，因分子中含有两个羟基以氢键相互缔合，所以其沸点、相对密度均比同碳原子数的一元醇高，是工业上最重要的二元醇。可用于制造树脂、合成纤维、化妆品原料，也可用于汽车的防冻剂。工业上生产乙二醇的方法主要是由乙烯经环氧化再水合制备：

$$CH_2=CH_2 \xrightarrow[250\sim 280℃]{Ag, O_2} H_2C\underset{O}{-}CH_2 \xrightarrow[H^+]{H_2O} \underset{OH}{CH_2}-\underset{OH}{CH_2}$$

4. 丙三醇

丙三醇（俗称甘油），无色具有甜味的液体，沸点 290℃。有强的吸湿性，能吸收空气中的水分，与水混溶。不溶于乙醚、氯仿等有机溶剂，对石蕊试剂呈中性反应。工业上可用于制造三硝酸甘油酯、合成树脂，化妆品工业上做润湿剂。工业上用氯丙烯或丙烯氧化法来制备丙三醇。氯丙烯氧化法制丙醇的反应为：

$$CH_3-CH=CH_2 \xrightarrow[500\sim 600℃]{Cl_2} \underset{Cl}{CH_2}-CH=CH_2 \xrightarrow{Cl_2+H_2O}$$

$$\underset{Cl}{CH_2}-\underset{OH}{CH}-\underset{Cl}{CH_2} \xrightarrow[60℃]{Ca(OH)_2} CH_2-CH-\underset{Cl}{CH_2}\ (\text{环氧}) \xrightarrow[150℃]{10\%\ NaOH} \underset{OH}{CH_2}-\underset{OH}{CH}-\underset{OH}{CH_2}$$

第二节 酚

一、酚的结构与分类

1. 酚的结构

酚是羟基直接与苯环相连的化合物，其官能团与醇相同为—OH。在酚类化合物中，由于羟基中的氧原子以 sp^2 杂化轨道参与成键，羟基中氧原子上的一对未共用电子对所在的 p 轨道，与组成苯环的六个碳原子的 p 轨道是平行的，这样氧原子的 p 轨道与组成苯环的碳原子 p 轨道所形成的大 π 键就形成了共轭体系。其结果氧原子上的部分负电荷向苯环离域而分散，使体系的能量降低，因而酚分子中的羟基比醇分子中羟基活泼性差。但同时由于酚羟基对苯环的影响（p-π 共轭效应）使苯环又表现出了一定的活性。为区别通常把酚中的羟基又称为酚羟基。

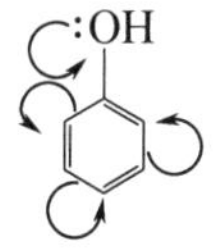

2. 酚的分类

酚可以按照分子中所含酚羟基的数目分成一元酚、二元酚、三元酚等，二元以上的酚又统称多元酚。苯酚是酚类中最简单但又是最重要的酚之一。

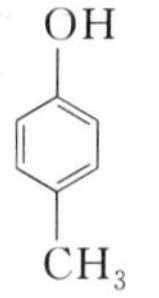

对甲苯酚 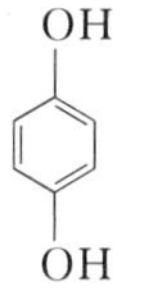　　对苯二酚 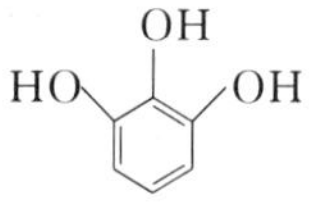　　连苯三酚

二、酚的命名

酚类命名时，一般以苯酚为母体，苯环上连接的其他基团视为取代基，多元酚只需在"酚"字前面用二、三等数字表明酚羟基的数目，并用阿拉伯数字 1、2、3…来表明酚羟基和其他基团所在的位次。例如：

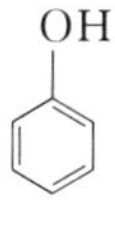

苯酚 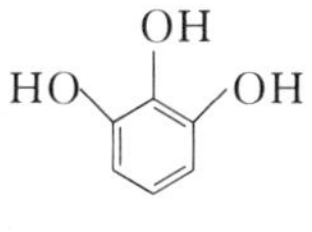　　连苯三酚 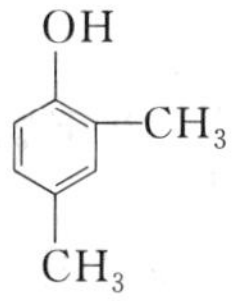　　2,4-二甲基苯酚 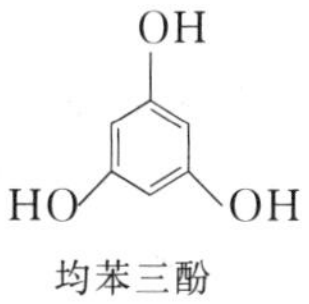　　均苯三酚 或 1,3,5-苯三酚

但当环上取代基序列优于酚羟基时，则按取代基排列次序的先后来选择母体，例如，—SO_3H 在—OH 之前，所以下列化合物称为对羟基苯磺酸。

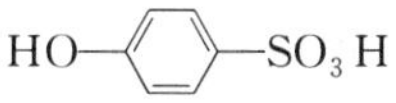

对羟基苯磺酸

三、酚的性质

1. 酚的物理性质

酚大多数为结晶固体，少数烷基酚为高沸点液体。由于酚分子中有羟基，它的物理性质

与醇相似,酚分子之间或酚与水分子之间也可发生氢键缔合作用。因此,酚的沸点和熔点都比分子量相近的烃高。酚微溶于水,能溶于酒精、乙醚等有机溶剂。酚的物理常数如表 6-2 所示。

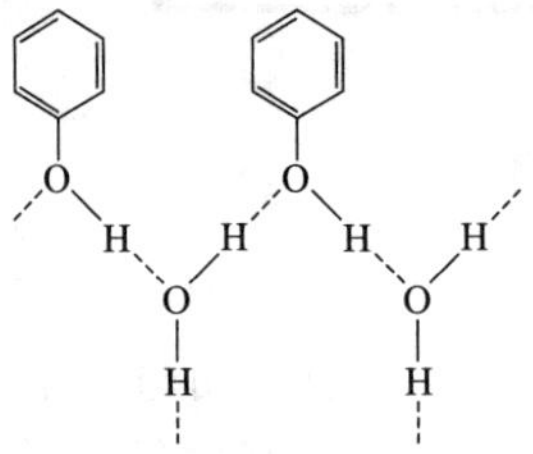

酚与水分子之间的氢键

表 6-2 酚的物理常数

名称	熔点/℃	沸点/℃	溶解度/(g/100g H$_2$O)	名称	熔点/℃	沸点/℃	溶解度/(g/100g H$_2$O)
苯酚	40.8	181.8	8	邻苯二酚	105	245	45
邻甲苯酚	30.5	191	2.5	间苯二酚	110	281	123
间甲苯酚	11.9	202.2	2.6	对苯二酚	170	285.2	8
对甲苯酚	34.5	201.8	2.3	1,2,3-苯三酚	133	309	62
邻硝基苯酚	44.5	214.5	0.2	α-萘酚	94	279	
间硝基苯酚	96		2.2	β-萘酚	123	286	0.1
对硝基苯酚	114	295	1.3				

2. 酚的化学性质

从酚的结构可知,由于酚羟基与苯环的相互影响,使得酚与醇的性质差异较大,其化学性质主要表现在酚羟基与苯环上。

(1) 酚羟基的反应

① 酸性 酚羟基由于受苯环的影响表现出酸性。苯酚能与氢氧化钠水溶液作用而生成酚钠:

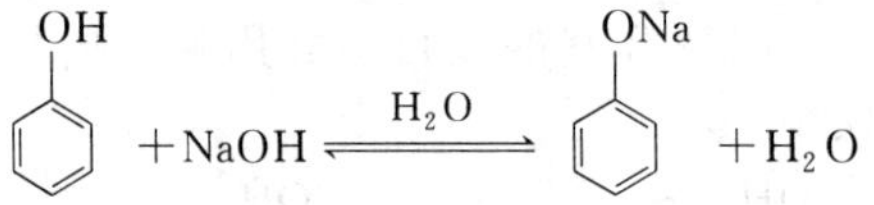

$$\text{C}_6\text{H}_5\text{OH} + \text{NaOH} \xrightleftharpoons{\text{H}_2\text{O}} \text{C}_6\text{H}_5\text{ONa} + \text{H}_2\text{O}$$

但苯酚的酸性比碳酸弱,所以不能与碳酸氢钠作用生成盐。向苯酚钠水溶液中通入二氧化碳,酚即游离出来而使溶液显浑浊。

酚的这种既能溶于碱,又能用酸把它从碱溶液中游离出来的性质,可用来分离、提纯酚,工业上也可用来回收和处理含酚的污水。

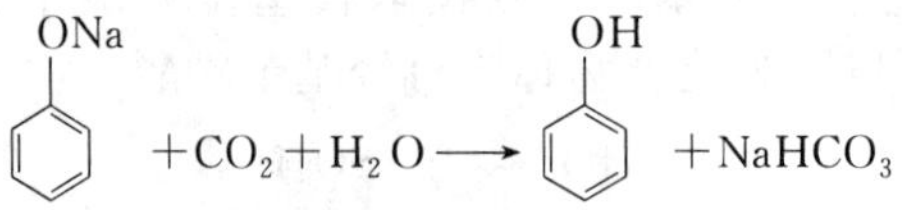

$$\text{C}_6\text{H}_5\text{ONa} + \text{CO}_2 + \text{H}_2\text{O} \longrightarrow \text{C}_6\text{H}_5\text{OH} + \text{NaHCO}_3$$

酚的弱酸性是由于酚羟基与苯环的共轭作用,酚羟基中氧上电子云密度降低,减弱了 O—H 键,有利于氢原子离解成为质子和苯氧负离子,而苯氧负离子上负电荷可以更好地离域而分散到整个共轭体系中,使苯氧负离子比苯更稳定,从而表现出酸性。

苯环上的取代基对酚的酸性也有影响,当苯环上含有给电子基时,可使酚的酸性减弱;

苯环上连有吸电子基时，可使酚的酸性增强。例如：

$$\underset{9.98}{\underset{\text{OH}}{\bigcirc}} \quad \underset{7.23}{\underset{\text{OH, NO}_2}{\bigcirc}} \quad \underset{7.15}{\underset{\text{OH, NO}_2}{\bigcirc}} \quad \underset{4.00}{\underset{\text{OH, (NO}_2)_2}{\bigcirc}} \quad \underset{0.71}{\underset{\text{OH, (NO}_2)_3}{\bigcirc}}$$

pK_a 9.98   7.23   7.15   4.00   0.71

② 醚的生成 酚与醇相似也能生成醚。但从酚的结构可知，酚羟基的碳氧键比较牢固，一般不能通过分子间脱水来制备，通常用酚钠与烷基化试剂在弱碱性溶液中反应得到：

$$\text{C}_6\text{H}_5\text{ONa} + (\text{CH}_3)_2\text{SO}_4 \longrightarrow \text{C}_6\text{H}_5\text{OCH}_3 + \text{CH}_3\text{OSO}_3\text{Na}$$

二芳基醚可用酚钠与芳卤衍生物作用制备，但由于芳环上卤原子活泼性弱，需在铜作催化剂下加热：

$$\text{C}_6\text{H}_5\text{ONa} + \text{C}_6\text{H}_5\text{Br} \xrightarrow[210℃]{\text{Cu}} \text{C}_6\text{H}_5\text{-O-C}_6\text{H}_5 + \text{NaBr}$$

酚醚化学性质比酚稳定，不易氧化，而且酚醚与氢碘酸作用，又能分解而得到原来的酚。

③ 酯的生成 与醇相似，酚也能生成酯，但酚与羧酸直接反应比较困难，通常用酸酐或酰氯作用生成酯。

$$\text{C}_6\text{H}_5\text{OH} + \text{CH}_3\text{COCl} \longrightarrow \text{C}_6\text{H}_5\text{OCOCH}_3 + \text{CH}_3\text{COOH}$$

　　　　　　乙酰氯　　　　乙酸苯酯

二维码11　苯酚溶液与溴水的反应

(2) 苯环上的反应

① 卤化反应 由于酚羟基是强的活化苯环的基团，因此，酚很容易与溴水作用生成 2,4,6-三溴苯酚的白色沉淀。如溴水过量，则生成黄色的四溴衍生物沉淀。三溴苯酚在水中的溶解度极小，含有 10μg/g 苯酚的水溶液，也能生成三溴苯酚沉淀，因此，该反应常用于苯酚的定性和定量测定。

$$\text{C}_6\text{H}_5\text{OH} + 3\text{Br}_2 \xrightarrow{\text{H}_2\text{O}} \text{2,4,6-Br}_3\text{C}_6\text{H}_2\text{OH}（白色沉淀） + 3\text{HBr}$$

$$\xrightarrow[\text{过量}]{\text{Br}_2/\text{H}_2\text{O}} \text{四溴衍生物（黄色沉淀）}$$

若要生成一元溴代苯酚，可在低温下，用非极性溶剂，且控制溴不过量。

② 硝化反应 酚很容易硝化，与稀硝酸在室温下作用，即可生成邻硝基苯酚和对硝基苯酚的混合物。邻硝基苯酚和对硝基苯酚可用水蒸气蒸馏的方法分开。因邻硝基苯酚

能形成分子内氢键,对硝基苯酚则形成分子间氢键,分子量较大,不能随水蒸气蒸馏出来。

③ 与氯化铁的显色反应 大多数酚能与氯化铁水溶液反应生成具有颜色的配合物,此反应可用于定性检验酚羟基的存在。如苯酚为蓝紫色、甲苯酚为蓝色、对苯二酚为深绿色结晶、α-萘酚为紫色、β-萘酚呈绿色等。

$$6C_6H_5OH + FeCl_3 \longrightarrow H_3[Fe(OC_6H_5)_6] + 3HCl$$
（蓝紫色）

除酚类外,凡具有烯醇式 $\left(\begin{array}{c}\diagdown\\C=C\\\diagup\quad OH\end{array}\right)$ 的化合物与 $FeCl_3$ 也都有显色反应。

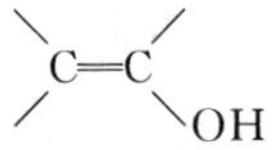

此外,酚还能发生烷基化和磺化反应。

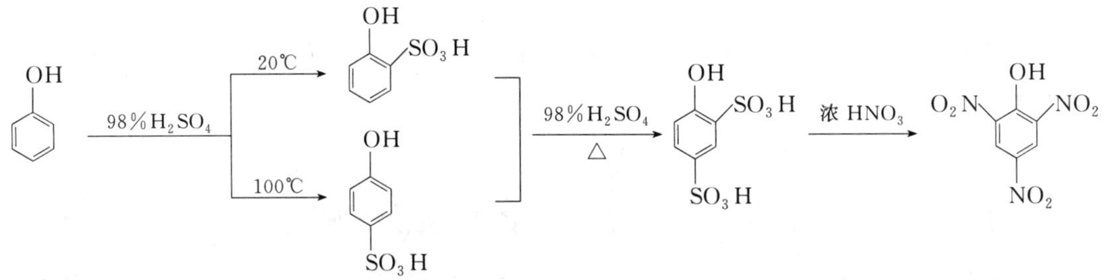

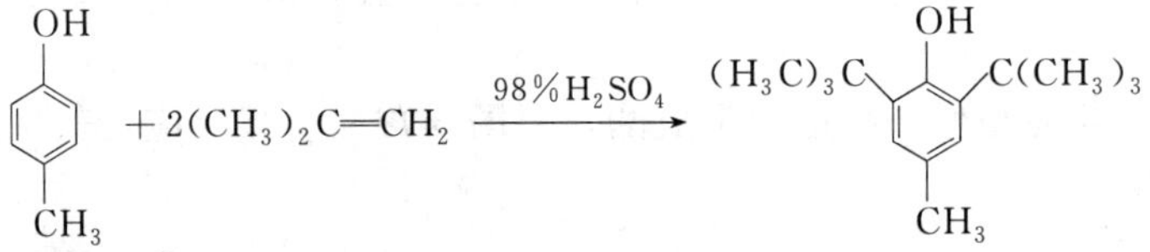

四、重要的酚

1. 苯酚

苯酚俗名石炭酸,是具有特殊气味的无色结晶,暴露在空气中易被氧化为粉红色渐至深褐色。苯酚微溶于冷水,在65℃以上时可与水混溶,易溶于乙醇、乙醚等有机溶剂。苯酚具有毒性,可作防腐剂和消毒剂,在工业上大量用于制造酚醛树脂和其他高分子材料等。苯酚催化加氢可还原成环己醇,用来生产尼龙-66。

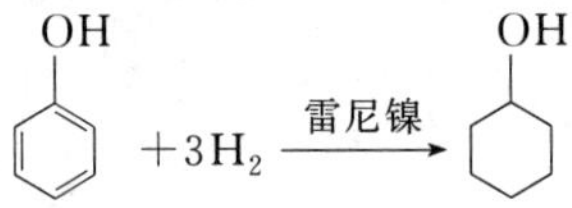

2. 甲苯酚

甲苯酚简称甲酚,有三种同分异构体,因它们的沸点相近,不易分离,工业上使用的往往是三种异构体的混合物,也称粗甲酚。邻、对甲苯酚均为无色晶体,间甲苯酚为无色或淡黄色液体,有苯酚气味,是合成染料、炸药、农药的原料。甲酚的杀菌力比苯酚大,可作木材、铁路枕木的防腐剂。医药上用作消毒剂,商品名"来苏儿"消毒药水就是粗甲酚的水溶液。

3. 萘酚

萘酚有α-萘酚和β-萘酚两种同分异构体,其中以β-萘酚为重要。α-萘酚为针状结晶,β-萘酚为片状结晶,能溶于醇、醚等有机溶剂。萘酚的化学性质与酚相似,呈弱酸性,能与 $FeCl_3$ 发生颜色反应。萘酚易发生硝化、磺化等反应,广泛用于染料和用作抗氧剂。

第三节 醚

一、醚的结构与分类

1. 醚的结构

醚可以视为醇分子中羟基的氢原子被烃基取代后的产物。醚的通式为 R—O—R′ 或 Ar—O—R 或 Ar—O—Ar。分子中的"—O—"称为醚键。由于醚的氧原子与两个烃基相连，C—O—C 键的极性较小，它的化学性质比醇、酚要稳定。如在常温下不与金属钠作用，对碱、氧化剂和还原剂都十分稳定。

2. 醚的分类

根据醚键所连接烃基的结构和方式不同，常见的醚可以分类如下：

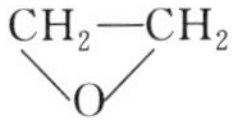

二、醚的命名

简单醚的命名是先写出两个烃基的名称，再加上醚字。单醚可在相同烃基前加"二"字，通常"二"可省略。如烃基为不饱和基，则"二"字不可省略。混合醚的名称中，较小的烃基放在前，大的烃基在后，芳基则放在烷基之前。

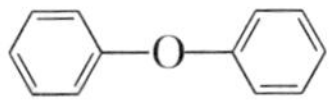

比较复杂的醚，使用系统命名法命名，选含有与烷氧基相连的碳原子在内的最长碳链作为母体，烷氧基作为取代基，称为某烷氧基某烷。例如：

$$CH_3CH_2—O—CH=CH_2 \qquad CH_3CH_2—O—CH_3$$
乙基乙烯基醚 　　　　　　　　　　　甲乙醚

$$CH_3—O—CH_3 \qquad \underset{\text{二苯醚}}{\text{C}_6\text{H}_5\text{—O—C}_6\text{H}_5} \qquad CH_3—O—\underset{\underset{CH_3}{|}}{CH}—\underset{\underset{CH_3}{|}}{CH}—O—CH_3$$
甲醚 　　　　　　　　二苯醚 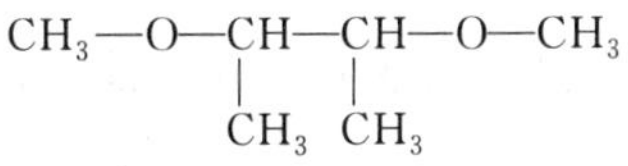 　　　　　　　2,3-二甲氧基丁烷

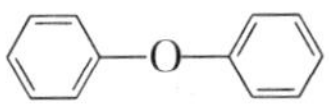

三、醚的性质

1. 醚的物理性质

甲醚、甲乙醚室温下为气体，其他醚一般为无色、有特殊气味、易流动的液体，相对密度小于1。低级醚的沸点比同碳原子数的醇的沸点低得多，如乙醚沸点为 34.6℃，而丁醇的沸点为 117.7℃。因为在醚分子中没有羟基，没有氢键的缔合作用。但醚在水中的溶解度与相同碳原子数的醇相近，如乙醚与丁醇在水中的溶解度相同，都是约 8g/100g H_2O，原因是醚可以和水分子发生氢键缔合。醚一般微溶于水，易溶于有机溶剂。它本身也是一种常用

的优良溶剂，一些醚的物理常数见表 6-3。

表 6-3　醚的物理常数

化合物	名称	熔点/℃	沸点/℃	相对密度(d_4^{20})
CH_3OCH_3	甲醚	−140	−24.9	0.661
$CH_3OC_2H_5$	甲乙醚		7.9	0.691
$C_2H_5OC_2H_5$	乙醚	−116	34.6	0.741
$(CH_3CH_2CH_2)_2O$	丙醚	−122	90.5	0.736
$(CH_3)_2CHOCH(CH_3)_2$	异丙醚		68	0.735
$CH_3OCH_2CH_2CH_3$	甲正丙醚		39	0.733
$CH_3CH_2OCH=CH_2$	乙基乙烯基醚		36	0.763
$CH_3OCH_2CH_2OCH_3$	乙二醇二甲醚		83	0.863
$\begin{array}{c}CH_2-CH_2\\ \diagdown O \diagup\end{array}$	环氧乙烷	−111.3	10.7	
1,4-二氧杂环己烷结构	1,4-二氧杂环己烷（二噁烷）	11	101	1.036
苯-OCH₃	苯甲醚	−37	154	0.994
二苯醚结构	二苯醚	27	258	1.0728

想一想

利用简单的化学方法除去正溴丁烷中少量的正丁醇、正丁醚、1-丁烯。

2. 醚的化学性质

（1）𬭩盐的生成和醚键的断裂　醚键的氧原子上有未共用的电子对，为路易斯碱，在常温时能溶于强酸（如 H_2SO_4、HCl），形成𬭩盐。但醚的碱性很弱，生成的𬭩盐不稳定，遇水很快又分解为原来的醚。利用此性质可以将醚从烷烃或卤代烃等混合物中分离出来。

$$R-\ddot{O}-R + HX \longrightarrow \left[\begin{array}{c}H\\|\\R-\overset{..}{O}-R\end{array}\right]^+ X^- \xrightarrow{H_2O} R-O-R + H_3O^+ + X^-$$
𬭩盐

醚与浓氢碘酸共热时，则醚键断裂生成碘代烷和醇。如在高温和过量的氢碘酸存在下，过量的氢碘酸又可与反应中所生成的醇作用，生成另一分子碘代烷。

$$CH_3-O-C_2H_5 + HI \rightleftharpoons \left[\begin{array}{c}H\\|\\CH_3-\overset{..}{O}-C_2H_5\end{array}\right]^+ I^- \longrightarrow CH_3I + C_2H_5OH$$
$$\downarrow HI$$
$$C_2H_5I + H_2O$$
𬭩盐

醚键的断裂，往往是含碳原子数较少的烷基与氧之间的键先断裂并与碘结合。此反应可用来使含有甲氧基的醚定量地生成碘甲烷，再将反应混合物中所生成的碘甲烷蒸馏出来，通入硝酸银的醇溶液中，由生成的碘化银的含量来测定分子中 CH_3O- 的含量。

对于芳基烷基醚，由于芳环与氧相连的键比较牢固，故发生烷基与氧之间键的断裂，生成酚与碘代烷。例如：

$$\text{C}_6\text{H}_5\text{-O-CH}_3 \xrightarrow[120\sim130\text{℃}]{57\%\text{HI}} \text{C}_6\text{H}_5\text{-OH} + \text{CH}_3\text{I}$$

(2) 过氧化物的生成　醚对氧化剂较稳定，但与空气长期接触会被空气氧化成过氧化物。一般认为氧化反应发生在 α-碳原子的碳氢键上。例如：

$$\overset{\alpha}{\text{CH}_3}\text{CH}_2\text{OCH}_2\text{CH}_3 + \text{O}_2 \longrightarrow \overset{\alpha}{\text{CH}_3}\underset{\underset{\text{OOH}}{|}}{\text{CH}}\text{OCH}_2\text{CH}_3$$

1-乙氧基乙基氢过氧化物

$$\text{CH}_3\text{-}\underset{\underset{\text{CH}_3}{|}}{\text{CH}}\text{-O-}\underset{\underset{\text{CH}_3}{|}}{\text{CH}}\text{-CH}_3 + \text{O}_2 \longrightarrow \text{CH}_3\text{-}\underset{\underset{\text{CH}_3}{|}}{\overset{\overset{\text{OOH}}{|}}{\text{C}}}\text{-O-}\underset{\underset{\text{CH}_3}{|}}{\text{CH}}\text{-CH}_3$$

1-异丙氧基异丙基氢过氧化物

二维码12　醚中过氧化物的检查

氢过氧化物不易挥发，蒸馏乙醚时，残留液中的氢过氧化物浓度增加，受热后极易爆炸。因此在蒸馏乙醚时一般不将醚完全蒸完，以免过氧化物过度受热而爆炸。通常在蒸馏乙醚之前，必须检验有无过氧化物存在，如有过氧化物存在则必须将其除去，方法如下。

① 用 KI-淀粉试纸检验，如试纸变蓝紫色，说明有过氧化物存在。
② 加入 FeSO_4 和 KCNS 溶液，如有红色 $[\text{Fe(CNS)}_6]^{3-}$ 配离子生成，说明有过氧化物存在。

除去过氧化物的方法如下。

① 加入还原剂如 Na_2SO_4 或 FeSO_4 后振摇，以破坏生成的过氧化物。
② 在贮存醚类化合物时，可在醚中加入少许金属钠或铁屑，以避免过氧化物形成。

四、重要的醚

1. 乙醚

乙醚为无色、易燃液体，其爆炸极限为 1.85%～36.5%（体积分数），沸点 34.6℃。由于乙醚蒸气比空气重，在实验中逸出的乙醚应引入水沟排出室外。乙醚比水轻，100g 水中可溶解 8g。乙醚本身是一种常用有机溶剂和萃取剂。一般实验中使用的乙醚常含有微量的水和乙醇，可以先用无水氯化钙处理，然后再用金属钠丝处理除去其中的微量水和乙醇制得无水乙醚。

2. 环氧乙烷

环氧乙烷为无色、有毒气体，其爆炸极限 3.6%～78%（体积分数），沸点 10.7℃。易于液化，可与水混溶，也可溶于乙醇、乙醚等有机溶剂。由于环氧乙烷中的三元环存在张力，因此它的化学性质很活泼。在酸或碱催化下能与许多试剂发生一系列反应。

$$\underset{\text{CH}_2\text{-CH}_2}{\overset{\diagdown\;\diagup}{\text{O}}} \begin{cases} \xrightarrow{\text{HOH}} \underset{\underset{\text{OH}\;\;\text{OH}}{|\quad\;|}}{\text{CH}_2\text{-CH}_2} \\ \xrightarrow{\text{HOR}} \underset{\underset{\text{OH}\;\;\text{OR}}{|\quad\;|}}{\text{CH}_2\text{-CH}_2} \\ \xrightarrow{\text{HOCH}_2\text{CH}_2\text{OH}} \underset{\underset{\text{OH}\qquad\qquad\quad\text{OH}}{|\qquad\qquad\qquad|}}{\text{CH}_2\text{-CH}_2\text{-O-CH}_2\text{-CH}_2} \\ \xrightarrow{\text{RMgX}} \underset{\underset{\text{R}\;\;\text{OMgX}}{|\quad\;\;\;|}}{\text{CH}_2\text{-CH}_2} \xrightarrow{\text{HOH}} \underset{\underset{\text{R}\;\;\text{OH}}{|\quad\;|}}{\text{CH}_2\text{-CH}_2} \\ \xrightarrow{\text{NH}_3} \underset{\underset{\text{OH}\;\;\text{NH}_2}{|\quad\;\;\;|}}{\text{CH}_2\text{-CH}_2} \end{cases}$$

3. 冠醚

20 世纪 60 年代末，化学家合成了一系列多氧的大环醚的新型化合物。由于它们的形状像皇冠，因此称为冠醚。例如：

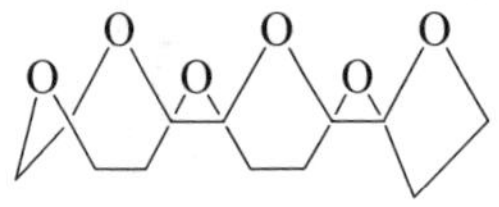

冠醚 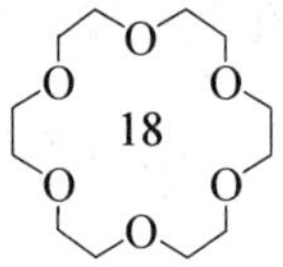　　　　　　　　　　　　　　　　18-冠-6

在冠醚的大环结构中有空穴，且由于氧原子上含有未共用电子对，因此，可和金属正离子形成络合离子。各种冠醚的空穴大小不同，只有和空穴相当的金属离子才能进入空穴。例如，18-冠-6（空穴为 0.26～0.32nm）可以与 $KMnO_4$（钾离子半径为 0.133nm）形成配合物。

（蓝色溶液）

冠醚的这个性质可以利用来分离金属正离子，也可用来促进某些反应加速进行。

第四节　醇的鉴别

一、鉴别醇的方法

1. 醇羟基的鉴别方法

（1）硝酸铈铵试验　大多数溶于水的醇羟基化合物可与硝酸铈铵反应，产生琥珀色或红色。

（2）钒-8-羟基喹啉试验　醇与钒-8-羟基喹啉的绿色溶液混合，形成溶于烃类溶剂的红色复合物。

（3）酰基化试验　醇与酰基化试剂作用生成酯，可以从气味和溶解度变化等现象观察到酯的生成，也可以用异羟肟酸试剂检验。

2. 伯醇、仲醇与叔醇的鉴别方法

（1）氧化法　伯醇、仲醇易被氧化为醛、酮，后者与 2,4-二硝基苯肼试验生成黄色的沉淀，而叔醇一般不易被氧化，借此可将伯醇、仲醇与叔醇鉴别出来。

（2）卢卡斯（Lucas）试验　伯醇、仲醇、叔醇与卢卡斯试剂作用生成卤代烷，根据后者不溶于水而呈现浑浊的快慢鉴别出伯醇、仲醇、叔醇。反应一般适用于三个碳至六个碳以下的醇。

二、鉴别醇的试验

1. 硝酸铈铵试验

目的：

① 学会利用硝酸铈铵试验法鉴别 C_{10} 以下的醇；

② 了解配合物配位和显色的原理。

第六章 醇、酚和醚

仪器：试管、试管架、滴瓶、小药匙、量筒、吸管。
试剂：硝酸铈铵试液，1,4-二氧六环。
试样：甲醇、乙醇、正丁醇、仲丁醇、叔丁醇、甘油、葡萄糖、α-羟基苯乙酸。
安全：避免试样及试剂与皮肤直接接触、摄入。
态度：认真实验，规范操作，仔细观察，及时记录。
步骤：
① 在试管中加入 25～30mg 固体样品或 4～5 滴液体样品；
② 继续向试管中加入 2mL 水（不溶于水的加 1,4-二氧六环），使试样溶解；
③ 仔细观察试管中的颜色变化，记录观察到的现象；
④ 将废液倒入指定地点；
⑤ 清洗仪器，试管倒置于试管架上；
⑥ 按所列的试样重复上述①～⑤的操作步骤。
注意事项：
① 本试验在室温（20～25℃）下进行，热的硝酸铈铵试液（50～100℃）能氧化其他化合物；
② α-二元醇、多元醇、糖及其他含羟基的化合物对本试验呈正结果；
③ 市售 1,4-二氧六环往往含有乙二醇，在用作溶剂时需作对照试验。
硝酸铈铵的配制：将 90g 硝酸铈铵溶于 225mL 质量分数为 12% 的温热硝酸中。

2. 钒-8-羟基喹啉试验

目的：
① 理解钒-8-羟基喹啉试验的基本原理；
② 学会用钒-8-羟基喹啉试验鉴别醇。
仪器：试管、试管架、滴瓶、小药匙、量筒、吸管。
试剂：钒酸铵、8-羟基喹啉、乙酸。
试样：甲醇、乙醇、正丁醇、仲丁醇、叔丁醇、甘醇、葡萄糖、α-羟基苯乙醇。
安全：避免试样及试剂与皮肤直接接触、摄入。
态度：认真试验，规范操作，仔细观察，及时记录。
步骤：
① 在试管中加入 25～30mg 固体样品或 4～5 滴液体样品；
② 继续向试管中加入 0.5mL 钒酸铵溶液和 1 滴 8-羟基喹啉的乙酸溶液，充分混合；
③ 再向试管中加入 0.5mL 苯或甲苯，猛烈摇动；
④ 仔细观察试管中苯或甲苯层中的颜色变化，记录所观察到的现象；
⑤ 将废液倒入指定地点；
⑥ 清洗仪器，试管倒置于试管架上；
⑦ 按所列的试样重复上述①～⑥的操作步骤。
注意事项：
① 醇类中混有烃、醚、酮、卤代烃时，不产生干扰；
② 水溶性的醇也可以用此法检验，但苯或甲苯的用量需超过水溶液的体积。
试液的配制：
① 钒酸铵溶液，溶解 30mg 钒酸铵于 100mL 水中。
② 8-羟基喹啉乙酸溶液，质量分数为 25% 的 8-羟基喹啉溶解在质量分数为 6% 的乙酸中。

3. 卢卡斯试验

目的：
① 理解醇取代反应的基本原理；

② 会用卢卡斯试剂检验 C_6 以下的醇。

仪器：试管、试管架、滴瓶、小药匙、量筒、吸管。

试剂：无水氯化锌、浓盐酸。

试样：甲醇、乙醇、正丁醇、仲丁醇、叔丁醇、乙二醇、苄醇。

安全：避免试样及试剂与皮肤直接接触、摄入；在通风橱中配制试剂。

态度：认真实验，规范操作，仔细观察，及时记录。

步骤：

① 称取无水氯化锌（在蒸发皿中强热熔融，排出水蒸气，冷至室温捣碎）136g 溶于 90mL 浓盐酸中即得卢卡斯试剂，放冷后贮于磨口瓶中，塞严，防止水汽进入；

② 在试管中加入 2mL 卢卡斯试剂；

③ 继续向试管中加入 25～30mg 固体样品或 4～5 滴液体样品；

④ 将试管塞住，猛烈振荡后，在室温下静置；

⑤ 仔细观察溶液变浑浊和分层所需的时间，记录所观察到的现象；

⑥ 将废液倒入指定地点；

⑦ 清洗仪器，试管倒置于试管架上；

⑧ 按所列的试样重复上述②～⑦的步骤。

注意事项：

① 本试验只适用于 C_6 以下的醇，因为它们能溶于试剂中，不致和生成的卤代烷混淆；

② 在上述试验中不能判断是仲醇还是叔醇时，可以进一步做下述实验：在 2mL 浓盐酸中加 2～4 滴醇，振荡后静置，叔醇在 10min 有卤代烷生成，仲醇不生成；

③ 烯丙醇、苄醇和肉桂醇与试剂作用，与叔醇的结果相似。

第五节 酚的鉴别

一、鉴别酚的方法

1. 饱和溴水试验法

酚能与饱和溴水作用，生成白色沉淀，溴水过量时苯酚可生成黄色沉淀。

2. 氯化铁试验法

酚类或烯醇结构的化合物与氯化铁作用发生显色反应。

3. 4-氨基安替吡啉试验

酚在碱性条件下，可与氨基安替吡啉反应，生成红色颜料。由于生成染料的颜色与浓度在一定范围内存在线性关系，因此，此反应也可用于微量酚的定量分析。

二、鉴别酚的试验

1. 溴水试验

目的：

① 理解酚发生亲电取代反应的基本原理；

② 掌握酚的溴水试验方法。

仪器：试管、试管架、滴瓶、小药匙、量筒、吸管。

试剂：溴的饱和水溶液。

试样：苯酚、α-萘酚、对苯二酚、对硝基苯酚、水杨酸、苯胺。

安全：避免试剂与试样的误摄、与皮肤直接接触。

态度：认真实验，规范操作，仔细观察，及时记录。

步骤：

① 将液体样品配制成质量分数为1%的水溶液，固体样品30mg溶于2mL水中成悬浮液；

② 在试管中加入2mL样品水溶液或悬浮液，滴加饱和溴水溶液；

③ 仔细观察溶液的现象变化，记下所观察到的现象；

④ 将废液倒入指定的地点；

⑤ 清洗仪器，试管倒置于试管架上；

⑥ 按所列的试样重复上述①～⑤的步骤。

注意事项：

① 易溴化的化合物如芳香族伯胺等都能使溴水退色；

② 具有脂肪族烯醇式结构的化合物，如乙酰乙酸乙酯能迅速被溴化；

③ 溴水也是氧化剂，一些易被氧化的化合物也易发生类似的反应。

试剂的配制：在每升蒸馏水中加入35g溴即得饱和溴水溶液。

2. 氯化铁试验

目的：

① 理解酚羟基反应的基本原理；

② 会用氯化铁试验鉴别酚。

仪器：试管、试管架、滴瓶、小药匙、量筒、吸管。

试剂：1mg/mL的$FeCl_3$氯仿试液。

试样：苯酚、α-萘酚、对苯二酚、对硝基苯酚、水杨酸、苯胺。

安全：避免试剂与试样的误摄、与皮肤直接接触。

态度：认真实验，规范操作，仔细观察，及时记录。

步骤：

① 在一干燥的试管中加入30～50mg固体样品（或4～5滴液体样品）；

② 继续向试管中加入2mL纯氯仿，摇动使样品溶解，如有样品未溶则继续再加入2～3mL氯仿，温热至全部溶解后，冷却至室温；

③ 向含有样品的试管中加2滴1mg/mL的$FeCl_3$氯仿试液；

④ 仔细观察实验现象的变化并及时记录所观察到的现象；

⑤ 将废液倒入指定地点；

⑥ 清洗仪器，试管倒置于试管架上；

⑦ 按所列的试样重复上述①～⑥的步骤。

注意事项：

① 许多苯酚、萘酚和它们的衍生物对本试验呈现正结果；

② 一些烯醇化合物对本试验呈正结果；

③ 醇、酚、醛、酮、酸、烃和它们的卤化物对试剂呈无色、淡黄色或褐色溶液，为负结果。

氯化铁-氯仿溶液的配制：取1g无水氯化铁溶于100mL氯仿中，加入8mL吡啶，将混合物过滤，滤液即为该试液。

3. 4-氨基安替吡啉试验

目的：
① 理解酚羟基反应的基本原理；
② 会用 4-氨基安替吡啉鉴别酚。

仪器：试管、试管架、滴瓶、小药匙、量筒、吸管。

试剂：2%的 4-氨基安替吡啉溶液、1%的碳酸钠溶液、8%铁氰化钾溶液。

试样：苯酚、α-萘酚、对苯二酚、对硝基苯酚、水杨酸、苯胺。

安全：避免试剂与试样的误摄、与皮肤直接接触。

态度：认真实验，规范操作，仔细观察，及时记录。

步骤：
① 在试管中加入 20～30mg 固体样品（或 4～5 滴液体样品）；
② 继续向试管中加入 1mL 水（不溶于水的则加 1mL 甲醇），摇动使样品溶解；
③ 向含有样品的试管中加 2 滴 2%的 4-氨基安替吡啉溶液和 2 滴 1%的碳酸钠溶液，最后加入 8%铁氰化钾溶液；
④ 仔细观察实验现象的变化并及时记录所观察到的现象；
⑤ 将废液倒入指定地点；
⑥ 清洗仪器，试管倒置于试管架上；
⑦ 按所列的试样重复上述①～⑥的步骤。

注意事项：
① 混合液显红色、紫色或橙色为正结果，显黄色为负结果。
② 加铁氰化钾溶液前，溶液最好调节至 pH=10。否则其他化合物也会在中性或酸性溶液中显色。
③ 酚羟基的对位有—OH、—X、—COOH、—SO_3H、—OCH_3 基团时，对结果无影响；当对位有—R、—Ar、—NO_2、—NO、—CHO 等基团时，溶液显极淡的颜色或呈负结果。

4-氨基安替吡啉溶液的配制：2g 4-氨基安替吡啉溶于 100g 水中。

练习题

1. 命名下列化合物。

(1) CH₃CH₂CHCH₃
         |
         OH

(2)   CH₃
         |
   CH₃CH₂CCH₂OH
         |
         CH₃

(3) CH₂—CH₂
    | |
    OH   CH₃

(4) ⌬—OH

(5)   OH
    Br—⌬—Br
        |
        Br

(6) CH₂—CH₂
    | |
    OH   OH

(7) ⌬—OH (环己醇)

(8) ⌬—O—⌬

(9) CH₃—CH—O—CH—CH₃
         | |
         CH₃   CH₃

(10) ⋋—OH

(11) CH₂—CH₂—O—CH₂—CH₂
     | |
     OH   OH

(12) CH₂—CH₂
      \ O /

第六章 醇、酚和醚

2. 写出下列各化合物的构造式。
   (1) 二甲基乙基甲醇 (2) 3-甲基-1-己醇 (3) 乙基异丙基醚
   (4) 环戊醇 (5) 2,4,6-三甲苯酚 (6) 2,3-二甲基-3-戊醇
   (7) 对叔丁基苯酚 (8) 3-甲氧基甲烷

3. 比较下列化合物在水中的溶解度。
   (1) $CH_3CH_2CH_2OH$ (2) $\underset{\underset{OH}{|}}{CH_2}\underset{\underset{OH}{|}}{CH}CH_2$ (3) $CH_3OCH_2CH_3$
   (4) $\underset{\underset{OH}{|}}{CH_2}\underset{\underset{OH}{|}}{CH}\underset{\underset{OH}{|}}{CH_2}$ (5) $CH_3CH_2CH_3$

4. 预测下列化合物与卢卡斯试剂反应速率快慢的次序。
   (1) 正丙醇 (2) 2-甲基-2-戊醇 (3) 二乙基甲醇

5. 用化学方法区别下列各组化合物。
   (1) 苯酚、苯甲醇、苯甲醚 (2) 烯丙醇、正丙醇、正丙醚
   (3) Ph-CH(OH)CH_3   Ph-CH_2CH_2OH

6. 完成下列化学反应式。
   (1) $CH_3CH_2\underset{\underset{OH}{|}}{C}(CH_3)_2 \xrightarrow[\triangle]{Al_2O_3}$

   (2) 环己醇 $\xrightarrow[\triangle]{H_2SO_4} A \xrightarrow[KMnO_4]{稀,冷} B$

   (3) Ph-CH_2OH $\xrightarrow{PBr_3} A \xrightarrow[干醚]{Mg} B \xrightarrow{D_2O} C$

   (4) Ph-OCH_3 $\xrightarrow[\triangle]{HI}$? + ?

   (5) 邻甲基苯酚 $\xrightarrow{Br_2, H_2O}$

   (6) Ph-OH $\xrightarrow{NaOH} A \xrightarrow{CO_2} B$

7. 分离下列化合物。
   (1) 苯和苯酚 (2) 乙醚中混有少量的乙醇

8. 完成下列转变。
   (1) 异戊醇 ⟶ 2-甲基-2-氯戊烷 (2) 3-甲基-2-丁醇 ⟶ 2-甲基-2-丁醇
   (3) 苯 ⟶ 1,3-二甲氧基苯 (4) 邻羟基苯乙醇 ⟶ 2,3-二氢苯并呋喃

9. 有一芳香族化合物（A），分子式为 C_7H_8O，不与钠发生反应，但与浓 HI 作用生成 B 和 C 两个化合物，B 能溶于 NaOH，并与 $FeCl_3$ 作用显紫色。C 能与 $AgNO_3$ 溶液作用，生成黄色碘化银。写出 A、B、C 的构造式。

10. 有一化合物的分子式为 $C_7H_{16}O$，并知道它：
    (1) 在常温下不和金属钠作用；
    (2) 和过量浓氢碘酸共热生成两种物质，经分析得知它们的组成为 C_2H_5I 和 $C_5H_{11}I$。后者用氢氧化银处理后，所生成的化合物的沸点为 138℃。
    试按照表 6-1 推测原化合物的结构并写出各步反应式。

第七章 醛和酮

知识目标　了解"羰基"的含义和分类，以官能团来抓住有机化合物的核心，理解醛、酮的同分异构现象和命名；掌握醛、酮的性质（亲核加成、α-卤代反应及卤仿反应、氧化反应、还原反应、歧化反应）；掌握鉴别醛、酮的基本方法。

能力目标　能由给定醛、酮的结构推测其在给定反应条件下发生的化学变化；能利用醛、酮的性质对其进行制备和鉴别。

学习关键词　醛、酮、羰基、半缩醛、缩醛、羟醛缩合反应、碘仿试验、2,4-二硝基苯肼试验、品红（席夫）试剂反应、托伦试剂反应、斐林反应。

醛和酮是醇的氧化产物。在醛和酮的分子结构中，都含有羰基（ $\diagdown$ C=O ），统称为羰基化合物。

在醛分子中，羰基处于链端，分别和一个烃基、一个氢原子相连。例如：

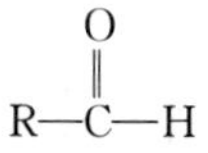

$$R-\overset{O}{\underset{\|}{C}}-H$$

脂肪醛（简写 RCHO）

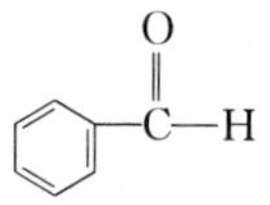

$$\text{Ph}-\overset{O}{\underset{\|}{C}}-H$$

芳香醛（简写 Ph-CHO ）

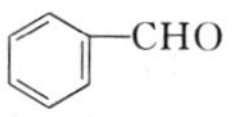

在酮分子中，羰基处在碳链中间，与两个烃基相连。例如：

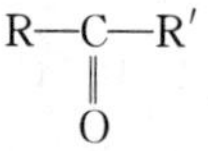

$$R-\overset{O}{\underset{\|}{C}}-R'$$

脂肪酮（简写 RCOR'）

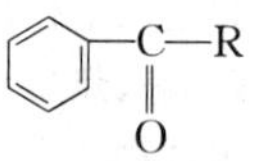

$$\text{Ph}-\overset{O}{\underset{\|}{C}}-R$$

芳香酮（简写 Ph-COR ）

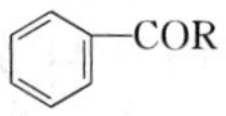

第七章 醛和酮

第一节 醛、酮的结构

羰基是碳与氧以双键结合的官能团，成键时，羰基中的碳原子以一个 sp^2 杂化轨道和氧原子的一个 p 轨道形成 σ 键，另外两个 sp^2 杂化轨道与氢原子的 1s 轨道或碳原子的 sp^3 杂化轨道形成 σ 键，这三个 σ 键共处于同一平面上，大约成 120°夹角，羰基碳原子剩余的一个 2p 轨道与氧原子的一个 p 轨道垂直于三个 σ 键所在的平面，且侧面重叠形成一个 π 键，所以与羰基直接相连的原子都在同一平面上，键角接近 120°，如图 7-1 所示。

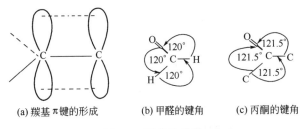

(a) 羰基 π 键的形成　　(b) 甲醛的键角　　(c) 丙酮的键角

图 7-1　羰基的结构

第二节 醛、酮的分类及同分异构与命名

一、醛、酮的分类

根据醛、酮分子中烃基的类别，可分为脂肪族醛、酮，芳香族醛、酮和脂环族醛、酮。根据醛、酮分子中烃基是否饱和，可分为饱和醛、酮和不饱和醛、酮，以及二元醛、酮等。一元酮中，羰基连接的两个烃基相同的，叫单酮；两个烃基不同的，叫混酮。分类情况如下：

二、醛、酮的同分异构

醛分子中，由于醛基总是位于碳链的链端，所以醛只有碳链异构体；而酮分子中，由于酮基位于碳链中间，除碳链异构外，还有酮基的位置异构。例如 $C_5H_{10}O$ 饱和一元醛、酮的构造异构体如下。

戊醛有四种同分异构体，它们均为碳链异构体：

$CH_3CH_2CH_2CH_2CHO$　　　　　　　　　　　CH_3CHCH_2CHO
　　　　　　　　　　　　　　　　　　　　　　　　　　　　　　　|
　　　　　　　　　　　　　　　　　　　　　　　　　　　　　　CH_3

　　　CH_3CH_2CHCHO　　　　　　　　　　　　　　　CH_3
　　　　　　　　|　　　　　　　　　　　　　　　　　　　|
　　　　　　　CH_3　　　　　　　　　　　　　　　$CH_3-C-CHO$
　　　　　　　　　　　　　　　　　　　　　　　　　　　|
　　　　　　　　　　　　　　　　　　　　　　　　　　CH_3

戊酮有三个构造异构体：

$$CH_3-CH_2-CH_2-\overset{O}{\overset{\|}{C}}-CH_3 \quad (1)$$

$$CH_3-CH_2-\overset{O}{\overset{\|}{C}}-CH_2-CH_3 \quad (2)$$

$$\overset{CH_3}{\overset{|}{CH_3-CH}}-\overset{O}{\overset{\|}{C}}-CH_3 \quad (3)$$

其中（1）与（3）互为碳链异构体，（1）与（2）互为位置异构体。

含有相同碳原子数的饱和一元醛、酮，具有共同的分子式 $C_nH_{2n}O$，它们互为同分异构体。这种异构体属于官能团不同的构造异构体。例如丙醛（CH_3CH_2CHO）和丙酮（$CH_3\underset{\overset{\|}{O}}{C}CH_3$）互为构造异构体。

三、醛、酮的命名

按照 IUPAC 命名法：选择含有羰基的最长碳链为主链，从醛基一端或从靠近羰基一端给主链编号。醛基因处在链端，编号总是 1，可以省略，而酮分子中的羰基位置必须标出。

　　　　CH_3CHO　　　　　　　　　　　　　$CH_3-\underset{\overset{\|}{O}}{C}-CH_2CH_3$

　　　　　乙醛　　　　　　　　　　　　　　　丁酮（甲基乙基酮）

　　CH_3CHCH_2CHO　　　　　　　　　$CH_3-\underset{\overset{\|}{O}}{C}-CH_2-\underset{\overset{|}{CH_3}}{CH}-CH_3$
　　　　|
　　　CH_3
　　3-甲基丁醛　　　　　　　　　　　　　　4-甲基-2-戊酮

不饱和醛、酮的命名是从靠近羰基一端给主链编号，主链须包含碳碳双键或三键。

　$CH_2=CH-CH_2-\underset{\overset{|}{CH_3}}{CH}-CHO$　　　　$CH_3-CH=CH-\underset{\overset{|}{CH_3}}{CH}-\underset{\overset{\|}{O}}{C}-CH_2-CH_3$

　　2-甲基-4-戊烯醛　　　　　　　　　　　　4-甲基-5-庚烯-3-酮

脂环酮称为环某酮。

$$\underset{\text{2-甲基环己酮}}{\overset{O}{\bigcirc}\!\!\text{-}CH_3}$$

芳香醛、酮命名时，总是将芳基作为取代基。另外还有一些是常见的俗名。

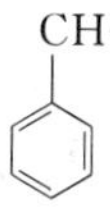

苯甲醛

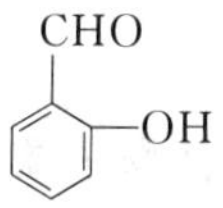

邻羟基苯甲醛（水杨醛）

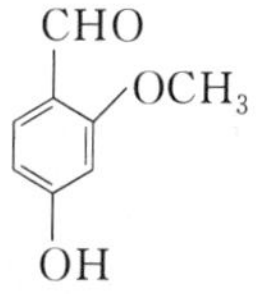

2-甲氧基-4-羟基苯甲醛
（香草醛）

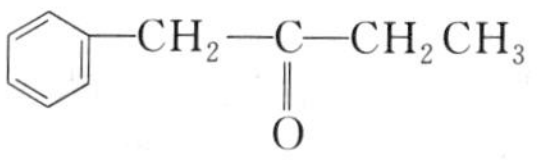

1-苯基-2-丁酮

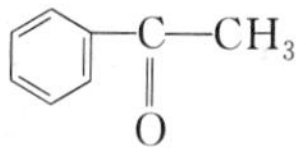

苯乙酮

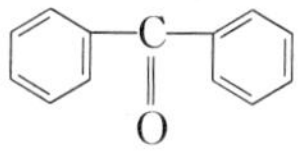

二苯酮

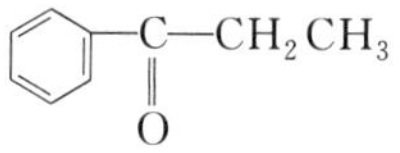

苯基乙基甲酮

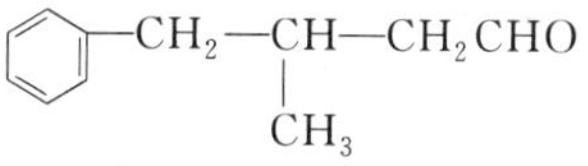

3-甲基-4-苯基丁醛

第三节 醛、酮的性质

一、醛、酮的物理性质

因为醛、酮分子间不能形成氢键，所以沸点比相应醇低，但却高于同碳数的烃和醚。在常温下，除甲醛是气体外，12个碳原子以下的脂肪醛、酮是液体，高级的脂肪醛、酮为固体。

由于醛、酮的羰基是亲水基，能与水中的氢原子形成氢键，所以低级的醛、酮在水中有一定的溶解度，如甲醛、乙醛、丙醛和丙酮可与水混溶，其他醛、酮随分子量增大，水溶性降低。醛、酮都易溶于有机溶剂。

低级醛具有强烈刺激性气味，中级（$C_8 \sim C_{13}$）醛、酮在较低浓度时往往具有香味，常用于香料工业中。有些天然香料中都含有酮基，如樟脑、麝香等。

一些常见的一元醛、酮的物理常数见表7-1。

表7-1 一元醛、酮的物理常数

化合物名称	熔点/℃	沸点/℃	密度(20℃)/(g/mL)	化合物名称	熔点/℃	沸点/℃	密度(20℃)/(g/mL)
甲醛	-92	-21	0.8150	苯甲醛	-26	178.1	1.0415
乙醛	-121	20.8	0.7836	丙酮	-95.35	56.2	0.7899
丙醛	-81	48.8	0.8058	丁酮	-86.35	79.6	0.8054
正丁醛	-99	75.7	0.8170	2-戊酮	-77.8	102.4	0.8089
正戊醛	-91.5	103	0.8095	3-戊酮	-39.6	101.7	0.8138

二、醛、酮的化学性质

羰基是醛、酮的官能团。羰基上的碳氧双键和烯烃中的碳碳双键相似，能起加成反应。但是，烯烃中的碳碳双键极性很小或没有极性，而醛、酮中的碳氧双键，由于氧原子吸电子效应，使得π电子云变形，氧原子带部分负电荷，碳原子上带部分正电荷。所以羰基有较大极性。

$$\overset{\delta+}{C}=\overset{\delta-}{O}$$

由于醛、酮化合物中羰基的极性，使得它们化学性质非常活跃，除了羰基的加成反应之外，还能发生多种化学反应。

1. 羰基上的亲核加成反应

烯烃中，碳碳双键的加成反应是亲电加成反应，即亲电试剂（正电部分）先进攻 π 键，形成碳正离子，后者再与试剂的负电部分结合生成最终产物。

羰基的加成反应，首先是亲核试剂（负电部分）进攻带有部分正电荷的碳原子，形成较稳定的氧负离子，后者再与试剂的正离子部分结合生成最终产物。因此，醛、酮中羰基上的反应属于亲核加成反应。

（1）与含碳亲核试剂的加成反应

① 与格氏试剂加成　格氏试剂中，与金属镁相连的碳原子集中了比较多的负电荷。镁带有正电荷，C—Mg 键是强极性键：

$$-\overset{\delta-}{C}-\overset{\delta+}{Mg}-$$

碳作为亲核试剂进攻羰基：

$$R-Mg-X + \underset{(H)R''}{\overset{(H)R'}{>}}C=O \longrightarrow (H)R'-\underset{R''(H)}{\overset{OMgX}{\underset{|}{C}}}-R \xrightarrow{H_2O} (H)R'-\underset{R''(H)}{\overset{OH}{\underset{|}{C}}}-R$$

（伯、仲、叔醇）

烃基不太大的酮和所有的醛都可以发生上述反应，选择不同的羰基化合物最终可得不同类型的醇。

想一想

$CH_3-C\equiv C-MgX$ 如何制备？

② 与氢氰酸加成　氢氰酸解离后产生的氰基负离子（CN^-）有亲核性。但氢氰酸是弱酸，往往加入碱，促使它解离，以产生更多的氰基负离子。

$$R-\underset{CH_3(H)}{\overset{}{\underset{|}{C}}}=O + HCN \xrightarrow{稀\ NaOH} R-\underset{CH_3(H)}{\overset{OH}{\underset{|}{C}}}-CN$$

α-羟基腈

产物 α-羟基腈在酸性条件下水解，得到 α-羟基酸。有机合成中可以利用这个反应制备多一个碳原子的羧酸。

③ 醇醛缩合（羟醛缩合）　在稀碱的作用下，两分子醛（酮）相互作用，生成 α,β-不饱和醛（酮）的反应，称为羟醛缩合反应。

$$2CH_3CHO \xrightarrow{稀\ OH^-,\ \triangle} CH_3-CH=CH-CHO + H_2O$$

α,β-不饱和醛

$$2CH_3-\overset{O}{\overset{\|}{C}}-CH_3 \xrightarrow{稀\ OH^-,\ \triangle} \underset{H_3C}{\overset{H_3C}{>}}C=CH-\overset{O}{\overset{\|}{C}}-CH_3 + H_2O$$

α,β-不饱和酮

第七章 醛和酮

在形成 β-羟基醛（酮）后，羟基和 α-氢很快以水的形式脱除，最终产物是 α,β-不饱和醛（酮）。酮发生此反应要比醛难一些。

这个反应表现出羰基化合物的两个特性，一个是 α-氢的活泼性，另一个就是羰基上的亲核加成。反应中用的碱通常是稀氢氧化钠水溶液，也可以用醇钠，作为亲核试剂的醛必须具有 α-H，这是该反应的前提。

(2) 与含氧亲核试剂的加成

① 与醇的加成　醛在无水氯化氢的催化剂存在下，与醇发生加成，生成半缩醛。

$$\begin{matrix} R \\ H \end{matrix}\!C\!=\!O + HOR' \xrightleftharpoons{\text{无水 HCl}} \begin{matrix} R \\ H \end{matrix}\!C\!\begin{matrix} OH \\ OR' \end{matrix}$$

半缩醛既是醚又是醇，结构很不稳定。在无水强酸存在下，与另一分子醇缩合，失去一分子水形成相对稳定的缩醛。

$$\begin{matrix} R \\ H \end{matrix}\!C\!\begin{matrix} OH \\ OR' \end{matrix} + R'OH \xrightleftharpoons{\text{无水 HCl}} \begin{matrix} R \\ H \end{matrix}\!C\!\begin{matrix} OR' \\ OR' \end{matrix}$$

缩醛具有二醚结构，对碱和氧化剂稳定。但在稀酸溶液中，室温下就可以水解，生成原来的醛和醇。

$$\begin{matrix} R \\ H \end{matrix}\!C\!\begin{matrix} OR' \\ OR' \end{matrix} \xrightleftharpoons{H_2O, H^+} RCHO + 2R'OH$$

酮在一般情况下与醇的加成反应很慢，生成缩酮很困难。

在有机合成中常用生成缩醛来保护醛基。

② 与水加成　水也可以作为亲核试剂，但它的亲核性比醇弱，只有个别羰基化合物可以与之加成，例如：

$$Cl_3C\!-\!CHO + H_2O \longrightarrow Cl_3C\!-\!CH\begin{matrix} OH \\ OH \end{matrix}$$

三氯乙醛　　　　　水合三氯乙醛

茚三酮 + $H_2O \longrightarrow$ 水合茚三酮

α-碳上基团的强吸电子效应，大大降低了羰基原子上的电子云密度，这就使亲核性很弱的试剂也能发生反应。

(3) 与含氮亲核试剂的加成　氨及某些衍生物是含氮的亲核试剂。一般的羰基化合物与氨反应，得不到稳定的加成产物，而氨的某些衍生物，如伯胺、羟胺、苯肼等能与羰基加成，继而分子内脱水，生成稳定的加成缩合产物。例如：

$$\underset{R}{\overset{(R')H}{C}}=O \begin{cases} \xrightarrow[\text{羟胺}]{H_2NOH} & \underset{R}{\overset{H(R')}{C}}=N-OH \downarrow \text{肟} \\ \xrightarrow[\text{肼}]{H_2NNH_2} & \underset{R}{\overset{H(R')}{C}}=N-NH_2 \downarrow \text{腙} \\ \xrightarrow[\text{苯肼}]{H_2NNHC_6H_5} & \underset{R}{\overset{H(R')}{C}}=N-NHC_6H_5 \downarrow \text{苯腙} \\ \xrightarrow[\text{氨基脲}]{H_2NNH-\overset{O}{\underset{\|}{C}}-NH_2} & \underset{R}{\overset{H(R')}{C}}=NNH-\overset{O}{\underset{\|}{C}}-NH_2 \downarrow \text{缩氨脲} \end{cases}$$

醛、酮与氨衍生物反应后的生成物大部分是固体，且具有一定的熔点，生成的腙通常是橙黄色结晶，因此可利用此来鉴别醛、酮，上述这些氨的衍生物也称为羰基试剂。羰基试剂的亲核性来源于氮上的未共用电子对，其亲核能力弱于带负电荷的离子。因此可通过加弱酸增加羰基的亲电性，使其有利于亲核试剂进攻。但不能加强酸，因强酸与氨上未共用电子对结合，使氨基失去亲核性。

醛、酮与氨衍生物的反应是可逆的，肟、腙在稀酸或稀碱条件下可水解生成原来的醛、酮。因此，这些反应又可用来分离提纯醛、酮。例如：

$$\underset{(R')H}{\overset{R}{C}}=N-Y + H_2O \xrightarrow{H^+} \underset{(R')H}{\overset{R}{C}}=O + H_2NY$$
$$(Y=-OH、-NH_2 \text{等})$$

（4）与含硫亲核试剂的加成　亚硫酸氢钠中硫原子上的未共用电子对具有亲核性，可以与某些羰基化合物起加成反应。

$$\underset{CH_3}{\overset{R}{C}}=O + NaHSO_3 \longrightarrow \underset{CH_3}{\overset{R}{C}}\underset{SO_3Na}{\overset{OH}{}} \downarrow \text{（白色）}$$

二维码13　醛、酮与饱和亚硫酸氢钠的加成反应

例如：

$$CH_3CHO + NaHSO_3 \longrightarrow CH_3-\underset{OH}{\overset{}{CH}}-SO_3Na \downarrow \text{（白色）}$$
$$(40\%)$$

产物 α-羟基磺酸钠溶于水，但在饱和的亚硫酸氢钠水溶液中析出结晶，与酸或碱共热，又得到原来的醛、酮。例如：

$$CH_3-\underset{OH}{\overset{}{CH}}-SO_3Na \begin{cases} \xrightarrow{HCl, H_2O/\triangle} CH_3CHO + NaCl + SO_2 + H_2O \\ \xrightarrow{Na_2CO_3, H_2O/\triangle} CH_3CHO + Na_2SO_3 + NaHCO_3 \end{cases}$$

能够与亚硫酸氢钠发生加成反应的羰基化合物是醛、甲基酮和七个碳以内的环酮。此反应可用于鉴别与分离提纯。加成物还可与等量氰化钠作用生成 α-羟腈，用这种方法制备的 α-羟腈可以避免直接使用挥发性大、毒性高的 HCN。将 α-羟腈进一步水解得到 α-羟基酸。

$$R\text{—}CHSO_3Na + NaCN \longrightarrow R\text{—}\underset{OH}{CH}CN + Na_2SO_3$$

$$\xrightarrow{H_2O/H^+,\ \triangle} R\text{—}\underset{OH}{CH}COOH$$

2. α-卤代反应及卤仿反应

在碱溶液中，α-氢原子很容易被卤原子取代。

$$CH_3CH_2CHO + X_2 \xrightarrow{OH^-} CH_3\underset{X}{CH}CHO$$

如果羰基连有甲基，如乙醛、丙酮、丁酮等，在卤素碱性溶液或次卤酸钠的作用下，甲基上的三个α-氢均被卤原子所取代，生成三卤代物。由于羰基和三个卤原子的强吸电子作用，使得 $-\underset{\underset{O}{\parallel}}{C}-CX_3$ 中碳碳键不再牢固，在碱的作用下发生断裂，生成卤仿和相应的羧酸盐。例如：

$$CH_3\overset{O}{\overset{\parallel}{-C-}}CH_3 + I_2 \xrightarrow{NaOH} CH_3\overset{O}{\overset{\parallel}{-C-}}CI_3$$

$$\xrightarrow{NaOH/H_2O} CH_3\overset{O}{\overset{\parallel}{-C-}}ONa + CHI_3\downarrow \text{碘仿(黄色)}$$

利用此反应可鉴别醛、甲基酮。

次卤酸钠或卤素的氢氧化钠溶液具有一定的氧化性，它可将含有 $CH_3\text{—}\underset{OH}{CH}\text{—}$ 结构的醇氧化成相应的醛、甲基酮，因此用碘仿反应也可以鉴别这种结构的醇。

3. 氧化反应

醛的羰基碳上有氢，可以进一步被氧化成相应的羧酸。某些弱氧化剂如托伦（Tollen）试剂或斐林（Fehling）试剂等，就可把醛氧化为羧酸，在相同条件下酮不被氧化，利用此反应可以区别醛和酮。

$$R\text{—}CH=CH\text{—}CHO + 2Ag(NH_3)_2OH \xrightarrow{\triangle} R\text{—}CH=CH\text{—}COONH_4 + 2Ag\downarrow + H_2O + 3NH_3$$
（银镜）

$$RCHO + 2Cu(OH)_2 + NaOH \xrightarrow{\triangle} RCOONa + Cu_2O\downarrow + 3H_2O$$
（红色）

托伦试剂是银氨离子溶液，它是由硝酸银、氢氧化钠水溶液和氨水配制而成，银离子可将醛氧化为羧酸，本身被还原为黑色悬浮的金属银，如果反应用的试管壁非常清洁，则生成的银就附着在管壁上，形成光亮的银镜，所以这个反应也叫银镜反应。托伦试剂是个弱氧化剂，有较好的选择性，醛烃基中的双键不受其影响。

斐林试剂是碱性铜配离子的溶液。硫酸铜的铜离子和碱性酒石酸钾钠成为一个深蓝色的配离子溶液。在反应中，铜配离子被还原成红色的氧化亚铜，从溶液中沉淀出来，蓝色消失，而醛氧化成酸。

甲醛的还原性较强，与斐林试剂反应可生成铜镜。

$$HCHO + Cu(OH)_2 + NaOH \xrightarrow{\triangle} HCOONa + Cu\downarrow + 2H_2O$$
铜镜

酮虽不被弱氧化剂氧化,但在强烈的氧化条件下,羰基与两侧碳原子间的键可分别断裂,生成几种小分子羧酸的混合物。

4. 还原反应

在不同的条件下,某些还原剂可将醛、酮还原为相应的醇、烃。

(1) 催化氢化　醛或酮经催化氢化可分别还原为伯醇或仲醇:

$$R-\underset{\underset{O}{\|}}{C}-H \xrightarrow{H_2/Ni} R-CH_2-OH \quad 1°醇$$

$$R-\underset{\underset{O}{\|}}{C}-R' \xrightarrow{H_2/Ni} R-\underset{\underset{OH}{|}}{C}H-R' \quad 2°醇$$

用催化氢化的方法还原羰基化合物时,若分子中还有其他可被还原的基团,如 C=C 等,则也可能被加氢成为饱和键。例如:

$$CH_3CH=CH-CH_2CHO \xrightarrow{H_2/Ni} CH_3CH_2CH_2CH_2CH_2OH$$

(2) 用金属氢化物还原　常用的金属氢化物是硼氢化钠($NaBH_4$)、四氢化铝锂($LiAlH_4$)和异丙醇铝($Al[OCH(CH_3)_2]_3$)。它们是选择性还原剂,只还原醛、酮生成相应的醇。例如:

$$R-CH=CH-CHO \xrightarrow[\text{②}C_2H_5OH]{\text{①}NaBH_4} R-CH=CH-CH_2OH$$

$$\text{环己酮} \xrightarrow{LiAlH_4} \text{环己醇}$$

$$O_2N-C_6H_4-CH=CH-CHO \xrightarrow{\text{异丙醇铝}} O_2N-C_6H_4-CH=CH-CH_2OH$$

$LiAlH_4$ 极易水解,反应要在无水条件下进行。

(3) 还原成烃　醛、酮在酸性条件下与锌汞齐共热,可把羰基还原为亚甲基,这一反应又称克莱门森(Clemmensen)还原法,此法只适用于对酸稳定的化合物。

例如:

$$\underset{}{\diagup}C=O \xrightarrow{Zn-Hg/\text{浓} HCl} \underset{}{\diagup}CH_2 + H_2O$$

$$C_6H_5\underset{\underset{O}{\|}}{C}-CH_2CH_2CH_3 \xrightarrow{Zn-Hg/\text{浓} HCl/\triangle} C_6H_5CH_2CH_2CH_2CH_3$$

醛、酮在高沸点的溶剂如一缩乙二醇中,与氢氧化钠及水合肼反应,羰基也可被还原为亚甲基,这一反应称沃尔夫-凯惜纳(Wolff-Kishner)-黄鸣龙还原法。此法适用于对酸不稳定而对碱稳定的化合物还原。

$$CH_3-\underset{\underset{O}{\|}}{C}-CH_2CH_2CH_3 \xrightarrow[(HOCH_2CH_2)_2O,\triangle]{H_2NNH_2 \cdot H_2O/NaOH} CH_3CH_2CH_2CH_2CH_3$$

5. 歧化反应

没有 α-氢的醛与强碱共热,则一分子醛氧化成酸,另一分子醛还原为醇,这种氧化还原反应称为歧化反应,或称康尼查罗(Cannizzaro)反应。

$$2HCHO \xrightarrow{\text{浓} NaOH} CH_3OH + HCOONa$$

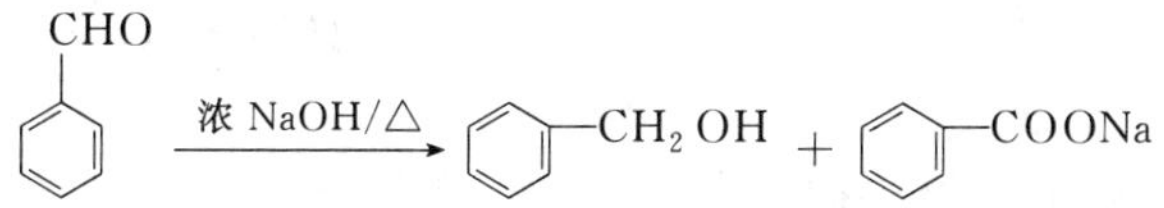

$$\underset{}{C_6H_5CHO} \xrightarrow{\text{浓 NaOH}/\triangle} C_6H_5CH_2OH + C_6H_5COONa$$

两种不同的无 α-H 的醛可以进行交叉的歧化反应。往往甲醛氧化成酸，苯甲醛还原成醇。

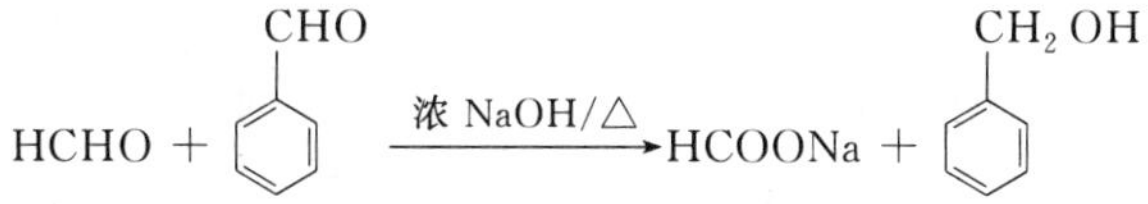

$$HCHO + C_6H_5CHO \xrightarrow{\text{浓 NaOH}/\triangle} HCOONa + C_6H_5CH_2OH$$

第四节　重要的醛、酮

1. 甲醛

甲醛在常温下是无色、对黏膜有刺激性的气体，易溶于水。40％甲醛水溶液叫做福尔马林（Formalin），在医药和农业上广泛用作消毒剂和防腐剂。

甲醛极易聚合，不同条件下得到不同的聚合物。气体甲醛在常温下能自动聚合为环状三聚甲醛。

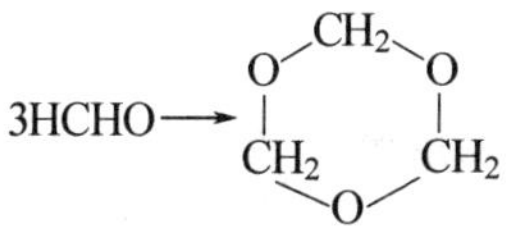

$$3HCHO \longrightarrow \text{（三聚甲醛）}$$

多聚甲醛和三聚甲醛为白色无定形固体。仍具甲醛的刺激气味，受热后又可分解为甲醛。将甲醛制成聚合体，便于贮存和运输。甲醛的高聚物是重要的合成树脂和工程塑料。

甲醛很容易与氨或铵盐作用，缩合成六亚甲基四胺，俗称乌洛托品（Urotropine）。

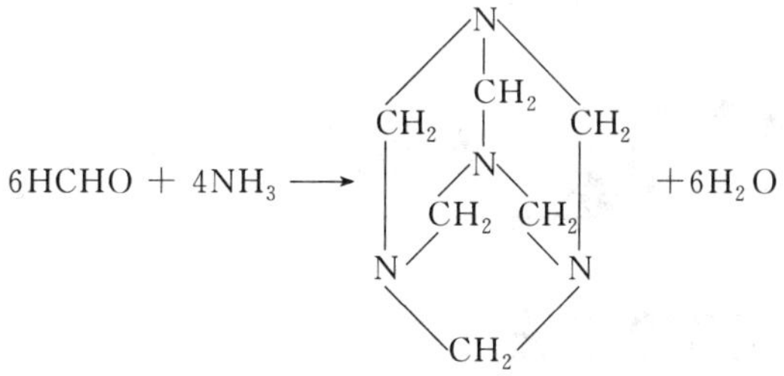

$$6HCHO + 4NH_3 \longrightarrow (CH_2)_6N_4 + 6H_2O$$

六亚甲基四胺是无色晶状固体，熔点 263℃，易溶于水，可用作橡胶硫化促进剂、纺织品的防缩剂，在医药上可用作泌尿系统消毒剂。

2. 乙醛和三氯乙醛

乙醛又名醋醛，它是一种具有挥发性并有刺激气味的液体，沸点 20.8℃。易溶于水和乙醇等有机溶剂中。乙醛是有机合成的重要原料，工业上可由乙炔加水制得。乙醛与甲醛一样，易发生聚合反应，在少量浓硫酸作用下，室温下聚合生成三聚乙醛。三聚乙醛在酸性加热条件下，解聚生成乙醛。

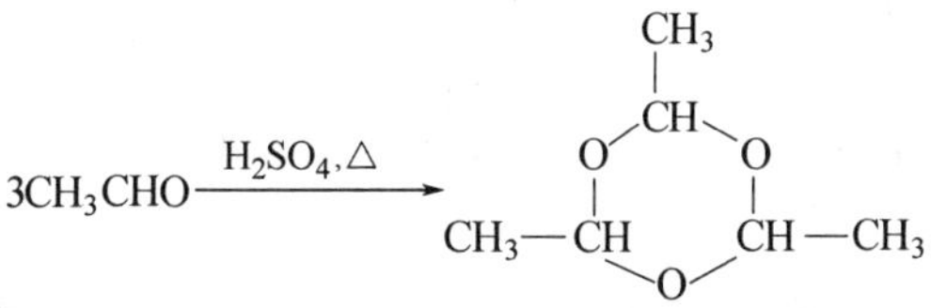

$$3CH_3CHO \xrightarrow{H_2SO_4, \triangle} \text{三聚乙醛}$$

三聚乙醛是一种沸点124℃的液体,不易挥发,难溶于水,性质稳定,因此,工业上常制成三聚乙醛来贮存乙醛。

三氯乙醛是具有刺激性气味的无色液体,沸点98℃。由于在三氯乙醛分子中,α-碳上三个氯原子的吸电子诱导效应,使得它在水溶液中易生成水合三氯乙醛。

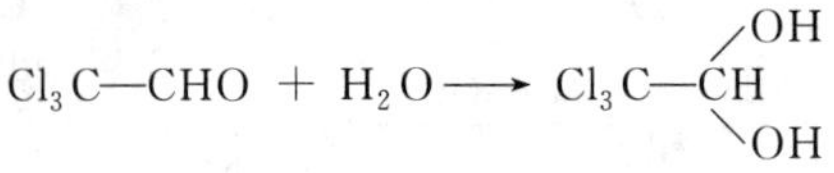

$$Cl_3C-CHO + H_2O \longrightarrow Cl_3C-CH\begin{smallmatrix}OH\\OH\end{smallmatrix}$$

水合三氯乙醛

水合三氯乙醛俗称水合氯醛,为无色透明晶体,熔点57℃。它有快速催眠作用,在兽医上常用作催眠剂和麻醉剂。

三氯乙醛在工业上是制备敌百虫、敌敌畏等有机磷农药的原料。

3. 丙酮

丙酮是无色有愉快香味的液体,沸点56.2℃,易挥发、易燃烧,易溶于水和乙醇、乙醚等各种有机溶剂中,是工业和实验室常用的有机溶剂之一。

丙酮可由糖类经丙酮-丁醇发酵制得,也可由异丙苯氧化制备。

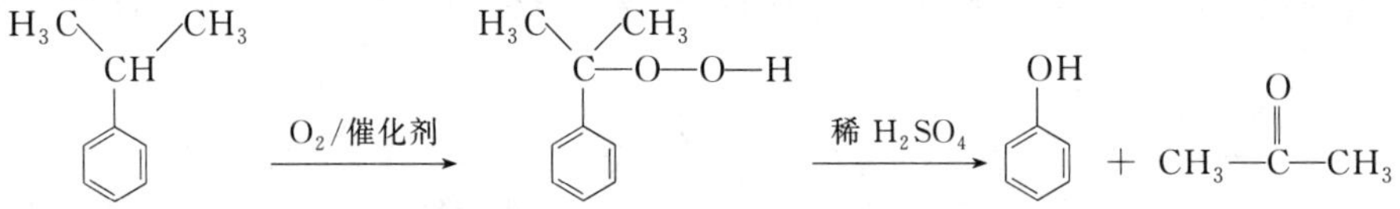

丙酮是生产有机玻璃、环氧树脂、碘仿等重要的有机原料。

4. 苯甲醛

苯甲醛是有苦杏仁味的无色液体,沸点178.1℃。它常与糖类物质结合存在于杏仁、桃仁等许多果实的种子中,尤以苦杏仁中含量最高,所以又将苯甲醛称为苦杏仁油。苯甲醛在空气中放置易被氧化成苯甲酸。苯甲醛是制备香料和染料等的原料。

第五节　鉴别醛、酮

一、鉴别醛、酮的方法

1. 2,4-二硝基苯肼试验方法

醛和酮与2,4-二硝基苯肼反应,生成黄色或橙红色的2,4-二硝基苯腙沉淀,这是检验醛、酮的重要方法。

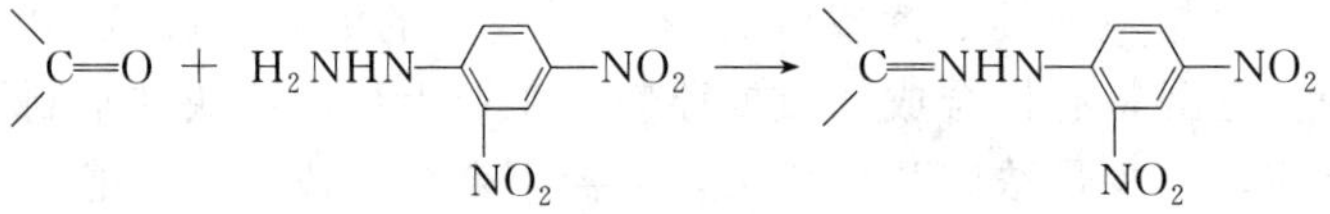

2. Tollen试验方法

醛类能还原Tollen试剂,产生银镜或黑色金属银沉淀。

$$RCHO + 2Ag(NH_3)_2OH \longrightarrow 2Ag\downarrow + RCOONH_4 + H_2O + 3NH_3$$

酮类不能还原Tollen试剂,因此常用来区别醛和酮类。

3. 品红-醛试验方法

品红是一种桃红色三苯甲烷染料,它和亚硫酸作用后,制得无色的品红-醛试剂(Schiff's试剂),当试剂与醛作用,失去亚硫酸,产生具有醌型结构的紫红色染料,脂肪醛

反应较快,芳醛较慢,酮呈负结果。

$(H_2N-\text{\textlangle}\bigcirc\text{\textrangle})_2C=\text{\textlangle}\bigcirc\text{\textrangle}=N^+H_2Cl^- + 3H_2SO_3 \longrightarrow$

$$(HO_2SHN-\text{\textlangle}\bigcirc\text{\textrangle})_2\underset{SO_3H}{\overset{}{C}}-\text{\textlangle}\bigcirc\text{\textrangle}-NH_3^+Cl^- + 2H_2O$$

Schiff's 试剂(无色)

$$\text{Schiff's 试剂} \longrightarrow (R-\underset{OH}{\overset{H}{C}}-O_2SHN-\text{\textlangle}\bigcirc\text{\textrangle})_2\underset{SO_3H}{\overset{}{C}}-\text{\textlangle}\bigcirc\text{\textrangle}-NH_3^+Cl^-$$

$$\xrightarrow{-H_2SO_3} (R-\underset{OH}{\overset{H}{C}}-O_2SHN-\text{\textlangle}\bigcirc\text{\textrangle})_2C=\text{\textlangle}\bigcirc\text{\textrangle}=NH_2Cl^-$$

(红紫色带蓝色阴影)

二、鉴别醛、酮的实验

1. 次碘酸试验

目的:
① 理解 α-氢原子反应的基本原理;
② 会利用次碘酸试验鉴别醛、酮。
仪器:试管、试管架、滴瓶、小药匙、量筒、吸管、250mL 烧杯、试管夹。
试剂:10%的 NaOH 溶液,10%的 I_2 在 20%KI 中的水溶液。
试样:丙酮、苯乙酮、苯甲醛、甲醛、异丙醇、乙醇。
安全:避免试样及试剂与皮肤直接接触、摄入;注意使用电炉时的用电安全。
态度:认真实验,规范操作,仔细观察,及时记录。
步骤:
① 在试管中加入 100mg 固体样品或 4~5 滴液体样品;
② 继续向试管中加入 1mL 水(不溶于水的可溶在 1mL 1,4-二噁烷中),使试样溶解;
③ 向试管中加入 3mL 10%的 NaOH 溶液;
④ 继续向试管中逐滴滴加 I_2-KI 水溶液,边加边振荡,直到溶液有过量碘存在显棕色为止;
⑤ 将试管放在 60℃ 的热水浴中,再加入 I_2-KI 水溶液直到碘的颜色持续 2min 之久;
⑥ 继续加入数滴 10%的 NaOH 溶液直到碘的棕色刚好褪去;
⑦ 从水浴中取出试管,加入 10mL 水稀释;
⑧ 仔细观察试管中的现象,及时记下所观察到的现象;
⑨ 将废液倒入指定地点;
⑩ 清洗仪器,倒置于试管架上;
⑪ 按所列的试样重复上述①~⑩的步骤。
注意事项:
① 甲基酮类、甲基甲醇类或其他被试剂氧化后产生碘仿试验所需的结构者,均对本试验呈正结果;
② 用 1,4-二噁烷作溶剂时,应先做空白试验,以便对照;

③ 若化合物虽具有本试验所需的结构，但在碘仿反应完成以前，$CH_3\overset{\overset{O}{\|}}{C}-$ 已被水解，有乙酸生成，因此将不再起碘仿反应。

I_2-KI 试液的配制：取 200g 碘化钾和 100g 碘加到 800mL 蒸馏水中，搅拌直到固体完全溶解。

2. 2,4-二硝基苯肼试验

目的：
① 理解羰基化合物与氨类衍生物的缩合反应；
② 通过训练能用 2,4-二硝基苯肼试验鉴别醛、酮。

仪器：试管、试管架、滴瓶、小药匙、量筒、吸管。

试剂：2,4-二硝基苯肼，浓硫酸，95%乙醇。

试样：丙酮、苯乙酮、苯甲醛、甲醛、异丙醇、乙醇。

安全：避免试样及试剂与皮肤直接接触、摄入；避免使用易燃溶剂产生的火灾事故。

态度：认真实验，规范操作，仔细观察，及时记录。

步骤：
① 在试管中加入 20～30mg 固体样品或 2～3 滴液体样品；
② 继续向试管中加入 0.5～1mL 95%乙醇（去醛），使试样溶解；
③ 向试管中加入 5mL 2,4-二硝基苯肼试液，塞盖，猛烈摇动；
④ 仔细观察试管中的现象，及时记下所观察到的现象；
⑤ 若无沉淀生成，可在室温下放置 5～10min，或加热至沸 30s，再摇动；
⑥ 再次仔细观察试管中的现象并及时记录；
⑦ 将废液倒入指定地点；
⑧ 清洗仪器，倒置于试管架上；
⑨ 按所列的试样重复上述①～⑧的步骤。

注意事项：
① 大多数醛、酮与 2,4-二硝基苯肼试剂作用，生成固体产物，有时产物是油状物，放置后逐渐固化，但也有少数产物是油状物；
② 某些易被试剂或空气氧化的醇如烯丙醇，它们对 2,4-二硝基苯肼试剂呈正结果；
③ 2,4-二硝基苯肼能与酚、烃、卤代烃和醚类形成溶解度很小的黄色配合物，因此对实验结果有怀疑时，可用对硝基苯肼代替 2,4-二硝基苯肼进行实验；
④ 缩醛（酮）能被酸水解，对本试剂呈正结果。

2,4-二硝基苯肼试液的配制：取 2g 2,4-二硝基苯肼溶解在 500mL 4mol/L 盐酸中（可在水浴上温热，加速溶解），然后用蒸馏水稀释到 1L，如有不溶物，过滤后备用。

3. 托伦试验

目的：
① 理解托伦试验鉴别醛的原理；
② 学会用托伦试验鉴别醛、酮。

仪器：试管、试管架、滴瓶、小药匙、量筒、吸管、250mL 烧杯、试管夹。

试剂：5%的 $AgNO_3$ 溶液；2mol/L 的氨水溶液；10%的 NaOH 溶液。

试样：丙酮、苯乙酮、苯甲醛、甲醛、异丙醇、乙醇。

安全：避免试样及试剂与皮肤直接接触、摄入；注意使用电炉时的用电安全。

态度：认真实验，规范操作，仔细观察，及时记录。

步骤：

① 在试管中加入 1mL 5% 的 $AgNO_3$ 溶液，加入 2 滴 10% 的 NaOH 溶液，振摇，有黑色沉淀产生；

② 继续向试管中逐滴加入 2mol/L 的氨水溶液直到沉淀刚好溶解为止，即为托伦试液；

③ 另取一洁净试管，加入 20~30mg 固体样品或 2~3 滴液体样品，再加 2mL 新配制的托伦试液，静置 10min；

④ 若此时无反应发生，则将试管置 35℃ 的温水浴 5min；

⑤ 仔细观察试管中的现象，及时记下所观察到的现象；

⑥ 将废液倒入指定地点；

⑦ 清洗仪器，倒置于试管架上；

⑧ 按所列的试样重复上述①~⑦ 的步骤。

注意事项：

① 本试剂为弱氧化剂，除醛外，其他易被氧化的化合物如还原性糖、多羟基酚、氨基酚、羟胺等均能还原试剂，仅样品已初步判断为醛或酮时，做本试验才有意义；

② 托伦试液必须在使用前配制，所用试管一定要干净，否则生成的是黑色金属银沉淀；

③ 试剂放置后，沉积出一种雷酸银，干燥时有强爆炸性，试验完毕立即将废液倒入水槽中，并用水冲洗。

4. 席夫试验

目的：

① 理解席夫试验鉴别醛的原理；

② 学会用席夫试验鉴别醛、酮。

仪器：试管、试管架、滴瓶、小药匙、量筒、滴管。

试剂：品红盐酸盐、亚硫酸钠、浓盐酸。

试样：丙酮、苯乙酮、苯甲醛、甲醛、乙醛、异丙醇。

安全：避免试样及试剂与皮肤直接接触、摄入。

态度：认真实验，规范操作，仔细观察，及时记录。

步骤：

① 在试管中加入 20~30mg 固体样品或 2~3 滴液体样品；

② 继续向试管中加入 0.5~1mL 95% 乙醇（去醛），使试样溶解；

③ 向试管中加入 1mL 席夫试液，振荡，放置 3~4min；

④ 仔细观察试管中的现象，及时记下所观察到的现象；

⑤ 将废液倒入指定地点；

⑥ 清洗仪器，倒置于试管架上；

⑦ 按所列的试样重复上述①~⑥的步骤。

注意事项：

① 试剂受热或遇碱，容易分解，放出亚硫酸，回复到品红溶液的桃红色。某些酮和不饱和化合物与亚硫酸作用也使试剂回复到桃红色。这些情况都不能认为是正结果。

② 在做未知样品时，可同时用已知醛类做对照实验。

席夫试液的配制：将 0.1g 品红盐酸盐于 100mL 热水中溶解，冷却后加 4mL 饱和亚硫酸氢钠溶液，静置 1h，再加 2mL 浓盐酸，贮于棕色瓶中。

5. 斐林试验

目的：

① 理解斐林试验鉴别醛的原理；

② 学会用斐林试验鉴别醛、酮。
仪器：试管、试管架、滴瓶、小药匙、量筒、滴管。
试剂：硫酸铜（$CuSO_4·5H_2O$），酒石酸钾钠，氢氧化钠（NaOH）。
试样：丙酮、苯乙酮、苯甲醛、甲醛、乙醛、异丙醇。
安全：避免试样及试剂与皮肤直接接触、摄入。
态度：认真实验，规范操作，仔细观察，及时记录。
步骤：
① 在试管中加入 20～30mg 固体样品或 2～3 滴液体样品，加入 5mL 水；
② 继续向试管中加入 0.5～1mL 95％乙醇（去醛），使试样溶解；
③ 向试管中加入 2mL 斐林试液，振荡，并置于沸水浴 3min；
④ 冷却后，仔细观察试管中的现象并及时记录；
⑤ 将废液倒入指定地点；
⑥ 清洗仪器，倒置于试管架上；
⑦ 按所列的试样重复上述①～⑥的步骤。
注意事项：
① 脂肪醛、α-羟基醛、α-羟基酮、α-羰基醛与斐林试液呈正结果；
② 苯羟胺、氨基酚能还原该试液；
③ 巯基（—SH）对本试验有干扰，在有机硫化物中，用来检验硫醇和硫酚。
斐林试液的配制：A 液，17.3g 结晶硫酸铜（$CuSO_4·5H_2O$）溶于足量水中，稀释至 250mL。B 液，溶解 35g NaOH 和 90g 结晶酒石酸钾钠于足量水中，稀至 250mL。使用时取 A、B 液等体积混合。

阅读材料

最早得到的醛、酮

1868 年，德国化学家 A.W. 霍夫曼将甲醇的蒸气和空气的混合气体通过加热的铂螺线获得一气体，这气体不同于原来的甲醇蒸气，有刺激性，有毒，能燃烧，与空气能组成爆炸性混合物，称它为 methyl aldhyde 甲醛。

事实上，早在 1782 年，乙醛已由谢勒制得，但当时他没有认清它。他将酒精、硫酸和软锰矿（MnO_2）共同蒸馏，获得"很好闻的醚"。1800 年法国化学家沃克兰等人重复了谢勒的实验，确定其产物不是醚，它具有不同于醚的嗅味，密度较大，沸点较高，认为是一种新物质。他们认为在这个反应中，酒精不是失去碳，而且由于与软锰矿中氧结合而失氢，称它为乙醛。

最简单的酮是丙酮（$CH_3-\overset{O}{\underset{\|}{C}}-CH_3$）。很早就知道它存在于蒸馏木材所得的液体中，但最先却是从加热醋酸盐中得到的。17 世纪，法国药师勒弗夫首先加热醋酸铅获得丙酮。

$$Pb(CH_3COO)_2 \xrightarrow{\triangle} PbCO_3 + CH_3-\overset{O}{\underset{\|}{C}}-CH_3$$

因此丙酮的西方名称 acetone，正是从 acetic acid（醋酸）一词而来。1809 年，出生在爱尔兰的切内维克，在法国从事分析工作时，蒸馏 7 种醋酸盐得到纯丙酮，测定了它的组成，明确比醋酸含有较少的氧，称它为焦木精气。杜马在 1831 年正确测定它的分子式为 C_3H_6O。1852 年威廉森认为它是甲基化合物，建立了现代结构式：

$$CH_3-\underset{\underset{O}{\|}}{C}-CH_3$$

练习题

1. 用系统命名法命名下列化合物。

(1)

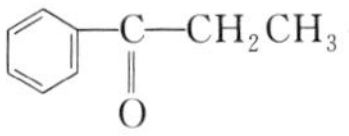

(2) $(CH_3)_2C=CHCHO$

(3) $(CH_3)_3C-CHO$

(4) 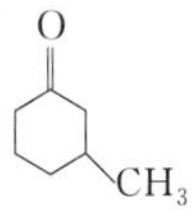 3-甲基环己酮

(5) $OHC-\underset{}{\bigcirc}-\underset{\underset{O}{\|}}{C}-CH_3$

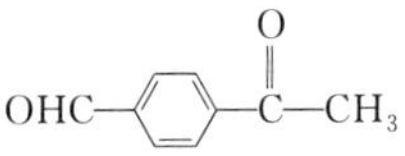

(6) $CH_3-\underset{\underset{Br}{}}{CH}-\underset{\underset{O}{\|}}{C}-CH_3$

2. 写出苯甲醛与下列试剂反应所得产物的结构，若不反应，请注明。

(1) $NaHSO_3$
(2) CH_3CH_2MgBr，然后水解
(3) CH_3CH_2OH/H_2SO_4（浓）
(4) H_2N-OH
(5) 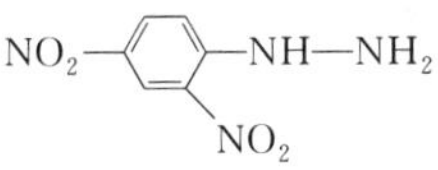 $NO_2-\bigcirc-NH-NH_2$ (邻位有 NO_2)
(6) $Ag(NH_3)_2OH$
(7) Zn-Hg/HCl
(8) NaOI/NaOH
(9) HCHO/稀 OH^-
(10) CH_3CHO/稀 OH^-

3. 用化学方法鉴别下列各组化合物。

(1) 丙醛、丙醇、异丙醇、丙酮
(2) 甲醛、乙醛、乙醇、乙醚
(3) 苯甲醇、苯甲醛、苯乙酮

4. 试设计一个分离戊醇、戊醛、戊酸的化学方法，并写出各步反应式。

5. 有一化合物 A，分子式为 $C_8H_{14}O$。化合物 A 可以很快使溴退色，还可以和苯肼发生反应，A 氧化后得到一分子丙酮及另一化合物 B。B 具有酸性，和次碘酸钠反应生成碘仿和一分子二酸 C，试写出 A、B、C 结构式，并请写出推导过程。

第八章 羧酸及其衍生物

知识目标　从官能团"羧基"入手，了解羧酸及其衍生物的分类及命名方法；掌握羧酸及其衍生物的物理和化学特性，了解主要羧酸及其衍生物的用途。

能力目标　能够鉴别羧酸及其衍生物，能由给定羧酸及其衍生物的结构推测其在给定反应条件下发生的化学变化的能力。

学习关键词　羧酸、羧酸衍生物、酯、酰卤、酸酐、酰胺、醇解、氨解、肥皂、表面活性剂。

第一节　羧酸

分子中含有羧基（$-\overset{\overset{\displaystyle O}{\|}}{C}-OH$）官能团的有机化合物叫做羧酸，其结构可用式子 R—COOH 或 Ar—COOH 表示。

一、羧酸的分类与结构

1. 羧酸的分类

羧酸是由烃基（甲酸除外）和羧基两部分构成，根据羧酸分子中所含烃基的种类不同，可分为脂肪酸、脂环酸和芳香酸三大类；按照烃基是否饱和，可分为饱和羧酸和不饱和羧酸，不饱和羧酸又可分为烯酸和炔酸；依据羧酸分子中所含羧基的数目，又可分为一元羧酸、二元羧酸、多元羧酸等，三元以上的羧酸称为多元羧酸。自然界存在的脂肪主要成分是高级一元羧酸的甘油酯，因此开链的一元羧酸又称脂肪酸。饱和一元羧酸的通式 $C_nH_{2n}O_2$。

一元羧酸的通式为 RCOOH，其中 R 为烃基或氢。

2. 羧酸的结构

羧酸的官能团是羧基，可简写作—COOH。羧基中的羰基碳原子采取了 sp^2 杂化，三个 sp^2 杂化轨道分别与羰基氧原子、羟基氧原子及烃基中的 α-碳原子或氢原子（如甲酸）形成三个 σ 键，键角为 120°，且在同一平面上。碳原子余下的一个未杂化 p 轨道与羰基中的氧原子的 p 轨道互相重叠形成一个 π 键。并且羟基氧原子上具有孤对电子的 p 轨道又与羰基中的 π 键形成了 p-π 共轭体系，如图 8-1 所示。由于 p-π 共轭效应的存在，使得羟基氧原子与羰基氧原子上的电子发生离域，导致两个碳氧键的键长平均化。说明羧酸分子中羰基和羟基发生了相互影响，在羧酸分子中的羰基不具有普通羰基的典型性质，而羟基也不具有醇的典型性质，从而使羧酸成为具有特殊性质的一类有机化合物。

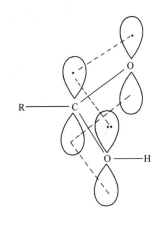

图 8-1　羧基 p-π 共轭体系

二维码14　羧基中 p-π 共轭键的形成

二、羧酸的命名

羧酸的命名法一般分为俗名和系统命名法两种。

1. 俗名

许多羧酸广泛存在于自然界的动植物体中，所以往往根据它们的来源来命名，习惯上称为俗名，如甲酸最初来自蚂蚁，故也叫蚁酸；乙酸存在于食醋中，故又叫醋酸；苯甲酸存在于安息香胶中，因此称为安息香酸，下面列出一些常见羧酸的俗名。

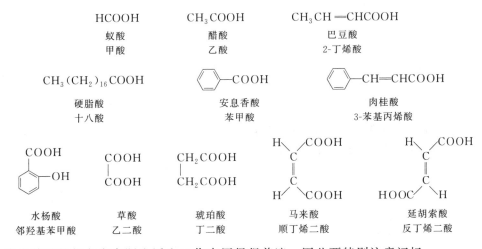

许多羧酸的俗名在实际生活和工作中用得很普遍，因此要特别注意记忆。

2. 系统命名法

（1）对含碳链的脂肪族羧酸的命名　要选择含羧基在内的最长碳链为主链，根据主链上所含碳原子的数目称为某酸，以此作为母体来命名，其他基团作为取代基，从羧基碳原子开始进行编号，然后在母体名称前面加上取代基的名称和位次。若为不饱和酸，则选取含有不饱和键及羧基在内的最长碳链作主链，称为某烯酸或某炔酸，并标明不饱和键的位次。一些简单的脂肪酸也可以用 α，β，γ，…希腊字母表明取代基的位次，α-碳是指与羧基相连的碳原子。例如：

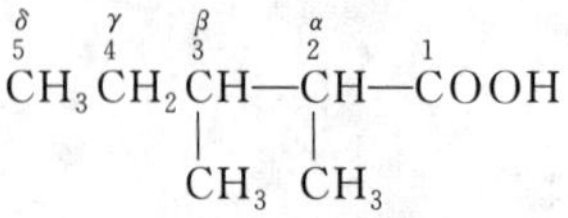

$$\overset{\delta}{\underset{5}{CH_3}}-\overset{\gamma}{\underset{4}{CH_2}}-\overset{\beta}{\underset{3}{CH}}-\overset{\alpha}{\underset{2}{CH}}-\overset{1}{COOH}$$
$$\qquad\qquad\quad | \quad |$$
$$\qquad\qquad\;\; CH_3\;CH_3$$

2,3-二甲基戊酸
或 α,β-二甲基戊酸

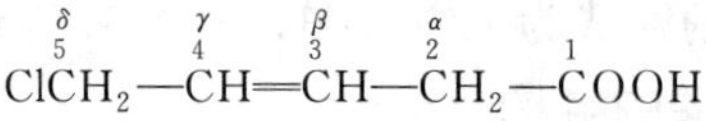

$$\overset{\delta}{\underset{5}{ClCH_2}}-\overset{\gamma}{\underset{4}{CH}}=\overset{\beta}{\underset{3}{CH}}-\overset{\alpha}{\underset{2}{CH_2}}-\overset{1}{COOH}$$

5-氯-3-戊烯酸
或 δ-氯-β-戊烯酸

（2）对于脂肪族二元羧酸的命名　则选择含有两个羧基在内的最长碳链作为主链，称为某二酸。例如：

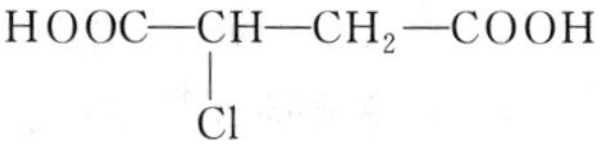

$$HOOC-\underset{|}{CH}-CH_2-COOH$$
$$\qquad\quad\; Cl$$

2-氯丁二酸

（3）对于芳香族羧酸的命名　当羧基直接连在芳环上时，可看成是芳环上的氢被羧基取代，最简单的芳香酸是苯甲酸，其他的芳香酸则以苯甲酸作母体，其他基团为取代基，并标明取代基的名称和位次；当羧基连在芳环侧链上时，则把芳环看作取代基来命名。例如：

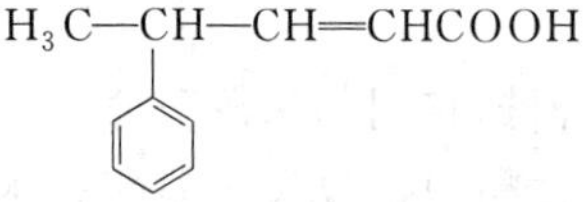

4-苯基-2-戊烯酸

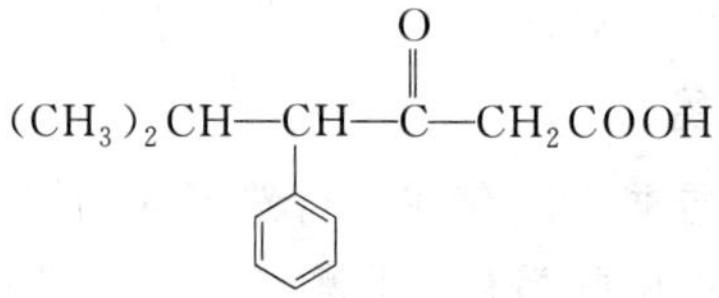

5-甲基-4-苯基-3-己酮酸

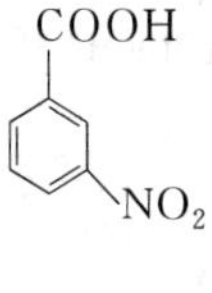

间硝基苯甲酸

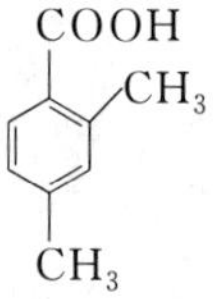

2,4-二甲基苯甲酸

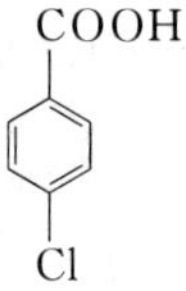

对氯苯甲酸

（4）对含有碳环的羧酸的命名　则是将羧酸作为母体，将碳环作为取代基来命名。编号从羧基所连的碳原子开始，称为环某基某酸。例如：

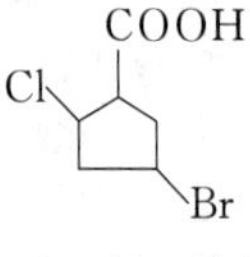

2-氯-4-溴环戊基甲酸

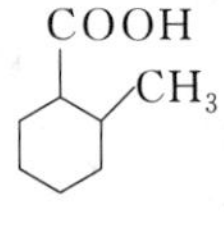

2-甲基环己基甲酸

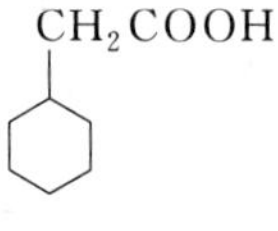

环己基乙酸

三、羧酸的物理性质

从羧酸的结构可知，羧酸是一类极性化合物。$C_1 \sim C_3$ 的低级脂肪酸为具有酸味的刺激性液体；$C_4 \sim C_6$ 的中级脂肪酸为有腐败气味的油状液体，部分溶于水；C_{10} 以上的高级脂肪羧酸为无味的石蜡状固体；二元脂肪族羧酸和芳香族羧酸一般为结晶固体。

低级的羧酸能溶于水，其溶解度甚至比分子量相当的醇更大，这是因为羧酸能与水形成较强的氢键，但随着烃基的增大，其在水中的溶解度逐渐降低。羧酸一般能溶于乙醚、乙醇、苯、氯仿等有机溶剂中。

羧酸的沸点比同分子量的醇的沸点高，例如，甲酸的沸点是 100.5℃，和它分子量相同的乙醇的沸点只有 78.5℃，这是因为羧酸分子之间能以氢键形成分子二聚体。

羧酸的熔点表现出一种特殊的规律性变化。一般是含偶数碳原子羧酸的熔点较相邻含奇数碳原子羧酸熔点高，即随分子量增大熔点值呈锯齿状交替上升趋势。一些常见羧酸的物理常数见表 8-1。

表 8-1 一些常见羧酸的物理常数

名称	构造式	熔点/℃	沸点/℃	溶解度/(g/100g H_2O)	pK_{a1}
甲酸	HCOOH	8.4	100.5	∞	3.77
乙酸	CH_3COOH	16.6	118	∞	4.76
丙酸	CH_3CH_2COOH	−22	141	∞	4.88
正丁酸	$CH_3(CH_2)_2COOH$	−6	163	∞	4.82
正戊酸	$CH_3(CH_2)_3COOH$	−3.4	187	3.7	4.81
正己酸	$CH_3(CH_2)_4COOH$	−3	205	0.97	4.84
软脂酸	$CH_3(CH_2)_{14}COOH$	63			
硬脂酸	$CH_3(CH_2)_{16}COOH$	70			
苯甲酸	C₆H₅—COOH	122		0.34	4.17
苯乙酸	C₆H₅—CH₂COOH	78		1.66	4.31
乙二酸	HOOC—COOH	189		8.6	1.46
丙二酸	$HOOCCH_2COOH$	136		73.5	2.8
顺丁烯二酸	顺-HOOCCH=CHCOOH	130		79	1.9
反丁烯二酸	反-HOOCCH=CHCOOH	302		0.7	3.0
邻苯二甲酸	邻-C₆H₄(COOH)₂	210~211(分解)		0.7	2.93
间苯二甲酸	间-C₆H₄(COOH)₂	348(升华)		0.01	3.62
对苯二甲酸	HOOC—C₆H₄—COOH	384~420		0.003	4.82

四、羧酸的化学性质

羧酸的化学性质主要取决于其官能团羧基，虽然羧基由羰基和羟基组成，但羧基的性质并不是这两个基团性质的简单加和，它在一定程度上反映了羰基、羟基的某些性质，但又与醛、酮中的羰基和醇中的羟基有显著差别，这是因为在羧基中存在着羰基和羟基的 p-π 共轭体系，使羟基氧原子上的未共用电子对发生了离域化，降低了羟基氧上的电子云密度，增加了 O—H 键的极性，而使 C—O 键的极性降低，因此羧酸具有其特殊性质，如羧酸的酸性比醇强，而羟基的取代反应比醇难，同时也使羰基碳原子的正电性降低，不利于发生亲核反应。如羧酸不能与 HCN、HO—NH₂ 等亲核试剂进行羰基上的加成反应。

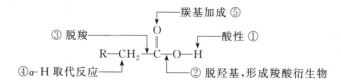

根据羧酸结构中化学键的断裂方式不同可发生不同的反应。羧酸的化学反应主要有 O—H 键断裂、C—O 键断裂、α-H 的取代、脱羧、羰基加成共五类。

③ 脱羧 ──→ R—CH₂—C(=O)—O—H ←── ① 酸性
⑤ 羰基加成 ↓
④ α-H 取代反应 ──→ ←── ② 脱羟基，形成羧酸衍生物

1. 酸性

羧酸呈现出明显的酸性，在水溶液中能够离解出氢离子和羧酸根负离子，能使蓝色石蕊试纸变红。大多数一元羧酸的 pK_a 值在 3.5～5 范围内，比醇的酸性强 10^{10} 倍以上。这主要是因为羧酸解离后的负离子发生电荷离域，负电荷完全均等地分布在两个氧原子上，使羧酸根负离子比羧基更为稳定的缘故。有利于羧酸的解离，例如，在甲酸中羰基的碳氧双键长为 0.123nm，羟基的碳氧单键长为 0.134nm，而在甲酸根负离子中，根据 X 射线研究证明，两个碳氧键的键长均为 0.127nm。说明在羧酸根离子中，已没有碳氧双键和碳氧单键之分，由于电子的离域而发生了键长的平均化。

虽然羧酸具有酸性，但与无机强酸相比，其氢离子的离解度不大，所以大多数羧酸为比碳酸（$pK_a=6.38$）酸性强的有机弱酸。

羧酸能与碱中和生成羧酸盐和水，能分解碳酸盐或碳酸氢盐放出二氧化碳，生成的羧酸盐与无机强酸作用又游离出羧酸，这个性质可用于羧酸的鉴别、分离、回收和提纯。

羧酸盐是离子型化合物，其 C_{10} 以下的钠、钾盐在水中溶解度较大。而 C_{10} 以上的钠、钾盐则在水中成胶体溶液。

$$RCOOH+NaOH \longrightarrow RCOONa+H_2O$$
$$2RCOOH+Na_2CO_3 \longrightarrow 2RCOONa+H_2O+CO_2\uparrow$$
$$RCOOH+NaHCO_3 \longrightarrow RCOONa+H_2O+CO_2\uparrow$$

酚只能与强碱如 NaOH 作用溶于该碱液中，不能与弱碱如 NaHCO₃ 成盐。利用这一性质可鉴别和分离羧酸与酚类化合物。

不同结构的羧酸的酸性强弱各不相同，如乙酸的酸性比甲酸弱。若乙酸分子中的 α-H 原子被氯原子取代后，则其酸性增强，而羧酸分子中引入的氯原子数目愈多，酸性愈强；氯原子距羧基愈近，酸性愈强，这是因为羧基邻近基团的诱导效应对羧酸酸性有很大影响，具有吸电子诱导效应的基团增加羧酸的酸性，具有给电子诱导效应的基团降低羧酸的酸性。例如：

$$CH_3COOH<HCOOH<ClCH_2COOH<Cl_2CHCOOH$$

同样连有吸电子基团，电负性越强，羧酸的酸性也越强。例如：

$$FCH_2COOH>ClCH_2COOH>BrCH_2COOH>ICH_2COOH$$

诱导效应是通过 σ 键传递，随距离的增长而减弱。同样的吸电子基团，离羧基距离越近，作用越强，酸性顺序由强到弱，一般经过三个碳原子以上其影响就可以忽略不计了。例如：

第八章 羧酸及其衍生物

$$CH_3CH_2\underset{Cl}{C}HCOOH > CH_3\underset{Cl}{C}HCH_2COOH > \underset{Cl}{C}H_2CH_2CH_2COOH > CH_3CH_2CH_2COOH$$

2. 羟基被取代的反应

羧基中的羟基易被卤素原子、酰氧基、烷氧基及氨基所取代，分别生成酰卤、酸酐、酯及酰胺，生成的这四种化合物都称为羧酸衍生物。

$$R-\underset{\underset{O}{\parallel}}{C}-OH \longrightarrow \begin{cases} \xrightarrow{PCl_3 \text{ 或 } SOCl_2} R-\underset{\underset{O}{\parallel}}{C}-Cl \quad \text{酰氯} \\ \xrightarrow{R'-COOH \text{ 或 } P_2O_5} R-\underset{\underset{O}{\parallel}}{C}-O-\underset{\underset{O}{\parallel}}{C}-R' + H_2O \quad \text{酸酐} \\ \xrightarrow{R'-OH/H^+} R-\underset{\underset{O}{\parallel}}{C}-O-R' + H_2O \quad \text{酯} \\ \xrightarrow{NH_3/\triangle} R-\underset{\underset{O}{\parallel}}{C}-NH_2 + H_2O \quad \text{酰胺} \end{cases}$$

（1）酰卤的生成　羧酸（除甲酸外）与三卤化磷、五卤化磷、亚硫酰氯（$SOCl_2$）等作用时，分子中的羟基被卤原子取代生成相应的酰卤。由于酰氯很容易水解，因此不能用水洗的方法除去反应中的无机物，必须用蒸馏法分离。在实际制备酰氯中，最常用的试剂是亚硫酰氯，因为反应生成的二氧化硫、氯化氢都是气体，易与酰氯分离。例如：

$$3CH_3COOH + PCl_3 \longrightarrow 3CH_3COCl + H_3PO_3$$
$$\text{乙酰氯}$$

$$O_2N\text{-}\bigcirc\text{-}COOH + SOCl_2 \longrightarrow O_2N\text{-}\bigcirc\text{-}COCl + SO_2\uparrow + HCl\uparrow$$

（2）酸酐的生成　羧酸（除甲酸外）在脱水剂（如 P_2O_5）作用下，加热脱水生成酸酐，同一种羧酸脱水生成单酐；不同羧酸之间脱水生成混酐。由于乙酸酐能迅速地与水反应生成沸点较低的乙酸，可通过分馏除去，因此常用乙酸酐作为制备其他酸酐时的脱水剂。

对两个羧基相隔 2～3 个碳原子的二元酸，不需要任何脱水剂，加热就能发生分子内脱水反应生成五元或六元环酸酐，称为内酐。例如：

$$\bigcirc\begin{matrix}C-OH \\ \parallel \\ O \\ C-OH \\ \parallel \\ O\end{matrix} \xrightarrow{230℃} \bigcirc\begin{matrix}O \\ \parallel \\ C \\ O \\ C \\ \parallel \\ O\end{matrix}O + H_2O$$

（3）酯的生成　在强酸（如浓 H_2SO_4、HCl、对甲苯磺酸或强酸性离子交换树脂）的催化下，羧酸与醇作用生成酯和水，该反应称为酯化。这是制备酯的最重要方法，但酯化反应为可逆反应。为了提高产率，通常采用加过量的酸或醇，在大多数情况下是加入过量的醇，它既可作试剂又可作溶剂。例如：

$$R-\underset{\underset{O}{\parallel}}{C}-OH + OH-R' \xrightleftharpoons{H^+} R-\underset{\underset{O}{\parallel}}{C}-OR' + H_2O$$

$$\text{H-}\underset{\underset{O}{\parallel}}{C}\text{-OH} + \text{HOCH}_2\text{CH}_2\text{CH}_3 \underset{}{\overset{H_2SO_4}{\rightleftharpoons}} \text{H-}\underset{\underset{O}{\parallel}}{C}\text{-OCH}_2\text{CH}_2\text{CH}_3 + H_2O$$

（4）酰胺的生成 羧酸与氨或胺反应，首先生成铵盐，然后高温（150℃以上）分解得到酰胺。例如：

$$H_3C\text{-}\underset{\underset{O}{\parallel}}{C}\text{-OH} + NH_3 \longrightarrow H_3C\text{-}\underset{\underset{O}{\parallel}}{C}\text{-O}^-NH_4^+ \overset{\triangle}{\longrightarrow} H_3C\text{-}\underset{\underset{O}{\parallel}}{C}\text{-NH}_2 + H_2O$$

3. 脱羧反应

羧酸在一定条件下会发生羰基碳和α-碳之间 $\left(R\overset{O}{\underset{\parallel}{\,}}\!\!\not{|}\,C\text{-OH}\right)$ 键的断裂，脱去羧基的反应称为脱羧反应。一般脂肪酸比较稳定，难于脱羧，但在特殊的条件下羧酸可以失去二氧化碳脱去羧基。如羧酸与碱石灰（NaOH+CaO）共熔，则发生脱羧反应，生成烷烃，除甲酸和低级二元羧酸外，一元脂肪酸的盐与碱共熔也可脱羧，并且比脂肪酸容易。

$$\text{RCOONa} + \text{NaOH(CaO)} \overset{\triangle}{\longrightarrow} \text{RH} + \text{Na}_2\text{CO}_3$$

由于此反应的副反应多，且产率低，在有机合成上没有什么价值，实际上只用于低级羧酸盐的脱羧反应，在实验室中用于少量甲烷的制备。例如：

$$\text{CH}_3\text{COONa} + \text{NaOH(CaO)} \overset{\triangle}{\longrightarrow} \text{CH}_4\uparrow + \text{Na}_2\text{CO}_3$$

当羧酸或其盐分子中的α-碳原子上连有较强的吸电子基，如硝基、卤素、酮基、氰基等时，则在加热的情况下易脱羧。例如：

$$\text{Cl}_3\text{CCOOH} \overset{100\sim150℃}{\longrightarrow} \text{CHCl}_3 + \text{CO}_2\uparrow$$

$$\text{Cl}_3\text{COONa} \underset{H_2O}{\overset{50℃}{\longrightarrow}} \text{CHCl}_3 + \text{NaHCO}_3$$

芳基作为吸电子基团，使芳香羧酸的脱羧反应比脂肪酸容易。例如：

$$\underset{NO_2}{\underset{|}{O_2N\diagdown\!\!\diagup NO_2\text{-COOH}}} \underset{H_2O}{\overset{约100℃}{\longrightarrow}} O_2N\diagdown\!\!\diagup NO_2 + CO_2\uparrow$$

β位有羰基的二元羧酸，如丙二酸、烷基丙二酸、β-酮酸也较容易发生脱羧反应。例如：

$$\text{HO-}\underset{\underset{O}{\parallel}}{C}\text{-CH}_2\text{-}\underset{\underset{O}{\parallel}}{C}\text{-OH} \overset{120\sim140℃}{\longrightarrow} H_3C\text{-}\underset{\underset{O}{\parallel}}{C}\text{-OH} + CO_2\uparrow$$

4. 还原反应

羧基虽然含有碳氧双键，但由于p-π共轭效应的结果，在一般条件下不容易被还原。但对于强的还原剂，如氢化铝锂可将羧酸直接还原成伯醇。对于不饱和羧酸，氢化铝锂只还原羧基，不还原非共轭的碳碳双键。例如：

$$\text{RCH=CHCH}_2\text{COOH} \overset{\text{LiAlH}_4/\text{无水乙醚}}{\longrightarrow} \text{RCH=CHCH}_2\text{CH}_2\text{OH}$$

5. α-H 原子的卤代反应

羧酸分子中的α-H原子因受羧基的影响，具有一定的活泼性，但和醛、酮相比要弱一些，因此可在催化剂如红磷、碘或硫等作用下被氯或溴取代。

$$RCH_2COOH + Br_2 \xrightarrow{\text{红磷}} \underset{Br}{RCH-COOH} + HBr \xrightarrow{Br_2/P} \underset{Br}{\overset{Br}{R-C-COOH}} + HBr$$

例如：

$$CH_3COOH \xrightarrow{Cl_2/P} \underset{Cl}{CH_2COOH} \xrightarrow{Cl_2/P} \underset{Cl}{\overset{Cl}{CHCOOH}} \xrightarrow{Cl_2/P} Cl_3CCOOH$$

一氯乙酸   二氯乙酸   三氯乙酸

若要获得一卤代酸，需控制反应条件。因为 α-卤代酸很活泼，可以进行取代和消除反应，转变为其他的 α-取代酸或 α,β-不饱和酸。例如：

$$\underset{X}{RCHCOOH} \begin{cases} \xrightarrow{NaCN/OH^-} \underset{CN}{RCHCOONa} \xrightarrow{H_3O^+} \underset{CN}{RCHCOOH} \\ \xrightarrow[H_2O]{OH^-} \underset{OH}{RCHCOOH} \\ \xrightarrow[H_2O]{NH_3} \underset{NH_2}{RCHCOO^-NH_4^+} \xrightarrow{H_3O^+} \underset{NH_2}{RCHCOOH} \end{cases}$$

$$\underset{H\ \ X}{RCH-CHCOOH} \xrightarrow[ROH]{KOH} RCH=CHCOOK \xrightarrow{H_3O^+} RCH=CHCOOH$$

羧酸的上述性质在有机合成上有着重要意义，可以用于制备羧酸的一系列衍生物。

五、重要的羧酸

1. 甲酸

甲酸存在于蚁类等昆虫体中，所以俗称蚁酸，是一种无色有刺激性气味的液体，沸点 100.5℃，能与水、乙醇、乙醚混溶，具有较强的酸性（$pK_a = 3.76$），是酸性最强的饱和一元酸，并且具有腐蚀性，能刺激皮肤起泡。

甲酸的工业制法是将一氧化碳与氢氧化钠溶液在加热、加压下反应生成甲酸钠，然后用浓硫酸处理，蒸出甲酸。

$$CO + NaOH \xrightarrow[0.6\sim1MPa]{\text{约}210℃} HCOONa \xrightarrow{H_2SO_4} HCOOH$$

甲酸中既有羧基又有醛基，从而表现出其他羧酸所没有的一些特性，既有羧酸的一般性质，也有醛的某些性质。例如甲酸既具有较强的酸性，易脱水、脱羧，还具有还原性等。例如：

$$HCOOH \xrightarrow[60\sim80℃]{H_2SO_4} CO\uparrow + H_2O$$

甲酸不仅可被强氧化剂氧化，还可被弱氧化剂氧化，生成碳酸盐。如能使高锰酸钾溶液退色，能与斐林试剂作用生成铜镜，能与托伦试剂作用生成银镜。

$$HCOOH \xrightarrow{[Ag(NH_3)_2]^+} (NH_4)_2CO_3 + Ag\downarrow$$

甲酸在工业上用于合成甲酸酯和某些染料，还可作为还原剂、媒染剂和橡胶凝胶剂。另外，甲酸还具有杀菌能力，可作消毒剂和防腐剂。

2. 乙二酸

乙二酸通常以盐的形式存在于许多植物及菌藻类中，故俗名为草酸。纯品为无色晶体，常含有两分子结晶水，加热至101℃时失去结晶水变成无水草酸，其熔点为189℃。易溶于水和乙醇，而不溶于乙醚。

工业上是用甲酸钠迅速加热至400℃制得草酸钠，然后用稀硫酸酸化制得草酸。

$$HCOONa \xrightarrow[\text{迅速加热}]{400℃} \begin{array}{c}COONa\\|\\COONa\end{array} \xrightarrow{\text{稀}H_2SO_4} \begin{array}{c}COOH\\|\\COOH\end{array}$$

草酸为最简单的二元羧酸，其酸性比其他二元酸强，并且因为分子中没有烃基，因而除了具有羧酸的通性外，还有以下特性，如还原性、与金属的配合能力、脱水和脱羧等。

$$5\begin{array}{c}COOH\\|\\COOH\end{array} + 2MnO_4^- + 6H^+ \longrightarrow 2Mn^{2+} + 8H_2O + 10CO_2\uparrow$$

$$\begin{array}{c}COOH\\|\\COOH\end{array} \xrightarrow[\text{或浓}H_2SO_4,90℃]{150℃} CO_2 + CO + H_2O$$

$$Fe^{3+} + 3C_2O_4^{2-} \longrightarrow [Fe(C_2O_4)_3]^{3-}$$

草酸可作为漂白剂、媒染剂，也可用来除铁锈或墨渍。因为草酸能和许多金属离子配合，生成可溶性的配位离子，所以还可以用来提取稀有金属。在定量分析中可作为还原剂，用于标定高锰酸钾。

3. 丙烯酸

丙烯酸为具有醋酸刺激性气味的无色液体，沸点141.6℃，能溶于水、乙醇和乙醚等有机溶剂。它的酸性强，能腐蚀皮肤，其蒸气强烈刺激和腐蚀人体呼吸器官。

丙烯酸兼有羧酸和烯烃的性质，在光、热或过氧化物的影响下容易发生氧化及聚合反应，控制反应条件可得到不同分子量的、性质上不同的聚丙烯酸。在贮存、运输时需加入阻聚剂。

工业生产上，是以丙烯为原料经催化氧化生产丙烯酸。

$$CH_2=CH-CH_3 + O_2 \xrightarrow[350℃,0.25MPa]{Cu_2O} CH_2=CH-CHO + H_2O$$

$$CH_2=CH-CHO + \frac{1}{2}O_2 \xrightarrow[200\sim300℃]{Cu_2O} CH_2=CH-COOH$$

丙烯酸树脂黏合剂广泛用于纺织工业。

4. 苯甲酸

苯甲酸存在于安息香胶及其他一些树脂中，故俗称安息香酸。纯品为白色光泽的鳞片状晶体，略有特殊气味。熔点122℃，受热易升华，微溶于冷水，能溶于热水和乙醇、乙醚、氯仿等有机溶剂中。其酸性比一般脂肪酸（除甲酸外）的酸性强。

在工业生产上是以甲苯氧化制苯甲酸。

$$\text{C}_6\text{H}_5\text{CH}_3 \xrightarrow[\text{醋酸钴或醋酸锰，约}0.8MPa]{\text{空气} \quad 140\sim160℃} \text{C}_6\text{H}_5\text{COOH} + H_2O$$

苯甲酸可用于制备香料，它的钠盐常作为食品和某些药物制剂的防腐剂。

5. 邻羟基苯甲酸

邻羟基苯甲酸俗称水杨酸。它为无色而有刺激性气味的晶体，熔点159℃，迅速加热可升华，能随水蒸气挥发。微溶于水，能溶于乙醇、乙醚等有机溶剂。

第八章 羧酸及其衍生物

在工业上采用苯酚钠在一定压力和温度下制备水杨酸。

$$\text{C}_6\text{H}_5\text{ONa} + \text{CO}_2 \xrightarrow[0.5\text{MPa}]{130℃} \text{邻-HOC}_6\text{H}_4\text{COONa} + \text{H}_2\text{O} \xrightarrow{\text{HCl}} \text{邻-HOC}_6\text{H}_4\text{COOH}$$

水杨酸具有羧酸和酚的性质,与醇反应生成酚酯;与酸酐反应生成乙酰水杨酸。例如:

$$\text{水杨酸} + \text{CH}_3\text{OH} \xrightarrow{\text{H}^+} \text{水杨酸甲酯(冬青油)}$$

$$\text{水杨酸} + (\text{CH}_3\text{CO})_2\text{O} \xrightarrow{\text{冰醋酸}} \text{乙酰水杨酸(阿司匹林)}$$

水杨酸甲酯又名冬青油,是无色液体,常用于外伤止痛剂,还可医治风湿病,并广泛用于香料中。乙酰水杨酸又名阿司匹林,是解热镇痛剂,也可用于医治心血管病,预防血栓等。所以水杨酸是合成医药和染料的原料。

阅读材料

己二酸生产新技术

己二酸是制造尼龙66纤维、聚氨基甲酸酯弹性纤维、润滑剂、增塑剂等的重要中间体,世界上己二酸的年生产能力已达230万吨。

但己二酸的传统生产方法是以石油提取的苯为原料、经 Ni 或 Pd 作为催化剂加氢生成环己烷,环己烷进行空气氧化生成环己酮和环己醇、然后进一步利用硝酸氧化制成己二酸。该方法被认为是现代合成有机化学的最伟大的成就之一。但从绿色化学的更高要求来看,这一工艺存在着严重缺点:原料来自石油,属于不可再生资源,且是引起癌症和肺炎的剧毒物质,在生产过程中严重危及操作人员的人身安全;加工过程中采用空气和硝酸为氧化剂的氧化过程,其选择性较差,原料利用率较低,特别是最后一步采用硝酸为氧化剂,腐蚀严重,而且反应的副产物笑气(N_2O),排放后进入大气层,会造成对大气臭氧层的破坏,同时 N_2O 也是一种温室气体,与 CO_2 一起引起地球温度上升。据估计,因己二酸的生产,引起大气中 N_2O 的含量每年以10%的速率上升!

为了克服以石油为原料的己二酸生产路线的缺陷,美国 Michigan 州立大学的 J. W. Frost 和 K. M. Draths 开发出了生产己二酸的生物技术路线。新工艺以由淀粉和纤维素制取的葡萄糖为原料,利用经 DNA 重组技术改进的细菌,将葡萄糖转化为己二烯二酸,然后在催化剂的作用下加氢制备己二酸。

新工艺不仅利用可再生生物质资源,而且过程安全、可靠、效率高,因此是先进的绿色化学技术。生物技术路线制造己二酸,被认为是采用可再生生物质资源代替矿物质石油资源制造化学品,从而实现过程无毒、无害、无污染的典型实例。J. W. Frost 和 K. M. Draths 也因这一突出贡献而荣获1998年美国"总统绿色化学挑战奖"的学术奖。

——摘自闵恩泽,吴巍. 绿色化学与化工. 北京:化学工业出版社,2000.

第二节 羧酸衍生物

羧酸中的羟基被其他原子或原子团取代的化合物称为羧酸衍生物，重要的羧酸衍生物有酯、酰胺、酰卤和酸酐。

一、羧酸衍生物的命名

羧基中去掉羟基，剩余的基团 R—C(=O)— 或 Ar—C(=O)— 称为酰基。羧酸衍生物则是由酰基和除羟基外的其他基团组成，因此统称为酰基化合物。通常根据它们相应的羧酸或酰基来命名。

1. 酰卤

酰卤是由酰基和卤素原子组成，命名也是以相应羧酸的酰基和卤素来命名，称为"某酰卤"。例如：

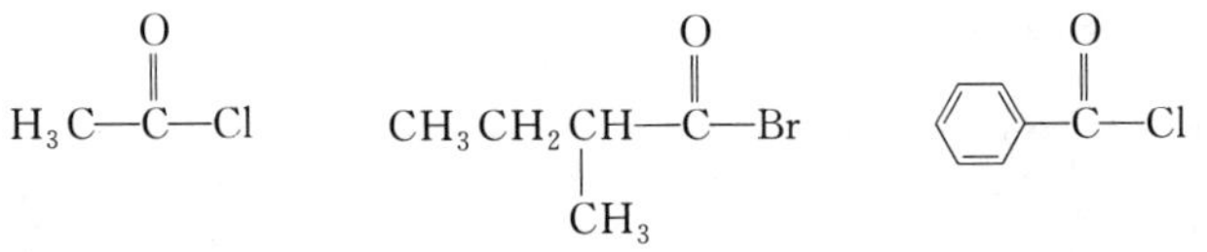

乙酰氯　　2-甲基丁酰溴　　苯甲酰氯

2. 酸酐

酸酐的名称是由相应的羧酸加"酐"字组成。若形成酸酐的两个羧酸相同，称为单酐反之称为混酐。二元羧酸分子内失水形成的酸酐又称内酐。例如：

乙酸酐（单酐）　　乙丙酐（混酐）　　丁二酐（内酐）　　邻苯二甲酸酐（内酐）

3. 酯

酯的名称是按照形成它的羧酸和醇名称来命名，称为"某酸某酯"。例如：

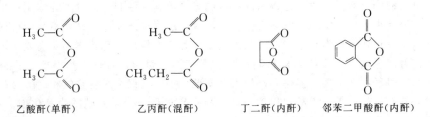

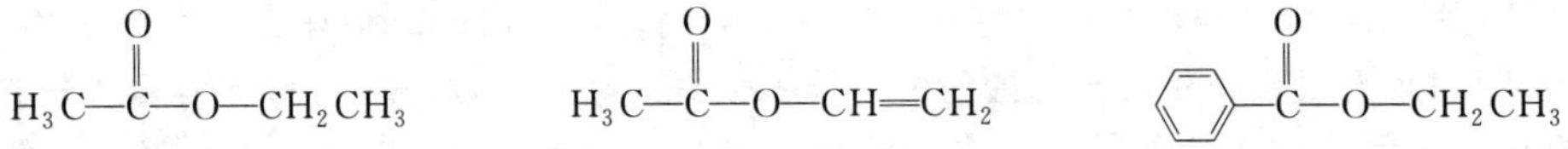

乙酸乙酯　　乙酸乙烯酯　　苯甲酸乙酯

4. 酰胺

根据其相应的酰基和氨基称为"某酰胺"，若氮原子上还连有烃基时要指出烃基的名称，用 N 表明连在氮原子上的烃基，放在酰胺名称的前面，称为 N-某烃基某酰胺。例如：

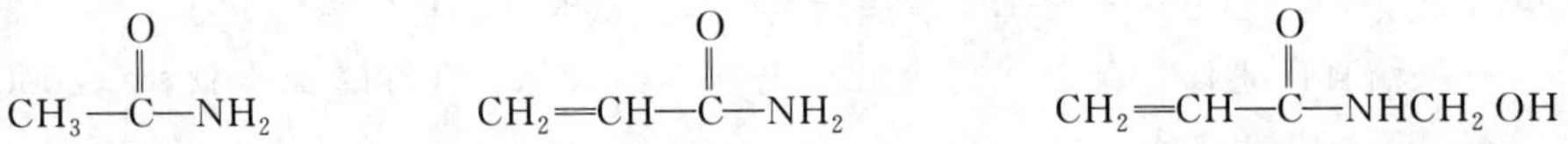

乙酰胺　　丙烯酰胺　　N-羟甲基丙烯酰胺

$$\underset{N,N-\text{二甲基甲酰胺}}{\text{H}-\overset{\overset{\text{O}}{\|}}{\text{C}}-\text{N}(\text{CH}_3)_2} \qquad \underset{\text{苯乙酰胺}}{\text{C}_6\text{H}_5-\text{CH}_2-\overset{\overset{\text{O}}{\|}}{\text{C}}-\text{NH}_2} \qquad \underset{\text{乙酰苯胺}}{\text{C}_6\text{H}_5-\text{NH}-\overset{\overset{\text{O}}{\|}}{\text{C}}-\text{CH}_3}$$

二、羧酸衍生物的物理性质

低级的酰卤和酸酐都是具有刺激性气味的无色液体。C_{14} 以内的羧酸甲酯、乙酯为液体，低级酯类一般具有香味，如乙酸异戊酯有香蕉香味，苯甲酸甲酯有茉莉香味等。在酰胺类化合物中除甲酰胺外均为固体，没有气味。羧酸衍生物的水溶性比相应的羧酸小，但一般都可溶于乙醚、三氯甲烷、苯等有机溶剂中。

酰氯、酸酐和酯由于分子中已没有羟基，因而没有缔合作用，所以它们的沸点比分子量相近的羧酸要低。而酰胺由于分子间的氢键缔合作用比羧酸强，因此其沸点比相应的羧酸高。一些羧酸衍生物的物理常数见表 8-2。

表 8-2　一些羧酸衍生物的物理常数

化合物	分子量	熔点/℃	沸点/℃	化合物	分子量	熔点/℃	沸点/℃
乙酰胺	59	82	221	乙酸	60	16.6	118
N-甲基乙酰胺	73	28	204	甲酸甲酯	60	−99	31.5
N,N-二甲基乙酰胺	87	−20	165	乙酸乙酯	88	−83	77
乙酰氯	78.5	−112	51	乙酸酐	102	73	140
丙酰氯	92.5	−94	80	丙酸酐	130	−45	169

三、羧酸衍生物的化学性质

酰卤、酸酐、酯和酰胺分子中都含有羰基，因而它们有一些相同的化学性质，如都可发生水解、醇解、氨解等反应，只是在反应活性上有差异。反应活性强弱次序为：

$$\text{R}-\overset{\overset{\text{O}}{\|}}{\text{C}}-\text{Cl} > \text{R}-\overset{\overset{\text{O}}{\|}}{\text{C}}-\text{O}-\overset{\overset{\text{O}}{\|}}{\text{C}}-\text{R} > \text{R}-\overset{\overset{\text{O}}{\|}}{\text{C}}-\text{OR} > \text{R}-\overset{\overset{\text{O}}{\|}}{\text{C}}-\text{NH}_2$$

此外，不同的羧酸衍生物还具有各自的特性。

1. 水解反应

酰卤、酸酐、酯和酰胺都可以和水作用，分子中的基团被水中的羟基取代，生成羧酸和相应的产物，因此称为"水解反应"。

$$\text{R}-\overset{\overset{\text{O}}{\|}}{\text{C}}-\text{Cl} + \text{H}_2\text{O} \xrightarrow{\text{室温}} \text{R}-\overset{\overset{\text{O}}{\|}}{\text{C}}-\text{OH} + \text{HCl}$$

$$\text{R}-\overset{\overset{\text{O}}{\|}}{\text{C}}-\text{O}-\overset{\overset{\text{O}}{\|}}{\text{C}}-\text{R} + \text{H}_2\text{O} \xrightarrow{\text{沸腾}} 2\text{R}-\overset{\overset{\text{O}}{\|}}{\text{C}}-\text{OH}$$

$$\text{R}-\overset{\overset{\text{O}}{\|}}{\text{C}}-\text{OR}' + \text{H}_2\text{O} \xrightarrow{\text{H}^+ \text{或} \text{OH}^-} \text{R}-\overset{\overset{\text{O}}{\|}}{\text{C}}-\text{OH} + \text{HO}-\overset{\overset{\text{O}}{\|}}{\text{C}}-\text{R}'$$

$$\text{R}-\overset{\overset{\text{O}}{\|}}{\text{C}}-\text{NH}_2 + \text{H}_2\text{O} \begin{cases} \xrightarrow{\text{H}_3\text{O}^+} \text{R}-\overset{\overset{\text{O}}{\|}}{\text{C}}-\text{OH} + \text{NH}_4^+ \\ \xrightarrow{\text{OH}^-} \text{R}-\overset{\overset{\text{O}}{\|}}{\text{C}}-\text{O}^- + \text{NH}_3\uparrow \end{cases}$$

虽然四种羧酸衍生物都能水解生成相应的羧酸，但它们的反应活性不同。其中以酰卤最易水解，酸酐次之，酯和酰胺的水解较慢，需要加热和催化剂。低级的酰氯、酸酐遇空气中的水蒸气即可起猛烈的放热反应，因此在制备和贮存酰氯和酸酐时要隔绝水蒸气。

酯在酸催化下水解是酯化反应的逆过程，水解不完全。在碱作用下水解却不同，碱实际上不仅是催化剂而且是参与反应的试剂，产物为羧酸盐和相应的醇。由于利用油脂制备肥皂就是根据酯的碱性水解反应，所以酯的碱性水解也称为"皂化"反应。

酰胺在酸性溶液中水解得到羧酸和铵盐；在碱作用下水解得到羧酸盐并放出氨气。

2. 醇解反应

酰卤、酸酐、酯与醇反应，分子中的相应基团被醇分子中的烷氧基取代，生成酯和相应产物，此反应称为醇解反应。酰胺难以进行醇解反应。

$$R-\overset{O}{\underset{\|}{C}}-Cl + HOR' \longrightarrow R-\overset{O}{\underset{\|}{C}}-OR' + HCl$$

$$R-\overset{O}{\underset{\|}{C}}-O-\overset{O}{\underset{\|}{C}}-R + HOR' \longrightarrow R-\overset{O}{\underset{\|}{C}}-OR' + R-\overset{O}{\underset{\|}{C}}-OH$$

$$R-\overset{O}{\underset{\|}{C}}-OR + HOR' \longrightarrow R-\overset{O}{\underset{\|}{C}}-OR' + R-\overset{O}{\underset{\|}{C}}-OH$$

酰卤和酸酐与醇的作用虽然没有水解反应快，但也是很容易进行的反应。这是一种制备酯的方法，特别是酸酐，因为它较酰卤易制备和保存，所以应用较广。酯与醇的反应生成新的酯和新的醇，又称为酯交换反应。

3. 氨解反应

酰卤、酸酐和酯与氨或胺作用生成酰胺和相应的产物，因此称为氨解反应。

$$R-\overset{O}{\underset{\|}{C}}-Cl + 2NH_3 \longrightarrow R-\overset{O}{\underset{\|}{C}}-NH_2 + NH_3 \cdot HCl$$

$$R-\overset{O}{\underset{\|}{C}}-O-\overset{O}{\underset{\|}{C}}-R + 2NH_3 \longrightarrow R-\overset{O}{\underset{\|}{C}}-NH_2 + R-\overset{O}{\underset{\|}{C}}-ONH_4$$

$$R-\overset{O}{\underset{\|}{C}}-OR' + NH_3 \longrightarrow R-\overset{O}{\underset{\|}{C}}-NH_2 + HOR'$$

酰卤和酸酐与氨或胺的反应较容易，往往在室温或低于室温下进行，反应迅速且有较高的产率。酯与氨或胺的反应较慢，要在无水条件下，用过量的氨处理才能得到酰胺。酰胺的氨解比较困难。因此，制备酰胺常用酰卤和酸酐作原料。例如：

$$(CH_3)_2CH-\overset{O}{\underset{\|}{C}}-Cl \xrightarrow{NH_3 \cdot H_2O} (CH_3)_2CH-\overset{O}{\underset{\|}{C}}-NH_2 + NH_4Cl$$

4. 还原反应

羧酸衍生物均具有还原性，可用多种方法进行还原。不同的衍生物采用不同的还原方法能得到不同的还原产物。如用氢化铝锂作还原剂，酰氯、酸酐、酯和酰胺均可被还原，生成相应的醇或胺。

第八章 羧酸及其衍生物

$$R-\underset{\underset{O}{\|}}{C}-OR' \xrightarrow[\text{②}H_2O,H^+]{\text{①}LiAlH_4} R-CH_2-OH$$

或

$$R-\underset{\underset{O}{\|}}{C}-NH_2 \xrightarrow[\text{②}H_2O,H^+]{\text{①}LiAlH_4} R-CH_2-NH_2$$

其中酯的还原反应尤其重要，酯能被氢化铝锂或金属钠的醇溶液还原而不影响分子中的 C=C，因此在有机合成中常被采用，利用酯的还原反应，可以用高级脂肪酸的酯制备高级脂肪醇。例如：

$$CH_3(CH_2)_7CH=CH(CH_2)_7-\underset{\underset{O}{\|}}{C}-OCH_3 \xrightarrow[\text{②}H_2O,H^+]{\text{①}LiAlH_4} CH_3(CH_2)_7CH=CH(CH_2)_8OH+CH_3OH$$

5. 酰胺的特殊性质

酰胺除了具有羧酸衍生物的通性（水解、醇解、氨解等）外，还具有一些特殊性质。

（1）酸碱性　由于酰胺分子中氮原子上的孤对电子与羰基形成 p-π 共轭，使氮原子上的电子云密度降低，减弱了它接受质子的能力，所以碱性比氨弱。羰基的吸电子性也使 N—H 键的电子云密度向氮原子偏移，使氢原子表现出一定的酸性，因此，酰胺在一定条件下能表现出弱碱性和弱酸性。例如，在乙酰胺的醚溶液中通入氯化氢可生成不稳定的弱碱强酸盐，遇水即分解，与浓硫酸也可生成盐而溶于浓硫酸中表现出弱碱性。如果氨分子中两个氢原子都被酰基取代，生成的酰亚胺化合物可与强碱成盐，而表现出弱酸性。酰胺在金属钠的乙醚溶液中可生成钠盐，遇水即分解也表现出弱酸性。例如：

$$CH_3-\underset{\underset{O}{\|}}{C}-NH_2 + HCl \xrightarrow{\text{乙醚}} CH_3-\underset{\underset{O}{\|}}{C}-\overset{+}{N}H_3Cl^-$$

邻苯二甲酸酰亚胺 $\xrightarrow{KOH}$ 邻苯二甲酸酰亚胺钾

（2）霍夫曼降解　酰胺与溴或氯在碱溶液中作用，可以降解失去羰基得到胺，在反应中碳链减少了一个碳原子，这个反应称为霍夫曼（Hoffmann）降解反应。利用这个反应可以制备减少一个碳原子的胺。

$$R-\underset{\underset{O}{\|}}{C}-NH_2 + Br_2 + 4NaOH \xrightarrow{H_2O} R-NH_2 + 2NaBr + Na_2CO_3 + 2H_2O$$

例如：

$$CH_3(CH_2)_4-\underset{\underset{O}{\|}}{C}-NH_2 \xrightarrow[NaOH,H_2O]{Br_2} CH_3(CH_2)_3CH_2NH_2$$

（3）酰胺的脱水反应　酰胺与强脱水剂（如 P_2O_5、PCl_5、$SOCl_2$）共热则脱水生成腈。这是实验室制备腈的一个好方法（尤其是对于用卤代烃和 NaCN 反应难以制备的腈）。例如：

$$(CH_3)_2CH-\underset{O}{\underset{\|}{C}}-NH_2 \xrightarrow[200℃]{P_2O_5} (CH_3)_2CH-C\equiv N + H_2O$$

$$(CH_3)_3C-\underset{O}{\underset{\|}{C}}-NH_2 \xrightarrow[\triangle]{SOCl_2} (CH_3)_3C-C\equiv N + HCl$$

（4）与亚硝酸的作用　酰胺可与亚硝酸作用，放出氮气。此反应能定量进行，可用于酰胺的鉴定。

$$R-\underset{O}{\underset{\|}{C}}-NH_2 + HNO_2 \longrightarrow R-\underset{O}{\underset{\|}{C}}-OH + N_2\uparrow + H_2O$$

想一想

酸、酰卤、酸酐、酯、酰胺之间的相互转变关系。

四、肥皂和表面活性剂

1. 肥皂

肥皂主要为高级脂肪酸钠盐，它是由油脂与氢氧化钠溶液共沸发生水解而生成，其反应俗称为"皂化"。肥皂分子中含有两个组成部分：一是具有强极性的羧基，与水有强的吸引力，能溶于水，称为亲水基；二是为非极性的链状高级烃基，与水相排斥，不溶于水而与油脂分子相吸引，称为亲油基（或疏水基）。因此，当肥皂溶于水时，羧基有序地排列在水中，而烷基排列在外面，形成单分子膜。这种单分子膜可以覆盖很大面积，以减少蒸发，起保水保温的作用。它可以将油滴或水包在分子膜内产生乳化现象。当水中浸入沾有污垢的衣物时，肥皂分子能使衣物上的油膜疏松，经搓洗，即变成为细小的油滴而溶于肥皂胶束的内部，并分散在水中而被洗去，因此具有优良的洗涤作用，如图 8-2 所示。除肥皂外，对十二烷基苯磺酸钠、月桂醇与环氧烷的缩合物都作为洗衣粉或洗涤剂的主要成分，均有表面活性作用。

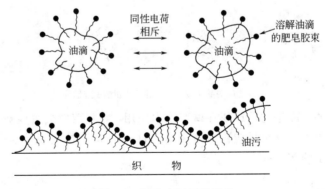

图 8-2　肥皂去污原理示意

凡是一个有机化合物分子有亲水的极性基团和疏水的非极性基团，而且两者强度相差不大，能大致达到平衡，就能降低水的表面张力或者说是有表面活性的性能，可以作为乳化剂、湿润剂、洁净剂等。

2. 表面活性剂

凡是在低浓度下能显著改变液体表面张力或两种液体（如水和油等）之间界面张力特性的物质，称为表面活性剂。当其溶于液体（特别是水）后，它能使溶液具有润湿、乳化、发泡、分散、洗涤、抗静电等能力。在有机合成中经常将其作为相转移催化剂，可以将分布在两相中的反应物拉在一起促使反应的进行。

(1) 表面活性剂的结构特征　表面活性剂的种类虽多，但在结构上有共同特征。即它们的分子内既有亲水基团，常见的亲水基有磺基、硫酸基、磷酸基、羧基、羟基及伯胺、仲胺、叔胺盐和季铵盐等；同时在其分子中也有亲油基团（又称疏水基团），亲油基大多是较长碳链的烃基，例如 C_{10}~C_{18} 的烷基或烷基取代的芳烃基。由于表面活性剂具有这样的结构特征，亲油基不溶于水而易溶于油类物质中，亲水基易溶于水中，当在不相溶的水油两相物质中加入表面活性剂时，亲油基插入油滴中，而把亲水基留在油滴的外部，将油分散为微小的粒子，粒子的外面由一层亲水基包围。由于亲水基是水溶性的，因而可将不溶于水的油分散在水中。所以表面活性剂能起洗涤、润湿、乳化等作用。

(2) 表面活性剂的分类和用途　表面活性剂的分类是根据亲水基的构造为依据，凡溶于水后亲水基能电离生成离子的称为离子型表面活性剂；不电离的，称为非离子型表面活性剂。离子型表面活性剂按离子所带电荷不同又可分为阴离子、阳离子、两性表面活性剂。

在水中能电离，起表面活性作用的部分是阴离子者，称为阴离子表面活性剂，它主要有羧酸盐、磺酸盐和硫酸盐共三类。其中最为重要的为十二烷基磺酸钠、十二烷基硫酸钠、肥皂等。它们都具有良好的乳化性和起泡性，是优良的洗涤剂。

在水中能电离，起表面活性作用的部分是阳离子者，称为阳离子表面活性剂，主要为季铵盐或铵盐，这类表面活性剂既具有润湿、起泡、去污等作用，又有消毒杀菌作用。阳离子和阴离子表面活性剂能相互作用而形成不溶于水的沉淀，因此，二者不能混合使用。

亲水基是由阴离子和阳离子以内盐的形式构成的表面活性剂，称为两性表面活性剂。其中，阴离子为羧基、磺酸基、硫酸基；阳离子主要是季氨基。两性表面活性剂既能与洗涤物表面的酸性物质反应，又能与碱性物质反应。它们的腐蚀性很小，渗透性、去污性、抗静电性都很好，是一对皮肤和黏膜组织的刺激性很小的高级表面活性剂，可配化妆品。

在水中不电离，亲水性差，分子中必须有多个亲水基的表面活性剂称为非表面活性剂。它分为聚氧乙烯缩合物和多元醇两种类型，是近年来发展迅速的一种表面活性剂。

五、羧酸及羧酸衍生物的鉴别

1. 酸性甲基红试验

甲基红是一种酸碱指示剂，其变色范围从 pH=4.4（红）到 pH=6.2（黄），在黄色甲基红中加入酸性样品，其颜色发生变化，由黄转为红，这一变化可用来鉴别羧酸类化合物。甲基红构造式为：

目的：
① 理解酸性甲基红试验的基本原理；
② 学会用酸性甲基红试验鉴别羧酸；
③ 了解酸碱指示剂的变色原理及使用方法。

仪器：试管、试管架、滴瓶、小药匙、量筒、滴管。

试剂：0.1%甲基红溶液；0.1mol/L 的氢氧化钠溶液。

试样：甲酸、乙酸、苯甲酸、邻苯二甲酸。

安全：避免试样及试剂与皮肤直接接触、摄入。

态度：认真实验，规范操作，仔细观察，及时记录。

步骤：

① 在几只试管中分别加入 1mL 0.1% 的甲基红溶液；

② 继续向试管中加入 0.1mol/L 的 NaOH 溶液调节甲基红溶液至刚呈黄色；

③ 再向试管中分别加入不同的羧酸，固体羧酸 25~30mg，液体羧酸 4~5 滴；

④ 仔细观察各支试管中溶液颜色的变化，记录所观察到的现象；

⑤ 将废液倒入指定地点，清洗仪器，倒置于试管架上。

注意事项：活泼的酰卤、酐有干扰。

2. 异羟肟酸试验

酯、酰氯、酸酐在碱性条件下加热均可与羟胺作用，生成异羟肟酸，后者与氯化铁在酸性溶液中生成紫红色或深红色。

$$RCOOR' + H_2NOH \longrightarrow RCONHOH + R'OH$$
$$3RCONHOH + FeCl_3 \longrightarrow (RCONHO)_2Fe + 3HCl$$

目的：

① 理解异羟肟酸试验鉴别羧酸衍生物的基本原理；

② 会用异羟肟酸试验鉴别羧酸衍生物。

仪器：试管、试管架、滴瓶、小药匙、量筒、滴管、烧杯、试管夹。

试剂：1mol/L 羟胺盐酸盐的甲醇溶液，2mol/L 的盐酸溶液，1mol/L 的盐酸溶液，2mol/L 的氢氧化钾的甲醇液，10% 的氯化铁溶液，95% 的乙醇。

试样：乙酰氯、苯甲酸乙酯、乙酸酐、乙酸乙酯。

安全：避免试样及试剂与皮肤直接接触、摄入。

态度：认真实验，规范操作，仔细观察，及时记录。

步骤：

① 在几只试管中分别加入不同的酯或酸酐，固体样品约 30mg，液体样品约 2 滴，再加入 1mL 95% 乙醇使样品溶解；

② 继续向试管中加入 1mL（1mol/L）的盐酸溶液和 1 滴 10% 的氯化铁溶液；

③ 仔细观察试管中的颜色变化并及时记录，如溶液不呈橙、红、蓝或紫等颜色而呈淡黄色，则继续进行下步操作；

④ 在试管中加入 30mg 固体样品，或 2 滴液体样品和 0.5mL（1mol/L）羟胺盐酸盐的甲醇溶液；

⑤ 继续向试管滴加 2mol/L 的氢氧化钾的甲醇液，直到对石蕊试纸呈碱性，再多加 2~4 滴；

⑥ 将混合物加热至刚刚沸腾，冷却；

⑦ 用 2mol/L 的盐酸酸化至 pH=3，加 1 滴 10% 的氯化铁溶液；

⑧ 仔细观察试管中的颜色变化并及时记录，显蓝红色为正结果；

⑨ 如上述步骤显正结果，则继续下列步骤，以确定是否为酸酐和酰氯；

⑩ 在试管中加入 30mg 固体样品或 2 滴液体样品和 0.5mL（2mol/L）羟胺盐酸盐的甲醇溶液；

⑪ 继续向试管中加入 2 滴 6mol/L 的盐酸，温热 2min 后，再煮沸数秒；

⑫ 冷却后，加 1 滴 10% 的氯化铁溶液；

⑬ 仔细观察试管中的颜色变化并及时记录，显紫-紫红色为正结果；

⑭ 将废液倒入指定地点，清洗仪器，倒置于试管架上。

注意事项：

① 大多数酯类，在 2min 内显紫-紫红色，但也有些酯类需要 1h 以上；

② 脂肪族伯酰胺等类化合物，虽然也对本试验呈正结果，根据元素分析和溶解度试验能够辨别；

③ 溶液的颜色受 pH 影响，当蓝红色的溶液中蓝色较强时，可加 2～3 滴 2mol/L 的盐酸，溶液将趋向紫色。

阅读材料

反式脂肪酸

反式脂肪酸（trans fatty acids，TFA）是一种经过人工催化的脂肪酸，是一类不饱和脂肪酸，其双键上 2 个碳原子结合的 2 个氢原子分别在碳链的两侧，其空间构象呈线型，与饱和脂肪酸相似。与之相对应的是顺式脂肪酸，其双键上 2 个碳原子结合的 2 个氢原子在碳链的同侧，其空间构象呈弯曲状。

生活中的反式脂肪酸来源于：首先是油脂加氢过程产生的反式脂肪酸，即所谓的"人造油"，这是反式脂肪酸的主要来源；反刍动物的肉以及乳制品是膳食中天然反式脂肪酸的主要来源；油脂的精炼烹调过程也可以产生反式脂肪酸。例如植物油在脱色、脱臭等精炼过程中，发生脂肪酸的异构化，会产生部分反式脂肪酸，有研究表明，高温脱臭后的油脂中反式脂肪酸的含量可增加 1%～4%。

反式脂肪酸发明至今已有 100 多年的历史，从 20 世纪 80 年代开始，在食品加工业被广泛使用。反式脂肪酸在自然食品中含量很少，人们平时食用的含有反式脂肪酸的食品，基本上来自含有人造奶油的食品。最常见的是烘烤食品（饼干、面包等）、沙拉酱、炸薯条、炸鸡块、洋葱圈等快餐食品以及西式糕点、巧克力派等。越来越多的研究证明，反式脂肪酸对人体的危害比饱和脂肪酸更大。它不仅影响人体免疫系统，还会提高对人体有害的低密度脂蛋白胆固醇含量、降低有益的高密度脂蛋白胆固醇含量，影响生长发育。

——摘自毕玉静.反式脂肪酸的危害.现代医学研究，2010（4）.

1. 命名下列化合物。

(1) $CH_3CH_2CH_2CHCH_2COOH$
　　　　　　　　　|
　　　　　　　　CH_3

(2) $H_2C\!=\!CH\!-\!CH_2COOH$

(3) $CH_3CHCOOH$
　　　　|
　　　Br

(4) $HOOC(CH_2)_5COOH$

(5) 邻苯二甲酸结构（COOH, COOH 在苯环相邻位置）

(6) $CH_3-\underset{\underset{O}{\|}}{C}-O-\underset{\underset{O}{\|}}{C}-CH_2CH_3$

(7) $CH_3-\underset{\underset{O}{\|}}{C}-N(CH_3)_2$

(8) $CH_3-\underset{\underset{CH_3}{|}}{CH}-CH_2-COOC_2H_5$

2. 写出下列化合物的构造式。

(1) α,γ-二甲基戊酸　　(2) 2-甲基丁酰胺　　(3) 2,3-二甲基丁烯二酸

(4) α-甲基丙酰氯　　　　　(5) 丁二酸酐　　　　　(6) α,β-二氯丁酸
(7) 丙烯酸乙酯　　　　　　(8) 3-甲基丁腈　　　　　(9) N,N-二甲基乙酰胺

3. 比较下列各组化合物的酸性强弱。

(1) $CH_3CH_2CH_2CH_2OH$, $CH_3-C_6H_4-OH$, $O_2N-C_6H_4-OH$

(2) CH_3COOH, $ClCH_2COOH$, $Cl_2CHCOOH$, Cl_3CCOOH

(3) CH_3CH_2OH, CH_3COOH, CBr_3COOH, $HCOOH$

(4) $CH_3-C_6H_4-COOH$, $HCOOH$, CH_3COOH, C_6H_5-COOH

4. 试比较下列各组化合物沸点高低。

(1) 乙酸乙酯、丁酸、戊醇　　　　　　　(2) 苯甲酸、苯甲醛
(3) 对硝基苯酚、邻硝基苯酚　　　　　　(4) 乙酰胺、乙酸、乙酰氯
(5) N,N-二甲基丙酰胺、N-甲基丙酰胺、丙酰胺

5. 完成下列反应式。

(1) $CH_3CH=CH_2 \xrightarrow{HBr} ? \xrightarrow{?} CH_3CHCH_3 \text{ (|CN)} \xrightarrow[\triangle]{H_2O/H^+} ?$

(2) $CH_3CH_2CH_2COOH \xrightarrow[P]{Br_2} ? \xrightarrow[\text{醇溶液}]{NaCN} ? \xrightarrow{?} HOOC-CH(C_2H_5)-COOH$

(3) $CH_3CH_2CH_2Cl \xrightarrow{?} CH_3CH_2CH_2OH \xrightarrow{?} CH_3CH_2COOH \xrightarrow{?} (CH_3CH_2CO)_2O$

(4) $CH_3CH_2OH \xrightarrow{?} CH_3CH_2Br \xrightarrow{?} CH_3CH_2MgBr \xrightarrow{CO_2/H_2O} ? \xrightarrow{Cl_2/P} ?$

(5) $2,6-(CH_3)_2C_6H_3-Br \xrightarrow{CO_2} ? \xrightarrow{H_2O} ? \xrightarrow{SOCl_2} ?$

(6) $\text{环戊基}-COCH_3 \xrightarrow[\text{②}H_3O^+]{\text{①}I_2, NaOH} ? \xrightarrow{SOCl_2} ? \xrightarrow{NH_3} ? \xrightarrow{Br_2, NaOH, H_2O} ?$

(7) $C_6H_6 \xrightarrow{?} C_6H_5CH_2CH_3 \xrightarrow{?} C_6H_5COOH \xrightarrow{?} C_6H_5CONH_2 \xrightarrow{?} C_6H_5CN$

(8) $CH_2=CHCH_2CH_2COOH \xrightarrow[\text{②}H_3O^+]{\text{①}LiAlH_4, \text{干醚}} ?$

6. 用化学方法区别下列各组化合物。

(1) 甲酸、乙酸、乙醛、丙酮
(2) 苯酚、苯甲醛、苯甲酸、苯乙酮
(3) 乙酸、乙酸乙酯、乙酰氯

7. 分离或提纯下列各组化合物。

(1) 从正戊醇、1-氯戊烷、正戊酸乙酯及正丁酸的混合物中提纯出正丁酸
(2) 苯酚、苯甲酸、苯甲醚

8. 由指定原料和其他必要的试剂合成下列化合物。

(1) 由甲苯合成邻羟基苯甲酸。
(2) 以正丁醇为原料,合成正戊酸。

9. 化合物 A、B 的分子式都是 $C_4H_6O_2$,它们都不溶于 NaOH 溶液,也不溶于 Na_2CO_3,但可使溴水退色,有类似乙酸乙酯的香味。它们与 NaOH 共热后,A 生成 CH_3COONa 和 CH_3CHO,B 生成一个甲醇和一个羧酸钠盐。该钠盐用硫酸中和后蒸馏出的有机物可使溴水退色。写出 A、B 的构造式。

10. 化合物 C、D 的分子式为 $C_4H_8O_2$,其中 C 容易和碳酸钠作用放出二氧化碳;D 不和碳酸钠作用,但和氢氧化钠的水溶液共热生成乙醇,试推测 C、D 的构造式。

第九章 乙酰乙酸乙酯和丙二酸二乙酯

知识目标　以乙酰乙酸乙酯和丙二酸二乙酯分子结构为例，掌握具有 β-二羰基的结构化合物的性质、亚甲基的活泼性。

能力目标　能够准确描述乙酰乙酸乙酯和丙二酸二乙酯在有机合成中的应用。

学习关键词　乙酰乙酸乙酯、丙二酸二乙酯、互变异构、酮式分解、酸式分解。

乙酰乙酸乙酯和丙二酸二乙酯均属于 β-二羰基化合物，β-二羰基化合物是一类分子中的两个羰基连接在同一碳原子上的化合物，它们通常具有 $-\overset{\text{O}}{\underset{\|}{\text{C}}}-\text{CH}_2-\overset{\text{O}}{\underset{\|}{\text{C}}}-$ 的构造。由于两个羰基之间的亚甲基受两个羰基吸电子的影响，基氢原子很活泼，容易发生反应，因此 β-二羰基化合物在有机合成中具有重要用途，其中应用最广的是乙酰乙酸乙酯和丙二酸二乙酯。

第一节　乙酰乙酸乙酯

乙酰乙酸乙酯是具有愉快气味的无色液体，沸点 180℃，微溶于水，易溶于乙醇、乙醚等有机溶剂。

一、克莱森酯缩合反应

具有 α-氢的乙酸乙酯在乙醇钠作用下，发生缩合反应，脱去一分子乙醇，生成乙酰乙酸乙酯（又名 β-丁酮酸酯，3-丁酮酸酯，简称三乙），它可以看做是乙酸乙酯的乙酰化产物，此反应也称为克莱森（Claisen）酯缩合反应。

$$CH_3COOC_2H_5 + HCH_2COOC_2H_5 \xrightarrow[\text{②}CH_3COOH]{\text{①}NaOC_2H_5} CH_3COCH_2COOC_2H_5 + C_2H_5OH$$

$$(75\%)$$

由于乙酸乙酯是很弱的酸，而乙醇钠也是一个比较弱的碱，因此由乙酸乙酯在这个平衡体系中形成的负离子是很少的。然而这个反应之所以能进行得很完全，其原因就是最后产物乙酰乙酸乙酯是一个比较强的酸，形成很稳定的负离子，可以使平衡朝产物方向移动，所以体系中尽管乙酸乙酯在乙醇钠的催化下产生的负离子浓度很低，但一经形成后，就不断地反应，结果使反应完成，这个反应的平衡体系的彼此关系如下所示：

$$CH_3\overset{O}{\overset{\|}{C}}OC_2H_5 + C_2H_5O^- \rightleftharpoons {}^-CH_2\overset{O}{\overset{\|}{C}}OC_2H_5 + C_2H_5OH$$

$$CH_3\overset{O}{\overset{\|}{C}}OC_2H_5 + {}^-CH_2\overset{O}{\overset{\|}{C}}OC_2H_5 \rightleftharpoons CH_3-\underset{\underset{OC_2H_5}{|}}{\overset{\overset{O^-}{|}}{C}}-CH_2\overset{O}{\overset{\|}{C}}OC_2H_5 \quad \text{亲核加成}$$

$$CH_3-\underset{\underset{OC_2H_5}{|}}{\overset{\overset{O^-}{|}}{C}}-CH_2\overset{O}{\overset{\|}{C}}OC_2H_5 \longrightarrow CH_3\overset{O}{\overset{\|}{C}}CH_2\overset{O}{\overset{\|}{C}}OC_2H_5 + C_2H_5O^- \quad \text{消除}$$

$$CH_3\overset{O}{\overset{\|}{C}}CH_2\overset{O}{\overset{\|}{C}}OC_2H_5 + C_2H_5ONa \rightleftharpoons CH_3\overset{O}{\overset{\|}{C}}\underset{\underset{Na^+}{}}{\overset{-}{C}}H\overset{O}{\overset{\|}{C}}OC_2H_5 + C_2H_5OH$$

$$CH_3\overset{O}{\overset{\|}{C}}\underset{\underset{Na^+}{}}{\overset{-}{C}}H\overset{O}{\overset{\|}{C}}OC_2H_5 + CH_3-\overset{O}{\overset{\|}{C}}-OH \longrightarrow CH_3\overset{O}{\overset{\|}{C}}CH_2\overset{O}{\overset{\|}{C}}OC_2H_5 + CH_3\overset{O}{\overset{\|}{C}}-ONa$$

在消除一步中已经生成了乙酰乙酸乙酯，但因其中的亚甲基上的氢原子在酮基和酯基的影响下，酸性较强，在乙醇钠中，实际得到的不是游离的乙酰乙酸乙酯，而是它的钠盐，产物还需用乙酸酸化后才能得到乙酰乙酸乙酯。

克莱森酯缩合反应的总结果是一个碳负离子的酰基化，生成了一个 β-二羰基化合物，因此这是个合成 β-二羰基化合物的方法。一般情况下，α-碳上含氢的酯，在乙醇钠或其他碱性催化剂（如氨基钠）存在下，都能进行克莱森酯缩合反应。具有 α-氢的相同的酯，以及一种含 α-氢、另一种不含 α-氢的两种不同的酯反应时，具有制备意义。例如：

$$C_2H_5O\overset{O}{\overset{\|}{C}}H + CH_3COOC_2H_5 \xrightarrow[H_3^+O]{C_2H_5ONa} H\overset{O}{\overset{\|}{C}}CH_2\overset{O}{\overset{\|}{C}}OC_2H_5 + C_2H_5OH$$

$$\underset{\underset{COOC_2H_5}{|}}{\overset{\overset{COOC_2H_5}{|}}{}} + CH_3COOC_2H_5 \xrightarrow[H_3^+O]{C_2H_5ONa} \underset{\underset{COCH_2COOC_2H_5}{|}}{\overset{\overset{COOC_2H_5}{|}}{}} + C_2H_5OH$$

二、乙酰乙酸乙酯的互变异构现象

乙酰乙酸乙酯能与氢氰酸、亚硫酸氢钠发生加成反应，也能与羟胺、苯肼等加成生成肟

第九章 乙酰乙酸乙酯和丙二酸二乙酯

和苯腙，能被还原成 β-羟基酸酯。这些反应说明乙酰乙酸乙酯具有酮式结构：

$$CH_3-\overset{O}{\overset{\|}{C}}-CH_2-COOC_2H_5$$

但乙酰乙酸乙酯还具有如下的特殊性质：它能使溴的乙醇溶液退色，说明分子中具有碳碳双键；与金属钠作用放出氢气，生成钠的衍生物；与乙酰氯作用生成酯。这些反应都说明乙酰乙酸乙酯分子中有羟基存在。它还能与氯化铁溶液作用呈现紫红色，说明分子中含有烯醇式结构：

$$CH_3-\underset{OH}{C}=CH-COOC_2H_5$$

事实上，在一般情况下，乙酰乙酸乙酯是由上述两种异构体组成的，它们能互相转变。在室温时，液态乙酰乙酸乙酯是由约 7.5% 的烯醇式和 92.5% 的酮式异构体组成的平衡混合物。

$$CH_3-\underset{\underset{O}{\|}}{C}-CH_2COOC_2H_5 \rightleftharpoons CH_3-\underset{OH}{C}=CH-COOC_2H_5$$

这种能够互相转变的两种异构体之间存在的动态平衡现象，叫做互变异构现象。简单的烯醇式（例如乙烯醇）是不稳定的，而乙酰乙酸乙酯分子的烯醇式却较为稳定，其原因是通过分子内氢键形成一个较稳定的六元环。

$$\begin{array}{c} H \\ O\cdots O \\ CH_3-C \quad C-OC_2H_5 \\ CH \end{array}$$

另一方面是烯醇分子中羟基氧原子上的未共用电子对与碳碳双键和碳氧双键形成 p-π 共轭体系，降低了分子的能量

$$CH_3-\underset{OH}{C}=CH-\overset{O}{\overset{\|}{C}}-OC_2H_5$$

具有酮式和烯醇式互变异构现象的化合物不限于乙酰乙酸乙酯，分子中含有 $-\underset{\underset{O}{\|}}{C}-CH_2-\underset{\underset{O}{\|}}{C}-$ 构造的 β-二羰基化合物通常都有互变异构现象，甚至某些简单的羰基化合物也存在互变异构现象。但构造不同，烯醇式的含量不同。对于简单的羰基化合物，其烯醇式含量甚少。表 9-1 列出了某些化合物的烯醇式含量。

表 9-1 某些化合物的烯醇式含量

酮式	烯醇式	烯醇式含量/%
CH_3-CHO	$CH_2=CH-OH$	0
CH_3COCH_3	$CH_2=C(OH)CH_3$	1.5×10^{-4}
环己酮	环己烯醇	1.5
$C_2H_5O-CO-CH_2-CO-OC_2H_5$	$C_2H_5O-C(OH)=CH-CO-OC_2H_5$	0.1
$CH_3-CO-CH_2-CO-OC_2H_5$	$CH_3-C(OH)=CH-CO-OC_2H_5$	7.5
$CH_3-CO-CH_2-CO-CH_3$	$CH_3-C(OH)=CH-CO-CH_3$	76

续表

酮式	烯醇式	烯醇式含量/%
$C_6H_5\overset{\Vert}{\underset{O}{C}}-CH_2-\overset{\Vert}{\underset{O}{C}}-CH_3$	$C_6H_5-\underset{OH}{C}=CH-\overset{\Vert}{\underset{O}{C}}-CH_3$	96

三、乙酰乙酸乙酯在有机合成中的应用

1. 乙酰乙酸乙酯的酮式分解和酸式分解

（1）**酮式分解** 乙酰乙酸乙酯与稀的氢氧化钠溶液发生水解反应，酸化生成乙酰乙酸，后者加热则脱羧生成丙酮，称为酮式分解。

$$CH_3COCH_2COOC_2H_5 \xrightarrow[H_2O]{5\%NaOH} CH_3COCH_2COONa \xrightarrow{H^+} CH_3COCH_2COOH \xrightarrow[-CO_2]{\triangle} CH_3COCH_3$$

（2）**酸式分解** 乙酰乙酸乙酯与浓的氢氧化钠共热，则在 α 和 β-碳原子之间发生断裂，生成两分子乙酸盐，称为酸式分解。

$$CH_3COCH_2COOC_2H_5 \xrightarrow{40\%NaOH} 2CH_3COONa + CH_3CH_2OH$$

2. 乙酰乙酸乙酯亚甲基的活泼性

乙酰乙酸乙酯分子中亚甲基上氢原子受相邻羰基和酯基吸电子的影响，变得很活泼，能与碱（如乙醇钠）作用，生成乙酰乙酸乙酯的钠盐。它与卤代烃反应，生成烃基取代的乙酰乙酸乙酯。

$$CH_3COCH_2COOC_2H_5 \xrightarrow{CH_3CH_2ONa} [CH_3COCHCOOC_2H_5]^-Na^+$$

$$[CH_3COCHCOOC_2H_5]^-Na^+ \xrightarrow{R-X} CH_3CO\underset{R}{CH}COOC_2H_5 + NaX$$

烃基取代的乙酰乙酸乙酯再依次和乙醇钠、卤代烷反应，生成二烃基取代的乙酰乙酸乙酯。

$$CH_3CO\underset{R}{CH}COOC_2H_5 \xrightarrow{CH_3CH_2ONa} [CH_3CO\underset{R}{C}COOC_2H_5]^-Na^+ \xrightarrow{R'-X} CH_3CO\underset{R}{\overset{R'}{C}}COOC_2H_5$$

反应中所用的卤代烃，一般是伯卤代烃，其次是仲卤代烃，叔卤代烃因在强碱作用下易脱卤代氢生成烯烃，故不能采用。另外，在制备二烃基取代乙酰乙酸乙酯时，若两个烃基均为不同的伯烃基时，一般先引入大的烃基，后引入小的烃基较好些。

一烃基取代和二烃基取代的乙酰乙酸乙酯，也能发生酮式分解和酸式分解。

3. 乙酰乙酸乙酯在合成上的应用

乙酰乙酸乙酯进行烃基化反应后，将其生成的产物进行酮式分解或酸式分解，便可得到一系列结构复杂的羰基化合物或羧酸，这是重要的增长碳链的有机合成方法，在有机合成上有广泛的应用。例如：

① $CH_3CO-\underset{|}{\overset{R}{CH}}-COOC_2H_5$ $\xrightarrow[\text{酮式分解}]{5\%NaOH} CH_3COCH_2R + CO_2 + C_2H_5OH$
$\xrightarrow[\text{酸式分解}]{40\%NaOH} RCH_2COOH + CH_3COOH + C_2H_5OH$

② $CH_3CO-\underset{R'}{\overset{R}{C}}-COOC_2H_5$ $\xrightarrow[\text{酮式分解}]{5\%NaOH} CH_3CO-\underset{R'}{\overset{R}{C}}-H + CO_2 + C_2H_5OH$
$\xrightarrow[\text{酸式分解}]{40\%NaOH} R-\underset{R'}{\overset{|}{CH}}-COOH + CH_3COOH + C_2H_5OH$

第九章 乙酰乙酸乙酯和丙二酸二乙酯

③ $CH_3COCH_2COOC_2H_5 \xrightarrow[\text{② } n\text{-}C_4H_9Br]{\text{① } C_2H_5ONa} CH_3COCH(n\text{-}C_4H_9)COOC_2H_5 \xrightarrow[\text{② } H_3^+O]{\text{① } 5\%NaOH} CH_3COCH_2C_4H_9\text{-}n$

④ $2CH_3COCH_2COOC_2H_5 \xrightarrow[CH_2Cl_2]{2C_2H_5ONa} CH_2(CH(COCH_3)COOC_2H_5)_2 \xrightarrow{5\%NaOH} CH_3COCH_2CH_2COCH_3$

⑤ $CH_3COCH_2COOC_2H_5 \xrightarrow{C_2H_5ONa} [CH_3COCHCOOC_2H_5]^- Na^+ \xrightarrow{C_2H_5I}$
$CH_3COCH(C_2H_5)COOC_2H_5 \xrightarrow{40\%NaOH} CH_3CH_2CH_2COONa \xrightarrow{H^+} CH_3CH_2CH_2COOH$

但在合成羧酸时,通常不采用乙酰乙酸乙酯合成法,而采用丙二酸二乙酯合成法。因为前者在进行酸式分解时,常常伴有酮式分解的副反应,致使产率降低。

第二节 丙二酸二乙酯

丙二酸二乙酯为无色有香味的液体,熔点 $-50\ ℃$,沸点 $198.8\ ℃$。不溶于水,能与醇、醚混溶,在有机合成中具有广泛用途。

一、丙二酸二乙酯的合成

丙二酸很活泼,受热易分解脱羧而成乙酸。

$$HOOCCH_2COOH \xrightarrow{140\sim150\ ℃} CH_3COOH + CO_2$$

因此,丙二酸二乙酯不能通过丙二酸直接酯化制备,而是从氯乙酸钠经下列反应制备。

$ClCH_2COONa \xrightarrow[OH^-]{NaCN} NCCH_2COONa \xrightarrow[H_2SO_4]{C_2H_5OH} CH_2(COOC_2H_5)_2$

$\xrightarrow{H_3^+O} CH_2(COOH)_2 \xrightarrow[2C_2H_5OH]{H^+} CH_2(COOC_2H_5)_2$

二、丙二酸二乙酯在有机合成中的应用

丙二酸二乙酯在有机合成中应用广泛。与乙酰乙酸乙酯相似,丙二酸二乙酯分子中亚甲基上的氢原子非常活泼,能与醇钠作用生成钠盐。后者是强的亲核试剂,可以与卤代烷作用,得到烃基化产物。若有两个 α-氢,则可引入两个烃基。水解后生成相应烃基取代的丙二酸,它受热脱羧即可得到取代的乙酸。

$CH_2(COOC_2H_5)_2 \xrightarrow{C_2H_5ONa} [CH(COOC_2H_5)_2]^- Na^+ \xrightarrow{RX} RCH(COOC_2H_5)_2$

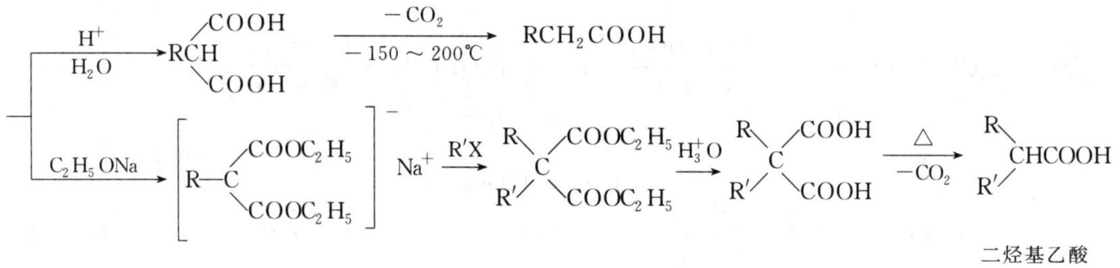

$$\begin{array}{c}\xrightarrow{\text{H}^+,\text{H}_2\text{O}} \text{RCH(COOH)}_2 \xrightarrow[-150\sim200℃]{-\text{CO}_2} \text{RCH}_2\text{COOH}\\ \xrightarrow{\text{C}_2\text{H}_5\text{ONa}} [\text{R-C(COOC}_2\text{H}_5)_2]^-\text{Na}^+ \xrightarrow{\text{R'X}} \text{RR'C(COOC}_2\text{H}_5)_2 \xrightarrow{\text{H}_3\text{O}^+} \text{RR'C(COOH)}_2 \xrightarrow[-\text{CO}_2]{\triangle} \text{RR'CHCOOH}\end{array}$$

二烃基乙酸

利用丙二酸酯法主要来合成取代乙酸，还可以合成二元羧酸。例如：

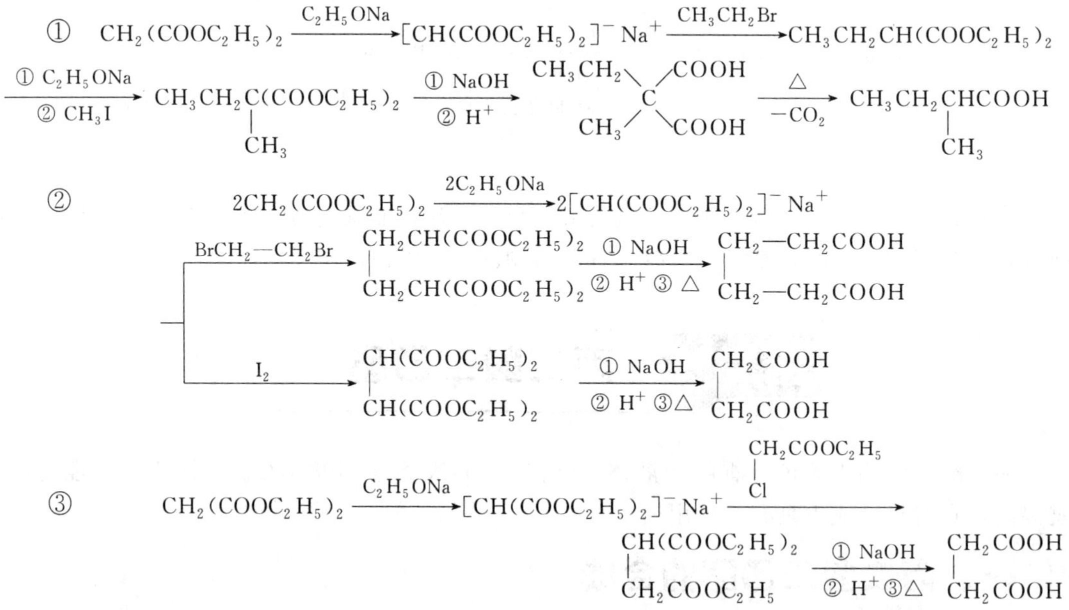

① $\text{CH}_2(\text{COOC}_2\text{H}_5)_2 \xrightarrow{\text{C}_2\text{H}_5\text{ONa}} [\text{CH}(\text{COOC}_2\text{H}_5)_2]^-\text{Na}^+ \xrightarrow{\text{CH}_3\text{CH}_2\text{Br}} \text{CH}_3\text{CH}_2\text{CH}(\text{COOC}_2\text{H}_5)_2$

$\xrightarrow[\text{② CH}_3\text{I}]{\text{① C}_2\text{H}_5\text{ONa}} \text{CH}_3\text{CH}_2\text{C}(\text{CH}_3)(\text{COOC}_2\text{H}_5)_2 \xrightarrow[\text{② H}^+]{\text{① NaOH}} \text{CH}_3\text{CH}_2\text{C}(\text{CH}_3)(\text{COOH})_2 \xrightarrow[-\text{CO}_2]{\triangle} \text{CH}_3\text{CH}_2\text{CH}(\text{CH}_3)\text{COOH}$

② $2\text{CH}_2(\text{COOC}_2\text{H}_5)_2 \xrightarrow{2\text{C}_2\text{H}_5\text{ONa}} 2[\text{CH}(\text{COOC}_2\text{H}_5)_2]^-\text{Na}^+$

$\xrightarrow{\text{BrCH}_2-\text{CH}_2\text{Br}} \begin{array}{c}\text{CH}_2-\text{CH}(\text{COOC}_2\text{H}_5)_2\\ |\\ \text{CH}_2-\text{CH}(\text{COOC}_2\text{H}_5)_2\end{array} \xrightarrow[\text{② H}^+ \text{③} \triangle]{\text{① NaOH}} \begin{array}{c}\text{CH}_2-\text{CH}_2\text{COOH}\\ |\\ \text{CH}_2-\text{CH}_2\text{COOH}\end{array}$

$\xrightarrow{\text{I}_2} \begin{array}{c}\text{CH}(\text{COOC}_2\text{H}_5)_2\\ |\\ \text{CH}(\text{COOC}_2\text{H}_5)_2\end{array} \xrightarrow[\text{② H}^+ \text{③} \triangle]{\text{① NaOH}} \begin{array}{c}\text{CH}_2\text{COOH}\\ |\\ \text{CH}_2\text{COOH}\end{array}$

③ $\text{CH}_2(\text{COOC}_2\text{H}_5)_2 \xrightarrow{\text{C}_2\text{H}_5\text{ONa}} [\text{CH}(\text{COOC}_2\text{H}_5)_2]^-\text{Na}^+ \xrightarrow{\text{CH}_2\text{COOC}_2\text{H}_5 \text{Cl}}$

$\begin{array}{c}\text{CH}(\text{COOC}_2\text{H}_5)_2\\ |\\ \text{CH}_2\text{COOC}_2\text{H}_5\end{array} \xrightarrow[\text{② H}^+ \text{③} \triangle]{\text{① NaOH}} \begin{array}{c}\text{CH}_2\text{COOH}\\ |\\ \text{CH}_2\text{COOH}\end{array}$

阅读材料

科学家——伍德沃德

伍德沃德是著名的有机化学家，也是当代复杂有机物合成大师之一。

伍德沃德出生于美国波士顿。1933年，16岁的他即进入麻省理工学院读书，并立志要做一名化学家，他1936年获得学士学位，第二年又很快获得博士学位，这时他才20岁。

获得博士学位后，伍德沃德把全部精力投入到天然有机化合物生物碱和甾族化合物的合成研究上。奎宁碱的结构经过有机化学家三十余年的研究才基本搞清，1944年伍德沃德正式合成了奎宁碱，当时他才27岁。的士宁（$C_{21}H_{21}N_2O_2$）是一种结构奇特的化合物，1954年伍德沃德等人以精湛的技巧和顽强的毅力完成了它的合成，并由此引起化学界的轰动。利血平是一种具有降血压和镇定神经作用的药物，1952年首次由蛇根萝夫藤中分离得到，1954年它的结构被剖析成功。1956年伍德沃德又合成了羊毛甾醇（$C_{30}H_{50}O$）等，这些天然有机化合物，包括后来结构更为复杂的叶绿素、维生素B_{12}的合成成功，被认为是当时合成化学的最高水平。

伍德沃德还善于从实际经验中进行归纳总结，使之上升为理论。1965年他和量子化学家霍夫曼（R. Hoffmann）合作提出了分子轨道对称性守恒原理，通常称为伍德沃德-霍夫曼规则，因而于1965年获得诺贝尔化学奖。

——摘自朱裕贞编.现代基础化学.北京：化学工业出版社，1998.

第九章 乙酰乙酸乙酯和丙二酸二乙酯

练习题

1. 完成下列反应方程式。

(1) $(CH_3COCHCOOC_2H_5)^- Na^+ \xrightarrow{CH_3CH_2Br} A \xrightarrow{NaOH/H_2O} B \xrightarrow[\text{② }\triangle, -CO_2]{\text{① }H^+} C$

(2) $CH_3-\underset{O}{\overset{O}{C}}-\underset{CH_2CH_3}{\overset{|}{CH}}-\underset{O}{\overset{O}{C}}-OC_2H_5 \xrightarrow[H_2O]{NaOH} A \xrightarrow[\text{② }\triangle, -CO_2]{\text{① }H^+} B$

(3) $CH_2\begin{matrix}CH_2CH_2COOC_2H_5\\ CH_2CH_2COOC_2H_5\end{matrix} \xrightarrow[\text{② }H^+]{\text{① }NaOC_2H_5} A+B$

(4) $CH_3CH_2COOC_2H_5 + \text{C}_6\text{H}_5-COOC_2H_5 \xrightarrow[\text{② }H^+]{\text{① }NaOC_2H_5} A+B$

2. 以甲醇、乙醇为主要原料,用乙酰乙酸乙酯合成下列化合物。

(1) 3-乙基-2-戊酮 (2) α-甲基丙酸
(3) α,β-二甲基丁酸 (4) γ-戊酮酸

3. 以丙二酸二乙酯为主要原料,合成下列化合物。

(1) 2-甲基戊酸 (2) 4-甲基戊酸
(3) 乙基-1,3-丙二醇 (4) 3-甲基己二酸

4. 化合物 A,分子式为 $C_9H_{10}O$,能溶于氢氧化钠溶液和碳酸氢钠溶液,与氯化铁溶液作用产生红色,能使溴的四氯化碳溶液退色,用酸性高锰酸钾氧化 A 得到对羟基苯甲酸和乙酸,推测化合物 A 的结构。

5. 某酯类化合物 A,分子式为 $C_5H_{10}O_2$。用乙醇钠的乙醇溶液处理,得到另一酯 B,分子式为 $C_8H_{14}O_3$,B 能使溴水退色,将 B 用乙醇钠的乙醇溶液处理后再与碘乙烷反应,又得到另一酯 C,分子式为 $C_{10}H_{18}O_3$,C 和溴水在室温下不发生反应,把 C 用稀碱水解后再酸化,加热即得到一个酮 D,分子式为 $C_7H_{14}O$,D 不发生碘仿反应,用锌汞齐还原则生成 3-甲基乙烷。试推测 A、B、C 和 D 的结构,并写出各步反应式。

第十章 含氮有机化合物

知识目标 掌握伯、仲、叔胺及季铵的结构与分类，掌握胺类衍生物的命名；理解有机胺酸碱强弱与结构变化的关系，胺的烷基化、酰基化、与亚硝酸反应、芳胺的环上取代与氧化反应；了解硝基化合物的结构、分类，进而掌握芳香族硝基化合物的还原反应及硝基对苯环的影响；掌握腈的水解与还原反应，重氮盐的制备以及其官能团转变中的应用。

能力目标 能由给定含氮衍生物的结构推测其在给定反应条件下发生的化学变化；能利用含氮衍生物的性质对其进行制备和鉴别。

学习关键词 胺、硝基化合物、季铵盐、季铵碱、重氮化合物、偶氮化合物、烷基化反应、酰基化反应、重氮化反应、偶合反应。

第一节 胺

胺类化合物广泛存在于生物界，具有极重要的生理作用。因此绝大多数药物都含有胺的官能团——氨基。蛋白质、核酸、许多激素、抗生素和生物碱都含有氨基，是胺的复杂衍生物，掌握胺的性质和合成方法是研究这些复杂天然产物的基础。

一、胺的结构与分类

1. 胺的结构

氨分子中的氢原子被烃基取代后的衍生物称为胺。胺的结构与氨相似，呈三角锥形，分子中氮原子为 sp^3 杂化，4 个杂化轨道中，有一个为电子对所占据，其他 3 个 sp^3 轨道则与氢或碳原子生成 σ 键。

2. 胺的分类

根据分子中烃基的结构不同，胺可分为脂肪胺和芳香胺。例如：

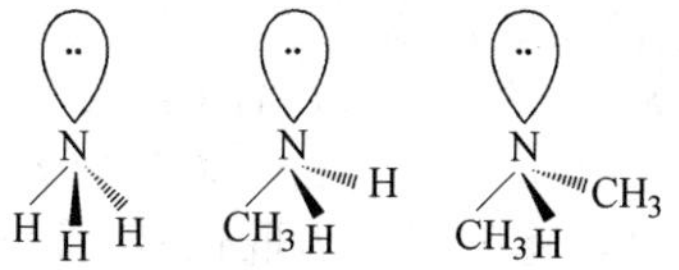

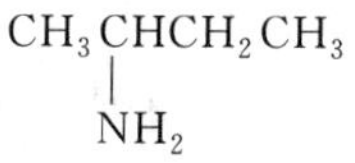

仲丁胺（脂肪胺） 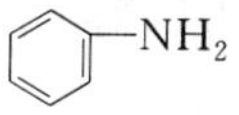　　　　　　　　苯胺（芳香胺）

根据分子中所含氨基的数目不同，又分为一元胺、二元胺和多元胺。例如：

$$H_2NCH_2CH_2NH_2 \qquad H_2N-\!\!\!\!\bigcirc\!\!\!\!-NH_2$$

乙二胺　　　　　　　　　　　对苯二胺

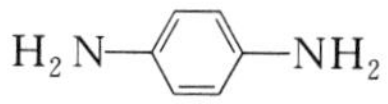

根据氨分子中氢原子被取代的个数（或者说氮原子上连接烃基的数目），可将胺分成伯胺（一级胺或1°胺）、仲胺（二级胺或2°胺）、叔胺（三级胺或3°胺）。例如：

$$CH_3CH_2NH_2 \qquad (CH_3CH_2)_2NH \qquad (CH_3CH_2)_3N$$

乙胺（伯胺）　　　　二乙胺（仲胺）　　　　三乙胺（叔胺）

应该注意：伯、仲、叔胺和伯、仲、叔醇的含义是不同的。伯、仲、叔醇是指羟基分别与伯、仲、叔碳相连的醇，而伯、仲、叔胺是根据氮原子所连烃基的数目而定的。例如：

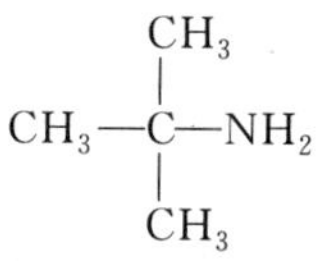

叔丁胺（伯胺） 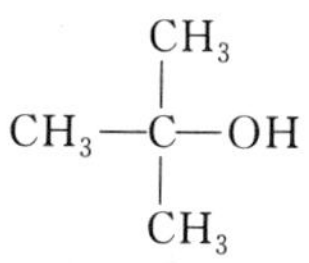　　　　　　叔丁醇（叔醇）

相应于氢氧化铵和铵盐的四烃基衍生物，分别称为季铵碱和季铵盐。例如：

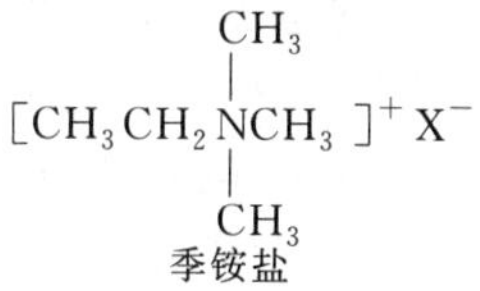

$$[CH_3CH_2\overset{CH_3}{\underset{CH_3}{N}}CH_3]^+X^- \qquad [CH_3\overset{CH_3}{\underset{CH_3}{N}}CH_3]^+OH^-$$

季铵盐 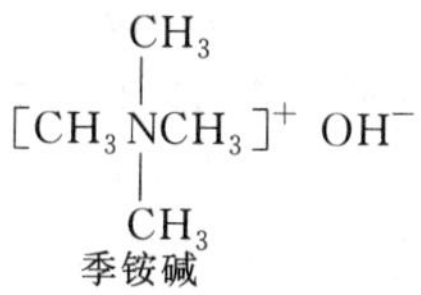　　　　　　　　　　　季铵碱

二、胺的命名

简单胺以习惯命名法命名之，即在胺之前加上烃基的名称来命名。如果是仲胺和叔胺，当烃基相同时，在前面用"二"或"三"表示烃基的数目；当烃基不同时，则按次序规则，较优基团名称放在后面。当氮原子上同时连有烷基和芳基时，则以芳胺为母体，命名时烷基名称前加英文字母"N"，表示烷基是连在氮原子上。对于季铵盐或季铵碱，其命名与上相同，在铵之前加上负离子的名称。例如：

伯胺

$$CH_3NH_2 \qquad C_6H_5CH_2NH_2 \qquad CH_3\!\!-\!\!\bigcirc\!\!-NH_2$$

甲胺　　　　苯甲胺（苄胺） 　　　　对甲苯胺

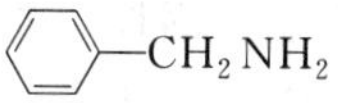

仲胺

$$(CH_3CH_2)_2NH \qquad CH_3NHCH_2CH_3 \qquad C_6H_5NHCH_3$$

二乙胺　　　　　　甲乙胺　　　　　　N-甲基苯胺

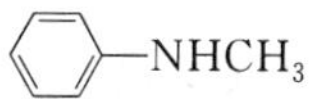

叔胺

$$(CH_3CH_2CH_2)_3N \qquad C_6H_5N(CH_3)_2 \qquad (C_6H_5)_3N$$

三丙胺　　　　　N,N-二甲基苯胺 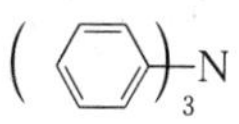　　　　三苯胺

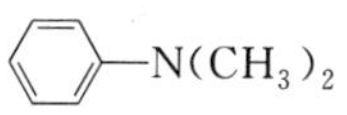

季铵盐

$$(CH_3CH_2)_4N^+Br^-　　　　C_6H_5CH_2N^+(CH_3)_3OH^-$$
溴化四乙铵　　　　　　　氢氧化三甲基苄基铵

复杂的胺以系统命名法命名之,将氨基作为取代基,以烃基或其他官能团作母体,取代基按次序规则排列,较优基团后列出。例如:

$$\underset{\text{2-甲基-4-氨基戊烷}}{CH_3-\underset{\underset{CH_3}{|}}{CH}-CH_2-\underset{\underset{NH_2}{|}}{CH}-CH_3} \qquad \underset{\text{3-甲基-2-(}N,N\text{-二乙基)氨基戊烷}}{CH_3CH_2-\underset{\underset{CH_3}{|}}{CH}-\underset{\underset{CH_3}{|}}{CH}-N(CH_2CH_3)_2}$$

$$\underset{\text{3-甲基-5-苯基-3-氨基己烷}}{CH_3CHCH_2\underset{\underset{C_6H_5}{|}}{C}\underset{\underset{NH_2}{|}}{(CH_3)}CH_2CH_3} \qquad \underset{\text{3,5-二甲基-2-甲氨基己烷}}{CH_3\underset{\underset{CH_3}{|}}{CH}CHCH_2\underset{\underset{NHCH_3}{|}}{CH}CH_3}$$

在有机化学中,氨、胺、铵三个字用法常易混淆。本书的用法为:作为取代基时称氨基,如 NH_2 称氨基,$NHCH_3$ 称甲氨基;作为官能团时称胺,如 CH_3NH_2 称甲胺;氮上带正电荷时称铵,如 $CH_3NH_3^+Cl^-$ 称为氯化甲铵,如写成 $CH_3NH_2\cdot HCl$ 时称为甲胺盐酸盐。

三、胺的性质

1. 胺的物理性质

(1) **物态**　常温常压下,脂肪族胺中甲胺、二甲胺、三甲胺和乙胺是无色气体,丙胺以上是液体,高级胺是固体。低级胺有令人不愉快的或是很难闻的气味,如三甲胺有鱼腥味,丁二胺(腐胺)和戊二胺(尸胺)有动物尸体腐烂后的恶臭味,高级胺无味。

(2) **沸点**　胺和氨一样,都是极性物质。除了叔胺外,都能形成分子间氢键,因此,沸点比不能以氢键缔合的分子量相近的醚高,由于氮的电负性小于氧,N—H 的极性比 O—H 键弱,形成氢键较弱,因此伯胺、仲胺的沸点比分子量相近的醇和羧酸低。

叔胺由于氮上没有氢原子,不能形成氢键,其沸点与分子量相近的烷烃相似。碳原子相同的脂肪族胺中,伯胺的沸点最高,仲胺次之,叔胺最低。例如:

	$CH_3CH_2CH_2NH_2$	$CH_3NHCH_2CH_3$	$(CH_3)_3N$
沸点/℃	47.8	36~37	2.9

(3) **水溶性**　低级胺易溶于水,随着分子量的增加,其溶解度迅速降低。例如,甲胺、二甲胺、乙胺、二乙胺等可与水以任意比例混溶,C_6 以上的胺则不溶于水。

这是因为低级胺与水分子间能形成氢键,所以易溶于水。随着胺分子中的烃基增大,空间位阻增强,难与水形成氢键,因此高级胺难溶于水。

(4) **毒性**　芳胺是无色的高沸点液体或低熔点固体,毒性很大。与皮肤接触或吸入其蒸气都会引起中毒,如苯胺可以通过吸入、食入或透过皮肤吸收而致中毒,食入 0.25mL 就会严重中毒,所以使用时要格外小心。有些芳香胺能致癌,如 β-萘胺与联苯胺是引致恶性肿瘤的物质。

一些常见胺的物理常数见表 10-1。

2. 胺的化学性质

(1) **胺的碱性**　胺与氨相似,分子中的氮原子上含有未共用电子对,能与氢质子结合而显碱性。

$$R-NH_2 + HCl \rightleftharpoons R-NH_3^+Cl$$

胺的碱性以碱电离常数 K_b 或其负对数值 pK_b 表示，K_b 越大或 pK_b 越小，胺的碱性越强。某些胺的 pK_b 值见表 10-1。

表 10-1　一些常见胺的物理常数

总称	熔点/℃	沸点/℃	密度/(g/cm³)	折射率	pK_b
甲胺	−92.5	−6.5	0.699(−1℃)	1.4321(1℃)	3.38
乙胺	−80.5	16.6	0.6829	1.3663	3.7
丙胺	−83	48.7	0.7173	1.3870	3.33
丁胺	−50.5	77.8	0.7417	1.4031	3.39
戊胺	−5.5	104	0.7574	1.4118	
己胺	−19	132.7			
二甲胺	−96	7.4	0.6804(0℃)	1.350	3.29
二乙胺	−50	55.5	0.7108	1.3864	3.02
二丙胺	−39.6	110.7	0.7400	1.4050	3.03
三甲胺	−124	3.5	0.6356	1.3631(0℃)	4.4
三乙胺	−115	89.7	0.7275	1.4010	3.4
1,2-乙二胺	8.5	117	0.8995	1.4568	4.0　7.0①
1,2-丙二胺		135.5	0.884	1.4600	
1,4-丁二胺	27	158	0.877	1.4569	
1,5-戊二胺	−2.1	178			
苯胺	−6	184	1.022	1.5863	9.42
N-甲基苯胺	−57	194	0.989	1.5684	9.31
N,N-二甲基苯胺	2	193	0.956	1.5582	8.94
邻甲基苯胺	24.4	197	1.008	1.5688	9.5　12.7①
间甲基苯胺	31.5	203	0.991	1.570	9.3　11.4①
对甲基苯胺	44	200	1.046		8.9　10.7①
邻苯二胺	103	257			9.5
间苯二胺	63	284	1.139	1.6339(58℃)	9.3
对苯二胺	140	267			8.9
二苯胺	54	302	1.159		13
α-萘胺	49	301	1.131		11.1
β-萘胺	112	306	1.061		9.9

① 后一个数字为 pK_{b2}。

从表 10-1 数值可看出，脂肪胺的碱性比氨强，而芳香胺的碱性比氨弱，即：

脂肪胺＞氨＞芳香胺

在脂肪胺中，由于烷基是供电子基，使氮原子上的电子云密度增加，接受质子能力增强，故碱性增强。从诱导效应看，烷基越多，胺的碱性应越强。但依照表中 pK_b 值，伯、仲、叔胺的碱性强弱次序为：

二甲胺＞甲胺＞三甲胺

这是因为影响碱性的因素很多，除诱导效应外，还有空间效应、溶剂化效应。从空间效应看，由于烷基数目的增加，在空间所占的位置也增大，这样给氮原子以屏蔽作用，阻碍了氮原子的未共用电子对与质子的结合，因此叔胺的碱性降低。从溶剂化效应看，胺分子中的氮上的氢原子越多，则与水形成氢键的机会就越多，溶剂化的程度就越大，形成的铵正离子就越稳定，碱性就越强。因此，胺的碱性强弱是诱导效应、空间效应和溶剂化效应综合影响的结果。

芳胺的碱性比氨弱，是由于氮原子上的未共用电子对与苯环形成 p-π 共轭体系，使得氮原子上的电子云密度降低,减弱了与质子结合的能力,因此碱性较弱。芳香胺不能使红色石蕊试纸变蓝,而脂肪胺能使红色石蕊试纸变蓝。不同芳胺的碱性强弱顺序为:

$$N,N\text{-二甲基苯胺} > N\text{-甲基苯胺} > \text{苯胺} > \text{二苯胺} > \text{三苯胺}$$

由于胺是弱碱,它与强无机酸反应生成的铵盐再加入强碱后,胺又重新被游离出来。例如:

$$CH_3CH_2NH_3^+ Cl^- + NaOH \longrightarrow CH_3CH_2NH_2 + NaCl + H_2O$$

此性质可用于混合物中胺的分离和精制。

(2) **胺的烷基化反应** 胺和氨一样,可与卤代烃或醇等烷基化剂作用,氨基上的氢原子被烷基取代。脂肪族或芳香族伯胺与卤代烃作用,发生烷基化反应生成仲胺、叔胺和季铵盐。

$$RNH_2 \xrightarrow{R'X} RNH_2^+R'X^- \xrightarrow{OH^-} RNHR'$$

$$RNHR' \xrightarrow{R'X} RNHR_2'^+X^- \xrightarrow{OH^-} RNR_2'$$

$$RNR_2' \xrightarrow{R'X} RN^+R_3'X^-$$

季铵盐与 NaOH 反应得不到相应的胺,若与湿的 Ag_2O 反应,将生成的卤化银沉淀除去,则可得到季铵碱,它是与 NaOH 一样强的有机碱。

$$RN^+R_3'X^- + Ag_2O + H_2O \longrightarrow RN^+R_3'OH^- + AgX\downarrow$$

胺的烷基化反应实质上是胺作为亲核试剂进行的取代反应,所以亲核性(碱性)弱或空间位阻大的胺都很难使反应正常进行。对于卤代烃通常选用 1°或 2°卤代烃,3°卤代烃在此条件下主要发生消除反应。

工业上也可以在加压、加热和无机酸催化下,用甲醇来进行甲基化。例如,苯胺与甲醇及硫酸的混合物在 2.5~3MPa、230℃作用,得到 N-甲基苯胺,但如用过量甲醇,则主要产物为 N,N-二甲基苯胺。

$$C_6H_5\text{—}NH_2 + CH_3OH \xrightarrow[2.5\sim3MPa,230℃]{H_2SO_4} C_6H_5\text{—}NHCH_3 + H_2O$$

$$C_6H_5\text{—}NH_2 + 2CH_3OH \xrightarrow[2.5\sim3MPa,230℃]{H_2SO_4} C_6H_5\text{—}N(CH_3)_2 + H_2O$$

(3) **胺的酰基化反应** 伯胺或仲胺与酰基化剂(如酰卤、酸酐)发生酰基化反应,氨基上的氢原子被酰基取代而生成 N-烷基酰胺。叔胺的氮原子上没有氢,不起酰化反应。反应式如下:

$$RNH_2 + CH_3COCl \longrightarrow RNHCOCH_3 + HCl$$

$$R_2NH + CH_3COCl \longrightarrow R_2NCOCH_3 + HCl$$

$$R_3N + CH_3COCl \longrightarrow \text{不反应}$$

胺的酰基衍生物多数为结晶固体,具有一定的熔点,可用于鉴定伯胺和仲胺。N-烷基酰胺呈现中性,不与酸成盐,因此在醚溶液中,伯、仲、叔胺的混合物经乙酸酐酰化后,再加稀盐酸,则只有叔胺仍能与盐酸成盐,利用这个性质可使叔胺从混合物中分离出来,而伯、仲胺的酰化产物经水解后又得到原来的胺。反应式如下:

$$RNHCOCH_3 + H_2O \xrightarrow{H^+} RNH_2 + CH_3COOH$$

$$R_2NCOCH_3 + H_2O \xrightarrow{H^+} R_2NH + CH_3COOH$$

芳胺的酰基衍生物不像芳胺那样容易被氧化,它们容易由芳胺酰化制得,又容易水解转变成原来的芳胺,所以在有机合成中,常利用酰基化来保护氨基以避免芳胺在发生某些反应时被破坏。例如，在药物乙吗噻嗪中间体 3-硝基二苯胺的合成中就用到酰基化反应。

$$\text{C}_6\text{H}_5\text{NHCH}_3 + (\text{CH}_3\text{CO})_2\text{O} \longrightarrow \text{C}_6\text{H}_5\text{N}(\text{CH}_3)\text{COCH}_3 + \text{CH}_3\text{COOH}$$

N-甲基乙酰苯胺

3-硝基二苯胺合成反应式（经过酰化、与溴苯反应及水解三步得到 3-硝基二苯胺）

（4）胺的磺酰化反应 伯胺或仲胺与磺酰化剂（如苯磺酰氯或对甲苯磺酰氯）在强碱性溶液中作用，氨基上的氢原子被磺酰基取代，生成相应的芳磺酰胺。伯胺磺酰化后的产物由于磺酰基的影响使氮上的氢原子呈酸性，因而可与碱作用生成盐而溶于碱中；仲胺的芳磺酰胺衍生物分子中，氮上没有氢原子，不能与碱成盐，不溶于碱；叔胺的氮原子上没有氢，不起磺酰化反应，也不溶于碱。如果使伯、仲、叔胺的混合物与磺酰化剂在强碱性溶液中反应，析出固体的为仲胺的磺酰胺，而叔胺可以蒸馏分离；余液酸化后，可得到伯胺的磺酰胺。伯胺、仲胺的磺酰胺在酸水解下可分别得到原来的胺，这就是著名的 Hinshberg 反应，可用来鉴别和分离伯、仲、叔胺。例如：

伯胺 $\text{C}_6\text{H}_5\text{NH}_2$、仲胺 $\text{C}_6\text{H}_5\text{NHCH}_3$、叔胺 $\text{C}_6\text{H}_5\text{N}(\text{CH}_3)_2$ 与 $\text{CH}_3\text{-C}_6\text{H}_4\text{-SO}_2\text{Cl}$ 反应，分别生成 $\text{C}_6\text{H}_5\text{NHSO}_2\text{-C}_6\text{H}_4\text{-CH}_3$（沉淀）和 $\text{C}_6\text{H}_5\text{N}(\text{CH}_3)\text{SO}_2\text{-C}_6\text{H}_4\text{-CH}_3$（沉淀），再加 NaOH，前者溶解，后者不溶解；叔胺不被磺酰化，可蒸出。

（5）胺与亚硝酸反应 各类胺与亚硝酸反应时可生成不同的产物。由于亚硝酸不稳定，一般在反应过程中由亚硝酸钠与盐酸（或硫酸）作用得到。

脂肪族伯胺与亚硝酸作用先生成极不稳定的脂肪族重氮盐，它立即分解成氮气和一个碳正离子 R^+，然后此碳正离子可发生各种反应而生成醇、烯烃及卤代烃等化合物。

$$\text{RNH}_2 + \text{NaNO}_2 + \text{HCl} \longrightarrow \text{N}_2\uparrow + R^+ + X^-$$
$$\longrightarrow \text{醇、烯烃、卤代烃等}$$

由于反应很复杂，得到的是混合物，在合成上没有应用价值。但由于放出氮气是定量的，因此可用作氨基的定量测定。

芳香族伯胺与亚硝酸在低温（一般在 5℃ 以下）及强酸水溶液中反应，生成芳基重氮盐，这个反应称为重氮化反应。例如：

$$\text{C}_6\text{H}_5\text{NH}_2 + \text{NaNO}_2 + \text{HCl} \xrightarrow{0\sim 5℃} \text{C}_6\text{H}_5\text{-N}^+\equiv\text{NCl}^- + 2\text{H}_2\text{O}$$

芳基重氮盐虽然也不稳定，但在低温下可保持不分解，这在有机合成中是很有用的。关于重氮化反应以及重氮盐的性质和应用，将在本章第四节详细讨论。

脂肪族和芳香族仲胺与亚硝酸作用都生成 N-亚硝基胺。例如：

$$(\text{CH}_3)_2\text{NH} + \text{HNO}_2 \longrightarrow (\text{CH}_3)_2\text{N-N}=\text{O} + \text{H}_2\text{O}$$

N-亚硝基二甲胺

$$\underset{}{\text{C}_6\text{H}_5}\!-\!\text{NHCH}_3 + \text{HNO}_2 \longrightarrow \underset{\underset{\text{CH}_3}{|}}{\text{C}_6\text{H}_5\!-\!\text{N}\!-\!\text{N}\!=\!\text{O}} + \text{H}_2\text{O}$$

N-甲基-N-亚硝基苯胺

N-亚硝基胺都是黄色油状液体，它与稀硝酸共热时，水解而成原来的仲胺。此性质可用来分离或提纯仲胺。

脂肪族叔胺一般无上述类似的反应，虽然在低温时能与亚硝酸生成盐，但不稳定，易水解，加碱后可重新得到游离的叔胺。

芳香族叔胺与亚硝酸作用，则发生环上亚硝化反应，生成对亚硝基取代产物。例如：

$$\text{C}_6\text{H}_5\!-\!\text{N}(\text{CH}_3)_2 + \text{HNO}_3 \longrightarrow (\text{CH}_3)_2\text{N}\!-\!\text{C}_6\text{H}_4\!-\!\text{N}\!=\!\text{O} + \text{H}_2\text{O}$$

对亚硝基-N,N-二甲基苯胺

亚硝基化合物一般都具有很强的致癌毒性。

综上所述，可以利用亚硝酸与伯、仲、叔胺反应的不同，来鉴别伯、仲、叔胺。

(6) 胺的氧化　胺尤其是芳香胺很容易被氧化。例如，纯苯胺是无色透明液体，但在空气中放置后，颜色逐渐变为黄色至红棕色，这就是夹杂了氧化产物的结果，故芳香胺应避光保存在棕色瓶中。芳香胺的氧化产物很复杂，其中包含了聚合、氧化水解等反应的产物。胺的氧化反应因氧化剂的不同而生成不同的产物。例如，在酸性条件下，苯胺用二氧化锰氧化生成对苯醌，对苯醌还原后生成对苯二酚。

$$\text{C}_6\text{H}_5\text{NH}_2 \xrightarrow{\text{MnO}_2,\text{H}_2\text{SO}_4} \text{对苯醌} \xrightarrow{[\text{H}]} \text{对苯二酚}$$

这是以苯胺为原料制备对苯二酚的方法。对苯醌易挥发，有毒，气味与臭氧相似。

(7) 苯环上的取代反应　由于氨基是邻、对位定位基，具有较强的致活性，因此苯胺容易发生卤化、硝化、磺化等亲电取代反应。

① 卤化　苯胺与卤素很容易发生卤化反应。例如，在常温下苯胺与溴水作用，立即生成不溶于水的2,4,6-三溴苯胺的白色沉淀。此反应很难停留在一元取代阶段。该反应是定量进行的，可用于苯胺的定性和定量分析。

$$\text{C}_6\text{H}_5\text{NH}_2 + 3\text{Br}_2 \longrightarrow 2,4,6\text{-Br}_3\text{C}_6\text{H}_2\text{NH}_2\downarrow + 3\text{HBr}$$

为制取一溴苯胺，必须设法降低氨基的活性。通常是由苯胺经酰基化后转化为乙酰苯胺，再溴化，最后水解去掉乙酰基。由于乙酰氨基是比氨基活性较弱的邻、对位定位基且又空间位阻大，因此取代主要发生在乙酰氨基的对位。

$$\text{C}_6\text{H}_5\text{NH}_2 \xrightarrow{(\text{CH}_3\text{CO})_2\text{O}} \text{C}_6\text{H}_5\text{NHCOCH}_3 \xrightarrow{\text{Br}_2} p\text{-Br}\text{C}_6\text{H}_4\text{NHCOCH}_3 \xrightarrow[\text{H}^+\text{或 OH}^-]{\text{H}_2\text{O}} p\text{-Br}\text{C}_6\text{H}_4\text{NH}_2$$

> **想一想**
> 如何鉴别苯酚与苯胺？

② 硝化　由于苯胺容易被氧化，其硝化反应不能直接进行，应先将氨基保护起来。根据产物的不同，采用不同的保护方法。

如要制备对硝基苯胺，需将苯胺转变为乙酰苯胺，然后再硝化、水解。由于乙酰氨基空间位阻大，主要产物是对硝基苯胺。

$$\text{C}_6\text{H}_5\text{NH}_2 \xrightarrow{(\text{CH}_3\text{CO})_2\text{O}} \text{C}_6\text{H}_5\text{NHCOCH}_3 \xrightarrow[\text{H}_2\text{SO}_4]{\text{HNO}_3} p\text{-O}_2\text{N-C}_6\text{H}_4\text{-NHCOCH}_3 \xrightarrow[\text{H}^+]{\text{H}_2\text{O}} p\text{-O}_2\text{N-C}_6\text{H}_4\text{-NH}_2$$

若要制备间硝基苯胺，可先将苯胺溶于浓硫酸中，使之转变为苯胺硫酸盐以保护氨基，然后再进行硝化。由于生成的—NH_3^+是间位定位基，故主要产物为间位取代物。

$$\text{C}_6\text{H}_5\text{NH}_2 \xrightarrow{\text{H}_2\text{SO}_4} \text{C}_6\text{H}_5\text{-}^+\text{NH}_3\text{-OSO}_3\text{H} \xrightarrow{\text{HNO}_3} m\text{-O}_2\text{N-C}_6\text{H}_4\text{-}^+\text{NH}_3\text{-OSO}_3\text{H} \xrightarrow{\text{NaOH}} m\text{-O}_2\text{N-C}_6\text{H}_4\text{-NH}_2$$

但通常制备间硝基苯胺是由间二硝基苯经部分还原得到的。

要制备邻硝基苯胺，可将乙酰苯胺用磺基占位法来制备。

$$\text{C}_6\text{H}_5\text{NH}_2 \xrightarrow[\triangle]{(\text{CH}_3\text{CO}_2)_2\text{O}} \text{C}_6\text{H}_5\text{NHCOCH}_3 \xrightarrow{\text{H}_2\text{SO}_4} p\text{-HO}_3\text{S-C}_6\text{H}_4\text{-NHCOCH}_3 \xrightarrow[\text{H}_2\text{SO}_4]{\text{HNO}_3} \text{(NO}_2\text{,NHCOCH}_3\text{,SO}_3\text{H)} \xrightarrow[\triangle]{\text{H}_2\text{O,H}^+} o\text{-O}_2\text{N-C}_6\text{H}_4\text{-NH}_2$$

③ 磺化　苯胺与浓硫酸混合，生成苯胺硫酸盐，然后在高温下将此盐加热脱水，则重排为对氨基苯磺酸。

$$\text{C}_6\text{H}_5\text{NH}_2 \xrightarrow{\text{H}_2\text{SO}_4} \text{C}_6\text{H}_5\text{NH}_2\cdot\text{H}_2\text{SO}_4 \xrightarrow[-\text{H}_2\text{O}]{180\sim190\,^\circ\text{C}} p\text{-H}_2\text{N-C}_6\text{H}_4\text{-SO}_3\text{H}$$

对氨基苯磺酸，俗称磺胺酸，白色晶体，熔点288℃，微溶于冷水，几乎不溶于乙醇、乙醚、苯等有机溶剂，是制备偶氮染料和磺胺药物的原料。

对氨基苯磺酸分子内同时含有碱性的氨基和酸性的磺基，是两性化合物，可以形成分子内盐，这种盐称为内盐。

(8) 异腈反应　伯胺与三氯甲烷、氢氧化钾的醇溶液共热生成有毒及特臭的异腈（胩），可利用这个反应鉴别伯胺。异腈可在稀酸中水解，因此可用稀酸解除异腈的毒性和臭味。

$$\text{RNH}_2 + \text{CHCl}_3 \xrightarrow{\text{KOH}} \text{RNC} \xrightarrow{\text{H}^+} \text{RNH}_2 + \text{H}_2\text{O} + \text{HCOOH}$$

四、重要的胺

1. 二甲胺 [$(CH_3)_2NH$]

二甲胺为无色气体，沸点7.4℃，易溶于水、乙醇和乙醚。其低浓度气体有鱼腥臭味，高浓度气体有令人不愉快的氨味。易燃，与空气可形成爆炸性混合物，爆炸极限为2.80%~14.40%（体积分数）。有毒，对皮肤、眼睛和呼吸器官都有刺激性。空气中允许浓度为10μg/g。工业上由甲醇与氨在高温、高压和催化剂存在下制得。

二甲胺主要用于医药、农药、染料等工业，是合成磺胺类药物、杀虫脒、二甲基甲酰胺等的中间体。

2. 乙二胺（$H_2N-CH_2CH_2-NH_2$）

乙二胺是最简单的二元胺，为无色黏稠状液体，沸点116.5℃，易溶于水。

乙二胺由1,2-二氯乙烷与氨反应制得。

$$ClCH_2CH_2Cl + 4NH_3 \xrightarrow[9.5MPa]{145\sim180℃} H_2NCH_2CH_2NH_2 + 2NH_4Cl$$

乙二胺与氯乙酸在碱性溶液中作用生成乙二胺四乙酸盐，后者经酸化得乙二胺四乙酸，简称EDTA。

$$H_2NCH_2CH_2NH_2 + 4ClCH_2COOH \xrightarrow[50℃]{NaOH} \begin{array}{c}NaOOCCH_2\\NaOOCCH_2\end{array}NCH_2CH_2N\begin{array}{c}CH_2COONa\\CH_2COONa\end{array} \xrightarrow{H^+}$$

$$\begin{array}{c}HOOCH_2\\HOOCH_2\end{array}NCH_2CH_2N\begin{array}{c}CH_2COOH\\CH_2COOH\end{array}$$

EDTA及其盐是分析化学中常用的金属螯合剂，用于配合和分离金属离子。EDTA二钠盐还是重金属中毒的解毒药。

乙二胺是有机合成原料，主要用于制造药物、农药和乳化剂等。

3. 己二胺$[H_2N-(CH_2)_6-NH_2]$

己二胺为无色片状晶体，熔点42℃，微溶于水，溶于乙醇、乙醚和苯。

工业上制取己二胺的主要方法有以下三种。

（1）以己二酸为原料制取　己二酸与氨反应生成铵盐，加热失水生成己二腈，再经催化加氢得己二胺。

$$HOOC(CH_2)_4COOH + 2NH_3 \longrightarrow H_4NOOC(CH_2)_4COONH_4 \xrightarrow[-4H_2O]{220\sim280℃}$$

$$NC(CH_2)_4CN \xrightarrow[NaOH,75℃,3MPa]{H_2,Ni} H_2NCH_2(CH_2)_4CH_2NH_2$$

（2）以1,3-丁二烯为原料制取　1,3-丁二烯与氯气发生1,4-加成，生成1,4-二氯-2-丁烯，后者与氰化钠反应再催化加氢生成己二胺。

$$CH_2=CH-CH=CH_2 + Cl_2 \xrightarrow{220\sim300℃} ClCH_2-CH=CHCH_2Cl \xrightarrow[80\sim100℃]{NaCN}$$

$$NCCH_2CH=CHCH_2CN \xrightarrow{H_2,Ni} H_2NCH_2(CH_2)_4CH_2NH_2$$

（3）以丙烯腈为原料制取　丙烯腈在一定条件下电解、还原二聚，在阴极产生己二腈，再经催化加氢得到己二胺。

$$CH_2=CH-CN \xrightarrow[50℃]{电解} NC(CH_2)_4CN \xrightarrow{H_2,Ni} H_2N(CH_2)_6NH_2$$

该方法工艺流程短，杂质少，产率高。世界上已趋向于采用这种方法生产己二胺。

己二胺主要用于合成高分子化合物，是尼龙-66、尼龙-610、尼龙-612的单体。

4. 苯胺（⌬—NH_2）

苯胺存在于煤焦油中，为无色油状液体，沸点184.13℃，具有特殊气味，有毒。微溶于水，可溶于苯、乙醇、乙醚。工业上苯胺主要由硝基苯还原制得。

苯胺是重要的有机合成原料，主要用于制造医药、农药、染料和炸药等。

5. 萘胺

萘胺有 α-萘胺（〔结构式：萘环-NH₂ 在1位〕）和 β-萘胺（〔结构式：萘环-NH₂ 在2位〕）两种异构体。其中 α-萘胺比较重要。

α-萘胺是无色针状晶体，熔点 50℃，有令人不愉快的气味。不溶于水，可溶于乙醇和乙醚，有毒。工业上由 α-硝基萘还原制得，α-萘胺主要用于制造染料，也可用于制造农药、橡胶防老剂等。

β-萘胺为无色、有光泽的片状晶体。熔点 110℃，不溶于冷水，可溶于热水、乙醇和乙醚。有毒，并且有致癌作用，使用时要特别小心。工业上由 β-萘酚与氨水在亚硫酸铵存在下，经加热、加压制得。

萘胺主要用于制造染料。

五、季铵盐和季铵碱

1. 季铵盐

叔胺与卤代烷作用生成季铵盐：

$$R_3N + RX \longrightarrow [R_4N]^+ X^-$$

季铵盐为无色晶体，具有盐的性质，能溶于水，不溶于非极性有机溶剂，加热时分解为叔胺和卤代烷：

$$[R_4N]^+ X^- \xrightarrow{\triangle} R_3N + RX$$

季铵盐与伯、仲、叔胺的盐不同，它与强碱作用时，不能使胺游离出来，而是得到含有季铵碱的平衡混合物：

$$[R_4N]^+ X^- + KOH \rightleftharpoons [R_4N]^+ OH^- + KX$$

该反应如果在醇溶液中进行，由于碱金属的卤化物（如卤化钾）不溶于醇而析出沉淀，可破坏上述平衡，使反应向正向进行比较彻底，全部生成季铵碱。

若用湿的氧化银代替氢氧化钾，由于生成卤化银沉淀，也能使反应进行完全，生成季铵碱。例如：

$$2[(CH_3)_4N]^+ I^- + Ag_2O + H_2O \longrightarrow 2[(CH_3)_4N]^+ OH^- + 2AgI\downarrow$$

含有长链烃基（$C_{15} \sim C_{25}$）的季铵盐是常用的相转移催化剂，也可作为阳离子型表面活性剂。例如氯化三甲基十二烷基铵 $[C_{12}H_{25}N(CH_3)_3]^+ Cl^-$ 不仅具有润湿、起泡和去污作用，而且还具有杀菌消毒作用，是一种重要的表面活性剂。

2. 季铵碱

季铵碱是强碱，其碱性与氢氧化钠相近。易溶于水，有很强的吸湿性。季铵碱受热分解，分解产物与烃基结构有关。

当分子中没有 β-氢原子时，分解生成叔胺和醇。例如：

$$[(CH_3)_4N]^+ OH^- \xrightarrow{\triangle} (CH_3)_3N + CH_3OH$$

当分子中含有 β-氢原子时，分解生成叔胺、烯烃和水。

$$[CH_3CH_2CH_2N(CH_3)_3]^+ OH^- \xrightarrow{\triangle} (CH_3)_3N + CH_3CH=CH_2 + H_2O$$

某些季铵碱具有生理功能，例如胆碱是磷脂的组成部分，最初是由胆汁中发现的。胆碱能调节肝中的脂肪代谢，有降低血压抗脂肪肝的作用。胆碱与醋酸反应，生成乙酰胆碱，它是人体内神经传导系统的重要物质。

反应如下：

$$HOCH_2CH_2N^+(CH_3)_3OH^- + CH_3COOH \underset{}{\overset{胆碱酯酶}{\rightleftharpoons}} CH_3COOCH_2CH_2N^+(CH_3)_3OH^- + H_2O$$

六、胺的鉴别

1. 鉴别胺的方法

(1) 苯磺酰氯试验方法　苯磺酰氯与伯、仲胺作用，生成的苯磺酰伯胺，显弱酸性，能溶于稀碱中；苯磺酰仲胺呈中性，从碱液中沉淀出来；苯磺酰氯与叔胺的作用物，在碱性条件下，水解生成原来的胺，这样伯、仲、叔胺完全区别开来。

$$C_6H_5SO_2Cl + RNH_2 + 2NaOH \longrightarrow C_6H_5SO_2NR^-Na^+ + NaCl + 2H_2O$$

$$C_6H_5SO_2Cl + R_2NH + NaOH \longrightarrow C_6H_5SO_2NR_2 + NaCl + H_2O$$

$$C_6H_5SO_2Cl + R_3N + NaOH \longrightarrow C_6H_5SO_2N^+R_3Cl^- \xrightarrow{OH^-} C_6H_5SO_3^- + R_3N + Cl^-$$

(2) 酰化试验方法　伯、仲胺和酰化试剂作用，生成酰胺，叔胺不起作用，因此可把伯、仲胺和叔胺区分。常用酰化剂是乙酰氯、乙酐和苯甲酰氯。

$$2RNH_2 + CH_3COCl \longrightarrow CH_3CONHR + RNH_2 \cdot HCl$$

$$RNH_2 + (CH_3CO)_2O \longrightarrow CH_3CONHR + CH_3COOH$$

(3) 亚硝酸试验方法　脂肪族伯胺与亚硝酸作用，生成的重氮盐不稳定，立即分解成醇和烯烃等混合物，芳香族伯胺在强酸和较低温度，与亚硝酸作用，生成的重氮盐能与 β-萘酚的碱性溶液起偶联反应，得橘红色偶氮染料。

$$C_6H_5NH_2 \cdot HCl + HNO_2 \longrightarrow C_6H_5N_2^+Cl^- \xrightarrow{微热} C_6H_5OH + HCl + N_2\uparrow$$

$$\xrightarrow{NaOH, \beta\text{-萘酚}} \text{(1-苯偶氮-2-萘酚钠)} + NaCl + H_2O$$

2. 鉴别胺的试验

(1) 2,4-二硝基氯苯试验

目的：

① 理解 2,4-二硝基氯苯试验鉴别胺的基本原理；

② 学会用 2,4-二硝基氯苯鉴别胺类化合物。

仪器：点滴板、滴瓶、吸管、小药匙、试管、试管架。

试剂：乙醚、0.01g/mL 的 2,4-二硝基氯苯的乙醚溶液。

试样：苯胺、N-甲基苯胺、N,N-二甲基苯胺、乙二胺、对氨基苯磺酸。

安全：避免试样及试剂吸入、摄入，避免与皮肤直接接触。

态度：认真实验，规范操作，仔细观察，及时记录。

步骤：

① 在干燥洁净的点滴板的凹处分别加入 30mg 苯胺、N-甲基苯胺、N,N-二甲基苯胺、

乙二胺、对氨基苯磺酸；

② 继续向点滴板的凹处加入 2 滴乙醚和 1 滴 2,4-二硝基氯苯的乙醚溶液；

③ 待乙醚液挥发，仔细观察滴板上装有样品凹处的现象变化，并及时记录；

④ 将废液倒入指定地点；

⑤ 清洗点滴板。

注意事项：分子中带有羧酸基或磺酸基时则反应不发生。

(2) 兴士堡试验

目的：

① 理解兴士堡试验鉴别伯、仲、叔胺的基本原理；

② 学会用兴士堡试验鉴别伯、仲、叔胺。

仪器：试管、试管架、橡皮塞、玻璃棒、滴管、水浴、滴瓶、小药匙、10mL 量筒。

试剂：苯磺酰氯、氢氧化钠、浓盐酸、乙醇。

试样：苯胺、N-甲基苯胺、N,N-二甲基苯胺。

安全：避免试样及试剂吸入、摄入，避免与皮肤和眼直接接触。

态度：认真实验，规范操作，仔细观察，及时记录。

步骤：

① 在试管中加入 100mg 固体样品或 4~5 滴液体样品，加入 3mL 乙醇使样品溶解；

② 继续向试管中滴加 3 滴苯磺酰氯，在水浴中加热煮沸，冷却；

③ 再向试管中加入过量的浓盐酸，沉淀过滤、洗涤；

④ 将沉淀物转移至另一试管，加 5mL 水、4 粒氢氧化钠，温热；

⑤ 仔细观察试管中沉淀的变化，记录所观察到的现象，若沉淀溶解即为伯胺，若沉淀不溶即为仲胺，若试样是叔胺或季铵盐，则加浓 HCl 时无沉淀析出；

⑥ 将废液倒入指定地点；

⑦ 清洗仪器，试管倒置于试管架上；

⑧ 按所列的试样重复上述①~⑦的步骤。

注意事项：

① 实验中要严格控制苯磺酰氯与样品的比例，胺：氢氧化钠：磺酰氯为 1∶4∶5（摩尔比）。过量 10%~20% 已经足够，用量过多伯胺易形成双磺酰胺固体，不溶解于氢氧化钠中。

② 在检验三种胺类时，应注意样品的溶解度。两性化合物不用此试验检验。

③ 分子量较大的伯胺的苯磺酰胺钠盐在水中溶解度较小，需用大量水稀释后才可以完全溶解。

(3) 亚硝酸试验

目的：

① 理解亚硝酸试验鉴别芳香族伯胺、仲胺和叔胺的基本原理；

② 学会用亚硝酸试验鉴别芳香族伯胺、仲胺和叔胺，并鉴定芳伯胺。

仪器：试管、试管架、滴管、滴瓶、小药匙、5mL 量杯。

试剂：浓盐酸、亚硝酸钠、β-萘酚、淀粉-碘化钾试纸、10% 的氢氧化钠溶液。

试样：苯胺、N-甲基苯胺、N,N-二甲基苯胺、乙二胺。

安全：避免试样及试剂吸入、摄入，避免与皮肤直接接触。

态度：认真实验，规范操作，仔细观察，及时记录。

步骤：

① 在试管中加入 0.3mL 试样，加 1mL 浓盐酸和 2mL 水，置于 0℃ 冰盐浴；

② 在另一试管中加入 0.3g $NaNO_2$ 和 2mL 水，使之溶解成亚硝酸钠溶液，置于 0℃ 冰盐浴；

③ 在第三支试管中加入 0.1g β-萘酚和 2mL 10% 的氢氧化钠溶液，溶解后再加入 5mL 水稀释成 β-萘酚溶液，置于 0℃ 冰盐浴；

④ 将亚硝酸钠溶液逐滴加到样品溶液中，振荡试管，直到混合液遇淀粉-碘化钾试纸呈蓝色为止；

⑤ 仔细观察试管中溶液的变化，记录所观察到的现象；

⑥ 若溶液中无固体生成，则加入 β-萘酚溶液数滴，析出橙红色沉淀为伯胺，若溶液中有黄色固体或油状物析出，加碱不变色为仲胺，加 NaOH 溶液到碱性时转变成绿色固体为叔胺；

⑦ 将废液倒入指定地点；

⑧ 清洗仪器，试管倒置于试管架上；

⑨ 按所列的试样重复上述①～⑧的步骤。

注意事项：在邻位或对位有电负性取代基的芳香族伯胺，如 2,4-二硝基苯胺，用通常的方法不能重氮化，可改用亚硝酸钠的硫酸溶液来试验。

(4) 胺的碱性试验

步骤：在试管中放置 3～4 滴样品，在摇动下逐渐滴入 1.5mL 水。若不能溶解，可加热再观察。如仍不能溶解，可慢慢滴加 10% 硫酸直至溶解，然后逐渐滴加 10% 氢氧化钠溶液，记录现象变化。

样品：甲胺水溶液、苯胺。

相关反应及解释：

$$\text{C}_6\text{H}_5-NH_2 + H_2SO_4 \longrightarrow \text{C}_6\text{H}_5-\overset{+}{N}H_3 HSO_4^- \xrightarrow{NaOH} \text{C}_6\text{H}_5-NH_2 + NaHSO_4 + H_2O$$

脂肪胺易溶于水，芳香胺溶解度甚小或不溶。胺遇无机酸生成相应的铵盐而溶于水，强碱又使胺重新游离出来。

第二节 硝基化合物

一、硝基化合物的结构与分类

1. 硝基化合物的结构

烃分子中的氢原子被硝基取代后生成的化合物，称为硝基化合物。硝基（—NO_2）是它的官能团。硝基化合物与亚硝酸酯（R—ONO）互为同分异构体。

$$(Ar)R-\overset{\overset{O}{\|}}{N}\to O \quad\quad (Ar)R-O-N=O$$
$$\text{硝基化合物} \quad\quad\quad \text{亚硝酸酯}$$

氮原子的电子层构型为 $1s^2 2s^2 2p^3$，它的价电子层具有五个电子，而这一价电子层最多可容纳八个电子，因此，硝基化合物结构可以表示如下：

$$R:\overset{\times\times}{\underset{\underset{\ddot{O}}{\times\times}}{N}}:\ddot{\overset{\times\times}{O}} \quad\text{或}\quad R-N\overset{=O}{\underset{\downarrow}{}}{O}$$

在上式的两个氮氧键中,一个是氮氧双键(共价键),另一个为氮氧单键(配价键)。从形式看,两者是不同的,它们的键长不应相等。但是电子衍射法测定表明,硝基具有对称结构,两个氮氧键的键长相等,均为 0.121nm(介于 N—O 和 N=O 之间)。因此硝基的两个氮氧键是等同的,既不是一般的氮氧单键,也不是一般的氮氧双键。

这是因为硝基中的氮原子是 sp² 杂化,氮原子的 p 轨道和两个氧原子的 p 轨道平行且相互重叠,形成一个 N—O—N 三原子的 p-π 共轭体系,N—O 键上的电子云趋于平均化,致使两个氮氧键没有区别,如图 10-1 所示。

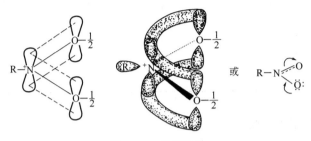

图 10-1 硝基结构

为了方便,一般仍采用 —N→O (O上) 式子表示硝基结构。

2. 硝基化合物的分类

根据分子中烃基种类不同,分为脂肪族和芳香族硝基化合物;根据分子中硝基数目的不同,分为一元和多元硝基化合物;根据与硝基相连接碳原子种类的不同,分为伯、仲、叔硝基化合物。

二、硝基化合物的命名

硝基化合物的命名通常是以烃基为母体,硝基作为取代基来命名的。例如:

CH₃NO₂   CH₃CHCH₂CHCH₃   CH₃
                     | | ⌬—NO₂
                    CH₃   NO₂

硝基甲烷   2-甲基-4-硝基戊烷   邻硝基甲苯

多官能团硝基化合物命名时,硝基仍作为取代基的。例如:

   Cl   OH   SO₃H
   ⌬—NO₂   ⌬   ⌬—NO₂
                         |
                         NO₂

间硝基氯苯   对硝基苯酚   邻硝基苯磺酸

三、硝基化合物的性质

1. 硝基化合物的物理性质

脂肪族硝基化合物是难溶于水、易溶于有机溶剂、相对密度大于 1 的无色液体。芳香族硝基化合物,一般为淡黄色,有苦杏仁气味,除少数一元硝基化合物是高沸点液体外,多数是固体。芳香族硝基化合物一般都有毒性,容易引起肝、肾和血液中毒。芳香族多硝基化合物都有极强的爆炸性,使用时应注意安全。硝基化合物的物理常数见表 10-2。

表 10-2 硝基化合物的物理常数

名称	熔点/℃	沸点/℃	相对密度（d_4^{20}）
硝基苯	5.7	210.8	1.203
邻二硝基苯	118	319	1.565
间二硝基苯	89.8	291	1.571
对二硝基苯	174	299	1.625
均三硝基苯	122	分解	1.688
邻硝基甲苯	4	222	1.163
间硝基甲苯	16	231	1.157
对硝基甲苯	52	238.5	1.286
2,4-二硝基甲苯	70	300	1.521
1-硝基萘	61	304	1.322

2. 硝基化合物的化学性质

由于芳香族硝基化合物的实用价值比脂肪族硝基化合物重要得多，所以本章主要学习芳香族硝基化合物的化学性质。

（1）硝基化合物的还原反应 还原反应是硝基化合物的重要性质，无论在理论上和实际上都有重大意义。

芳香族硝基化合物随着还原条件的不同可被还原成不同产物。例如，硝基苯可被还原成亚硝基苯、N-羟基苯胺、氧化偶氮苯、偶氮苯、氢氧化偶氮苯等。如用强还原剂，还原的最终产物为苯胺，常用的还原方法有催化加氢法和化学还原剂还原法。例如：

$$\text{C}_6\text{H}_5\text{NO}_2 \xrightarrow{\text{Fe}+\text{HCl}} \text{C}_6\text{H}_5\text{NH}_2 \text{（苯胺）}$$

锡和盐酸也是常用的还原剂。例如：

$$\text{1-硝基萘} \xrightarrow{\text{Sn}+\text{HCl}} \alpha\text{-萘胺} + \text{HCl}$$

使用化学还原剂，尤其是铁和盐酸时，虽然工艺简单，但污染严重。而催化加氢法是在中性条件下进行的。由于催化加氢法在产品质量和收率等方面均优于化学还原法，因而工业上多用催化加氢法。例如：

$$\text{C}_6\text{H}_5\text{NO}_2 \xrightarrow[\triangle, p]{\text{H}_2, \text{Ni}} \text{C}_6\text{H}_5\text{NH}_2$$

还原多硝基化合物时，选择不同的还原剂，可使其部分还原或全部还原。例如，在间二硝基苯的还原反应中，如果选用硫氢化钠作还原剂，可只还原其中的一个硝基，生成间硝基苯胺：

$$\text{间二硝基苯} \xrightarrow{\text{NaHS}} \text{间硝基苯胺}$$

但如果选用铁和盐酸作还原剂或催化加氢,则两个硝基全部被还原,生成间苯二胺:

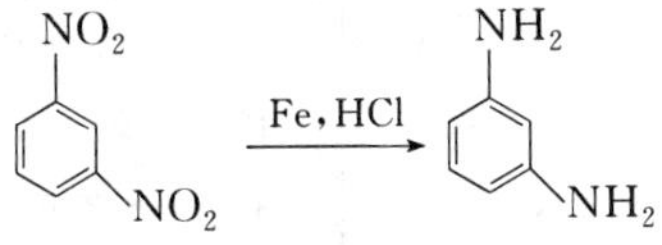

$$\underset{}{\underset{NO_2}{\bigodot}^{NO_2}} \xrightarrow{Fe,HCl} \underset{间苯二胺}{\underset{NH_2}{\bigodot}^{NH_2}}$$

(2) 苯环上的取代反应 由于硝基强的吸电子诱导和共轭效应的影响,苯环上电子云密度降低较多(尤其是邻位和对位),因此亲电取代反应不仅发生在间位,且比苯难进行,以致与弱的亲电试剂不发生反应。如硝基苯不能发生傅-克反应,所以硝基苯可用作这类反应的溶剂。

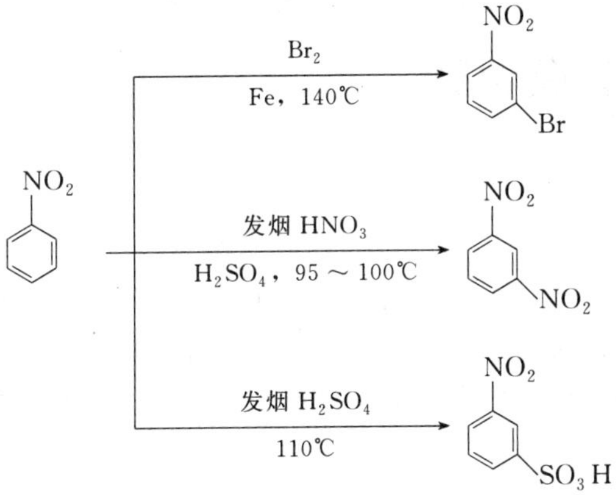

硝基苯 $\xrightarrow[\text{Fe, 140℃}]{Br_2}$ 间溴硝基苯

硝基苯 $\xrightarrow[H_2SO_4, 95\sim100℃]{\text{发烟}HNO_3}$ 间二硝基苯

硝基苯 $\xrightarrow[110℃]{\text{发烟}H_2SO_4}$ 间硝基苯磺酸

(3) 硝基对苯环上其他基团的影响 硝基不仅钝化苯环,使苯环上的取代反应难于进行,而且对苯环上其他取代基的性质也会产生显著影响。

① 使卤原子活化 在通常情况下,氯苯很难发生水解反应。但当其邻位或对位上连有硝基时,由于硝基具有较强的吸电子作用,使与氯原子直接相连的碳原子上电子云密度大大降低,从而带有部分正电荷,有利于负电性试剂(亲核试剂)OH^- 的进攻,因此,水解反应变得容易发生。硝基越多,反应越容易进行。例如,氯苯的水解需在高温、高压、有催化剂存在下,与强碱作用才能发生,而硝基氯苯的水解反应条件则大大缓和,在常压和较低温度下,用较弱的碱溶液就可发生。

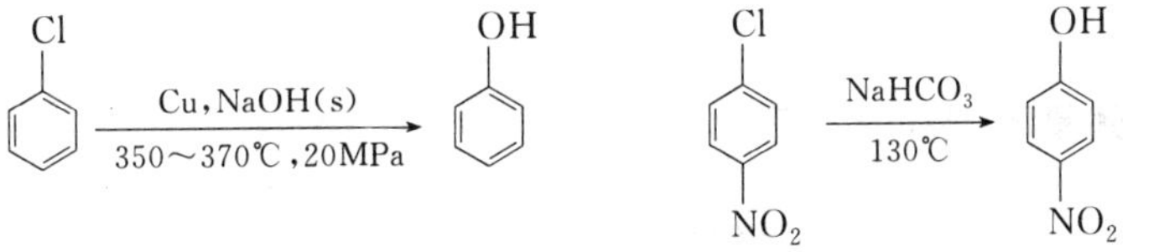

氯苯 $\xrightarrow[350\sim370℃, 20MPa]{Cu, NaOH(s)}$ 苯酚

对硝基氯苯 $\xrightarrow[130℃]{NaHCO_3}$ 对硝基苯酚

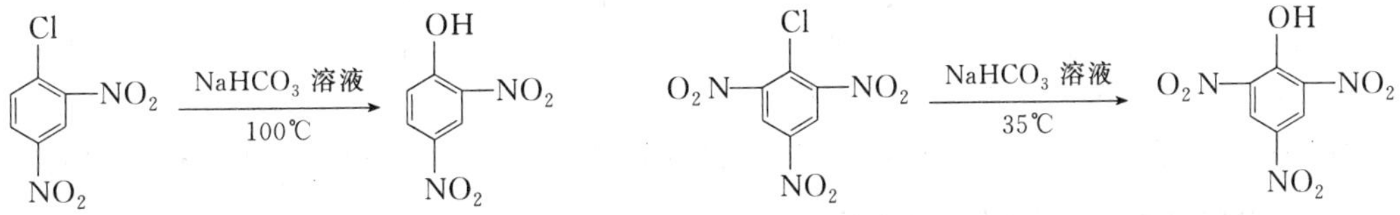

2,4-二硝基氯苯 $\xrightarrow[100℃]{NaHCO_3 \text{溶液}}$ 2,4-二硝基苯酚

2,4,6-三硝基氯苯 $\xrightarrow[35℃]{NaHCO_3 \text{溶液}}$ 2,4,6-三硝基苯酚

② 对酚类酸性的影响 苯酚的酸性较弱,当苯环上引入硝基能增强酚的酸性。例如,2,4-二硝基苯酚的酸性与甲酸相近,2,4,6-三硝基苯酚(苦味酸)的酸性几乎与强的无机酸相近。表10-3列出它们的 pK_a 值。

表 10-3　苯酚及硝基酚的 pK_a 值

名称	pK_a 值（25℃）	名称	pK_a 值（25℃）
苯酚	10.0	对硝基苯酚	7.10
邻硝基苯酚	7.21	2,4-二硝基苯酚	4.00
间硝基苯酚	8.00	2,4,6-三硝基苯酚	0.38

当酚羟基的邻位或对位有强吸电子的硝基时，因为酚羟基中氧原子上的未共用电子对所在 p 轨道，通过苯环与硝基的 π 轨道形成共轭体系。吸电子的硝基通过共轭效应的传递，使氧原子上的电子云密度更偏向苯环，即降低了酚羟基上氧原子的电子云密度，从而增加了氢解离成质子的能力，使苯酚的酸性增强。随着硝基数目的增多，这种影响加大，酸性更强。

四、重要的硝基化合物

1. 硝基苯

硝基苯为浅黄色、油状液体，熔点 5.7℃，沸点 210.8℃，相对密度 1.197，具有苦杏仁气味，有毒，不溶于水，而易溶于乙醇、乙醚等有机溶剂。硝基苯可通过苯的硝化反应制备。它是生产苯胺及制备染料和药物的重要原料。此外，它还可用作溶剂和缓和的氧化剂。

2. 2,4,6-三硝基甲苯

2,4,6-三硝基甲苯俗称 TNT，为黄色晶体，熔点 80.1℃，不溶于水，可溶于苯、甲苯和丙酮，有毒，由甲苯直接硝化制得。

TNT 是一种重要的军用炸药。因其熔融后不分解，受震动也相当稳定，所以装弹运输比较安全。经起爆剂引发，就会发生猛烈爆炸。原子弹、氢弹的爆炸威力常用 TNT 的万吨级来表示。TNT 也可用在民用筑路、开山、采矿等爆破工程中。此外，还可用于制造染料和照相用药品等。

3. 2,4,6-三硝基苯酚

2,4,6-三硝基苯酚为黄色晶体，熔点 122℃，味苦，俗称苦味酸。不溶于冷水，可溶于热水、乙醇和乙醚中，有毒，并有强烈的爆炸性。苦味酸是一种强酸，其酸性与强无机酸相近。由 2,4-二硝基氯苯经水解再硝化制得。

苦味酸是制造硫化染料的原料，也可作为生物碱的沉淀剂，医药上用作外科收敛剂。

五、硝基化合物的鉴别

1. 鉴别硝基化合物的方法

（1）锡-盐酸还原试验法　硝基化合物用锡-盐酸还原生成伯胺，然后再用胺类的特征试验来检验。

第十章　含氮有机化合物

$$RNO_2 + 6[H] \longrightarrow RNH_2 + 2H_2O$$

（2）氢氧化亚铁试验法　硝基化合物可与氢氧化亚铁作用生成胺和氢氧化铁。

$$RNO_2 + 6Fe(OH)_2 + 4H_2O \longrightarrow 6Fe(OH)_3 \downarrow + RNH_2$$

反应过程中，绿色的氢氧化亚铁被氧化成为棕色的氢氧化铁，根据这一现象可检验硝基的存在。

（3）锌-乙酸试验法　硝基化合物在乙酸条件下与锌粉反应生成羟胺类化合物。

$$RNO_2 \xrightarrow{Zn+HAc/C_2H_5OH} RNHOH$$

羟胺可还原托伦试剂，生成银镜。可利用这一反应检验硝基的存在。

（4）氢氧化钠-丙酮试验法　二硝基芳烃和三硝基芳烃可与氢氧化钠的丙酮液反应，一般二硝基芳烃显紫色，三硝基芳烃显红色，这个反应可用于多硝基芳烃检验。

2. 鉴别硝基化合物的试验

（1）氢氧化亚铁试验

目的：

① 理解氢氧化亚铁试验鉴别硝基化合物的基本原理；

② 学会用氢氧化亚铁试验鉴别硝基化合物。

仪器：试管、试管架、滴管、滴瓶、小药匙、5mL 量筒、橡皮塞。

试剂：氢氧化钾乙醇溶液、5%的硫酸亚铁铵。

试样：硝基苯、2,4-二硝基氯苯、硝基甲苯、硝基乙烷、异丙醇。

安全：避免试样及试剂与皮肤直接接触、摄入。

态度：认真实验，规范操作，仔细观察，及时记录。

步骤：

① 在试管中加入 10mg 样品和 1mL 新鲜配制的 5%的硫酸亚铁铵溶液；

② 继续向试管中加入 0.7mL 的氢氧化钾乙醇溶液，立即将试管塞住，振荡；

③ 仔细观察 1min 内试管中的颜色变化，记录所观察到的现象；

④ 将废液倒入指定地点；

⑤ 清洗仪器，试管倒置于试管架上；

⑥ 按所列的试样重复上述①~⑤的步骤。

注意事项：

① 硝基化合物一般在 30s 内显正结果，还原速率与样品在试剂中的溶解度有关；

② 羟胺、醌、硝酸和亚硝酸酯能氧化氢氧化亚铁，显正结果；

③ 绿色沉淀是由于氢氧化亚铁未被氧化所致，为负结果；

④ 有色化合物不宜做本试验。

试液的配制：

① 5%的硫酸亚铁铵溶液　将 25g 硫酸亚铁铵加到 500mL 新煮沸过的蒸馏水中，加 2mL 浓硫酸，放入一小铁钉，以防试剂被氧化。

② 氢氧化钾-乙醇溶液　溶解 30g 氢氧化钾在 30mL 蒸馏水中，再加到 200mL 95%乙醇中。

（2）锌-乙酸试验

目的：

① 理解锌-乙酸试验鉴别硝基化合物的基本原理；

② 学会用锌-乙酸试验鉴别硝基化合物。

仪器：试管、试管架、酒精灯、玻璃棒、小药匙、滴管、试管夹、5mL 量筒。

试剂：锌粉、冰醋酸、乙醇、5%的硝酸银溶液、10%的氢氧化钠溶液、1mol/L的氨水、6mol/L的硝酸溶液。

试样：硝基苯、2,4-二硝基氯苯、硝基甲苯、硝基乙烷、异丙醇。

安全：避免试样及试剂与皮肤直接接触、摄入。

态度：认真实验，规范操作，仔细观察，及时记录。

步骤：

① 在试管中加入 50mg 固体样品或 3 滴液体样品和 2mL 50%乙醇；

② 继续向试管中加入 4 滴冰醋酸和 50mg 锌粉；

③ 在酒精灯上加热试管使溶液沸腾；

④ 静置 5min，过滤，将滤液置于一试管中；

⑤ 在另一试管中加入 1mL 5%的硝酸银溶液，加入 2 滴 10%的 NaOH 溶液，振摇，有黑色沉淀产生；

⑥ 继续向试管中逐滴加入 2mol/L 的氨水溶液直到沉淀刚好溶解为止，即为托伦试液；

⑦ 向装有滤液的试管中加入 2mL 新配制的托伦试液，静置 10min；

⑧ 若此时无反应发生，则将试管置 35℃ 的温水浴 5min；

⑨ 仔细观察试管中的现象，及时记下所观察到的现象；

⑩ 将废液倒入指定地点；

⑪ 清洗仪器，倒置于试管架上；

⑫ 按所列的试样重复上述①～⑪的步骤。

注意事项：

① 亚硝基化合物、偶氮化合物、氧化偶氮化合物在本试验条件下均可发生反应；

② 如果样品中混有还原性杂质将产生干扰。

(3) 氢氧化钠-丙酮试验

目的：

① 理解氢氧化钠-丙酮试验鉴别硝基化合物的基本原理；

② 学会用氢氧化钠-丙酮试验鉴别硝基化合物。

仪器：试管、试管架、小药匙、滴管、试管夹、5mL 量筒、滴瓶。

试剂：5%的氢氧化钠溶液、丙酮。

试样：二硝基苯胺、三硝基苯酚（苦味酸）、间二硝基苯、硝基苯。

安全：避免试样及试剂与皮肤直接接触、摄入；避免易燃液体的火灾事故。

态度：认真实验，规范操作，仔细观察，及时记录。

步骤：

① 在试管中加入 50mg 样品和 5mL 丙酮；

② 继续向试管中加入 2mL 5%的氢氧化钠溶液，边加边振荡；

③ 仔细观察试管中颜色的变化，及时记下所观察到的现象；

④ 将废液倒入指定地点；

⑤ 清洗仪器，试管倒置于试管架上；

⑥ 按所列的试样重复上述①～⑤的步骤。

注意事项：

① 脂肪族硝基化合物、芳香族硝基化合物，在本试验条件下不发生反应；

② 芳环上有氨基、烷氧基、羧基、酰胺基等对本试验有干扰；

③ 一般情况下，二硝基化合物呈蓝紫色，三硝基化合物呈红色，部分多硝基化合物在

本实验条件下的显色反应如下：

1,3,5-三硝基苯	深红色	2,4,6-三硝基苯	深红色
2,4,6-三硝基苯酚	橙红色	2,4-二硝基甲苯	深蓝色
2,4-二硝基苯胺	红色	1,4-二硝基苯	绿黄色

（4）锡-盐酸试验

目的：

① 理解锡-盐酸试验鉴别硝基化合物的基本原理。

② 学会用锡-盐酸试验鉴别硝基化合物。

仪器：试管、试管架、小药匙、滴管、试管夹、滴瓶、烧瓶。

试剂：10%的盐酸溶液、乙醇、锡粒、40%的氢氧化钠溶液、乙醚。

试样：硝基苯、2,4-二硝基氯苯、对硝基苯胺、硝基乙烷。

安全：避免试样及试剂与皮肤直接接触、摄入；避免易燃液体的火灾事故。

态度：认真实验，规范操作，仔细观察，及时记录。

步骤：

① 在小烧瓶中加入 1g 样品和 2g 锡粒；

② 分次加入 20mL 10%的盐酸溶液，每次加后猛烈振荡，在水浴上加热 30min；

③ 如样品不溶，加 5mL 乙醇；

④ 反应完全后，倒入 5mL 水中，加 40%的氢氧化钠溶液直至氢氧化锡沉淀全部溶解；

⑤ 用 10mL 乙醚提取三次，合并醚提取液，干燥后，蒸去乙醚；

⑥ 用兴斯堡或 2,4-二硝基氯苯试验对残留液检验胺类化合物的存在；

⑦ 仔细观察试管中颜色的变化，及时记下所观察到的现象；

⑧ 将废液倒入指定地点；

⑨ 清洗仪器，试管倒置于试管架上；

⑩ 按所列的试样重复上述①～⑨的步骤。

注意事项：如果还原产物是挥发性胺类，可用蒸馏法代替用乙醚提取，蒸馏液收集在稀盐酸中，加苯甲酰氯或苯磺酰氯和氢氧化钠进行试验。

阅读材料

诺贝尔与炸药

诺贝尔 A. B.（Alfred Bernhard Nobel 1833～1896 年）著名的化学家，炸药发明者。

1833 年 10 月 21 日生于瑞典斯德哥尔摩。他的父亲是一名建筑师，也是刨木机的发明者。1842 年，诺贝尔随母亲离开斯德哥尔摩到俄国圣彼得堡定居，在父亲和家庭教师的精心指导下攻读化学和工程学。1850 年，17 岁的诺贝尔完成了家庭教育学业，先后到法国、美国学习化工。

他最初制造的炸药是液体硝化甘油炸药（当时称作爆炸油），1864 年初投产后发生爆炸，工厂被炸毁，年仅 21 岁的弟弟被炸死，父亲被炸伤，并因思念儿子过度悲伤，几周后患上中风，一直未能康复，于 1872 年去世。意外的惨祸并没有使诺贝尔退却，反而使他成为一个固执、痴迷的"疯狂科学家"。为了防止再殃及他人，他冒着生命危险，独自乘船在梅拉伦湖上继续进行试验。在研究中发现用硅藻土吸收硝化甘油，终于，他于 1866 年又发明了第二代硝化甘油炸药——猛烈安全炸药。使后者得以安全搬运和使用，从而制出代那迈特和起爆这种炸药的雷管。10 年后，他又制出爆胶。又过 10 年，生产出第一种硝化甘油无烟火药巴力斯太。

诺贝尔思维敏锐，善于观察、思考问题，有着惊人的发明创造才能和超人的实施技术发明的决心。在1860～1887年这20多年时间里，他的发明创造不断涌现，在世界各国获取专利达355项以上。他先后被瑞典皇家学会、英国皇家学会和巴黎土木工程师学会吸收为会员。1868年，诺贝尔父子荣获瑞典科学院颁发的"莱特尔斯特德"奖。1893年，诺贝尔取得乌普萨拉大学荣誉哲学博士学位。他的工厂几乎遍布五大洲几十个国家，被誉为"炸药大王"。

诺贝尔一生勤奋，终身不娶，把毕生的精力都献给了人类的科学事业。办事认真、精细入微，是他取得巨大成就的关键。他虽然十分富有，但生活却非常简朴，一生的大部分时间都是在实验室里做实验。晚年时虽然心脏病经常发作，但却仍然坚持研究。直到1896年12月10日在意大利圣雷莫因脑溢血去世。在去世的前一年，他立下遗嘱，将遗产三千二百万瑞典克朗作为基金，用基金每年的利息，奖励在物理、化学、生物学、医学、文学及和平事业做出杰出贡献的人。这就是当今国际上具有崇高荣誉的诺贝尔奖。诺贝尔奖从1901年设置，每年都在他去世的12月10日颁发。化学家们还把第102号元素命名为锘（No）来纪念这位曾为化学做出卓越贡献的人。

——摘自钱旭红编．有机化学．北京：化学工业出版社，1999．

第三节 腈

一、腈的结构与分类

腈分子中含有氰基（—C≡N）官能团，它可以看作是氢氰酸分子中的氢原子被烃基取代所生成的化合物。

根据所连烃基结构分为脂肪族腈和芳香族腈，通式为R—CN（或Ar—CN）。

氰基为碳氮三键（C≡N），与炔烃的碳碳三键相似。碳和氮都是sp杂化。碳氮之间除形成一个 C_{sp}—N_{sp} σ键外，还有两个由平行的p轨道形成的 C_p—N_p π键，氮原子的另一个sp杂化轨道被一对未共用的电子对占据。

二、腈的命名

腈的命名是根据所含碳原子数（包括氰基的碳）称为某腈；或以烃为母体，把氰基作为取代基，称为"氰基某烷"。例如：

CH₃CN   CH₃CHCH₃   C₆H₅—CH₂CN   NC(CH₂)₄CN
                    |
                    CN

乙腈(氰基甲烷)   异丁腈(2-氰基丙烷)   苯乙腈(苄腈)   己二腈(1,4-二氰基丁烷)

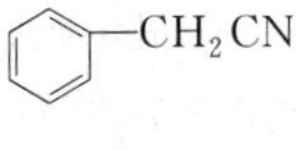

三、腈的性质

1. 腈的物理性质

氰基是强极性基团，腈分子的极性较大。低级腈为无色液体，高级腈为固体。

由于腈分子间引力较大，因此其沸点较高。比分子量相近的烃、醚、醛、酮和胺的沸点

高,与醇相近,比相应的羧酸沸点低。例如:

	乙腈	乙醇	甲酸
分子量	41	46	46
沸点/℃	82	78.3	100.5

低级腈易溶于水,随着分子量的增加,在水中溶解度逐渐降低。例如乙腈能与水混溶,戊腈以上难溶于水。腈也能溶解多种极性和非极性物质,并能溶解许多盐类,故腈是一类优良的溶剂。

2. 腈的化学性质

腈的化学性质比较活泼,可以发生水解、醇解、还原等反应。

(1) **水解反应** 腈在酸或碱催化下与水加热至较高温度,可水解生成羧酸。

$$CH_3CH_2CH_2CN \xrightarrow[H^+]{H_2O} CH_3CH_2CH_2COOH$$

$$C_6H_5-CH_2CN \xrightarrow[OH^-]{H_2O} C_6H_5-CH_2COONa$$

如果控制在比较温和的条件下水解,例如在含有 6%～12% H_2O_2 的 NaOH 溶液中水解,可以使反应停留在生成酰胺阶段:

$$R-CN + H_2O_2 \xrightarrow{NaOH} R\overset{O}{\underset{\|}{C}}-NH_2 + \frac{1}{2}O_2$$

(2) **醇解反应** 腈在酸催化下醇解,可生成酯。例如:

$$CH_3CH_2CN \xrightarrow[H^+]{CH_3OH} CH_3CH_2COOCH_3 + NH_3$$

(3) **还原反应** 腈催化加氢或用还原剂(如 $LiAlH_4$)还原,生成相应的伯胺,这是制备伯胺的一种方法。例如:

$$C_6H_5-CN \xrightarrow{H_2+Ni} C_6H_5-CH_2NH_2$$

四、重要的腈

1. 乙腈(CH_3CN)

乙腈为无色液体,沸点 80～82℃,有芳香气味,有毒,可溶于水和乙醇。水解生成乙酸,还原时生成乙胺,能聚合成二聚物和三聚物。

工业上腈由碳酸二甲酯与氰化钠作用或由乙炔与氨在催化剂存在下反应制得,也可由乙酰胺脱水制得。

乙腈可用于制备维生素 B_1 等药物及香料,也用作脂肪酸萃取剂、酒精变性剂等。

2. 丙烯腈($CH_2=CHCN$)

丙烯腈为无色液体。沸点 77.3～77.4℃,微溶于水,易溶于有机溶剂。其蒸气有毒,能与空气形成爆炸性混合物,爆炸极限为 3.05%～17.0%(体积分数)。

工业上丙烯腈的生产方法主要采用丙烯的氨氧化法。

$$CH_2=CHCH_3 + NH_3 + O_2 \xrightarrow[470℃]{磷钼酸铋} CH_2=CHCN + H_2O$$

此法优点是原料便宜易得,且对丙烯纯度要求不高。工艺流程简单,成本低,收率高

（约 65%）。

丙烯腈在引发剂（如过氧化苯甲酰）存在下，聚合生成聚丙烯腈。

$$nCH_2{=}CHCN \longrightarrow \left[CH_2-\underset{\displaystyle CN}{\underset{|}{CH}} \right]_n$$

聚丙烯腈可以制成合成纤维，商品名为“腈纶”，它类似羊毛，俗称“人造羊毛”。它具有强度高、密度小、保暖性好，耐光、耐酸及耐溶剂等特性。

阅读材料

合成纤维

纤维是一类具有相当长度、强度、弹性和吸湿性的柔韧、纤细的丝状高分子化合物。根据其来源可分为两大类，一类是天然纤维，另一类是化学纤维。

天然纤维是指来源于自然界中动、植物体或矿物体的纤维，例如棉花、羊毛、蚕丝和麻等。

化学纤维是指用化学方法制得的纤维。根据使用的原料不同又分为人造纤维和合成纤维。

人造纤维是以天然纤维为原料，经过化学加工处理得到的性能比天然纤维优越的新纤维，又叫再生纤维。例如胶黏纤维、醋酸纤维和玻璃纤维等。

合成纤维是以低分子单体为原料，经过聚合反应得到的线型高聚物。合成纤维的品种众多、性能优良，在许多方面已胜过天然纤维，成为现代人类主要的衣着材料。例如尼龙纤维、腈纶纤维和涤纶纤维等。此外，具有特殊性能的合成纤维还可满足现代工业技术和科学技术发展的需求。例如耐高温纤维、耐辐射纤维、防火纤维、发光纤维和光导纤维等。

——摘自李居参编．实用化学基础．北京：化学工业出版社，2000．

第四节 重氮化合物、偶氮化合物

一、重氮化合物、偶氮化合物的结构与命名

重氮和偶氮化合物分子中都含有氮氮重键（$-N_2-$）官能团，但其结构不同。其中$-N_2-$官能团两端都和碳原子直接相连的化合物称为偶氮化合物；如果$-N_2-$只有一端与碳原子相连，另一端与非碳原子（—CN 例外）或原子团相连的化合物，称为重氮化合物。例如：

$CH_3-N{=}N-CH_3$

偶氮甲烷

偶氮苯

对羟基偶氮苯

氯化重氮苯

氰化重氮苯

苯重氮氨基苯

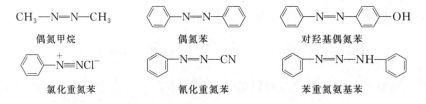

$$\text{C}_6\text{H}_5-\text{N}=\text{N}-\text{SO}_3\text{Na} \qquad (\text{CH}_3)_2\underset{\text{CN}}{\text{C}}-\text{N}=\text{N}-\underset{\text{CN}}{\text{C}}(\text{CH}_3)_2$$

苯重氮磺酸钠　　　　　　　　　偶氮二异丁腈

二、芳香族重氮化合物

1. 重氮化反应

芳伯胺在低温和过量强酸（盐酸或硫酸）溶液中与亚硝酸作用，生成重氮盐的反应，称为重氮化反应。例如：

$$\text{C}_6\text{H}_5-\text{NH}_2 + \text{NaNO}_2 + 2\text{HCl} \xrightarrow{0\sim5℃} \text{C}_6\text{H}_5-\overset{+}{\text{N}}\equiv\text{N}\ \text{Cl}^- + \text{NaCl} + 2\text{H}_2\text{O}$$

（HNO₂+HCl）　　　　氯化重氮苯

$$\text{C}_6\text{H}_5-\text{NH}_2 + \text{NaNO}_2 + 2\text{H}_2\text{SO}_4 \xrightarrow{0\sim5℃} \text{C}_6\text{H}_5-\text{N}_2^+\text{HSO}_4^- + \text{NaHSO}_4 + 2\text{H}_2\text{O}$$

苯重氮硫酸盐

重氮化反应一般是先将芳伯胺溶于强酸（盐酸或硫酸）溶液中，冰冷至低温（0～5℃），慢慢滴加亚硝酸钠溶液，同时进行搅拌，使亚硝酸钠与强酸作用生成亚硝酸，再与芳伯胺进行重氮化。

反应必须在强酸性介质（pH≤2）中进行。酸的用量为芳伯胺的 2.5 倍，过量强酸的存在，可防止生成的重氮盐与未反应的芳伯胺发生偶合反应。

加入亚硝酸钠的量要适当，因过量的亚硝酸会促使重氮盐分解。反应终点可用碘化钾-淀粉试纸检验。若亚硝酸已过量，可加入尿素使其分解。

由于大多数重氮盐受热易分解，故重氮化反应需在低温下操作。当芳环上连有—Cl、—NO₂、—SO₃H 等吸电子基时，重氮盐的稳定性增加，可适当提高重氮化温度。例如对硝基苯胺可在 30～40℃ 进行重氮化。

2. 重氮盐被取代的反应及在合成中的应用

重氮盐具有盐的通性。可溶于水，不溶于有机溶剂，其水溶液能导电。干燥的重氮盐极不稳定，受热或振动时容易发生爆炸，但在低温水溶液中比较稳定，因此重氮化反应一般在水溶液中进行，且不需分离，可直接用于有机合成。

重氮盐的性质很活泼，能发生许多化学反应。一般分为失去氮的反应和保留氮的反应。而重氮盐的取代反应，有其特殊的重要性，它是制备芳香族多取代物的一种较普遍的方法。

在失去氮的反应中，重氮基可被羟基、氢原子、卤素或氰基等取代，同时放出氮气。

（1）**被羟基取代**　重氮盐在强酸性溶液中煮沸，发生水解反应。重氮基被羟基取代，同时放出氮气。例如：

$$\text{C}_6\text{H}_5-\text{N}_2\text{HSO}_4 + \text{H}_2\text{O} \xrightarrow[\text{H}^+]{\triangle} \text{C}_6\text{H}_5-\text{OH} + \text{N}_2\uparrow + \text{H}_2\text{SO}_4$$

$$o\text{-CH}_3\text{C}_6\text{H}_4-\text{N}_2\text{HSO}_4 + \text{H}_2\text{O} \xrightarrow[\text{H}^+]{\triangle} o\text{-CH}_3\text{C}_6\text{H}_4-\text{OH} + \text{N}_2\uparrow + \text{H}_2\text{SO}_4$$

这个反应一般是用重氮硫酸盐，在较浓的强酸溶液（如 40%～50%）中进行，这样可以避免反应生成的酚与未反应的重氮盐发生偶合反应。如果用重氮苯盐酸盐，则时常有副产物氯苯生成。

在有机合成中常通过生成重氮盐的途径而使氨基转变成羟基,由此来制备一些不能由芳磺酸盐碱熔而制得的酚类。例如,间溴苯酚不宜用间溴苯磺酸钠碱熔制取,因为溴原子也会在碱熔时水解。因此在有机合成上可用间溴苯胺经重氮化、水解而制得间溴苯酚。

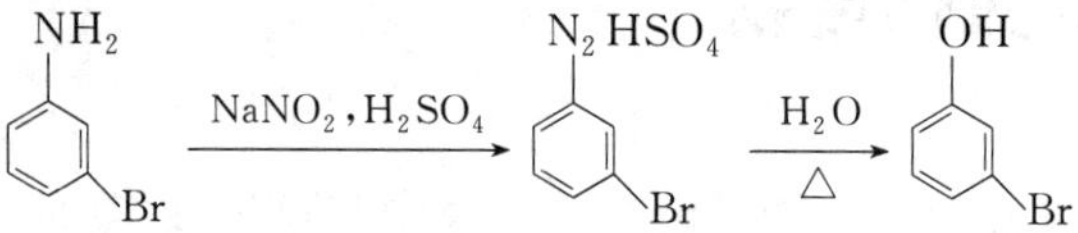

又如,从苯制取间硝基苯酚,不能由苯制取苯酚后再硝化得到,也不能由苯经硝化、磺化后碱熔制取,因此只得采取从苯制成间二硝基苯,再经部分还原、重氮化、水解得到。

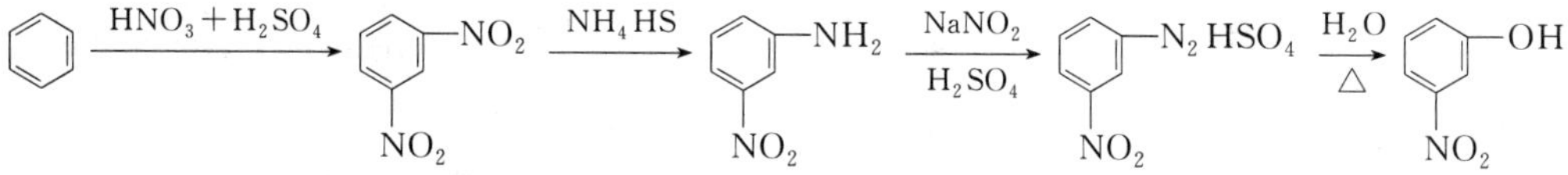

本反应和磺化碱熔法相比较,不但路线长,而且产率也不高,因此通常不用于制取苯酚。只有当用磺化碱熔法制取酚受到限制时才用本方法。

(2) 被氢原子取代　重氮盐与某些还原剂如次磷酸(H_3PO_2)或乙醇作用,则重氮基可被氢原子取代,生成相应的芳香族化合物,同时有氮气放出。该反应提供了一个从芳环上除去氨基的方法,所以又称为脱氨基反应。例如:

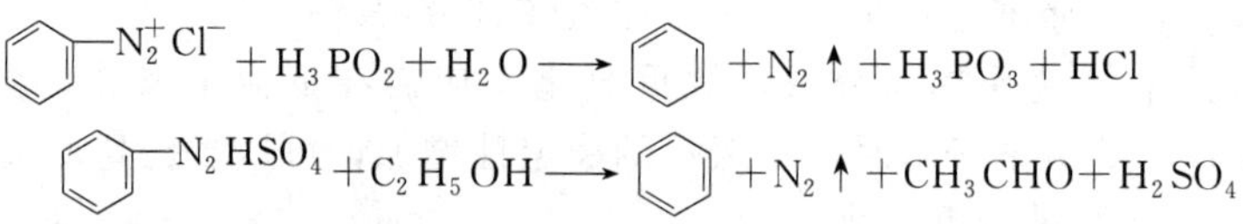

利用重氮盐的脱氨基反应,虽然增加了反应步骤,但它可以合成用直接合成法无法得到的一些芳烃衍生物,因此有实用价值。例如合成均三溴苯,由于三个溴互为间位,因此由苯直接溴化得不到这个化合物。而通过硝基苯还原得到苯胺,苯胺溴化后再通过重氮盐除去氨基,即可以达到合成均三溴苯的目的。

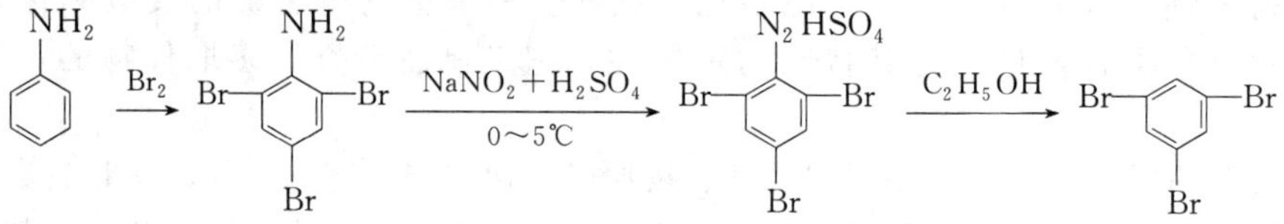

均三溴苯

又如,间甲基苯胺既不能直接从甲苯硝化制取,因为甲基是邻对位定位基;也不能从硝基苯的烷基化制取,因为硝基苯不能发生傅-克烷基化反应。而用对甲基苯胺为原料,先在氨基的邻位引入硝基,然后脱氨基、还原硝基,则可制取间甲基苯胺。

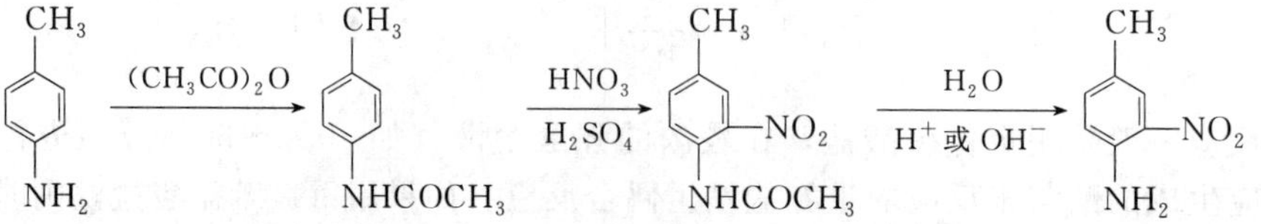

$$\xrightarrow[0\sim 5℃]{NaNO_2, H_2SO_4} \underset{N_2HSO_4}{\underset{NO_2}{\text{CH}_3\text{-C}_6\text{H}_3}} \xrightarrow{H_3PO_2} \underset{NO_2}{\text{CH}_3\text{-C}_6\text{H}_4} \xrightarrow[HCl]{Fe} \underset{NH_2}{\text{CH}_3\text{-C}_6\text{H}_4}$$

(3) 被卤原子取代　重氮盐与氯化亚铜的浓盐酸溶液或溴化亚铜的浓氢溴酸溶液共热，重氮基可被氯原子或溴原子取代，生成氯苯或溴苯，同时放出氮气。这个反应称为桑德迈尔（Sadmeyer）反应。例如：

$$C_6H_5N_2Cl \xrightarrow[\triangle]{Cu_2Cl_2, HCl} C_6H_5Cl + N_2\uparrow$$

$$C_6H_5N_2Br \xrightarrow[\triangle]{Cu_2Br_2, HBr} C_6H_5Br + N_2\uparrow$$

芳香族碘代物可由重氮盐与碘化钾水溶液共热制备，反应不需要加催化剂就能生成产率较高的产物。这是制备碘代芳烃的简便方法。

$$C_6H_5N_2Cl \xrightarrow[\triangle]{KI} C_6H_5I + N_2\uparrow$$

在有机合成上，此反应可制备某些不能直接卤代法合成的芳卤代化合物。

例如，对碘苯甲酸中的碘原子不能直接引入苯环上，只能由重氮基转化。所以由甲苯制取对碘苯甲酸可以按以下步骤进行：

$$C_6H_5CH_3 \xrightarrow{混酸} \underset{NO_2}{p\text{-}CH_3C_6H_4} \xrightarrow{H_2/Ni} \underset{NH_2}{p\text{-}CH_3C_6H_4} \xrightarrow[0\sim 5℃]{NaNO_2, HCl} \underset{N_2Cl}{p\text{-}CH_3C_6H_4} \xrightarrow[\triangle]{KI} \underset{I}{p\text{-}CH_3C_6H_4} \xrightarrow[H^+]{KMnO_4} \underset{I}{p\text{-}HOOCC_6H_4}$$

对碘苯甲酸

又如间二氯苯也不能由苯直接氯代得到，需经下列步骤间接制得：

$$C_6H_6 \xrightarrow[\triangle]{混酸} m\text{-}C_6H_4(NO_2)_2 \xrightarrow{H_2/Ni} m\text{-}C_6H_4(NH_2)_2 \xrightarrow[0\sim 5℃]{NaNO_2, HCl} m\text{-}C_6H_4(N_2Cl) \xrightarrow[\triangle]{Cu_2Cl_2, HCl} m\text{-}C_6H_4Cl_2$$

(4) 被氰基取代　重氮盐与氰化亚铜的氰化钾溶液共热，重氮基被氰基取代，生成芳香腈，同时放出氮气。此反应也属于桑德迈尔（Sadmeyer）反应。例如：

$$C_6H_5N_2Cl \xrightarrow[\triangle]{CuCN, KCN} C_6H_5CN + N_2\uparrow$$

苯甲腈

在有机合成上此反应是在芳环上引入氰基的较好方法。氰基进一步水解可转变为羧基，也可以还原成氨甲基，继续合成许多衍生物。

$$\underset{\text{苯甲腈}}{\underset{}{C_6H_5CN}} \xrightarrow[H^+]{H_2O} C_6H_5COOH$$

$$\xrightarrow[Ni]{H_2} \underset{\text{苯甲胺（苄胺）}}{C_6H_5CH_2NH_2}$$

三、偶合反应与偶氮染料

1. 偶合反应

重氮盐与酚或芳胺作用，生成有颜色的偶氮化合物的反应，称为偶合反应或偶联反应。例如：

$$C_6H_5-N_2Cl + HO-C_6H_4-OH \xrightarrow[0℃]{NaOH} \underset{\text{对羟基偶氮苯（橘红色）}}{C_6H_5-N=N-C_6H_4-OH}$$

$$C_6H_5-N_2Cl + H_2N-C_6H_5 \xrightarrow[0℃]{CH_3COONa} \underset{\text{对氨基偶氮苯（黄色）}}{C_6H_5-N=N-C_6H_4-NH_2}$$

$$C_6H_5-N_2Cl + (CH_3)_2N-C_6H_5 \xrightarrow[0℃]{CH_3COONa} \underset{\text{对-}N,N\text{-二甲氨基偶氮苯（黄色）}}{C_6H_5-N=N-C_6H_4-N(CH_3)_2}$$

参加偶合反应的重氮盐，称为重氮组分，与其偶合的酚和芳胺称为偶联组分。重氮正离子 ArN_2^+ 是一个弱的亲电试剂，因此只能与酚或芳胺这类活泼的芳香族化合物作用。受电子效应和空间效应的影响，偶合反应通常发生在羟基或氨基的对位，如对位被其他基团所占据，则在邻位发生偶合反应。例如：

$$C_6H_5-N_2Cl + \underset{\text{（对位CH}_3\text{，N(CH}_3)_2\text{）}}{} \longrightarrow \underset{\text{5-甲基-2-二甲氨基偶氮苯}}{}$$

偶合反应是合成偶氮染料的基本反应。偶氮染料的颜色几乎包括全部色谱，在所有已知染料品种中，偶氮染料占半数以上。它是染料中品种最多、应用最广的一类合成染料。实验室一些常用的酸碱指示剂也是经重氮盐的偶合反应合成的。

2. 几种指示剂和偶氮染料

染料是一种可以牢固地吸附在纤维上耐光和耐洗的有色物质。但有色物质不一定能成为染料，有些有色物质在不同的pH值条件下，结构会发生变化，从而引起颜色改变，利用这一性质可以把它们作为酸碱指示剂。下面列举几种常见的偶氮指示剂和偶氮染料的例子。

(1) 甲基橙

$$(CH_3)_2N-C_6H_4-N=N-C_6H_4-SO_3Na$$

甲基橙是对氨基苯磺酸重氮盐与 N,N-二甲基苯胺发生偶联反应制得的,是一种酸碱指示剂,其变色范围 pH 3.1~4.4。在 pH<3.1 的酸性溶液中显红色;在 pH 3.1~4.4 的溶液中呈橙色;在 pH>4.4 的溶液中显黄色。

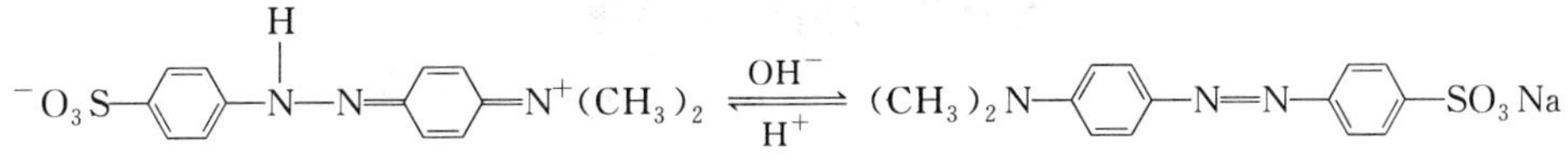

$$^{-}O_3S-C_6H_4-\overset{H}{N}-N=C_6H_4=N^+(CH_3)_2 \underset{H^+}{\overset{OH^-}{\rightleftharpoons}} (CH_3)_2N-C_6H_4-N=N-C_6H_4-SO_3Na$$

pH<3.1,红色　　　　　　　　　　　pH>4.4,黄色

（2）刚果红

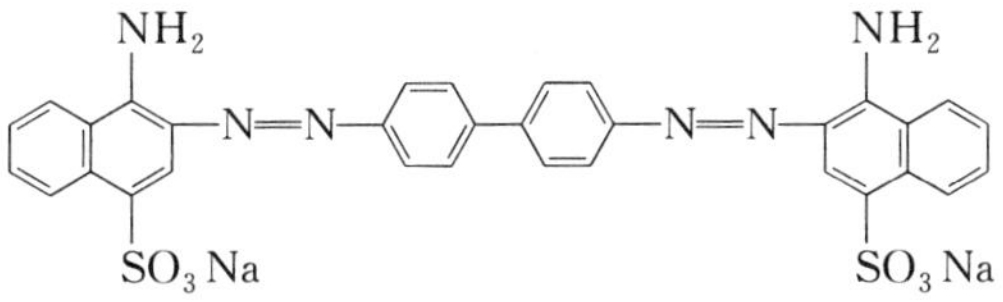

刚果红又称直接大红,是 4,4'-联苯二胺的双重氮盐与 4-氨基-1-萘磺酸发生偶联反应制得的。刚果红是一种可以直接使丝毛和棉纤维着色的红色染料。同时,也是一种酸碱指示剂,变色范围 pH 3.0~5.0。在 pH<3.0 的溶液中显蓝紫色,在 pH>5.0 的溶液中显红色。

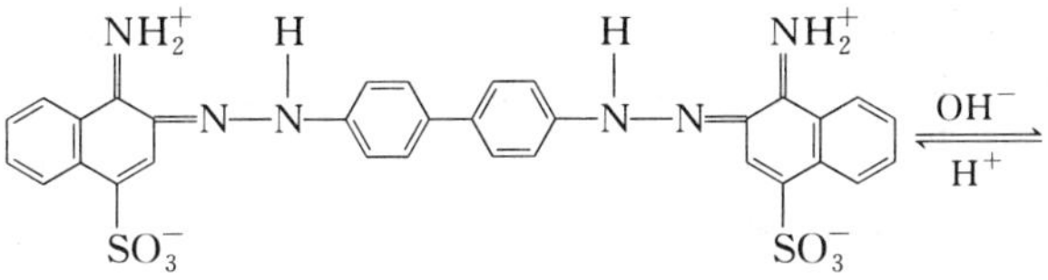

pH<3.0,蓝紫色

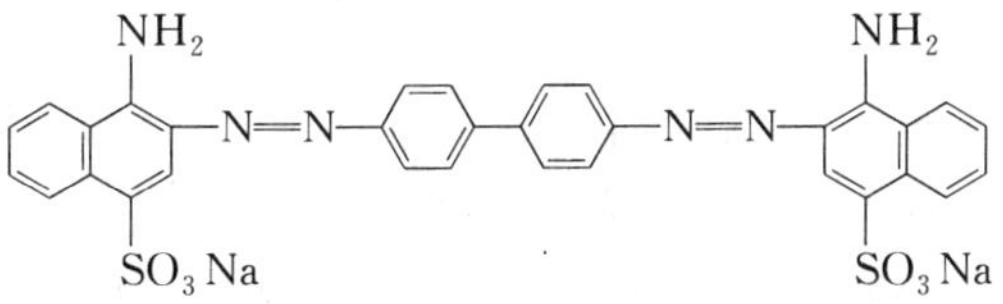

pH>5.0,红色

（3）偶氮染料　偶氮染料数目繁多,它们在结构上的共同特点是分子中含有一个或几个偶氮基（—N═N—）。例如:

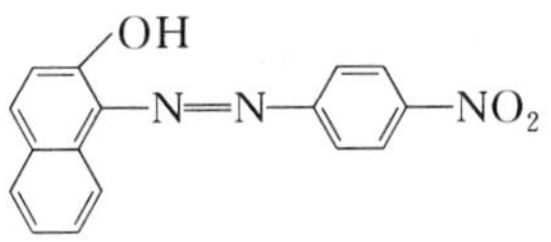

对位红（一种红色染料） 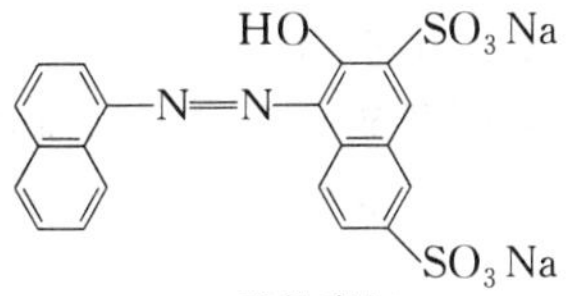　　　酸性枣红

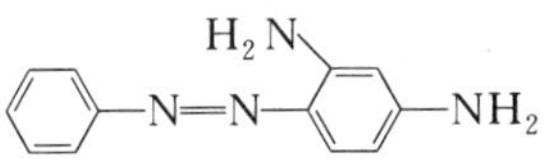

碱性菊橙 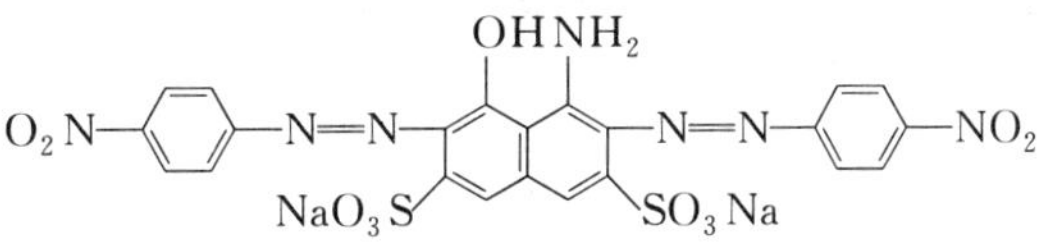　　　萘酚蓝黑（又叫酸性蓝黑）

值得注意的是,研究发现,偶氮染料在分解过程中能产生对人体或动物有致癌作用的芳香胺化合物。德国、欧盟、亚洲等国家和地区对偶氮染料都有严格的限制,其中大部分被禁止使用。

阅读材料

含氮化合物与人体健康

含氮化合物与人体健康有着密切的关系，称之为精神模拟药的苯异丙胺（Ph—CH₂CHNH₂ / CH₃）、巴比妥类（结构式）及其巴比妥类衍生物、吗啡等都是胺或胺的衍生物，它们能改变人的精神或感情状态。苯异丙胺类药物能以某种方式作用于交感神经系统而使人们有兴奋、清醒、机灵、减少疲劳、增加精神活力的感觉。当大剂量或长期服用苯异丙胺，也会引起精神上的不愉快等副作用。巴比妥类药物能降低中枢神经系统的活性，诱发睡眠，是一类常用的镇静剂。因此它们是"抑制型药"，与苯异丙胺是"兴奋型药"正相反。

除此之外，在天然植物中的一些含氮化合物，叫生物碱。生物碱是一类存在于植物体内（偶尔也在动物体内发现）、对人和动物有强烈生理作用的含氮碱性有机物。其碱性大多是因为含有氮杂环，但也有少数非杂环的含有氨基官能团的生物碱。一种植物中如含有生物碱的话，往往含有多种结构相近的一系列生物碱。例如，金鸡纳树皮中含有20多种生物碱，烟草中含有10种以上生物碱。生物碱在植物体内常与有机酸（柠檬酸、苹果酸、草酸等）或无机酸（硫酸、磷酸等）结合成盐而存在。也有少数以游离碱、苷的形式存在。

生物碱的发现始于19世纪初叶，最早发现的是吗啡（1803年），随后不断地报道了各种生物碱的发现，例如奎宁（1920年）、颠茄碱（1831年）、古柯碱（1860年）、麻黄碱（1887年）……19世纪兴起了对生物碱的研究和结构测定，它对杂环化学、立体化学和合成新药物提供了大量的资料和新的研究方法。到目前为止人们已经从植物中分离出的生物碱有几千种。

很多生物碱是很有价值的药物，它们都有很强的生理作用。例如，吗啡碱有镇痛的作用，麻黄碱有止咳平喘的效用等。许多中草药如当归、甘草、贝母、常山、麻黄、黄连等，其中的有效成分都是生物碱。我国使用中草药医治疾病的历史已有数千年之久，积累了非常丰富的经验。新中国成立后我国中草药的研究受到很大重视，特别是近些年，生物碱的研究取得显著的成果。这对于开发我国的自然资源和提高人民的健康水平起着十分重要的作用。

在我们日常生活中，加入某些含氮化合物可使食物有较好的味道或作为防腐剂。例如糖精（结构式）可作为糖的代用品。尽管糖精很甜，但吃后遗留一些苦味。因此人们在寻找新的人工合成甜味剂。

第十章 含氮有机化合物

味精——谷氨酸单钠盐作为各种食品中的鲜味剂已有较长时间了。尽管它缺乏营养价值，为了使食物更可口，仍受到人们的欢迎。

总之，含氮化合物与人体健康有着密切的关系。

——摘自伍越寰编. 有机化学. 安徽：中国科学技术大学出版社，2002.

练习题

1. 命名下列化合物。

(1) $CH_3CH_2CH(CH_3)_2$

(2) 间硝基苯胺 (NO_2—C_6H_4—NH_2)

(3) $(CH_3)_2CHCH_2NH_2$

(4) $CH_3CH_2CH_2NCH_3$ 带 CH_3 支链

(5) Br—C_6H_4—$N(CH_3)_2$

(6) $[(C_2H_5)_2N(CH_3)_2]^+OH^-$

(7) C_6H_5—$CH_2N^+(CH_3)_3Br^-$

(8) O_2N—C_6H_4—$NHCOCH_3$

(9) C_6H_5—N_2HSO_4

(10) $NC(CH_2)_4CN$

(11) C_6H_5—CN

(12) CH_3—C_6H_4—$N=N$—C_6H_4—OH

2. 写出下列化合物的构造式。

(1) TNT
(2) 苦味酸
(3) N-甲基苯磺酰胺
(4) 氯化对溴重氮苯
(5) 乙酰苯胺
(6) 4-羟基-4′-溴偶氮苯
(7) 对氨基-N-甲基苯胺
(8) 聚丙烯腈
(9) 1,4-丁二胺
(10) 己二腈

3. 将下列各组化合物按碱性强弱排列。

(1) 氨，甲胺，二甲胺，苯胺，对硝基苯胺
(2) 苯胺，对甲氧基苯胺，乙胺，乙酰苯胺
(3) 苯胺，二苯胺，三苯胺，二乙胺，氢氧化四甲铵

4. 将下列化合物按酸性强弱排列。

苯酚、对硝基苯酚、对甲基苯酚、2,4-二硝基苯酚、2,4,6-三硝基苯酚

5. 将下列化合物按沸点从高到低的次序排列。

丙醇、丙胺、甲乙醚、甲乙胺、丙酸

6. 用化学方法提纯下列各组化合物。

(1) 硝基苯中混有少量苯胺
(2) 三乙胺中混有少量的乙胺和二乙胺

7. 用化学方法区别下列各组化合物。

(1) 甲胺、二甲胺、三甲胺
(2) 苯胺、苯酚、苯甲醛、环己胺
(3) 邻甲基苯胺、N-甲基苯胺、N,N-二甲基苯胺、乙胺
(4) 乙酰胺和氯化乙铵

8. 完成下列化学反应式。

(1) $CH_3CN \xrightarrow{H^+, H_2O} ? \xrightarrow{PCl_5} ? \xrightarrow{CH_3CH_2NH_2} ? \xrightarrow{LiAlH_4} ?$

(2) C_6H_5—$NHCH_2CH_3 + CH_3I$（过量）$\longrightarrow ? \xrightarrow{湿 Ag_2O} ?$

(3) C₆H₆ $\xrightarrow{?}$ 间-二硝基苯(1,3-二硝基苯) $\xrightarrow{NaHS}$?

(4) C₆H₅—NH₂ $\xrightarrow[0\sim5℃]{NaNO_2, HCl}$? $\xrightarrow[CH_3COONa]{C_6H_5-N(CH_3)_2}$?

(5) C₆H₆ $\xrightarrow[浓 H_2SO_4]{浓 HNO_3}$? $\xrightarrow{Fe/HCl}$? $\xrightarrow{CH_3-C_6H_4-SO_2Cl}$?

(6) C₆H₅—CONH₂ $\xrightarrow{Br_2/NaOH}$? $\xrightarrow[0\sim5℃]{NaNO_2, HCl}$? $\xrightarrow{CuCN}$? $\xrightarrow[H]{H_2O}$?

9. 由指定原料合成下列化合物。

(1) 由乙烯或乙炔合成乙胺、正丙胺和甲胺

(2) 由正丁醇合成正戊胺和正丙胺

(3) 以苯或甲苯为原料合成下列化合物：

① 3-硝基甲苯 (间-CH₃-C₆H₄-NO₂)

② 1,3,5-三溴苯

③ 间硝基苯酚 (3-NO₂-C₆H₄-OH)

④ 3,5-二溴甲苯

⑤ 4-甲基-2-硝基苯胺 (CH₃, NO₂, NH₂取代)

⑥ 对氨基苯甲酸 (4-NH₂-C₆H₄-COOH)

⑦ C₆H₅—N=N—C₆H₄—NH₂

⑧ CH₃—C₆H₄—NHCH₂—C₆H₅

10. 一个化合物 A，分子式为 $C_6H_{15}N$，能溶于稀盐酸，与亚硝酸在室温下作用放出氮气得到 B，B 能进行碘仿反应，B 和浓硫酸共热得 C，C 能使溴水褪色，用高锰酸钾氧化 C，得到乙酸和 2-甲基丙酸。试推导 A、B、C 三种化合物的结构。

11. 分子式为 $C_7H_7NO_2$ 的化合物 A，与 Fe+HCl 反应生成分子式为 C_7H_9N 的化合物 B；B 和 NaNO₂ + HCl 在 0~5℃反应生成分子式为 $C_7H_7ClN_2$ 的化合物 C；在稀盐酸中，C 与 CuCN 反应生成分子式为 C_8H_7N 的 D；D 在稀酸中水解得到一个酸 $C_8H_8O_2$（E）；E 用高锰酸钾氧化得到另一种酸 F；F 受热时生成分子式为 $C_8H_4O_3$ 的酸酐。试推测 A、B、C、D、E、F 的构造式，并写出各步反应式。

12. 有一化合物 A 能溶于水，但不溶于乙醚、苯等有机溶剂。经元素分析表明 A 含有 C、H、O、N。A 经加热后失去一分子水得 B，B 与溴的氢氧化钠溶液作用得到比 B 少一个 C 和 O 的化合物 C。C 与亚硝酸作用得到的产物与次磷酸反应能生成苯。试写出 A、B、C 的构造式及有关反应式。

第十一章 含杂原子有机化合物

知识目标 掌握含有一个杂原子的五元杂环、六元杂环状化合物及含氧、硫、氮、磷化合物的基本命名方法,并了解这些化合物的最基本的化学性质和用途。

能力目标 能由给定含杂环化合物的结构推测其在给定反应条件下发生的化学变化。

学习关键词 杂环、吡咯、吡啶、噻吩、硫醇、硫酚、硫醚、磺酸、磷酸酯、膦。

第一节 杂环化合物

在环状有机化合物中,当构成环的原子除碳原子外还有其他原子(例如氧、硫、氮、磷等)时,这类化合物叫做杂环化合物。碳原子以外的其他原子称为杂原子,最常见的杂原子是氧、硫和氮。例如:

杂环化合物可分为两大类：第一类是没有芳香性的，上述的六氢吡啶、四氢吡咯、四氢呋喃、二噁烷则属于这一类；第二类化合物在结构上与苯环相似，构成了一个闭合的共轭体系，从而具有不同程度的"芳香性"，如上述的吡咯、噻吩、呋喃、喹啉。从结构上来说，所谓有"芳香性"是指：分子是平面的，其平面上下有环状的离域 π 电子云，这个体系的 π 电子数符合 $4n+2$ 的规则，称之为休克尔 $4n+2$ 规则。因此与第一类杂环化合物相比，第二类杂环化合物在性质上有较大的差异。本节主要讨论这一类化合物。

一、杂环化合物的结构与分类

1. 杂环化合物的结构

杂环化合物成环的规律和碳环一样，最稳定和最常见的是五元环和六元环，下面以含一个杂原子的五元和六元杂环化合物为例阐述其结构。

二维码15　吡咯

吡咯、呋喃、噻吩是含一个杂原子的五元杂环化合物，在结构上都符合休克尔 $4n+2$ 规则，成环的 4 个碳原子和杂原子都是以 sp^2 杂化轨道彼此以 σ 键形成一个环平面。每个碳原子上还含有一个未杂化的 p 电子轨道，它与杂原子中被孤对电子占据的未杂化 p 轨道都垂直于环所在的平面，且 5 个 p 轨道互相平行，以"肩并肩"的方式侧面重叠，像苯环一样形成闭合的共轭体系，π 电子云分布在环平面的上、下方，如图 11-1 所示。

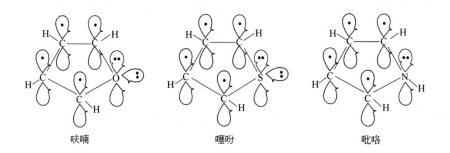

图 11-1　呋喃、噻吩、吡咯的轨道结构

因此它们像苯一样具有芳香性，易于进行取代反应，较难进行加成和氧化反应。由于杂原子的未共用电子对参与环的共轭体系，环中碳原子的电子云密度相对地比苯大，常称之为富电子芳杂环，它们比苯更易发生取代反应。取代反应主要发生在 α 位。

以吡啶为代表的含一个杂原子的六元杂环化合物，其结构与苯非常相似，也符合休克尔 $4n+2$ 规则，可以看作苯分子中的一个碳原子被一个氮原子代替所得的化合物。氮原子的一个 p 轨道参与环的共轭体系，所以吡啶也具有芳香性。与吡咯、噻吩不同的是，吡啶氮上的一对孤对电子并没有参与共轭体系。由于氮的电负性大于碳，使得环上的电子云密度较低，常称之为缺电子芳杂环，因此吡啶与苯有所不同，较难发生亲电取代反应。

2. 杂环化合物的分类

杂环化合物按环的大小通常分为五元环、六元环两大类；按分子内所含环的数目可分为单杂环和稠杂环；按其有无芳香性可分为非芳香性杂环和芳香性杂环两大类，如四氢呋喃、二噁烷是典型的醚，1,3,5-三噁烷是典型的缩醛，四氢吡咯、喹啉环是典型的胺，丁二酰亚胺则是羧酸衍生物，它们均为非芳香性杂环化合物。而呋喃、吡咯、噻吩等化合物在结构上与苯环相似，构成了一个闭合的共轭体系，从而像苯一样具有不同程度的"芳香性"，两类化合物在性质上有较大的差异。

最稳定的和最常见的是五元杂环、六元杂环和稠杂环化合物，其分类和名称见表 11-1。本节主要讨论具有芳香性的五元杂环、六元杂环化合物。

二、杂环化合物的命名

杂环化合物的命名方法是根据外文名称的译音，选用同音汉字，再加上"口"旁命名，例如吡啶、噻吩等，详见表 11-1。

按照系统命名法的规定，含有一个杂原子的单杂环化合物的编号，一般是从杂原子开始，用阿拉伯数字表示。也可用希腊字母 α、β 和 γ 编号，邻近杂原子的碳原子为 α 位，其次为 β 位，再次为 γ 位。

表 11-1 常见杂环化合物的分类和命名

分类	项目	含一个杂原子的杂环			含有两个以上杂原子的杂环			
五元单环	构造							
	名称	吡咯 （pyrrole）	噻吩 （thiophene）	呋喃 （furan）	吡唑 （pyrazole）	咪唑 （imidazole）	噻唑 （thiazole）	噁唑 （oxazole）
六元单环	构造							
	名称	吡啶 （pyridine）		4H-吡喃 （4H-pyran）	嘧啶 （pyrimidine）		吡嗪 （pyrazine）	
苯稠杂环	构造							
	名称	吲哚 （indole）		喹啉 （quinoline）	苯并噻唑 （benzothiazole）		苯并噁唑 （benzoxazole）	
稠杂环	构造							
	名称				嘌呤 （purine）			

当环上有两个或两个以上相同杂原子时，则应从连有氢或取代基的杂原子开始编号，并使其他杂原子编号的数字尽可能地小。

若环上有不同的杂原子时，则按照氧、硫、氮的顺序将前面的杂原子编为 1 号，并使它们的位次之和为最小。

环上若有取代基（如烷基、卤素、羟基、氨基、硝基等）的杂环化合物，在命名时以杂环为母体。但若环上有醛基、羧基、磺酸基等官能团时，一般把杂环作为取代基来命名。

$$\underset{\text{5-甲基噻唑}}{\overset{4\diagdown N3}{\underset{H_3C}{\overset{}{\underset{5}{\diagup}}}\underset{S}{\overset{}{\diagdown}}\underset{1}{\overset{}{\diagup}}2}} \qquad \underset{\text{2-呋喃甲醛}}{\overset{2}{\underset{O}{\diagdown}}\!\!CHO} \qquad \underset{\text{4-吡啶甲酸}}{\overset{COOH}{\underset{N}{\diagdown}}}$$

5-甲基噻唑　　　2-呋喃甲醛　　　4-吡啶甲酸

三、杂环化合物的性质

大部分杂环化合物不溶于水，易溶于有机溶剂。常见的分子量小的杂环化合物大多数为液体，个别的为固体。它们都具有特殊气味。

芳杂环化合物具有类似于苯环的结构，因此在化学性质上与苯有很多相似之处，如有芳香性，能发生亲电取代反应。但结构上的差异也引起了杂环化合物与苯在反应性质上的不同，如五元杂环中的呋喃、吡咯、噻吩等的亲电取代反应比苯容易，α 位比 β 位活泼，在这些杂环中引入一个取代基时，通常总是引入到 α 位。而吡啶的情况与此不同，由于环上氮原子的未共用电子对没有参与环的共轭，对环不呈现给电子效应，且由于氮原子的电负性大于碳原子，环上的电子云密度因向氮原子转移而降低，因此吡啶环上碳原子的电子云密度就相对地减小了，其中 β 位要减少得小些，因此它们的亲电取代反应比苯要困难一些，并且取代多在 β 位。

1. 杂环碳原子上的取代反应

吡咯、呋喃、噻吩很容易发生亲电取代反应，当它们在强酸性条件下时很容易发生分解、开环甚至发生聚合反应，所以要在缓和条件下进行。

（1）卤代　吡咯、呋喃、噻吩等五元芳杂环很容易发生卤代反应，并常可得到多卤代物。例如：

$$\underset{H}{\overset{}{\underset{N}{\bigcirc}}} \xrightarrow[\text{乙醚},0℃]{Br_2} \underset{H}{\overset{Br\quad Br}{\underset{N}{\underset{Br\quad Br}{\bigcirc}}}}$$

$$\underset{H}{\overset{}{\underset{N}{\bigcirc}}} \xrightarrow[NaOH]{I_2} \underset{H}{\overset{I\quad I}{\underset{N}{\underset{I\quad I}{\bigcirc}}}}$$

吡啶的结构为六元环，其亲电取代反应类似于硝基苯，因此要在较剧烈的条件下才被卤代。例如：

$$\underset{N}{\bigcirc} \xrightarrow[100℃]{Cl_2, AlCl_3} \underset{N}{\overset{Cl}{\bigcirc}}$$

（2）硝化　吡咯、呋喃、噻吩等五元杂环只能在比较缓和的条件下硝化，当它在酸性条件下易发生开环、聚合反应，因而不能用硝酸直接硝化；而吡啶的硝化较难，需在剧烈的条件下硝化，并且反应较为缓慢，产率很低。例如：

$$\underset{O}{\bigcirc} + CH_3COONO_2 \xrightarrow{-5\sim-30℃} \underset{O}{\overset{}{\bigcirc}}\!\!NO_2 + CH_3COOH$$

$$\underset{N}{\bigcirc} + CH_3COONO_2 \xrightarrow[300℃, 24h]{\text{浓}HNO_3,\text{浓}H_2SO_4} \underset{N}{\overset{NO_2}{\bigcirc}} + CH_3COOH$$

（3）磺化　吡咯、呋喃较易发生磺化，但不能直接用硫酸磺化，常用温和的磺化剂，如吡啶与三氧化硫的混合物；噻吩在常温下不被浓硫酸分解，而是发生磺化反应并溶于浓硫酸中，因此用浓硫酸可直接磺化；吡啶的磺化则较为困难。例如：

$$\underset{\underset{H}{|}}{\text{[吡咯]}} \xrightarrow[100℃]{SO_3,\text{吡啶}} \underset{\underset{H}{|}}{\text{[2-吡咯-SO}_3\text{H]}}$$

2-吡咯磺酸

$$\text{[吡啶]} \xrightarrow[HgSO_4,200℃]{\text{发烟 }H_2SO_4} \text{[3-吡啶-SO}_3\text{H]}$$

3-吡啶磺酸

(4) 傅-克酰基化反应　吡咯、噻吩等五元芳杂环可被乙酸酐等酰化，而吡啶则不起酰化反应。例如：

$$\underset{\underset{H}{|}}{\text{[吡咯]}} \xrightarrow[150\sim 200℃]{(CH_3CO)_2O} \underset{\underset{H}{|}}{\text{[2-乙酰基吡咯]}}$$

2-乙酰基吡咯

从上述例子可以看出富电子芳杂环的亲电取代反应比苯容易，而缺电子芳杂环则比苯困难。吡啶能起亲核取代反应，而富电子芳杂环就很难起亲核取代反应。例如：

$$\text{[吡啶]} + NaNH_2 \xrightarrow[\triangle]{\text{二苯胺}} \xrightarrow{H_2O} \text{[2-氨基吡啶]}-NH_2$$

2. 加成反应

芳杂环比苯容易起加氢还原反应，它们可以在缓和的条件下催化加氢，如在催化剂的作用下，吡咯、吡啶、噻吩、呋喃均可发生加氢还原反应，其中呋喃加氢生成四氢呋喃，它是一种用途广泛的优良溶剂，也是重要的有机合成原料。

$$\underset{\underset{H}{|}}{\text{[吡咯]}} \xrightarrow[\text{室温}]{Zn+CH_3COOH} \underset{\underset{H}{|}}{\text{[四氢吡咯]}}$$

$$\text{[呋喃]} + 2H_2 \xrightarrow[80\sim 140℃,5MPa]{Ni} \text{[四氢呋喃]}$$

3. 酸碱性

在吡咯分子中，因为氮原子上未共用电子对参与了环上共轭体系，氮原子上的电子云密度降低，使与氮原子相连的氢原子比较活泼，使吡咯的碱性比仲胺还弱，反而能与强碱或碱金属成盐，所以吡咯具有弱酸性，其酸性比醇强、比酚弱。吡啶则显碱性，可与酸成盐。例如：

$$\underset{\underset{H}{|}}{\text{[吡咯]}} \xrightarrow{\underset{\text{或金属钾}}{KOH(\text{固体})}} \underset{\underset{K^+}{|}}{\text{[吡咯负离子]}^-} + H_2$$

$$\text{[吡啶]} + HCl \longrightarrow \underset{\underset{HCl^-}{|}}{\text{[吡啶]}^+}$$

4. 氧化

吡咯、呋喃很容易被氧化，常导致环的破裂和聚合物的形成。特别在酸性环境中，氧化反应更易发生。所以吡咯和呋喃等不能用浓硝酸和浓硫酸进行硝化和磺化。

吡啶环很稳定,它比苯环更不易被氧化,只有侧链才会被氧化,例如:

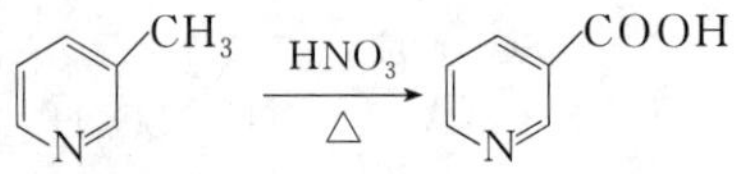

β-甲基吡啶 → β-吡啶甲酸

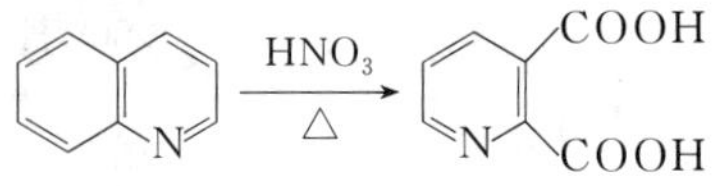

喹啉 → α,β-吡啶二甲酸

四、重要的杂环化合物

1. 糠醛

糠醛的学名为 2-呋喃甲醛,它是呋喃最重要的衍生物。纯净的糠醛是无色液体,沸点 162℃,有刺激性气味,它能溶于醇、醚、丙酮、乙酸乙酯等有机溶剂中。在空气中易氧化变成黄色或棕黑色,并产生树脂状聚合物。糠醛遇苯胺醋酸盐溶液能呈红色,这个反应可用来鉴别糠醛的存在。

糠醛可由农副产品如大麦壳、棉籽壳、玉米芯、麦秆、高粱秆等原料来制取。这些原料中含有戊醛糖的高聚物。这种高聚物叫戊聚糖或多缩戊糖。戊聚糖用稀酸处理并加热,则解聚变为戊醛糖,然后再失水生成糠醛。

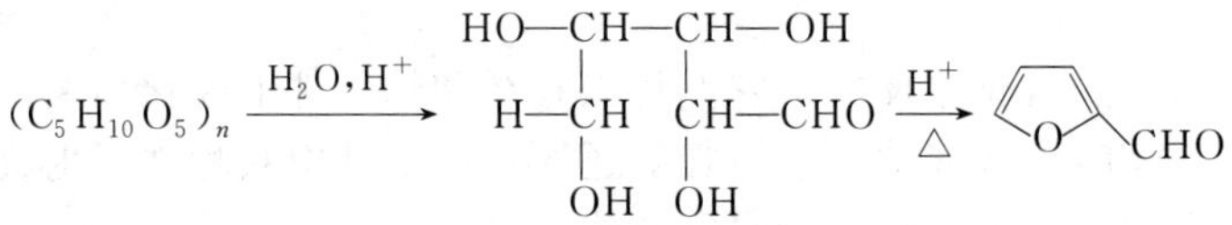

$$(C_5H_{10}O_5)_n \xrightarrow{H_2O, H^+} \text{戊醛糖} \xrightarrow{H^+, \triangle} \text{糠醛}$$

糠醛的化学性质与苯甲醛相似。例如,糠醛与浓碱作用也能发生康尼查罗歧化反应,生成糠醇和糠酸钠盐。

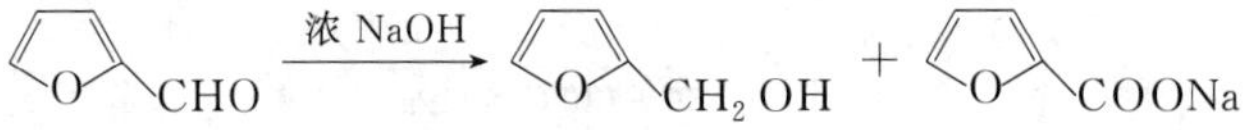

糠醛是良好的溶剂,可以选择性地从石油、植物油萃取其中的不饱和组分和含硫化合物,常用于精炼石油,以溶解含硫物质及环烷烃等。还可用于精制松香、脱除色素、溶解硝酸纤维等。作为重要的工业原料,糠醛可用于合成酚醛树脂、农药、药物等。

2. 卟吩环系化合物

卟吩环是由四个吡咯环和四个亚甲基交替相连组成的共轭体系,卟吩环呈平面结构,环的中间空隙以共价键、配位键和不同的金属离子结合,形成卟吩的衍生物。

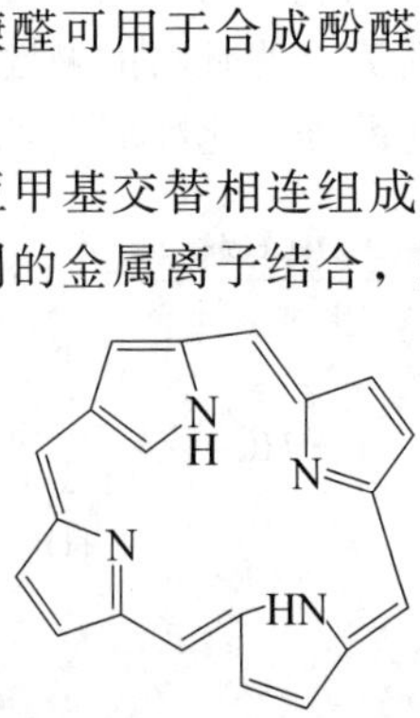

如卟啉即是卟吩的衍生物,最为重要的是叶绿素和血红素。在叶绿素中卟吩环结合的是

镁，血红素中结合的是铁，维生素 B_{12} 中结合的是钴。自然界中的叶绿素是由 a 和 b 两种叶绿素组成的，a 为蓝黑色结晶，熔点 117～120℃；b 为深绿色结晶，熔点为 120～130℃，两者比例 a：b 为 3：1，其结构如图 11-2 所示。

叶绿素与蛋白质结合，存在于植物的叶和绿色的茎中。叶绿素利用卟啉环的多共轭体系易吸收紫外线，成为激发态，促进光合作用，使光能转变为化学能。叶绿素是重要的色素，可由人工方法合成，它可用做食品、化妆品和医药上的无毒着色剂。

血红素（图 11-3）存在于哺乳动物的红细胞中，它与蛋白质结合成血红蛋白，血红素中的 Fe^{2+} 可以可逆地与氧配合，在动物体内起到输送氧气的作用。一氧化碳会使人中毒，其原因之一是因为它与血红蛋白结合的能力强于氧，从而阻止了血红蛋白与氧的结合。

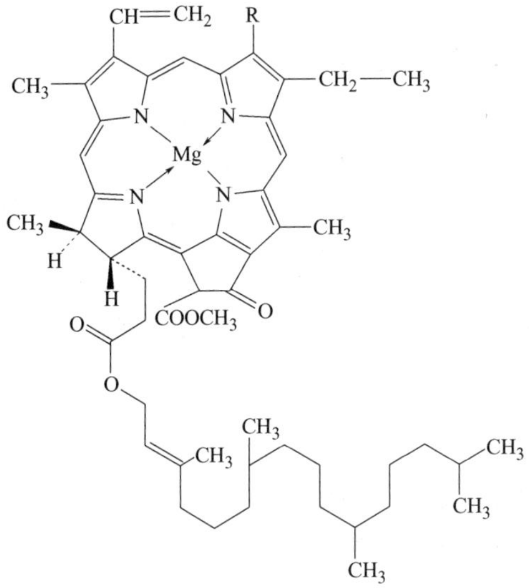

$R=CH_3$，叶绿素 a；$R=CHO$，叶绿素 b
图 11-2　叶绿素的结构

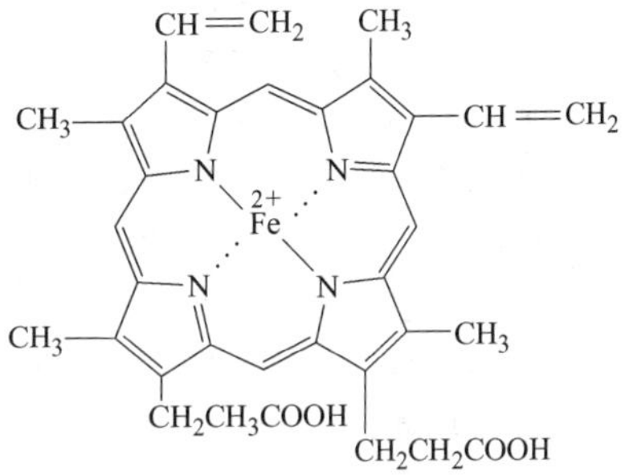

图 11-3　血红素的结构

3. 吲哚及其衍生物

从结构上看，吲哚是苯环和吡咯环稠合而成，因而也叫苯并吡咯。它为白色片状结晶，熔点 52.5℃，具有极臭的气味，但纯粹的吲哚在极稀薄时（10^{-6} 级含量）有素馨花的香味，可作香料，溶于热水而难溶于冷水，易溶于乙醇、乙醚、苯、氯仿等有机溶剂。其结构为：

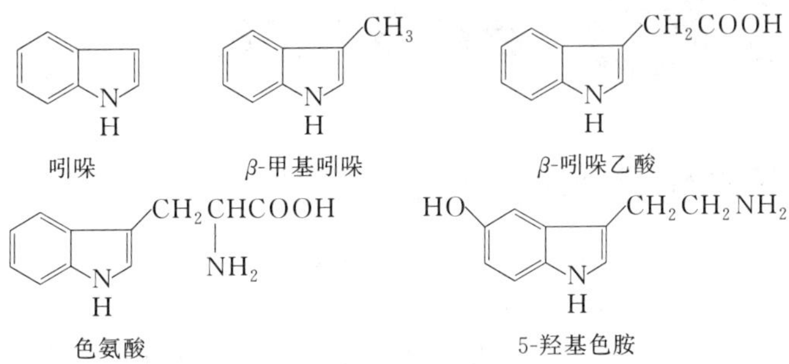

吲哚　　　　β-甲基吲哚　　　　β-吲哚乙酸

色氨酸　　　　　　　5-羟基色胺

β-吲哚乙酸为植物生长调节剂。组成蛋白质的色氨酸、哺乳动物及人脑中思维活动的重要物质 5-羟基色胺都是重要的吲哚衍生物。含吲哚的生物碱广泛存在于植物中。

4. 喹啉

喹啉为无色液体，具有刺鼻气味。沸点237.1℃，难溶于水，易溶于乙醇、乙醚、丙酮等有机溶剂。它具有弱碱性（$pK_b=9.1$），与强酸可成盐。喹啉最早是从煤焦油和骨焦油中分离提取得到，但现在多用合成的方法制取喹啉及其衍生物，加热苯胺、甘油、浓硫酸和硝基苯的混合物即可制得喹啉。喹啉是合成药物的重要原料，如用于制造菸酸类、8-羟基喹啉类和奎宁类三大类药物。喹啉也可用作高沸点溶剂及萃取剂。8-羟基喹啉能与Mg、Al、Mn、Fe、Cd、Ni、Cu等离子配合，可用于这些离子的分析。

阅读材料

植物碱——药物、毒物、毒品

1805年，德国的一位年轻药剂师塞尔杜纳发现从鸦片中分离出的一种物质能与酸作用形成盐，具有催眠效果。11年后他提纯获得这一物质的晶体，并用希腊神话中睡梦神morpheus命名它为morphin（德文，英文是morphine），我们音译成吗啡。他的这一发现让各国药学家们和化学家们先后从鸦片中发现了那可丁、可待因。在1818～1821年法国教授彼尔蒂埃和卡万图共同发现了奎宁、辛可宁、马钱子碱、咖啡碱等。

这些来自植物的碱，大多不溶于水而溶于醇和一些有机溶剂，有苦味，对人和动物具有明显的生理作用和毒性。德国化学家李比希确定它们分子中共同含有氮原子，是复杂环状结构的一部分，并用alcaloide（法文，英文alkaloid）命名它们，含义为类似碱，我们称为植物碱，又因其中少数来自动物，因而又称为生物碱。

这些生物碱既是很好的药物，但也是毒物。例如，吗啡$C_{17}H_{19}NO_3$是鸦片的主要组成成分，它是无色结晶体，无臭、味苦，易溶于水，具有镇痛、止咳、兴奋、抑制呼吸及肠蠕动作用，常用会成瘾而中毒。吗啡中的两个羟基经乙酸酐的乙酰化作用后，就是我们通常所说的"海洛因"，它是一种无色粉末状物质，俗称白粉或白面。原先是为了寻找吗啡的安全代用品而研制，哪知它比吗啡更易成瘾，更毒。虽然它可成为止痛剂，用于医治抑郁症、支气管炎、哮喘、胃癌的药物，但吸食后上瘾很快。最初吸毒的那种快感和幻觉在3～5个月后逐渐消失，最终导致死亡，成为一种对人危害很大的毒品。

——摘自凌永乐编著. 化学物质的发现. 北京：科学出版社，2000.

第二节　含硫有机化合物

一、含硫有机化合物的结构与分类

硫和氧同为Ⅵ族元素，它们的外层价电子的构型相同，都能形成两价化合物。但硫的电负性比氧小，所以硫与氧的不同在于可形成四价或六价的高价化合物。含氧有机化合物中的氧原子若被硫置换，则变成了相应的含硫有机化合物。由于硫与碳形成的π键不稳定，因此硫醛、硫酮不如相应的醛、酮稳定，但硫代羧酸及其衍生物比较稳定。表11-2列出了某些含氧的有机物与相应的含硫有机物。

第十一章 含杂原子有机化合物

表 11-2　某些含氧的有机物与相应的含硫有机物

含氧有机化合物		含硫有机化合物	
醇	R—OH	硫醇	R—SH
酚	Ar—OH	硫酚	Ar—SH
醚	R—O—R′	硫醚	R—S—R′
酮(醛)	$\underset{(H)R}{\overset{R}{>}}$C=O	硫酮(醛)	$\underset{(H)R}{\overset{R}{>}}$C=S
羧酸	R—C(=O)—OH	硫代羧酸	R—C(=O)—SH
		二硫化羧酸	R—C(=S)—SH

含硫有机化合物一般可分为两大类，一类是低价含硫有机物，与对应的含氧有机化合物相似。由表 11-2 可以看出，几乎所有的含氧有机物中的氧，都可以为硫所代替，形成相应的含硫有机物。硫代羧酸还有一系列相应的硫代羧酸衍生物。此外还有相当于过氧化物的含硫化合物，叫做二硫化物，如 RSSR。

另一类为高价的含硫有机化合物，这一类没有含氧类似物。它们可以看作是硫酸或亚硫酸的衍生物，例如：

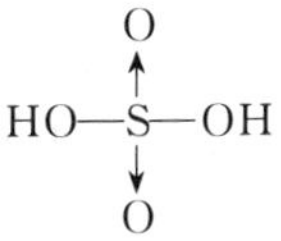

HO—S(=O)(=O)—OH　　　R—S(=O)(=O)—OH　　　R—S(=O)(=O)—R
　　硫酸 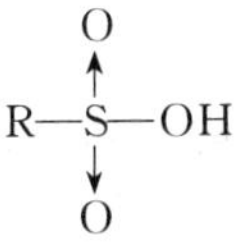　　　　　　　　　　磺酸 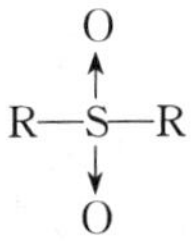　　　　　　　　　　砜

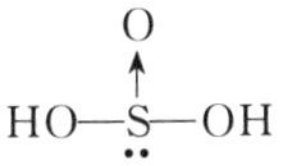

HO—S(=O)—OH　　　R—S(=O)—OH　　　R—S(=O)—R
　　亚硫酸 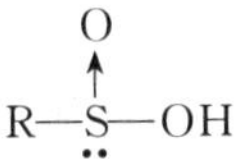　　　　　　　亚磺酸 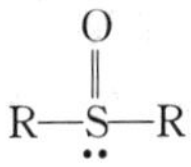　　　　　　　亚砜

二、含硫有机化合物命名

硫醇、硫酚、硫醚等含硫化合物的命名与相应的含氧化合物相同，只是在母体名称前加一个硫字，例如：

CH₃CH₂SH　　　　　CH₃—CH(CH₃)—CH₂—CH₂—SH　　　　　CH₂=C(CH₃)—CH₂—SH
　乙硫醇　　　　　　　　2-甲基丁硫醇　　　　　　　　　α-甲基烯丙硫醇

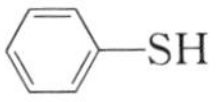

C₆H₅—SH　　　　　CH₃—C₆H₄—SH　　　　　环戊基—SH
　苯硫酚 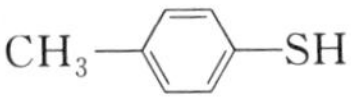　　　　　　　对甲基苯硫酚 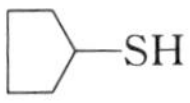　　　　　　环戊基硫醇

CH₃SCH₃　　　　　环己基—SCH₂CH₂CH₃　　　　　C₆H₅—S—C₆H₅
　甲硫醚　　　　　　环己基丙基硫醚 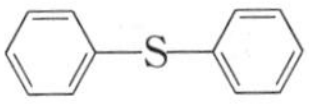　　　　　　　二苯硫醚

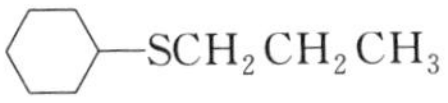

当在含多官能团的化合物中时，—SH 有时作为母体称作硫醇，有时作为取代基叫做巯基，或称氢硫基。这需根据"多官能团化合物的命名"原则而定。例如，在下列化合物中，由于羟基优先于巯基，故将巯基作为取代基来命名。

CH₂—CH—CH₂
|　　|　　|
OH　SH　SH
2,3-二巯基-1-丙醇

硫酸（HOSO₂OH）分子中去掉一个羟基后余下的基团（—SO₂OH 或 —SO₃H）称为

磺酸基，简称磺基。磺（酸）基与烃基相连的化合物称为磺酸，其中芳基与磺基直接相连的化合物称为芳磺酸。磺基是磺酸的官能团，磺酸的命名通常是以"磺酸"为母体，烃基作为取代基，称为某烃基"磺酸"。例如：

$$CH_3CH_2CH_2SO_3H \qquad CH_3-\!\!\!\!\bigcirc\!\!\!\!-SO_3H \qquad \text{β-萘磺酸}$$

丙磺酸　　　　　　　对甲苯磺酸　　　　　　β-萘磺酸

对烃基取代硫酸和亚硫酸分子中的氢所形成的衍生物，分别叫做硫酸酯和亚硫酸酯。例如：

$$CH_3O-\underset{\underset{O}{\|}}{\overset{\overset{O}{\|}}{S}}-OH \qquad CH_3O-\underset{\underset{O}{\|}}{\overset{\overset{O}{\|}}{S}}-OCH_3 \qquad CH_3O-\overset{\overset{O}{\|}}{\underset{..}{S}}-OH \qquad CH_3O-\overset{\overset{O}{\|}}{\underset{..}{S}}-OCH_3$$

硫酸氢甲酯　　　　　硫酸甲酯　　　　　亚硫酸氢甲酯　　　　亚硫酸甲酯

三、硫醇、硫酚、硫醚、磺酸及其衍生物的性质

1. 硫醇、硫酚、硫醚的物理性质

由于硫的电负性比氧小得多，因而巯基之间形成氢键的能力比醇羟基小，硫醇和硫酚的沸点比相应的醇和酚低得多。例如，乙醇的沸点为 79.5℃，而乙硫醇为 37℃；苯酚的沸点为 181.8℃，而苯硫酚的为 70.5℃。硫醇与水也难以形成氢键，因而硫醇在水中的溶解度比相应的醇小。例如乙醇可与水互溶，而乙硫醇在水中的溶解度仅 1.5g/100mL。

硫醚的沸点比相应的醚高。硫醚不溶于水。低级的硫醇、硫酚和硫醚都有极难闻的气味。

2. 硫醇、硫酚、硫醚的化学性质

硫醇、硫酚、硫醚在结构上与醇、酚、醚相类似，但在化学性质上却存在着显著的差别。

(1) **硫醇和硫酚的酸性**　硫化氢的酸性比水强，硫醇和硫酚的酸性也比相应的醇和酚强，乙硫醇的 $pK_a=10.6$，乙醇的 $pK_a=18$，硫酚的 $pK_a=8.3$，苯酚的 $pK_a=9.94$。因此硫醇虽然难溶于水，但能溶于氢氧化钠的乙醇溶液生成硫醇钠盐，通入二氧化碳又重新变成硫醇。硫酚的酸性比碳酸强，可溶解于碳酸氢钠溶液中。例如：

$$CH_3CH_2CH_2SH + NaOH \xrightarrow{C_2H_5OH} CH_3CH_2CH_2SNa + H_2O$$

$$CH_3CH_2CH_2SNa + CO_2 + H_2O \longrightarrow CH_3CH_2CH_2SH + NaHCO_3$$

$$\bigcirc\!\!\!\!-SH + NaHCO_3 \longrightarrow \bigcirc\!\!\!\!-SNa + H_2O + CO_2\uparrow$$

(2) **硫醇和硫酚的重金属盐**　硫醇、硫酚与无机硫化物类似，与重金属盐反应生成不溶于水的沉淀物，例如与汞、铅、铜的盐反应，其生成物均不溶于水。

$$2RSH + HgO \longrightarrow (RS)_2Hg\downarrow + H_2O$$

硫醇汞

$$2CH_3CH_2SH + Pb(OCOCH_3)_2 \longrightarrow Pb(SCH_2CH_3)_2 + 2CH_3COOH$$

二乙硫醇铅

许多重金属离子（如汞、铅等）能引起人畜中毒，原因是重金属离子与人机体内的某些酶的巯基结合，使酶丧失正常的生理活性，因而产生中毒的症状。若向人体内注射含巯基的化合物，如临床上常用的解毒剂二巯基丙醇，能夺取与酶的巯基结合的重金属离子，形成稳定的盐从尿中排出，从而达到解毒的目的。例如：

$$\begin{array}{c}CH_2\text{—}SH\\ |\\ CH\text{—}SH\\ |\\ CH_2\text{—}OH\end{array} + Hg^{2+} \longrightarrow \begin{array}{c}CH_2\text{—}S\\ |\quad\quad\;\;\diagdown\\ CH\text{—}S\quad Hg\\ |\quad\quad\;\;\diagup\\ CH_2\text{—}OH\end{array}$$

(3) 硫醇、硫酚和硫醚的氧化　由于硫比碳容易被氧化，而且硫氢键又比氢氧键容易断裂，因此硫醇和硫酚都比相应的醇、酚容易被氧化。硫醇在稀过氧化氢或碘，甚至在空气中氧的作用下极易被氧化成二硫化合物，后者在还原剂的作用下（如亚硫酸氢钠、锌和醋酸）又可被还原为硫醇。

$$R\text{—}SH \underset{\text{还原}}{\overset{\text{氧化}}{\rightleftharpoons}} R\text{—}S\text{—}S\text{—}R$$

$$CH_3CH_2CH_2SH + H_2O_2 \longrightarrow CH_3CH_2CH_2S\text{—}SCH_2CH_2CH_3 + H_2O$$

这种氧化还原过程在生物体内十分重要。例如，硫辛酸与二氢硫辛酸之间的相互转化。

硫辛酸　　　　　　　　二氢硫辛酸

硫醇和硫酚在被强氧化剂作用下（硝酸、高锰酸钾等），则发生较强烈的氧化反应，生成磺酸。例如：

$$CH_3CH_2SH \xrightarrow[\text{或 HNO}_3]{\text{KMnO}_4} CH_3CH_2SO_3H$$

$$\text{C}_6\text{H}_5\text{—}SH \xrightarrow[\text{或 HNO}_3]{\text{KMnO}_4} \text{C}_6\text{H}_5\text{—}SO_3H$$

硫醚和硫醇一样也容易被氧化为高价含硫化合物，可分别生成亚砜和砜，但要得到亚砜很难，需严格控制反应条件，否则它将进一步氧化成砜。例如：

$$CH_3\text{—}S\text{—}CH_3 \xrightarrow{[O]} CH_3\text{—}\overset{O\uparrow}{\underset{..}{S}}\text{—}CH_3 \xrightarrow{[O]} CH_3\text{—}\overset{O}{\underset{O}{S}}\text{—}CH_3$$

二甲硫醚　　　　　二甲亚砜　　　　　二甲砜

二甲亚砜为无色透明的液体，味微苦，沸点 189℃，能与水互溶，是非质子化的强极性优良溶剂，能溶解许多无机盐和有机化合物。

3. 磺酸及其衍生物的性质

磺酸及其衍生物都是含硫的高价氧化物。磺酸是与硫酸相当的一类有机强酸，有极强的吸湿性，难溶于一般的有机溶剂而易溶于水。磺酸与金属的氢氧化物生成稳定的盐。磺酸的钙盐、镁盐和银盐都易溶解于水。脂肪族磺酸较为少见，并且用途也较少，重要的是芳磺酸及其衍生物，其化学性质主要表现为以下几方面。

（1）磺酸基中羟基的取代反应　羧基中的羟基可被卤素、氨基、烷氧基取代，生成一系列羧酸的衍生物。与其相类似，磺酸基中的羟基也可被这些基团取代，生成磺酰卤、磺酰胺及磺酸酯等一系列磺酸的衍生物。

苯磺酸与五氯化磷或三氯化磷作用，则磺酸中的羟基被氯取代，生成苯磺酰氯。例如：

$$CH_3\text{—}\text{C}_6\text{H}_4\text{—}SO_3H + PCl_3 \longrightarrow CH_3\text{—}\text{C}_6\text{H}_4\text{—}SO_2Cl + H_3PO_3$$

对甲苯磺酸　　　　　　　　对甲苯磺酰氯

苯磺酰氯在有机化合物的合成、鉴别、分离中非常有用，其中最常用的是对甲苯磺酰氯。对甲苯磺酰氯与氨或胺作用，可以得到磺酰胺。例如：

$$CH_3-\langle\bigcirc\rangle-SO_2Cl + NH_3 \longrightarrow CH_3-\langle\bigcirc\rangle-SO_2NH_2$$
对甲苯磺酰胺

$$\langle\bigcirc\rangle-SO_2Cl + H_2NR \longrightarrow \langle\bigcirc\rangle-SO_2NHR$$
N-烷基苯磺酰胺

苯磺酰胺一般是容易结晶的固体，有固定的熔点，可用来鉴别磺酸及其衍生物，可用于制备磺胺类药物。

(2) **磺酸基的取代反应** 芳磺酸中的磺酸基可以被—H，—OH 等基团取代。如苯磺酸与水共热，则磺酸基被氢取代而得到苯。

$$\langle\bigcirc\rangle-SO_3H \xrightarrow[H_2O,\triangle]{H_2SO_4} \langle\bigcirc\rangle$$

这实际上就是磺化反应的逆反应。

苯磺酸钠与固体氢氧化钠共熔，则磺酸基被羟基取代而得到酚。

$$\langle\bigcirc\rangle-SO_3Na \xrightarrow[\triangle]{NaOH} \langle\bigcirc\rangle-ONa \xrightarrow{H_2SO_4} \langle\bigcirc\rangle-OH$$

这就是较早由苯制取苯酚的方法，至今仍在沿用。

四、含硫有机化合物的用途

1. 自然界的含硫化合物

硫醇在自然界分布很广，多存在于生物组织和动物的排泄物中，例如，动物大肠内某些蛋白质受细菌分解可以产生甲硫醇；黄鼠狼利用硫醇的臭味作为防御武器，当遭到袭击时，它可以分泌出 3-甲基-1-丁硫醇等；大蒜的特殊气味是由多种含硫化合物构成的，例如蒜素是氧化二烯丙基二硫化物。

$$\underset{\underset{O}{\|}}{CH_2=CH-CH_2-S-S-CH_2-CH=CH_2}$$

蒜素是对皮肤有刺激性的油状液体，对酸稳定，对热、碱不稳定，对许多革兰阳性和阴性细菌以及某些真菌都有很强的抑制作用，可用于医药，也用作农业杀虫、杀菌剂。

2. 合成洗涤剂

烷基磺酸钠（RSO_3Na）和烷基苯磺酸钠（$R-\langle\bigcirc\rangle-SO_3Na$）是目前产量最大、用途最广的合成洗涤剂。R 是亲脂基团（一般为 12～18 个碳原子的直链烷基），$-SO_3^-$ 是阴离子亲水基团，因此它们属于阴离子型表面活性剂。烷基苯磺酸钠一般由烷基苯的磺化得到。例如：

$$C_{12}H_{25}-\langle\bigcirc\rangle \xrightarrow[40\sim50℃]{H_2SO_4} C_{12}H_{25}-\langle\bigcirc\rangle-SO_3H \xrightarrow{NaOH} C_{12}H_{25}-\langle\bigcirc\rangle-SO_3Na$$

烷基磺酸或烷基苯磺酸的钙盐和镁盐都溶于水，因此以烷基磺酸钠或烷基苯磺酸钠为主要原料的洗衣粉在硬水中使用并不影响去污能力。而肥皂不宜在硬水中使用，因为肥皂是高级脂肪酸的钠盐，在硬水中会形成不溶于水的钙盐和镁盐。

3. 离子交换树脂

离子交换树脂是一类可以进行离子交换的体型高聚物。目前使用最多的离子交换树脂大多数是以苯乙烯与二乙烯苯（主要是对二乙烯基苯）共聚形成的交联聚合物，它是一种不溶于水的、具有相当硬度的高聚物。

第十一章 含杂原子有机化合物

（反应式图略）

在这些高聚物的苯环上可以通过亲电取代反应引进某些活性基团，如磺酸基、氨基等，形成带有官能团的不溶于水的高聚物，高聚物上的阳离子或阴离子可以与水中的阳离子或阴离子进行交换，因此该种物质叫做离子交换树脂。

含有磺酸基的叫作阳离子交换树脂，因为磺酸基中的氢离子是以离子键与磺酸结合的，所以将这样的树脂浸入水中，氢离子很容易进入水中，而水中的其他阳离子可以取代树脂上的氢离子从而平衡磺酸根的负电性，所以磺酸型离子交换树脂属于强酸性阳离子交换树脂。如果在高聚物上引入氯甲基后，再与三甲胺反应，即得季铵型阴离子交换树脂，这种树脂中的阴离子（OH^-）可以与水溶液中的其他阴离子交换。季铵碱是强碱，所以这类树脂属于强碱性阴离子交换树脂。

离子交换树脂的用途极广，如工业用水的软化、海水淡化、工业废水的处理、提取稀有元素、分离氨基酸等天然产物、催化有机反应以及用于医药等方面。

阅读材料

生物技术

生物技术是应用生物学、化学和工程学的原理，依靠生物催化剂的作用将物料进行加工，以生产有用物质或为社会服务的一门多学科综合性的科学技术。

生物技术作为高新技术领域之一，它与新材料技术和电子信息技术成为现代科学技术的三大支柱。生物技术的最大特点在于能充分利用各种自然资源，节省能源，减少污染，易于实现清洁生产，而且可以实现一般化工技术难以制备的产品。生物技术在化学工业中的应用简称为生物化工，被认为是21世纪最具有发展潜力的产业之一。

近20年来，随着分子生物学的发展，基因重组技术和细胞融合技术的突破，以及单克隆抗体技术、酶和细胞的固定技术、动物和植物细胞的大规模培养技术的发展，使人们能开始定向地设计和组建具有特定性状的、新的生物品种和物系，并结合发酵工程和生物化学工程原理，对微生物以及动物和植物细胞进行培养和加工，逐步应用于医药、食品、能源、化工、冶金、生态农业等领域。生物技术在国民经济建设中发挥着越来越重要的作用，它正以巨大的活力改变着传统的社会生产方式和产业结构，将成为解决人类所面临着的食品、资源、能源、环境等问题挑战的极其重要的关键技术。

现代生物技术已成为当代生物科学研究和开发的主流，通常认为生物技术主要包括基因工程、细胞工程、酶工程和微生物工程，它们彼此相互渗透、相互交融。基因工程是生物技术的主导技术；细胞工程是生物技术的基础；酶工程是生物技术的条件；微生物发酵工程和生化工程是生物技术实现工业化、获得最终产品、转化为生产力的关键。

——摘自贡长生，张克立编著. 绿色化学化工. 北京：化学工业出版社，2002.

第三节 含磷有机化合物

磷和氮同属于周期表中ⅤA族元素，与硫与氧的关系相似，对应于含氮的有机物，也有一系列含磷的有机化合物。生物体内需要的有机磷化物，是一种重要的能源。合成的一些有机磷化物是很好的杀虫剂。

一、含磷有机化合物的结构

磷和氮外层电子结构相同，因此，二者可以形成类似的共价化合物。事实上，磷化氢（PH_3）和氨（NH_3）的组成形式相同，膦与胺的组成形式也相同。如：

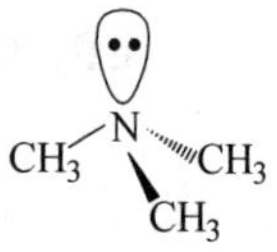

三甲胺 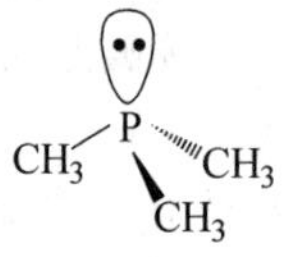　　三甲基膦 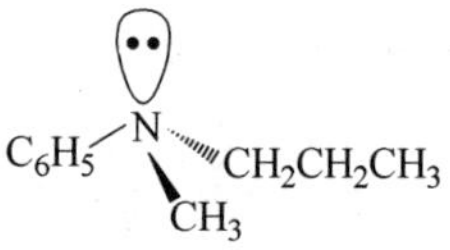　　甲基正丙基苯胺 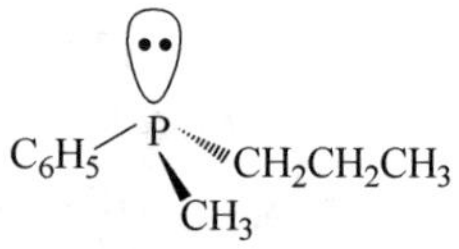　　甲基正丙基苯基膦

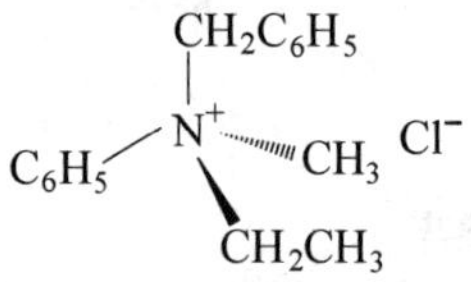

氯化甲基乙基苯基苄基铵　　氯化甲基乙基苯基苄基膦
（季铵盐）　　　　　　　（季膦盐）

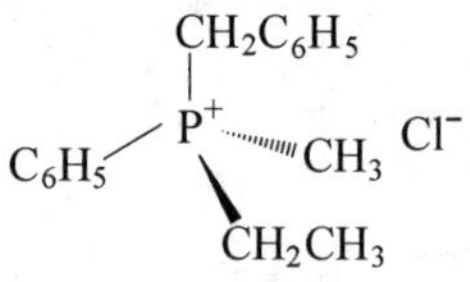

上述含三个取代基的化合物都呈棱锥形，碳与磷直接相连。其中膦的键角（$\angle CPC=99°$）比胺的（$\angle CNC=108°$）小，这是由于磷原子的体积比氮的大，烃取代基的空间因素对键角的影响较小，而对氮原子的影响较大，所以膦的键角比胺的小。对于形成盐的两个化合物，氮和磷都呈四价，分子呈四面体形状。膦分子中的键角与取代基的性质有关，磷化氢分子中$\angle HPH=93°$，三甲膦分子$\angle CPC=99°$，三苯膦分子中$\angle CPC=103°$。

二、含磷有机化合物的分类与命名

已知氨上的氢被烃基取代的产物称为胺，因而磷化氢分子的氢原子被烃基取代后生成的衍生物称为膦。与胺类相似，可以分为伯膦、仲膦、叔膦和季膦盐。例如：

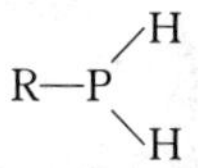

伯膦 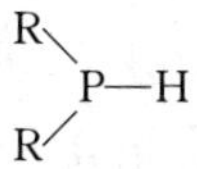　　仲膦 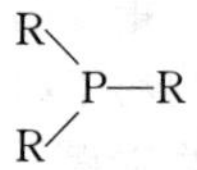　　叔膦　　季膦盐

对于简单的膦，其命名同胺，即采用习惯命名法，称某烃基膦，例如：

CH₃CH₂PH₂   (CH₃CH₂)₂PH   (C₆H₅)₃P   (CH₃CH₂CH₂)₄P⁺Cl⁻
乙膦   二乙膦   三苯膦   氯化四丙基鏻

磷酸酯可认为是磷酸分子中的氢原子被烃基取代后的衍生物。在磷酸酯分子中，磷原子不与碳原子相连。亚磷酸酯也有相应的亚磷酸单酯、亚磷酸二酯和亚磷酸三酯衍生物。这些磷酸酯类化合物的命名通常称为磷酸（亚磷酸）某酯。

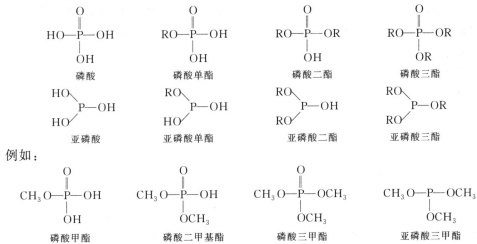

例如：

磷酸甲酯   磷酸二甲基酯   磷酸三甲酯   亚磷酸三甲酯

磷酸分子中的—OH 被烃基取代的衍生物叫做膦酸。在膦酸分子中含有 C—P 键。膦酸分子中的氢被烃基取代后的衍生物叫做膦酸酯。

膦酸   二烃基膦酸   氧化膦   膦酸单酯   膦酸二酯

这类化合物的命名与羧酸的命名相类似，例如：

甲基膦酸   二甲基膦酸   二甲基膦酸甲酯   甲基膦酸二甲酯

三、含磷有机化合物的性质

有机磷化合物和有机氮化合物在性质上的区别，与含硫和含氧有机物之间的区别类似，如膦的碱性比胺弱，但由于磷原子的外层电子比氮原子更容易被极化，因而膦的亲核性比胺强。例如叔膦极易和卤代烷起 S_N2 反应，生成季鏻盐。

(CH₃CH₂CH₂CH₂)₃P + CH₃CH₂CH₂CH₂Br ⟶ (CH₃CH₂CH₂CH₂)₄P⁺Br⁻
三丁基膦   溴化四丁基鏻

(C₆H₅)₃P + CH₃Br ⟶ (C₆H₅)₃P⁺CH₃Br⁻
三苯基膦   溴化甲基三苯基鏻

溴化甲基三苯基鏻对热较稳定，在水中也不分解。当用丁基锂等强碱处理时，则生成极性很大的内鏻盐 [(C₆H₅)₃P⁺—CH₂⁻]，叫做磷叶立德，该盐在温和条件下可以和醛酮反应生成烯烃。该反应是由维悌希发现的，因此称作维悌希反应，磷叶立德也称为维悌希试剂。由于维悌希反应应用很广，维悌希获得 1979 年诺贝尔化学奖。

四、含磷有机化合物的用途

含磷有机化合物在生物化学和农药化学中具有非常重要的意义,它不仅与生命化学有关,而且在工农业生产上都有其极为广泛的用途。许多含磷的有机化合物可分别用做某些金属的萃取剂、纺织品的防皱剂、塑料制品的阻燃剂、润滑油的添加剂以及农药、医药等,有些有机磷化合物是有机合成中非常有用的试剂。有机磷农药则是有机磷化学研究的主要方面之一,目前我国生产的杀虫剂中还主要以有机磷为主。下面介绍几种常见的有机磷农药。

1. 乙烯利

乙烯利的化学名称为2-氯乙基膦酸。分子式为 $C_2H_6O_3PCl$,其分子量为144.50,纯品为无色针状晶体,熔点为75℃,易溶于水和乙醇,其结构式如下:

$$ClCH_2CH_2-\overset{\overset{O}{\|}}{\underset{OH}{P}}-OH$$

乙烯利易被植物吸收并进入到茎、叶、花、果等细胞中。一般植物细胞里的pH都在4以上,所以进入植物体内的乙烯利就会逐渐分解释放出乙烯,调节植物生长发育和代谢作用,促进果实成熟等,所以常作为植物生长调节剂。目前,我国将乙烯利主要用于促进橡胶树多流胶、烟叶催黄、果实催熟以及促使瓜类早期多开雌花等方面。

2. 敌百虫

敌百虫属膦酸酯类化合物,其化学名称为 O,O-二甲基(1-羟基-2,2,2-三氯乙基)膦酸酯。分子式为 $C_4H_8O_4PCl_3$,分子量为257.38,纯品敌百虫为无色晶体,熔点83～84℃,可溶于水。其结构式如下:

$$\underset{CH_3O}{\overset{CH_3O}{\diagdown}}\overset{\overset{O}{\|}}{P}-\underset{OH}{CHCCl_3}$$

它是一种高效、低毒的有机磷杀虫剂,对昆虫有胃毒和触杀作用,常用于防治鳞翅目、双翅目、鞘翅目害虫。由于敌百虫对哺乳动物的毒性很低,故用来防治家畜体内及体外的寄生虫。在卫生方面,它对杀灭苍蝇特别有效。

3. 敌敌畏

敌敌畏是有机磷酸酯类杀虫剂。其化学名称为 O,O-二甲基-O-(2,2-二氯乙烯基)磷酸酯。分子式为 $C_4H_7O_4PCl_2$,分子量为220.92,其结构式如下:

$$\underset{CH_3O}{\overset{CH_3O}{\diagdown}}\overset{\overset{O}{\|}}{P}-OCH=CCl_2$$

敌敌畏是一种无色或浅黄色的液体,易挥发,微溶于水。具有胃毒、触杀和熏蒸作用,杀虫谱广,作用快。主要用于防治刺吸口器害虫及潜叶害虫。敌敌畏较敌百虫的杀虫效果好,但对人畜的毒性也较大。

4. 乐果

乐果属于二硫代磷酸酯类的杀虫剂。其化学名称为 O,O-二甲基-S-(N-甲基氨基甲酰甲基)二硫代磷酸酯。分子式为 $C_5H_{12}NO_3PS_2$,分子量为229.12,其结构式如下:

$$\underset{CH_3O}{\overset{CH_3O}{\diagdown}}\overset{\overset{S}{\|}}{P}-SCH_2\overset{\overset{O}{\|}}{C}NHCH_3$$

乐果的纯品为白色晶体,熔点 51~52℃,可溶于水和多种有机溶剂。工业品原油是浅黄色液体,在酸性介质中较稳定,在碱性介质中则迅速水解。乐果具有内吸性,能被植物的根、茎、叶吸收,并传导分布到整个植株。它对温血动物的毒性很低,而对昆虫的毒性却相当高,这是因为它在不同的情况下发生不同的水解或氧化过程的缘故。

阅读材料

化学杀虫剂的一个新家族

在世界范围内,每年被昆虫破坏的农作物的价值超过上百亿美元。在过去的 50 年中,仅仅发现少数种类的杀虫剂能与这种破坏作斗争。Rohm&Haas 公司发现了一个新的化学家族——二酰基肼,它提供给农场主和社会消费者一个安全、更有效地控制草地和各种农作物昆虫的技术。这个家族中的一个成员"Confirm™"是在毛虫控制方面的一个突破,它在化学、生物和机械方面都是新颖的。它有效地并选择性地控制农业中重要的履带式的害虫,而对于撒药人、消费者和生态系统没有显著的危险。它将代替许多旧的、效力较小而危险较大的杀虫剂,而被美国环保署归类为危险性减少了的杀虫剂。

Confirm™ 通过一个全新的且比现行杀虫剂更安全的作用模式来控制目标昆虫。该产品通过强烈地模仿在昆虫体内发现的一种叫 20-羟基蜕化素的天然物质而起作用的,这种蜕化素是自然引发,能导致蜕皮并调节昆虫的发育。因为这种"蜕化素式"的作用模式,Confirm™ 强烈地扰乱目标昆虫的蜕皮过程,致使它们在暴露后短暂停食,并在此之后不久就很快死亡。

因为 20-羟基蜕化素对许多非节肢动物既不出现又不具有生物功能,所以 Confirm™ 对于各种各样的非目标有机体(如哺乳动物、蚯蚓、植物以及水生有机体)比其他的杀虫剂更安全。Confirm™ 对于各种各样的益虫、捕食性昆虫和寄生昆虫和草蜻蛉以及其他的食肉节肢动物都非常安全。因为这个不寻常的安全性,使用这些产品不会导致当地生物系统中主要的自然食肉动物/寄生虫的破坏,进而造成目标或第二种害虫的爆发。这将减少重复采用额外的杀虫剂的需要,并减少农作物和环境的总化学负载。

Confirm™ 对哺乳动物的口服、吸入和局部应用具有低毒性,并表明完全不致癌、不诱变,且没有不利的复制效应。由于它的相当高的安全性和相当低的用量,Confirm™ 对撒药者或食物链没有明显的危害,且没有重大的泄漏危害。业已证明,Confirm™ 是许多综合昆虫治理和抗药性管理中控制毛虫的一种杰出的工具。所有这些特征使 Confirm™ 成为迄今发现的最安全、最具有选择性、最有用的昆虫控制剂之一,由此,该产品获得了 1998 年美国"总统绿色化学挑战奖"的设计更安全化学品奖。

——摘自闵恩泽,吴巍编著. 绿色化学与化工. 北京:化学工业出版社,2000.

练习题

1. 命名下列化合物。

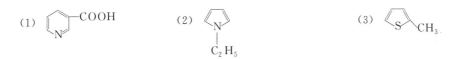

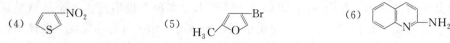

2. 写出下列化合物的构造式。
(1) 糠醇　　　　　(2) 5-硝基-2-呋喃甲醛　　(3) α-呋喃甲醇　　　(4) 烟酸
(5) 六氢吡啶　　　(6) β-吡啶甲酸甲酯　　　　(7) 8-羟基喹啉　　　(8) 2-噻吩甲酸

3. 用适当的化学方法除去下列化合物中的杂质。
(1) 苯中混有少量的噻吩和吡啶
(2) 吡啶中混有少量苯酚
(3) 甲苯中混有少量吡啶

4. 写出吡咯与下列试剂反应的主要产物。
(1) NaOH　　(2) Br_2/乙醚　　(3) CH_3COONO_2/乙酐，$-10℃$　　(4) H_2/Ni，200℃

5. 写出吡啶与下列试剂反应的主要产物。
(1) HCl　　(2) Br_2，300℃　　(3) HNO_3/H_2SO_4，300℃　　(4) H_2/Pt

6. 写出下列化合物的构造式。
(1) 溴化四丁基鏻　　(2) 二苯亚砜　　　　(3) 苯基膦酸　　　(4) 磷酸三乙酯
(5) 甲基亚磺酰氯　　(6) 亚磷酸三苯酯　　(7) 氧化三丙基膦

第十二章 生命有机化学

知识目标　了解构成生命体的基本单元糖、氨基酸的结构特点和性质；了解天然高分子化合物；掌握鉴别糖、蛋白质的方法。

能力目标　能利用糖类、氨基酸、蛋白质的性质解释实际问题。

学习关键词　单糖、二糖、多糖、氨基酸、蛋白质、等电点。

第一节　糖

一、糖的结构与分类

1. 糖的结构

糖类化合物也称为碳水化合物，是自然界中存在数量最多、分布最广泛的一类有机化合物。例如葡萄糖、蔗糖、淀粉、纤维素等都属于糖类化合物。

从化学结构的特点来说，它们是多羟基的醛、酮，或多羟基醛、酮的聚合物。由于最初发现的这一类化合物都是由碳、氢、氧三种元素组成，而且分子中氢和氧的比例为 2∶1，它们都可以用 $C_n(H_2O)_m$ 这样一个通式表示，所以将这类物质叫做碳水化合物。但后来发现有些化合物，如鼠李糖是一种甲基戊糖，它的分子式是 $C_6H_{12}O_5$，根据它的结构和性质应该属于碳水化合物，可组成并不符合上面通式；而有些化合物，如乙酸（$C_2H_4O_2$）、乳酸（$C_3H_6O_3$），虽然

二维码16　果糖的结构

二维码17 葡萄糖的结构

二维码18 纤维素的结构

分子式符合上述通式,但却并非糖类,所以严格地讲"碳水化合物"这个名称是不确切的,但因沿用已久,至今仍在使用。

2. 糖的分类

糖类化合物根据其能否水解及水解后生成的物质分为以下三类。

(1) 单糖 不能水解的多羟基醛酮,如葡萄糖、果糖和核糖等。

(2) 低聚糖 低聚糖也叫寡糖,是由 2~10 个分子的单糖缩合成的物质,能水解为两分子单糖的叫二糖,水解产生三个或四个单糖的则叫三糖或四糖。其中最主要的是能水解成两分子单糖的二糖,如麦芽糖、蔗糖或乳糖。

(3) 多糖 一分子多糖水解后可产生几百以至数千个单糖,它们相当于由许多单糖形成的高聚物,所以也叫高聚糖,属于天然的高分子化合物,如淀粉、纤维素和糖原。

二、单糖

1. 单糖的分类及构型

单糖根据它所含羰基结构的不同分为醛糖和酮糖两类。自然界中的单糖以含五个或六个碳原子的最为普遍。各按所含碳原子的数目及羰基结构叫做某醛糖或某酮糖。例如:

```
1CHO          1CH2OH        1CHO          1CH2OH
2CHOH         2C=O          2CHOH         2C=O
3CHOH         3CHOH         3CHOH         3CHOH
4CHOH         4CHOH         4CHOH         4CHOH
5CH2OH        5CH2OH        5CHOH         5CHOH
                            6CH2OH        6CH2OH

戊醛糖         戊酮糖         己醛糖         己酮糖
```

相应的醛糖和酮糖是同分异构体。写糖的结构时,一般是将羰基写在上端,碳链的编号从醛基或靠近酮基的一端开始。

单糖分子中都含有手性碳原子,分子有旋光性。其构型可用费歇尔投影式来表示,例如,(+) 葡萄糖的构型可以表示为:

```
    CHO           CHO          CHO           △
  H—OH          —OH          |—            |—
 HO—H          HO—          —|            —|
  H—OH          —OH          |—            |—
  H—OH          —OH          |—            |—
   CH2OH         CH2OH        CH2OH          O
```

为了书写方便,手性碳原子上的氢可以省去,甚至羟基也可以省去,而只用一短横线表示。有时也采用更简化的形式,用 △ 代表 CHO,O 代表 CH₂OH。单糖的构型一般用 D-L 标记法,如上述的葡萄糖即为 D 型糖,自然界中存在的糖绝大多数是 D 型的,L 型的糖极少。

2. 单糖的性质

单糖都是无色晶体,有吸湿性,易溶于水,可溶于乙醇、吡啶,但难溶于乙醚、丙酮、苯等有机溶剂。

单糖是多羟基醛或多羟基酮,因此它具有醇、醛、酮的某些性质,如氧化、还原等。

(1) 氧化反应 单糖都能被氧化剂氧化,其氧化过程比较复杂,氧化产物与试剂种类及溶液的酸碱性有关。

① 在碱性溶液中氧化　醛与酮的主要区别在于后者不易被托伦试剂或斐林试剂氧化。但酮糖与酮不同，它虽不含醛基，但在碱性溶液中发生异构化作用而转变成烯醇型和醛糖，所以醛糖和酮糖都可被托伦试剂或斐林试剂氧化，分别产生银镜或红色氧化亚铜沉淀。在有机化学及生物化学中，把凡能与托伦试剂和斐林试剂起反应的糖都叫作还原性糖，不起反应的糖叫做非还原性糖，故所有单糖都是还原糖。

② 在酸性溶液中氧化　酸性的弱氧化剂——溴水能选择性地氧化醛糖分子中的醛基或羧基，产物称为醛糖酸。例如，D-葡萄糖可以被溴水氧化成 D-葡萄糖酸。

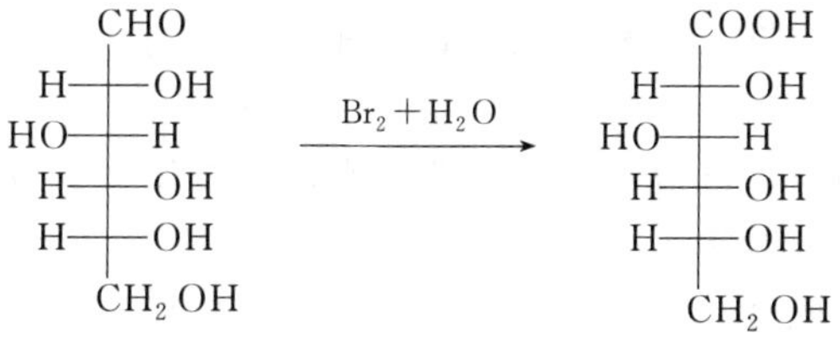

$$\text{D-葡萄糖} \xrightarrow{Br_2 + H_2O} \text{D-葡萄糖酸}$$

酮糖不能被溴水氧化，故用溴水可区别醛糖与酮糖。

酸性的强氧化剂——硝酸不仅氧化醛基，而且能氧化伯醇基，生成多羟基二元羧酸，称为糖二酸，例如，葡萄糖被硝酸氧化的反应。

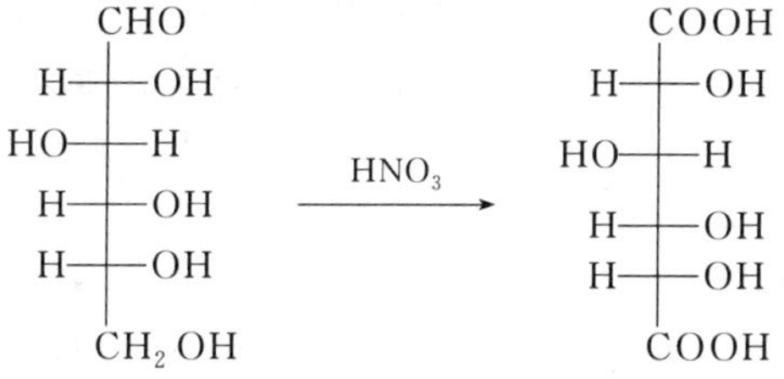

$$\text{D-葡萄糖} \xrightarrow{HNO_3} \text{D-葡萄糖二酸}$$

(2) 还原反应　硼氢化钠还原或催化加氢都可把糖分子中的羰基还原成羟基，生成相应的糖醇。例如，葡萄糖还原生成山梨醇。

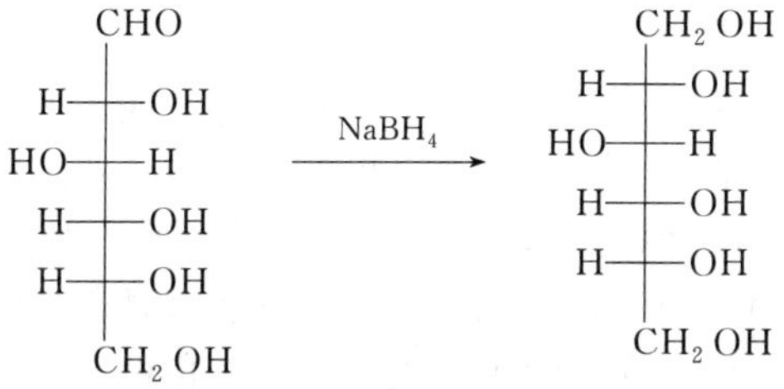

$$\text{D-葡萄糖} \xrightarrow{NaBH_4} \text{山梨醇}$$

(3) 成脎反应　单糖与苯肼作用时，其羰基与苯肼反应首先生成苯腙。但在过量的苯肼存在下，α-碳原子上羟基被苯肼氧化变成羰基，苯肼则被还原为氨及苯胺，新的羰基再继续与苯肼反应生成的产物称为糖脎。

以葡萄糖为例其反应过程如下：

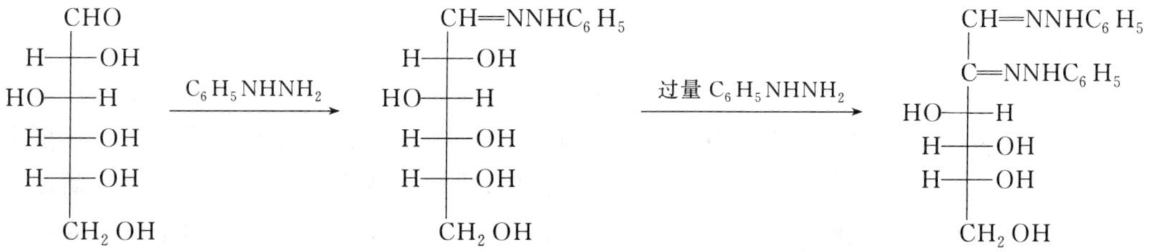

$$\text{D-葡萄糖} \xrightarrow{C_6H_5NHNH_2} \text{D-葡萄糖苯腙} \xrightarrow{\text{过量 } C_6H_5NHNH_2} \text{D-葡萄糖脎}$$

由糖生成的糖脎引入了两个苯肼基,分子量增大,水溶性则大为降低,因此在糖溶液中加入苯肼,加热即可析出糖脎。糖脎都是黄色结晶,不同的糖脎的晶型、熔点和成脎所需的时间都各不相同,所以成脎反应常用于糖的定性鉴别。

三、二糖和多糖

1. 二糖

糖苷是单糖与醇、酚等含羟基的化合物形成的缩醛,如果含羟基的化合物是另一分子单糖,这样形成的物质就是双糖。主要的二糖有蔗糖、麦芽糖、乳糖和纤维二糖等,它们的分子式为 $C_{12}H_{22}O_{11}$,可以看作是由两分子单糖脱水形成的化合物,能被水解为两分子单糖。双糖的物理性质与单糖相似,能成结晶,易溶于水,并有甜味。自然界中存在的二糖可分为还原性二糖与非还原性二糖两类。

(1) 还原性二糖 还原性二糖可以看作是由一分子单糖的半缩醛羟基与另一分子单糖的醇羟基脱水而成的。这样形成的二糖分子中,有一个单糖单位形成苷,而另一单糖单位仍保留有半缩醛羟基,可以开环形成链式。所以这类二糖具有一般单糖的性质,能还原托伦试剂、斐林试剂等弱氧化剂,并能与苯肼成脎。因此这类二糖就叫还原性二糖,比较重要的还原性二糖有麦芽糖、纤维二糖和乳糖。麦芽糖和纤维二糖分别是淀粉和纤维素的基本组成单位,在自然界中并不以游离状态存在。用 β-淀粉酶水解淀粉,或用稀酸水解纤维素,可以分别得到麦芽糖和纤维二糖。饴糖的主要成分就是麦芽糖,麦芽糖为无色针状结晶,通常含 1 分子结晶水,分子式 $C_{12}H_{22}O_{11} \cdot H_2O$,易溶于水,水溶液的比旋光度为 $+137°$,甜味次于蔗糖。

乳糖因存在于人和哺乳动物的乳汁中而得名。人乳含乳糖 $5\% \sim 8\%$,牛乳含乳糖 $4\% \sim 5\%$。乳糖为白色结晶粉末,含 1 分子结晶水,分子式为 $C_{12}H_{22}O_{11} \cdot H_2O$,甜度约为蔗糖的 70%,难溶于水,不吸湿,水溶液的比旋光度为 $+55.3°$。

(2) 非还原性二糖 非还原性二糖相当于由两个单糖的半缩醛羟基脱水而成的,两个单糖都成为苷,这样形成的二糖就不具有与单糖相似的性质,不能还原托伦试剂、斐林试剂等弱氧化剂,不能与苯肼成脎。

蔗糖是在自然界中分布最广而且也是最重要的非还原性二糖,在所有光合植物中都含有蔗糖。在甜菜和甘蔗中含量最多,甜味仅次于果糖。蔗糖是右旋糖,其水溶液的比旋光度为 $+66.5°$,将蔗糖水解后得到等物质的量的 D-葡萄糖和 D-果糖的混合物,由于 D-葡萄糖的比旋光度为 $+52.5°$,而 D-果糖的比旋光度为 $-92°$,故水解混合物的旋光方向为左旋,所以常将蔗糖的水解产物叫做转化糖。蜂蜜的主要组分就是转化糖。

$$C_{12}H_{22}O_{11} + H_2O \xrightarrow[\text{或 } H^+]{\text{转化酶}} C_6H_{12}O_6 + C_6H_{12}O_6$$

蔗糖   D-葡萄糖   D-果糖
$[\alpha]_D^{20} = +66.5°$ $[\alpha]_D^{20} = +52.5°$ $[\alpha]_D^{20} = -92°$
转化糖 $[\alpha]_D^{20} = +19.75°$

2. 多糖

多糖是由许多相同或不相同的单糖分子结合而成的天然高分子化合物,它是一种聚合程度不同的长链分子混合物。自然界存在的多糖分布广泛,其成分大都是很简单的,如植物贮藏的养分——淀粉,动物贮藏的养分——糖原及植物的骨架结构——纤维素等都由葡萄糖组成。这类由同种单糖组成的多糖,统称为均多糖,也有一些多糖由多种单糖单位组成,如黏多糖,是由己醛糖酸、氨基己糖和其他己糖等组成。这类由不同种单糖及其衍生物组成的多糖，统称为杂多糖。

均多糖和杂多糖组分只有糖类，称为单纯多糖；若组分中除糖类外，还含有其他组分如蛋白质、脂类等，则称为复合多糖。

虽然多糖由单糖构成，但许多单糖连成多糖后，量变引起了质的飞跃。多糖的性质和单糖、低聚糖有显著的差别，多糖没有还原性，不能成脎，也没有甜味，而且大多数不溶于水，少数能与水形成胶体溶液。多糖一般为非晶形固体，可在酸或酶作用下水解变为原来的单糖。下面介绍三种主要的多糖。

(1) 淀粉　淀粉主要存在于植物的种子和块根中，大米含淀粉 62%～82%，小麦含淀粉 57%～75%。淀粉是白色无定形粉末，由直链淀粉与支链淀粉两部分组成，这两部分在结构与性质上有一定区别，它们在淀粉中所占的比例随植物的品种而异。

淀粉在酸或酶的催化下，彻底水解时生成 D(+)-葡萄糖，用淀粉酶水解得到麦芽糖。所以可以将淀粉看作是麦芽糖的聚合物。

$$(C_6H_{10}O_5)_n \xrightarrow[H^+\text{或酶}]{H_2O} (C_6H_{10}O_5)_{n-x} \xrightarrow[H^+\text{或酶}]{H_2O} C_{12}H_{22}O_{11} \xrightarrow[H^+\text{或酶}]{H_2O} C_6H_{12}O_6$$

(2) 糖原　糖原是动物体内储藏能量的碳水化合物，也叫作动物淀粉。主要存在于肝脏和肌肉中，因此有肝糖原和肌糖原之分。

糖原也是由葡萄糖组成的，结构与支链淀粉相似，但分支程度比支链淀粉要高。分支点之间的间隔是 3～4 个葡萄糖单位。

糖原是无色粉末，较难溶于冷水而易溶于热水，遇碘显棕色至紫色。

糖原是动物体能量的主要来源，葡萄糖在动物血液中的含量较高时，它就结合成糖原而储存于肝脏中，当血液中葡萄糖含量降低时，糖原就会分解成葡萄糖供给机体能量。人体约含 400g 糖原，用以保持血液中葡萄糖含量的基本恒定。

(3) 纤维素　纤维素是植物细胞壁的主要组分，构成植物的支持组织，也是自然界分布最广的多糖。棉花是含纤维素最高的物质，含量可达 98%，其次是亚麻和木材。木材含纤维素 50%～70%，此外动物体内发现有动物纤维素。

纤维素和直链淀粉一样，是没有分支的链状分子，并且将几条这样的分子长链并排成索，通过大量邻近的羟基形成氢键，相互聚集，像绳索一样拧在一起而成纤维素。

纤维素为白色固体，韧性强，不溶于水、稀酸和稀碱中，但能溶于二硫化碳和氢氧化钠溶液中。纤维素较难水解，但在高温、高压下与无机酸共热，能被水解成葡萄糖。

纤维素虽和淀粉一样均由葡萄糖组成，但人体内只有能水解淀粉的酶，而无水解纤维素的酶，因此人类只能消化淀粉而不能消化纤维素，而在食草动物如马、牛、羊的消化道中含有能水解纤维素的酶。纤维素经酶作用而成蛋白质，这是目前极其重要的一项研究课题。目前已能将纤维素转变成动物食用蛋白，而转变成人类的食用蛋白也为期不远了。

第二节　氨基酸

羧酸分子中烃基上的氢原子被氨基取代后的化合物，称为氨基酸。其分子中同时含有氨基和羧基两种官能团。

一、氨基酸的分类和命名

从结构上根据所连烃基的不同，氨基酸可分为脂肪族和芳香族两类。根据氨基和羧基的

相对位置可分为 α-氨基酸，β-氨基酸，γ-氨基酸，ω-氨基酸……

$$\underset{\alpha\text{-氨基酸}}{\underset{|}{\overset{|}{R-CH-COOH}}\atop NH_2} \quad \underset{\beta\text{-氨基酸}}{\underset{|}{\overset{|}{R-CH-CH_2-COOH}}\atop NH_2} \quad \underset{\gamma\text{-氨基酸}}{\underset{|}{\overset{|}{R-CH-CH_2-CH_2-COOH}}\atop NH_2} \quad \underset{\omega\text{-氨基酸}}{\underset{|}{\overset{|}{CH_2-(CH_2)_n-COOH}}\atop NH_2}$$

  迄今为止在自然界中发现的氨基酸已有 200 余种，其中绝大部分是脂肪族 α-氨基酸。在 α-氨基酸分子中，若氨基和羧基数目相等时称为中性氨基酸；若羧基数目多于氨基时称为酸性氨基酸；若氨基数目多于羧基数目时称为碱性氨基酸。常见的组成蛋白质的各种氨基酸，除甘氨酸外，都含有旋光性，其构型均为 L 型。

  氨基酸的命名，是以羧酸为母体，氨基作为取代基命名的。但从蛋白质分离得到的 20 余种 α-氨基酸，通常都有简单的俗名，即根据其来源或性质命名，如天冬氨酸最初是在天门冬的幼苗中发现的；甘氨酸是由于具有甜味而得名的。例如：

$$\underset{\substack{\text{氨基乙酸}\\\text{甘氨酸}}}{\underset{|}{\overset{|}{CH_2-COOH}}\atop NH_2} \quad \underset{\substack{\text{4-甲基-2-氨基戊酸}\\\text{亮氨酸}}}{\underset{|}{\overset{|}{CH_3CHCH_2CHCOOH}}\atop \underset{CH_3\ \ \ \ \ \ \ NH_2}{}} \quad \underset{\substack{\text{2-氨基丁二酸}\\\text{天冬氨酸}}}{\underset{|}{\overset{|}{HOOCCH_2CHCOOH}}\atop NH_2}$$

二、氨基酸的性质

1. 物理性质

  氨基酸为无色晶体，熔点较高，易溶于水，不溶于醚等非极性有机溶剂，加热至熔点则分解。这些性质与一般的有机物是有较大区别的。

2. 化学性质

  由于氨基酸分子中同时含有羧基和氨基，因此具有羧基和氨基的典型性质。例如氨基可以烃基化、酰基化，可与亚硝酸作用；羧基可以成酯或酰氯、酰胺等。此外，由于羧基和氨基相邻较近，因此它们之间的相互影响使氨基酸具有某些特殊的性质。

  （1）两性和等电点 氨基酸分子中既含有碱性的氨基，又含有酸性的羧基，因此本身兼有酸和碱的双重性质，是两性化合物。

  氨基酸分子不仅能与外来的酸或碱作用生成盐，而且分子内部的氨基与羧基也能相互作用生成盐，这样生成的盐，称为内盐或偶极离子，氨基酸与酸碱的反应可表示如下：

$$\underset{\text{正离子}}{\underset{|}{\overset{|}{R-CH-COOH}}\atop ^+NH_3} \underset{OH^-}{\overset{H^+}{\rightleftharpoons}} \underset{\text{偶极离子}}{\underset{|}{\overset{|}{R-CH-COO^-}}\atop ^+NH_3} \underset{H^+}{\overset{OH^-}{\rightleftharpoons}} \underset{\text{负离子}}{\underset{|}{\overset{|}{R-CH-COO^-}}\atop NH_2}$$

  氨基酸在溶液中呈何种离子状态（正离子、偶极离子、负离子），决定于溶液的 pH 值。如果改变溶液的 pH 值，氨基酸在某一特定的 pH 值时完全以偶极离子形式存在，正、负离子浓度相等，即净电荷等于零，在电场中不移向任何一极，这时溶液的 pH 值称为该氨基酸的等电点。如果溶液的 pH 值小于其氨基酸的等电点，亦即在酸性溶液中，则该氨基酸呈正离子形式存在，在电场中向负极移动；反之，在碱溶液中，则该氨基酸呈负离子形式存在，在电场中向正极移动。不同的氨基酸具有不同的等电点。中性 α-氨基酸的等电点在 pH 5～6.3 之间；酸性 α-氨基酸在 pH 2.8～3.2 之间；碱性 α-氨基酸在 pH 7.6～10.8 之间。各种氨基酸在其等电点时，溶解度最小，因而用调节等电点的方法，可以分离氨基酸的混合物。

  阴离子交换树脂上的磺酸基能与氨基酸中的氨基成盐：

$$\begin{array}{c}
\text{CH}_2-\!\!\!\!\!\!\!\!\!\!\bigcirc\!\!\!\!\!\!\!\!-\text{SO}_3^-\ \text{NH}_3^+\ \overset{R}{\text{CHCOOH}} \\
| \\
\text{CH}_2 \\
| \\
\text{CH}-\!\!\!\!\!\!\!\!\!\!\bigcirc\!\!\!\!\!\!\!\!-\text{SO}_3^-\ \text{NH}_3^+\ \overset{R^1}{\text{CHCOOH}} \\
| \\
\text{CH}_2 \\
| \\
\text{CH}-\!\!\!\!\!\!\!\!\!\!\bigcirc\!\!\!\!\!\!\!\!-\text{SO}_3^-\ \text{NH}_3^+\ \overset{R^2}{\text{CHCOOH}} \\
| \\
\text{CH}_2 \\
| \\
\text{CH}_2-\!\!\!\!\!\!\!\!\!\!\bigcirc\!\!\!\!\!\!\!\!-\text{SO}_3^-\ \text{NH}_3^+\ \overset{R^3}{\text{CHCOOH}}
\end{array}$$

虽然阴离子交换树脂与不同氨基酸之间的成盐形式是相同的,但由于具有不同等电点的氨基酸其氨基的强弱不同,因此它们与阴离子交换树脂所成的盐的稳定程度略有差异。当用一定 pH 值的缓冲溶液淋洗这个吸收柱时,则它们相继被淋洗下来,淋洗下来的溶液,经茚三酮处理显色并应用光电比色计的原理将它们的含量一一测定出来,这就是氨基酸自动分析仪的化学原理。

(2) 与水合茚三酮反应 α-氨基酸水溶液与水合茚三酮反应生成蓝紫色物质。该反应很灵敏,几微克 α-氨基酸就能显色,所以常用水合茚三酮显色剂定性鉴定 α-氨基酸。同时由于生成的紫色溶液在 570nm 有强吸收峰,其强度与参加反应的氨基酸的量成正比,因而也可以定量测定 α-氨基酸的含量。

(3) 与亚硝酸的反应 α-氨基酸中的氨基与亚硝酸作用时放出氮气:

$$\underset{\underset{\text{NH}_2}{|}}{\text{R}-\text{CH}-\text{COOH}} + \text{HNO}_2 \longrightarrow \underset{\underset{\text{OH}}{|}}{\text{R}-\text{CH}-\text{COOH}} + \text{H}_2\text{O} + \text{N}_2\uparrow$$

在标准状态下测定所生成的氮气的体积,便可计算出分子中氨基的含量。这个方法叫作范斯莱克 (Van Slyke) 氨基测定法。

(4) 与甲醛的反应 氨基酸分子在水溶液中是以偶极离子状态存在,故不能用酸碱滴定法测定其含量。如果向氨基酸水溶液中加入甲醛,则其氨基与甲醛的羰基发生加成反应,释放 H^+:

$$\underset{\underset{^+\text{NH}_3}{|}}{\text{R}-\text{CH}-\text{COO}^-} + 2\text{H}-\overset{\overset{\text{O}}{\|}}{\underset{\text{H}}{\text{C}}} \longrightarrow \underset{\underset{\text{N(CH}_2\text{OH)}_2}{|}}{\text{R}-\text{CH}-\text{COO}^-} + \text{H}^+$$

以酚酞作指示剂,用 NaOH 滴定可间接测定氨基的含量。

第三节 蛋白质

蛋白质是存在于一切细胞中的高分子化合物之一,它们在机体中承担着各种各样的生理作用与机械功能。例如肌肉、毛发、指甲、角、激素、酶、血清、血红蛋白等都是由不同的蛋白质构成的。

蛋白质是由许多 α-氨基酸的氨基与羧基进行分子间脱水以酰胺键(也称肽键)连接而成的天然高分子化合物,由两个、三个或多个氨基酸组成的肽,分别称为二肽、三肽或多肽。

蛋白质的分子量在 1×10^4 以上,水解生成 α-氨基酸,另外有些蛋白质水解后除生成 α-氨基酸外,还生成糖类、核酸、含磷或含铁等非蛋白质物质。

一、蛋白质的结构

蛋白质的结构很复杂,不仅有多肽链内氨基酸的种类和排序问题,也有肽链本身或几条肽链之间的空间结构问题。蛋白质有四级结构。

蛋白质分子中的氨基酸的种类、数目和排列顺序是最基本的结构,称为一级结构。由于肽链不是直线形的,价键之间有一定角度,而且分子中又含有许多酰胺键,因此一条肽链可以通过一个酰胺键中羰基的氧原子与另一酰胺键中氨基的氢原子形成氢键而绕成螺旋形,称为 α-螺旋体,这是蛋白质的一种二级结构 [图 12-1 (a)];蛋白质的另一种二级结构是由链间的氢键将肽链拉在一起形成折叠状,称为 β-褶片 [图 12-1 (b)]。蛋白质的三级结构则是在二级结构的基础上螺旋形的肽链相互捆在一起或卷曲折叠,构成一定形态的紧密结构。蛋白质的四级结构则更为复杂。

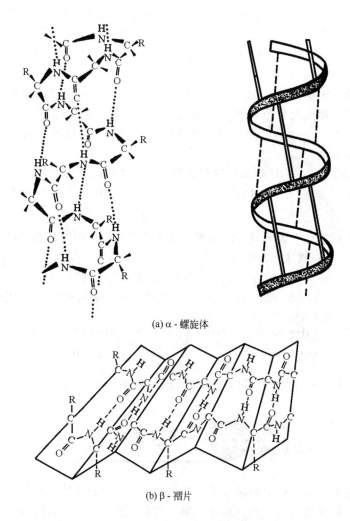

图 12-1 蛋白质的 α-螺旋、β-褶片结构

二、蛋白质的性质

蛋白质的性质是由其组成和结构所决定的。蛋白质是由 α-氨基酸组成的,所以它具有与氨基酸某些类似的化学性质(如两性性质、等电点及某些类似的显色反应等)。但蛋白质

毕竟不同于氨基酸,它是具有复杂空间结构的生物大分子,因此它又具有许多新的特性(如盐析、变性及水解等)。

1. 蛋白质的两性和等电点

与氨基酸相似,蛋白质也是两性物质,与强酸强碱都能生成盐。蛋白质分子在不同pH值环境下所带电荷情况也类似氨基酸。在碱性溶液中带负电,在酸性溶液中带正电。如果调节溶液的pH值,使蛋白质的净电荷为零,此时,在电场中蛋白质分子既不向正极移动,也不向负极移动,这时溶液的pH值就是该蛋白质的等电点。不同的蛋白质等电点不同,如卵清蛋白的等电点为4.9,而血红蛋白则是6.8。与氨基酸相似,在等电点时,蛋白质的溶解度也最小,利用该性质可进行蛋白质的分离提纯。

2. 蛋白质的沉淀

在蛋白质溶液中加入无机盐〔如 $NaCl$、Na_2SO_4、$(NH_4)_2SO_4$、$MgCl_2$ 等〕溶液,蛋白质则从溶液中沉淀析出,这种作用称为盐析。盐析属于可逆沉淀,所以盐析出来的蛋白质还可以溶于水,不影响其性质。

3. 蛋白质的变性

在热、紫外线、超声波、酸、碱、重金属等物理因素和化学因素的作用下,蛋白质的溶解度降低,甚至凝固,使其性质发生变化,这种现象称为蛋白质的变性。例如:将溶于水中的鸡蛋白进行煮沸,则很快就出现蛋白质的凝固现象,且不再溶于水了。变性的蛋白质与天然蛋白质的性质有很大差异,主要表现在物理性质的改变、化学性质的改变以及生物活性的改变。

4. 蛋白质的显色反应

在蛋白质水溶液中加入碱和硫酸铜,则溶液显紫色;加入茚三酮水溶液生成蓝紫色物质;某些含有苯环的α-氨基酸构成蛋白质后,仍保持苯环的性质,与硝酸作用,能生成硝基化合物而显黄色。

阅读材料

科学家——沃尔特·诺曼·哈沃

哈沃(Haworth, Walter Norman, 1883~1950年),1937年诺贝尔化学奖获得者,英国化学家,生于乔利,毕业于曼彻斯特大学。1910年获格廷根大学哲学博士学位。1912年任英格兰圣安德鲁大学化学教授。1920年任纽卡斯尔阿姆斯特朗学院教授。1925~1948年任伯明翰大学教授。1928年被选为英国皇家学会会员,1934年获戴维奖章,是哈勒姆、布鲁塞尔、慕尼黑、维也纳、芬兰许多科学院名誉院士。1944~1946年任英国化学学会会长。1937年,因糖类化学、维生素方面的研究成就,与卡勒同获诺贝尔化学奖。

哈沃在圣安德鲁大学工作期间,与欧文从事糖类化学研究。在此以前,欧文与珀辖已把糖类首选转化为甲基醚以鉴定。哈沃则把此方法用于鉴定糖分子中产生闭环的关节点方面。还与赫斯特共同研究糖类分子结构,简单糖的环结构,特别是简单糖的环结构,指出甲基糖苷通常存在于呋喃糖环结构中。哈沃"端基"法是测定多糖重复单位特性的有效方法。

哈沃后期从事维生素研究。在伯明翰大学期间,与同事们共同阐明了维生素结构,并于1933年合成维生素C。

第二次世界大战期间,哈沃研究了用气体扩散法分离铀同位素。还研究血浆的糖类代用品。哈沃主要著作有《糖的构成》一书,于1929年出版。

——摘自http://chem.nju.edu.cn/nobel/html/1937h.html.

第四节 糖、蛋白质的用途

一、糊精

淀粉在酸、加热或 α-淀粉酶的作用下部分水解,得到比淀粉分子量小得多的糖称为糊精。其中分子量稍大的,遇碘呈红色的称红糊精;分子量较小的,遇碘不发生颜色变化的称无色糊精。无色糊精有还原性,溶于水并具有黏性,因此,可做黏合剂及纸张上胶和布匹上浆。无色糊精继续水解可得麦芽糖和 D-葡萄糖。

淀粉经环糊精糖基转化酶水解得到一种环状低聚糖称为环糊精。一般情况下,环糊精由 6~8 个葡萄糖单元结合成环。根据成环葡萄糖单元分别称 α-,β-,γ-环糊精。以 α-环糊精为例,其结构和形状如图 12-2 所示。环糊精为晶体,具有旋光性。各种环糊精对碘呈现不同的颜色,α-环糊精呈青色,β-环糊精呈黄色,γ-环糊精呈紫褐色。环糊精由于分子中没有半缩醛羟基,故无还原性。同时对酸和普通淀粉酶也比较稳定。环糊精中间的空穴可选择性地和一些有机化合物形成包合物。由于环糊精具有极性的外侧和非极性的内侧,它可以包含非极性分子,而形成的包合物却能溶于极性溶剂中,因此可作为相转移催化剂使用。另外,它常用于立体选择合成以及仿生合成、分离和医药工业中。它最重要的用途是作为研究酶作用的模型。

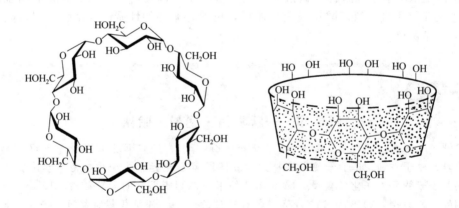

图 12-2　α-环糊精的结构和形状

二、果胶和琼脂

果胶是植物细胞的黏合剂。果胶是以 D-半乳糖醛酸和 L-鼠李糖为主链,以 D-阿拉伯糖、D-木糖、D-甘露糖和 D-半乳糖组成的低聚糖为支链的杂多糖。支链中低聚糖的组成随植物的种类和组织部位而异。

琼脂的水解产物有 D-半乳糖(40%),3,6-去水 L-半乳糖(40%)以及 D-半乳糖的硫酸酯和丙酮酸酯(2%~3%)。琼脂是微生物培养基的常用介质,1%~2%的琼脂水溶液冷却后就成为凝胶。琼脂糖依靠糖基之间的氢键作用力可以形成网状结构,而不需要加化学交联剂。不同浓度的琼脂糖制成的珠状凝胶构成各种孔径的分子筛,用于色谱分析。

三、维生素 C

维生素 C 也叫作 L-抗坏血酸，$[\alpha]_D^{20}=24°$，存在于新鲜蔬菜和水果中，它可看作是六碳糖的衍生物，它的结构测定及合成可看作是糖化学中的一项重大成果。目前工业上是以葡萄糖为原料通过发酵和化学半合成工艺生产的。从结构上看维生素 C 是不饱和糖酸的内酯，烯醇式羟基上的氢易离解，因而显弱酸性。维生素 C 易被氧化为去氢抗坏血酸，因而是一种还原剂，在机体内保护蛋白质中半胱氨酸残基的—SH，具有防止坏血病的功能。分析化学上借用了这个性质成为一个重要的分析手段就叫作抗坏血酸测定法。此外，维生素 C 也用作食品抗氧剂。

四、酶

酶是一类由细胞产生的、对特定的生物化学反应有催化作用的蛋白质，是生物化学反应的催化剂。所有的酶都是单纯的或结合蛋白质。酶催化反应在常温、常压下迅速进行，并且具有高度的区域选择性和立体选择性，显现出强大的催化能力和专一性两个主要的特点。

酶的催化速率是惊人的，例如体内的过氧化氢酶每一分子在 1min 内就可分解 5×10^7 个过氧化氢分子。有些酶的专一性是非常强的，例如胰蛋白酶只水解由碱性氨基酸如赖氨酸和精氨酸的羧基形成的肽键；但也有些酶专一性不太强，例如胃蛋白酶几乎可以水解一切的肽键。从被分解的底物看，有些酶只能分解、还原或氧化很小的分子，如前述的过氧化氢酶，只分解 H_2O_2；有些酶分解的底物是非常大的分子，如核糖核酸酶可以分解巨大的核酸分子。酶的分子量也大小不等，例如糜蛋白酶和核糖核酸酶分别由 241 个和 124 个氨基酸组成，它们的一级及高级结构均已被测定，后者已通过固相及液相接肽法合成。

酶的种类很多。根据结构可分为：不含非蛋白物质的单纯蛋白酶，如脲酶、淀粉酶等；含有蛋白质和非蛋白物质的结合蛋白酶（类蛋白酶），如氧化酶等。结合蛋白酶的分子中还有辅基，也叫作辅酶，蛋白质部分缺少它，就失去生物活性。辅基是多种多样的，其作用是活化另一个结合蛋白酶，最重要的是核苷和核苷酸的衍生物。

根据催化性能又可分为六类：氧化还原酶；转移酶；水解酶；裂解酶；异构酶；合成酶。

第五节　糖、蛋白质的鉴别

一、鉴别糖、蛋白质的方法

1. 鉴别糖的方法

（1）蒽酮试验——糖的一般检验　蒽酮在浓硫酸中，除最复杂的糖外，与大多数糖发生反应，显绿色，为正结果。

在这个试验中，单糖、双糖、多糖和它们的乙酸乙酯、糊精、葡萄糖、树胶和淀粉，对试剂均显正结果，呋喃醛显短暂的绿色，并迅速转变成棕色。

醇、醛、酮、某些芳胺和蛋白质对试剂显红色。多数情况下，在水浴上煮沸 3～5min，红色才会出现。

蒽酮试剂每隔数日后应重新配制。

(2) 莫利希（Molish）试验——水溶性糖的检验　所有单糖和二糖能被浓硫酸去水，生成糠醛或羟甲基糠醛等类化合物，例如：

$$\text{HOCH}_2\text{—CH(OH)—CH—CH(OH)—CH—CHO} \xrightarrow[\text{H}_2\text{O}]{\text{稀酸}/\triangle} \text{HOCH}_2\text{—C}\underset{\text{O}}{\overset{\text{CH=CH}}{\diagup\diagdown}}\text{C—CHO}$$

这类化合物都可以再与1-萘酚作用生成有色缩合产物。一些较复杂的糖结果不太明显，酮糖（游离的或结合在双糖和多糖中的）显色反应更强烈。

2. 鉴别蛋白质的方法

因为蛋白质是由氨基酸所组成，因此，蛋白质分子中除含有肽键外，还有氨基酸残基的各种侧链基团：如氨基、苯基、酚基以及吲哚环等。蛋白质中肽键和侧链上这些基团能与各种不同试剂作用，生成有色的产物。这些显色反应广泛应用于蛋白质的定性和定量测定。常见的蛋白质显色反应见表12-1。

表12-1　常见的蛋白质的显色反应

反应名称	加入试剂	颜色变化	起反应的蛋白质
茚三酮反应	水合茚三酮	蓝紫色	所有蛋白质
缩二脲反应	氢氧化钠、硫酸铜溶液	浅红色或蓝紫色	所有蛋白质
黄蛋白反应	浓硝酸，再加氨水	黄色、橙色	含酪氨酸、苯丙氨酸或色氨酸蛋白质
米伦反应	硝酸、亚硝酸、硝酸汞、亚硝酸汞混合液	红色	含酪氨酸蛋白质

其中氨基酸和二肽不发生缩二脲反应。

二、糖、蛋白质的鉴别试验

1. 蒽酮试验

目的：学会用蒽酮试验鉴定糖类化合物。

仪器：试管、试管架、水浴、滴瓶、吸管、小药匙、量筒。

试剂：蒽酮的硫酸溶液。

试样：葡萄糖、蔗糖、果糖、淀粉、甘油。

安全：硫酸有强烈的氧化性和腐蚀性，使用时应加倍小心。

态度：认真严谨，仔细观察。

步骤：

① 在一小试管中，加入1～5mg样品和0.5mL水，振荡待完全溶解；

② 将试管倾斜，沿管壁加1mL质量分数为0.2%蒽酮的95%硫酸溶液，液体分为两层；

③ 在室温放置1min，观察界面上有无绿色环生成；

④ 如没有绿色环生成，轻摇试管，3min后再观察，糖类化合物先呈绿色再转变成蓝绿色；

⑤ 及时记下所观察到的实验现象；

⑥ 将废液倒入指定的废液缸中；

⑦ 按所列样品，重复上述步骤，完成所有样品的试验；

⑧ 清洗仪器，将试管倒置于试管架上。

注意事项：蒽酮的硫酸溶液每隔数日后应重新配制。

2. 莫利希试验

目的：学会用莫利希试验鉴别水溶性单糖和双糖。

仪器：试管、试管架、小药匙、吸管、5mL 量筒。

试剂：10％的 α-萘酚乙醇（$\rho_{乙醇}=0.95$）溶液、浓硫酸。

试样：葡萄糖、果糖、蔗糖、甘油、淀粉。

安全：浓硫酸有强烈的腐蚀性和氧化性，使用时应小心，应特别注意水不能倒入浓硫酸中。

步骤：

① 将 5mg 样品溶解在 0.5mL 水中，加 2 滴 10％的 α-萘酚乙醇溶液，混匀；

② 将试管倾斜，沿管壁用滴管缓缓加入 1mL 浓 H_2SO_4，不要摇动，此时密度较大的酸在下层，样品在上层；

③ 进行观察，若在两液层界面出现红色环，并迅速转变成紫色，表明为糖类；

④ 摇动试管，混合液呈紫色，静置 2min，并用 5mL 水稀释，出现暗紫色沉淀；

⑤ 及时记下所观察到的试验现象；

⑥ 将废液倒入指定的废液缸中；

⑦ 按所列样品，重复上述步骤，完成所有样品的试验；

⑧ 清洗仪器，将试管倒置于试管架上。

注意事项：

① 没有糖时，虽然液层能变绿或变黄，但不生成紫色环；

② 在亚硝酸、硝酸、氢溴酸和氢碘酸的盐存在时，这种定性试验不可靠；

③ 多糖在本试验条件下不发生反应。

3. 蛋白质的缩二脲试验

目的：学会用蛋白质的缩二脲试验鉴别蛋白质。

仪器：试管、试管架、小药匙、吸管。

试剂：硫酸铜溶液（10％ $CuSO_4$），浓碱溶液（10％ NaOH）。

试样：蛋白质溶液。

安全：浓碱的腐蚀性。

态度：认真严谨，仔细观察。

步骤：

① 在试管中加入 1~2mL 蛋白质溶液、等体积的浓碱溶液，混匀；

② 加入 1 滴硫酸铜溶液；

③ 进行观察，混合液即转变成明亮的紫色，表明含有蛋白质；

④ 及时记下所观察到的实验现象；

⑤ 如果蛋白质溶液很稀，难以鉴别时，则在另一试管中将一份新的蛋白质与碱液相混合；

⑥ 斜置试管，用吸管小心加入 0.5~1mL 硫酸铜溶液；

⑦ 进行观察，此时上层形成一层与主液不相混合的清液，在界面上形成特别清晰的紫色环；

⑧ 及时记下所观察到的实验现象；

⑨ 将废液倒入指定的废液缸中；

⑩ 按所列样品，重复上述步骤，完成所有样品的试验；

⑪ 清洗仪器，将试管倒置于试管架上。

阅读材料

转基因植物与服装

在所有的非食品转基因作物中，最令人感兴趣的是棉花。除了现有的抗除草剂和抗虫的棉花品种外，还有许多正在发展的具有其他特征的转基因棉花。如把色素（主要是黑色素）引入棉纤维中，编码色素的基因由纤维细胞特异启动子控制在棉纤维细胞中表达，使棉纤维呈现黑色或其他颜色。同样在棉纤维细胞中，如果在棉纤维细胞特异性启动子控制下引入与塑料合成有关的基因，如编码多聚羟基丁酸盐的基因，这样在棉纤维细胞中就可以合成塑料。有色纤维能省去对环境有害的染色过程，所以有色纤维的应用不仅保护环境，而且也能节省人力、物力和财力。包含塑料核心的纤维能通过更高的热容和更低的导热性来提高其热学性质，可以制作绝缘衣服。另一提高衣服质量的途径是把含硫蛋白导入牧草中，羊吃了这种转基因牧草后能够提高羊毛的生长速率及羊毛的质量，从而间接地提高了服装的质量。

——摘自冯斌，谢先芝编著. 基因工程技术. 北京：化学工业出版社，2000.

1. 写出下列化合物的构造式。
 (1) 葡萄糖　　　　(2) 葡萄糖酸　　　　(3) 果糖　　　　(4) 葡萄糖脎
 (5) 氨基乙酸（甘氨酸）　　　(6) 2-氨基丁二酸（天冬氨酸）

2. 写出葡萄糖与下列试剂作用的化学反应式，并指出主要产物。
 (1) 溴水　　　　(2) HNO_3　　　　(3) $NaBH_4$　　　　(4) 苯肼

3. 用简单的化学方法区别下列各组化合物。
 (1) 葡萄糖与果糖　　　　　　　　(2) 麦芽糖与蔗糖
 (3) 纤维素与淀粉　　　　　　　　(4) 葡萄糖、蔗糖、果糖、水溶性淀粉

4. 解释下列各词。
 (1) 氨基酸的等电点　　　　　　　(2) 蛋白质的盐析及变性
 (3) 蛋白质的三级结构

5. 简答下列问题。
 (1) 什么是还原糖？下列哪些糖是还原糖？如何区分还原糖和非还原糖？
 　葡萄糖　　蔗糖　　麦芽糖　　淀粉　　纤维素
 (2) 举例说明糖、蛋白质的主要用途。

第十三章 有机化合物的波谱知识简介

知识目标

波谱分析是鉴定化合物结构的主要方法之一，具有微量、快速、准确等优点，已成为研究有机分子结构的重要手段。要求掌握有机化合物发生紫外吸收的原理，及含不饱和官能团或具有共轭体系的化合物的定性、定量分析方法。理解有机化合物产生红外特征吸收峰的原因及官能团的特征吸收峰。

能力目标

了解核磁共振中质子共振的屏蔽效应以及由此产生的化学位移。了解质谱的用途以及简单化合物的分子离子峰。

学习关键词

波谱分析、紫外光谱、红外光谱、核磁共振谱、质谱。

第一节 波谱概述

一、电磁波

电磁波具有波粒二象性，它的区域范围很广。我们熟悉的红外、紫外和可见光都是某一波长范围的电磁波（表13-1），如果用波长（λ）、频率（ν）和能量（E）来描述它们，则其间有如下关系：

$$\lambda = \frac{c}{\nu} \qquad E = h\nu = \frac{hc}{\lambda}$$

式中，c 为光速（3×10^{10} cm/s）；h 为普朗克常数，其值为 6.63×10^{-34} J/s；波长 λ 的单位根据不同的辐射频率区而改变，在紫外和可见区常采用纳米（nanometer，nm），在红外区常用微米（micrometer，μm）作单位：

$$1\text{nm}=10^{-3}\mu\text{m}=10^{-6}\text{mm}=10^{-7}\text{cm}=10^{-9}\text{m}$$

表 13-1　电磁波与光波

电磁波	光波	波长	激发能/(J/mol)	激发的种类
远紫外线	真空紫外光谱	10～200nm	1196～598	σ 电子跃迁
近紫外线	近紫外光谱	200～400nm	598～301	n 及 π 电子跃迁
可见光线	可见光谱	400～800nm	301～150	n 及 π 电子跃迁
近红外线	近红外光谱	0.8～2.5μm	150～46	
中红外线	中红外光谱	2.5～15μm (4000～650cm^{-1})	46～0.84	振动键的变形
远红外线	远红外光谱	15～100μm (650～100cm^{-1})	0.84～0.12	分子振动与转动
微波		约 10cm	4.2×10^{-3}	
无线电波	顺磁共振谱 核磁共振谱	约 10^3cm (约 10^{-6}Hz)	4.2×10^{-5}	电子自旋及核自旋

频率表示每秒振动的次数，用赫（Hertz，Hz）为单位，或用波数（vave numberv）来表示，后者定义为 1cm 长度内所含的电磁波的数目，单位为 cm^{-1}：

$$\nu=1/\lambda=\nu/c$$

二、吸收光谱的产生

物质是运动体系。分子并非静止不动，它和组成它的原子、电子都在不停地运动。分子除了平动以外，还存在分子的转动、原子核的振动和电子相对原子核的运动。后三种运动形式都是量子化的，也就是说，每个分子都存在一定的振动能级、转动能级和电子能级。当分子吸收一定能量后就会从低的能级（E_1）跃迁到较高的能级（E_2），电磁辐射可提供能量，当辐射能恰好等于分子运动的两个能级之差时（$h\nu=\Delta E=E_2-E_1$），原子或分子才可能吸收该电磁波的能量，并从低能级跃迁到高能级，产生相应的光谱。

对于某一分子来说，它只能吸收一定波长的电磁波供激发某一特殊能态之用，这样就得到各种不同的吸收光谱而用来鉴别有机分子的结构。

本章介绍的吸收光谱有紫外光谱（ultraviolet spectrum，UV）、红外光谱（infrared spectrum，IR）及核磁共振谱（nuclear magnetic resonance spectrum，NMR）三种。

质谱（mass spectrum）是有机化合物分子在高能电子束的轰击下发生电离，生成具有不同质量的带正电荷的离子碎片，将这些碎片按质荷比（离子质量 m 与其所带电荷数 z 之比）的大小被收集并记录的谱，它不是吸收光谱。

下面就对波谱和化合物的关系以及在有机化合物中的应用作一简单介绍。

第二节　紫外光谱

一、紫外光谱的基本原理和表示方法

紫外线是波长 10～400nm 范围的电磁波，其中 10～200nm 称为远紫外区，200～400nm 为近紫外区。可见光是指波长为 400～800nm 范围的电磁波。由于远紫外区的研究要在真空仪器中进行，因为波长很短的紫外线会被空气中的氧、氮和 CO_2 吸收，因此一般的紫外光谱仪是用来研究近紫外区吸收的。

有机分子中的电子吸收紫外及可见光子的能量，发生电子跃迁而产生的光谱称为紫外光谱。由于紫外线的波长短、频率高，因此紫外线具有较高的能量，而能吸收紫外及可见光子能量发生跃迁的电子通常是有机分子中的价电子。有机化合物分子中的价电子有三种类型：即 σ 电子、π 电子和未键合电子（n 电子）。

虽然这些价电子在基态时都处于稳定状态，但一经紫外及可见光的照射，这些价电子将不再停留在基态而是被激发，电子发生跃迁。因此价电子跃迁主要有 σ→σ*，n→σ*，π→π*，n→π* 四种类型，如图 13-1 所示。

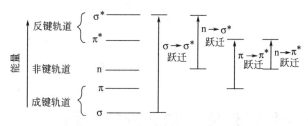

图 13-1　电子能级与电子跃迁

σ 电子在分子中结合较牢，σ→σ* 和 n→σ* 跃迁所需能量较高，通常吸收波长在 150nm 以下的光，如烷烃 σ→σ* 跃迁吸收波长小于 150nm，甲醇 n→σ* 跃迁吸收波长小于 150nm，这些吸收均在真空紫外区，所以只含 σ 键的化合物在一般的紫外光谱仪中没有吸收峰。

π 电子受原子核的作用小，比较容易被激发，相比之下 π→π*，特别是共轭 π 键的 π→π* 跃迁和 n→π* 跃迁需要能量较低，一般吸收波长在 200～400nm，属于正常紫外区（表 13-2）。所以在紫外-可见光谱区域内，对于阐明有机物结构有意义的是 π→π* 跃迁和 n→π* 跃迁。

表 13-2　电子跃迁类型与吸收峰波长的关系

跃迁类型	吸收峰波长/nm	跃迁类型	吸收峰波长/nm
σ→σ*	约 150(远紫外)	π→π*	约 200
n→σ*	<200	n→π*	200～400

通过对有机分子中 π→π* 跃迁和 n→π* 跃迁吸收波长的研究，可以了解分子中的共轭情况。因此紫外光谱法是检测共轭烯烃、共轭羰基化合物及芳香化合物的有力工具。

紫外光谱图是以波长（nm）为横坐标，吸光度 A 为纵坐标的波形曲线：

$$A = \lg I_0 / I$$

I_0 为入射光强度，I 为透射光强度。吸光度与测定时溶液的浓度 c 及光通过的液层厚度 l 有关：

$$A = \varepsilon c l$$
$$\varepsilon = \frac{A}{cl}$$

ε 为摩尔消光系数，L/(mol·cm)(单位省略)。有时纵坐标也以 ε 或 lgε 表示。

一般紫外光谱图峰较少而宽，$\pi \to \pi^*$ 跃迁需要的能量较 $n \to \pi^*$ 跃迁高，所以后者的吸收峰应出现在波长稍长些的区域，但其强度较 $\pi \to \pi^*$ 跃迁弱，如图 13-2 所示。

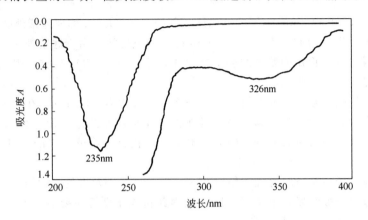

图 13-2 $(CH_3)_2C\!=\!CHCOCH_3$ 的紫外光谱图

报道紫外光谱数据时，记录峰的最高(低)点的摩尔消光系数 ε_{max} 及与其相应的波长 λ_{max}。如图 13-2 中最大吸收即峰谷位置，对应的波长记作 $\lambda_{max}=235nm;\varepsilon=1.26\times10^4$，这个吸收相应于 $\pi \to \pi^*$ 跃迁。当样品浓度加大时可以测出第二个吸收 $\lambda_{max}=326nm;\varepsilon=50$，这个吸收相应于 $n \to \pi^*$ 跃迁。

二、紫外光谱和有机化合物结构的关系

1. 共轭的影响

通常将能够发生 $\pi \to \pi^*$ 或 $n \to \pi^*$ 跃迁的基团，即含有 π 键的诸如 $C\!=\!C$、$C\!\equiv\!C$、$C\!=\!O$、NO_2 之类的基团，称为发色团。当发色基团的共轭程度增加，则吸收带向长波方向移动，称为向红效应或红移。如乙烯 λ_{max} 为 185nm，而 1,3-丁二烯 λ_{max} 为 217nm。一般每增加一个共轭 π 键，吸收波长向长波方向移动 30nm。表 13-3 列出了某些烯的紫处最大吸收波长。

表 13-3 某些烯的紫外最大吸收波长

烯	λ_{max}/nm	烯	λ_{max}/nm
$CH_2\!=\!CH_2$	185	$CH_2\!=\!CH\!-\!CH\!=\!CH\!-\!CH\!=\!CH_2$	258
$CH_2\!=\!CH\!-\!CH\!=\!CH_2$	217	$CH_2\!=\!CH\!-\!CH\!=\!CH\!-\!CH\!=\!CH\!-\!CH\!=\!CH_2$	296

可以清楚地看到随着共轭体系的增大，吸收波长出现了红移现象。一般含 6 个 π 键的共轭烯，其吸收波长则进入可见光区。

当然，分子的几何形状也可以影响共轭，使吸收波长有所变化。一般反式烯烃比顺式烯烃的吸收波要长，如反-1,2-二苯乙烯 $\lambda_{max}=295.5nm$，而顺式异构体 $\lambda_{max}=280nm$，显然是顺式异构体同侧的苯基体积效应影响共轭所致。

2. 取代基的影响

一个 π 体系与烃基相连，由于能发生 π-σ 共轭(超共轭)，同样可以降低两个跃迁轨道

之间的能差，使体系的紫外吸收向长波方向移动。除了烷基以外，某些具有孤对电子的基团如—OH、—OR、—SR、—NR$_2$、—Cl、—Br 等（由于这些基团与发色基团相连时，常有帮助发色和使化合物颜色加深的作用，称之为助色基团）均可与 π 体系发生共轭，使化合物的紫外吸收波长向长波方向移动。

3. 溶剂效应

紫外光谱受溶剂的影响，与非极性分子相比，在极性溶剂中 n→π* 吸收带向短波方向移动，叫蓝移。反之，π→π* 吸收带向长波方向移动，叫红移。

由于溶剂对基态、激发态与 n 态的作用不同，对吸收波长影响也不同，因此，在记录吸收波时，需要写明所用的溶剂。

一些典型基团的紫外光谱数据如表 13-4 所示。

表 13-4　一些典型基团的紫外光谱数据

基　团	化　合　物	λ_{max}/nm	ε	溶剂
>C=C<	乙烯	171	15530	蒸气
	丁二烯	217	21000	己烷
—C≡C—	乙炔	173	6000	蒸气
—OH	甲醇	177	200	己烷
—C(=O)H	乙醛	160,180,290	20000,10000,170	气体
—C(=O)—	丙酮	166,189,279	16000,900,14.5	己烷
—COCl	乙酰氯	220	100	己烷
—COOR	乙酸乙酯	211	57	乙醇
—COOH	乙酸	208	41	乙醇
—CONH$_2$	乙酰胺	<208	—	水
—NO$_2$	硝基甲烷	201,274	5000,17	甲醇
>C=N—	丙酮肟	190	5000	水
—C≡N	乙腈	167	弱	气体
—N<	三甲基胺	199	3950	己烷
—C—Cl	氯甲烷	173	200	己烷
—C—I	碘甲烷	259	400	己烷
芳基	苯	255	215	醇
	苯乙烯	282,244	450,12000	醇
	酚硝基苯	280,252	1450,6200	己烷
	酚	270,210	1000,10000	水

三、紫外光谱图的解析

解析紫外光谱图首先是根据谱图观察光谱的吸收特征，如吸收曲线的形状、吸收峰的数目以及各吸收峰的最大吸收波长和摩尔吸光系数，然后根据该化合物的吸收特征做出初步推测。

① 220～400nm 没有吸收带，则说明不存在共轭体系、芳环结构或 π→π*、n→π* 等易

于跃迁的基团。

② 化合物在 210～250nm 范围有强吸收带、摩尔吸光系数 $\varepsilon < 10^3$ 时，则该化合物可能是含有共轭双键的化合物。如果强吸收出现在 260～300nm，表明该化合物可能含 3 个或 3 个以上共轭双键。如果有多个吸收带进入可见光区，则该化合物是一个含长的共轭体系的化合物或稠环化合物。

③ 若化合物在 250～300nm 范围内有中等强度吸收带、$\varepsilon = 10^2 \sim 10^3$，这是苯环吸收带的特征，因此该化合物很可能含有苯环。

按上述规律可以初步确定该化合物的归属范围，与标准谱图对照，两者吸收光谱的特征完全相同，则可考虑两者可能是同一化合物，或者它们具有相同的分子骨架和发色基团。

例 13-1

某化合物的紫外光谱分别具有下列情况，请估计它有怎样可能的结构？
(1) 在整个近紫外没有吸收。
(2) 和另外一个化合物的紫外光谱极相似。
(3) 在 210～250nm 有强吸收。
(4) 在 260～300nm 有强吸收（$\varepsilon > 10^4$）。
(5) 在 250～300nm 有中强吸收（ε 约为 200），并有一定的振动结构。

解 (1) 表明该化合物不存在共轭体系和芳香结构，或 $n \rightarrow \pi^*$、$\pi \rightarrow \pi^*$ 易于跃迁的基团。即不会含有不饱和基团、苯基、醛、酮、酸等极性基团。可能是脂肪族的烃、胺、醇等。

(2) 表明两个化合物中的发色团体系是相同的（尽管分子中的其余部分可能有很大不同）。

(3) 可能有共轭的双键。

(4) 表明有 3～5 个共轭单位。

(5) 可能有苯环。

四、紫外光谱的应用

1. 推测有机化合物的结构特征

有机化合物的紫外吸收光谱只有少数几个宽的吸收带，缺乏精细结构，只能反映分子中发色基团和助色基团及其附近的结构特征，而不能反映整个分子的特征，但是紫外光谱对于判别有机化合物中发色基团和助色基团的种类、数目以及区别饱和与不饱和化合物，测定分子中共轭程度等有独特的优点。

例如，某化合物的分子式为 C_4H_6O，其构造式可能有多种，如果它的紫外光谱波长在 230nm 左右，并有较强的吸收强度（ε 在 5000 以上），就可以推测它是一个共轭体系的分子——一个共轭醛或共轭酮。

$$CH_3-CH=CH-\overset{O}{\overset{\|}{C}}-H \quad \text{或} \quad CH_2=CH-\overset{O}{\overset{\|}{C}}-CH_3$$

至于它究竟是这两种结构中的哪一个，还要进一步用红外光谱和核磁共振谱来测定。

2. 检验有机化合物的纯度

如果在已知化合物的紫外光谱中发现有其他吸收峰，便可判定有杂质存在。测定杂质的

λ_{max} 和吸光度就可对杂质进行精细定量检测。只要 $\varepsilon > 2000$,检测的灵敏度就达到 0.005%。如乙醇在紫外和可见光区没有吸收带,若含有少量苯时,则在 230~270nm 范围内有吸收带。因此,用这一方法来检验是否存在杂质是很方便的。

3. 对化合物进行定量测定

由于有紫外吸收的化合物,其 ε 都很大,且重复性好、灵敏度高,可根据 Lamber-Beer 定律对化合物进行定量分析。

第三节 红外光谱

一、分子振动与红外光谱的基本原理

分子运动的方式除了吸收紫外线产生分子中价电子跃迁之外,还有分子中化学键的振动和分子本身的转动。这些运动方式也需要吸收一定的辐射能,这些能量远低于电子跃迁所需的能量,因此,所吸收的波长较长,落在红外区(波长 2.5~25μm)。红外光谱是分子中成键原子振动和转动能级跃迁所引起的吸收光谱,又称为振转光谱。

在有机化合物分子中,各键合的原子或基团之间存在多种形式的振动。这些振动形式总的可分为两大类:一类是原子间沿键轴方向伸长或缩短,振动时键长发生变化,键角不变,称为伸缩振动,通常有对称伸缩和不对称伸缩两种类型;另一类是成键原子与键轴垂直方向做上下弯曲或左右弯曲振动,振动时键长不变,但常有键角的变化。弯曲振动又可分为面内弯曲(又有剪式和摇式之分)和面外弯曲(又有摆式和扭动之分)。伸缩振动和弯曲振动分别以 ν 和 δ 表示,如图 13-3 所示。

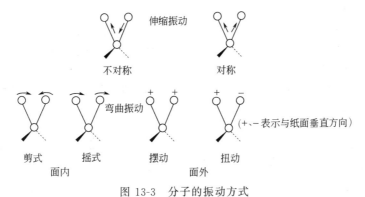

图 13-3 分子的振动方式

产生红外吸收光谱需要有两个条件。一是红外辐射光的频率(能量)能满足分子振动能级跃迁需要的能量,即辐射光的频率与分子振动的频率相当,才能被物质吸收从而产生红外光谱。二是在振动过程中能引起分子偶极矩发生变化的分子才能产生红外光谱。对于一些对称分子如 H_2、N_2、Cl_2 等双原子分子,分子内电荷分布是对称的,振动时不会引起分子偶极矩变化,则无红外吸收。

二、红外光谱的一般特征

图 13-4 是正庚烷的红外光谱图,它是由一些吸收带组成。图中横坐标为频率(通常用波数表示,单位 cm^{-1})或波长(μm),纵坐标为吸光度或透光率($T/\%$)。透光率是指通

过样品的光强度 I 占原入射光强度 I_0 的百分数。

$$T = \frac{I}{I_0} \times 100\%$$

如果样品在某一特定波长无吸收,则透光率为 100%。如果在某一特定波长有吸收,则透光率数减小,在谱图中出现一个吸收峰。吸光度 $A\left(\lg\frac{I}{I_0}\right)$ 为辐射光吸收的量度,用这个参量同样可以描述样品对光的吸收强度。如图 13-4 所示,在 $2930\sim2800\text{cm}^{-1}$、$1460\text{cm}^{-1}$、$1380\text{cm}^{-1}$ 吸光度 A 不同程度地增大(若纵坐标为透光率 $T/\%$,值应相应减小),表现在图谱上则出现三个不同高度的吸收峰。

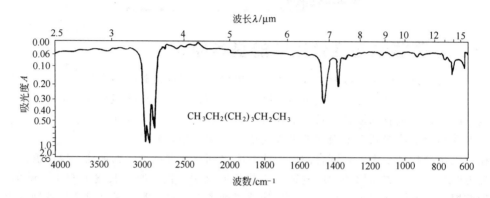

图 13-4 正庚烷的红外光谱图

红外光谱的吸收一般在 $4000\sim400\text{cm}^{-1}$,属中红外区。按振动的形式与吸收的关系可分为两个区域,官能团区($4000\sim1500\text{cm}^{-1}$)和指纹区($1500\sim400\text{cm}^{-1}$)。分布在官能区域的吸收峰是由有机分子的伸缩振动所导致的,光谱比较简单,许多官能团在此频区有其特征吸收,据此可以判断有机分子中所含的各种不同官能团,这正是红外光谱的主要用途之一。指纹区的吸收峰比较复杂,既含有伸缩振动吸收又有弯曲振动吸收。不同有机分子在这段区域里都有自己特定的吸收峰,如同两个人的指纹不可能完全相同一样,因此利用该区可鉴定两个化合物是否相同。在 $700\sim1000\text{cm}^{-1}$ 范围内的吸收峰还常用来鉴别烯和苯环的取代情况。表 13-5 列出了不同官能团在相应红外频区的特征吸收。

表 13-5 不同官能团在相应红外频区的特征吸收

官 能 团	$\bar{\nu}/\text{cm}^{-1}$
$4000\sim2400\text{cm}^{-1}$(主要为 Y—H 伸缩振动吸收)	
O—H——醇、酚	$3650\sim3600$(自由)
——羧酸	$3500\sim3200$(分子间氢键)
N—H——伯胺、仲胺、酰胺	$3400\sim2500$(缔合)
—C≡C—H	$3500\sim3100$
C—H——C=C—H(C_6H_5—H)	约 3300
—C—H	$3100\sim3010$

O
   ∥
   —C—H
	$3000\sim2850$

	$2900\sim2700$(一般 2820 和 2720)

续表

2400～1500 cm^{-1}（主要为不饱和键的伸缩振动吸收）	
官　能　团	$\bar{\nu}$/cm^{-1}
C≡N	2260～2240
C≡C	2250～2100
C=O ─ 酮、酸	1725～1700
C=O ─ 醛、酯	1750～1700
C=O ─ 酰胺	1680～1630
C=O ─ 酰氯	1815～1785
C=O ─ 酸酐	1850～1800 和 1780～1740

1500～400 cm^{-1}（某些键的伸缩和 C—H 弯曲振动吸收）	
官　能　团	$\bar{\nu}$/cm^{-1}
—NO$_2$	1565～1545 和 1385～1360 ⎫
C—O（醇、酚、羧酸、酯、酸酐）	1300～1000　　　　　　　　　⎬ 伸缩
C—N ─ 胺	1350～1000　　　　　　　　　⎭
C—N ─ 酰胺	1420～1400
—CH$_3$	1460 和 1380（C—H 面内弯曲）
—CH$_2$—	1465（C—H 面内弯曲）
＞C—H	1340（C—H 面内弯曲）
8R—CH=CH$_2$	1000 和 900 ⎫
RCH=CHR ─ 顺式	730～675　　⎪
RCH=CHR ─ 反式	970～960　　⎬（C—H 面外弯曲）
R$_2$C=CH$_2$	880　　　　　⎪
R$_2$C=CHR	840～800　　⎭
⌬—R	770～ 和 710～690 ⎫
⌬（邻 R,R）	770～735　　　　　　⎬（C—H 面外弯曲）
⌬（间 R,R）	810～760 和 725～680 ⎪
⌬（对 R,R）	860～800　　　　　　⎭

三、烷、烯、炔及芳烃的红外吸收光谱

从表 13-5 可以看到，具有一个特定官能团的化合物并非只在一个频率处有特定吸收，它的特征吸收可能出现在几处。如烯在 3100～3010 cm^{-1}（C—H 伸缩），1675～640 cm^{-1}（C=C 伸缩振动），1000～675 cm^{-1}（C—H 面外弯曲）出现三种特征吸收。本节主要目的是通过典型红外谱图分析了解特定官能团在哪些频区有特征吸收（即一个官能团可由几个吸收峰表征），认识与谱图的特征吸收峰相对应的官能团的结构，最终达到解析谱图的目的。

1. 烷、烯、炔

由 C—C 键和 C—H 振动所产生的吸收谱带将出现在所有有机化合物红外光谱中。烷

烃、烯烃和炔烃的特征谱带如下。

① C—C 键的伸缩振动在 $700\sim 1400\text{cm}^{-1}$ 区域有很弱的吸收，吸收峰不明显，对结构分析价值不大。烯烃的 C═C 伸缩振动吸收峰在 $1600\sim 1680\text{cm}^{-1}$ 处；炔烃的 C≡C 键，伸缩振动吸收在 $2100\sim 2200\text{cm}^{-1}$。但当烯烃或炔烃的结构对称时，就不出现此吸收峰。

② C—H 键伸缩振动所产生的吸收峰在高频区。碳原子杂化状态不同，C—H 键伸缩振动所产生的吸收峰的位置也不同。C_{sp^3}—H 伸缩振动吸收峰在 $2800\sim 3000\text{cm}^{-1}$ 处，C_{sp^2}—H 伸缩振动吸收峰在 $3000\sim 3100\text{cm}^{-1}$，而 C_{sp}—H 伸缩振动吸收峰在 3300cm^{-1} 处。各种 C—H 键弯曲振动所产生的吸收峰在低频区，并代表着结构特征。

③ 烷烃的弯曲振动在 1460cm^{-1} 和 1380cm^{-1} 处有特征吸收，1380cm^{-1} 峰对结构敏感，对于识别甲基很有用。异丙基在 $1370\sim 1380\text{cm}^{-1}$ 有等强度的双峰。

④ 分子中具有—$(CH_2)_n$—链节，$n\geqslant 4$ 时，在 722cm^{-1} 有一个弱吸收峰。随着 CH_2 个数的减少吸收峰向高波数方向移动，由此可推断分子链的长短。

图 13-5 为 1-辛烯的红外光谱图，图 13-6 为 1-己炔的红外谱图。

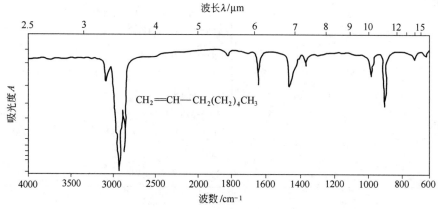

图 13-5　1-辛烯的红外光谱图

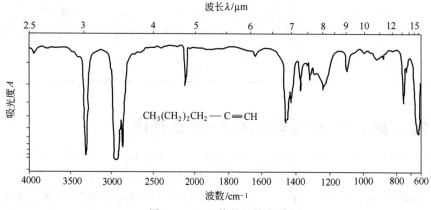

图 13-6　1-己炔的红外光谱图

2. 芳烃的红外光谱

芳烃的红外吸收主要为苯环上的 C—H 键及环骨架中的 C═C 键振动所引起。芳烃主要有三种特征吸收。

① 芳环上芳氢的在 3000～3100cm^{-1} 处,与烯烃双键碳原子上 C—H 键伸缩振动吸收频率相近,特征性不强。

② 芳环骨架伸缩振动正常情况下有四条谱带,约为 1600cm^{-1}、1585cm^{-1}、1500cm^{-1}、1450cm^{-1},这是鉴定有无苯环的重要标志之一。

③ 芳烃的 C—H 键变形振动吸收出现在 900～650cm^{-1} 处,吸收较强,是识别苯环上取代基位置和数目的重要特征峰。图 13-7 为异丙苯的红外谱图。

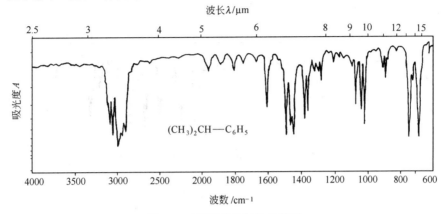

图 13-7　异丙苯的红外光谱图

四、红外光谱图的剖析举例

红外光谱的解析方法没有固定的程序,一般可按如下顺序进行。

① 了解样品的来源及测试方法。

② 求分子式与不饱和度。由元素分析和质谱数据,确定化合物的分子式,由分子式计算不饱和度（unsaturation number,UN）。

$$UN = (n_4 + 1) - \frac{n_1 - n_3}{2}$$

式中,n_4、n_1、n_3 分别为化合物中四价原子（如 C）、一价原子（如氢）和三价原子（如 N）的数目,UN≥4 的化合物可能有苯环。

③ 分析高波数范围（1500cm^{-1} 以上）基团特征吸收峰的位置、强度和峰形,确定存在哪种官能团,然后观察 1300～400cm^{-1} 的指纹区,确定化合物的结构类型。

④ 化合物类型和可能有的官能团基本确定后,再分析影响特征频率位移情况,研究结构细节。例如根据 3500～3300cm^{-1} 出现吸收峰确定为胺,若是双峰为伯胺,若是单峰为仲胺。

⑤ 按以上步骤确定了化合物的可能结构后,将样品图与此结构式的化合物的标准谱图进行对照,有时还要结合核磁共振、紫外光谱、质谱和化学试验等,做出最后确证。

在解析谱图时,应注意下列事项。

① 某吸收峰不存在可确信某官能团不存在（处于对称位置的双键或三键的伸缩振动峰除外）。但是吸收峰存在并不能完全确认该官能团存在,因为有可能是杂质或溶剂的干扰。

② 对于光谱图中所有的吸收峰,不可能一一指出其归属。因为有些谱带是分子整体特征吸收,有些是多基团振动吸收的叠加。

③ 若谱图中只显示少数几个宽吸收峰，通常为无机化合物的谱图。
④ 既要注意强吸收峰，也不可忽视弱峰、肩峰的存在，有时对结构研究提供线索。

例 13-2

分子式为 C_8H_8O 的化合物，其红外光谱如图 13-8 所示，试推测该化合物结构。

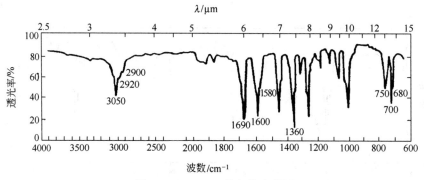

图 13-8 C_8H_8O 的红外光谱图

解 首先根据分子式计算 $UN=C+1-\dfrac{H-N}{2}=8+1-\dfrac{8-0}{2}=5>4$，所以分子中可能含有苯环。

在 $3650\sim3200cm^{-1}$ 无吸收峰，表明不存在—OH。在 $1690cm^{-1}$ 处的吸收峰说明有 $-\overset{\overset{O}{\parallel}}{C}-$ 存在，可能为醛或酮。在 $2900\sim2700cm^{-1}$ 无吸收峰，可排除醛，故该化合物为酮。$3050cm^{-1}$ 的吸收峰结合 $1600cm^{-1}$、$1580cm^{-1}$ 和 $680cm^{-1}$ 的强吸收，进一步表明含苯环。在 $700cm^{-1}$ 和 $750cm^{-1}$ 有两个吸收峰，说明是单取代苯。

此外，在 $2920\sim2900cm^{-1}$ 和 $1360cm^{-1}$ 的吸收峰表明有甲基。

综上分析，此化合物为苯乙酮：

$$\underset{}{}\text{C}_6\text{H}_5-\overset{O}{\underset{\parallel}{C}}-CH_3$$

五、红外吸收光谱的应用

1. 定性分析

在许多红外光谱专著中都详细地叙述了各种官能团的红外吸收光谱特征频率，利用各种官能团的红外吸收光谱特征频率，可以来解析红外光谱图，从而判断在分子中可能含有的官能团。另外相同化学组成的不同异构体，它们的红外光谱有一定的差异，因此可利用红外光谱识别各种异构体，推测有机化合物的结构。

2. 跟踪反应进程

在反应过程中，总是伴随着一些基团的消失和另一些基团的形成。因此在反应过程中定时取少量样品测定红外光谱，观察一些关键基团吸收带的消失和形成，便可推测反应进行的程度。

第四节 核磁共振谱

一、核磁共振的基本原理

核磁共振现象最早是在 1946 年观察到的，大约从 1960 年以来它已被常规地应用于有机化学，在有机化合物分子结构研究中是一种重要的剖析工具。像 ^{1}H, ^{13}C, ^{15}N 这些质量数为奇数的核可以产生核磁共振谱，应用得最广泛的是 ^{1}H 核磁共振谱，也叫质子磁共振谱，以下简要讨论 ^{1}H 核磁共振谱。

^{1}H 原子核是一个自旋带电的物体，自旋量子数 $I=1/2$，由于它的自旋而产生一个磁场，磁场具有方向性，可用磁矩来表示，如图 13-9 所示，因此在恒定的外加磁场强度 H_0 中，核磁矩与 H_0 相互作用使核磁有不同的排列，造成自旋量子数为 I 的核自旋可以有 $2I+1$ 个不同的取向，每个取向可由一个磁量子数（m）表示。对于 ^{1}H 核只能采取两种取向（$2I+1=2\times1/2+1=2$，即 $m=-1/2$, $m=+1/2$）中的一种，即与外加磁场方向相同的低能级取向和与外加磁场方向相反的高能级取向，能量的差可由下式给出：

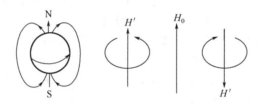

图 13-9 质子自旋产生磁矩

$$\Delta E = h\nu = \frac{rh}{2\pi} H_0$$

式中，h 为普朗克常数；r 为磁旋比，对于特定原子核 r 为一常数（如质子 r 为 26750）；H_0 为外加磁场强度，以 Gs（Gauss）计。

这两种取向之间的能量差别是很小的，无线电波区域的频率就可使其反转。但究竟需要多少能量，则决定于外磁场的强度，显然，外磁场强度越强，则使其反转所需的能量越高，亦即需要的辐射频率 ν 越高：

$$\nu = \frac{r}{2\pi} H_0$$

根据上式如果外磁场强度为 14092Gs，则使氢核的磁矩反转其取向所需能量相当于频率为 60MHz 的电磁辐射。

氢核在一定磁场强度吸收了频率适当的能量而反转其磁矩的取向，叫做核磁共振。在仪器中便可记录下其吸收的谱图。由上面公式可以看出无论固定磁场强度 H_0 而改变照射频率 ν，或固定照射频率 ν 而改变磁场强度 H_0，都可以使氢核发生共振吸收，目前所用的核磁共振谱仪都是采取后一种方法。但在图纸上又将磁场强度折合成频率作为横坐标，以记录吸收峰相对于频率的位置。

如只由上述核磁共振所需磁场强度频率的关系式来考虑，则在一固定的磁场强度下，使一个分子中所有氢核发生共振吸收的频率应该是一样的。其实不然，氢根据它在分子中所处的化学环境不同，发生共振吸收的频率也稍有差异，正是基于这一点，才使核磁共振谱成为结构分析中非常有用的工具。

二、核磁共振的表示方法

1. 信号的位置——化学位移

在一个分子中,氢原子核不是孤立的,它是与其他原子或基团结合的,当氢核周围的基团或原子不同时,则说该氢所处的化学环境不同。氢原子核外围有电子,在外磁场作用下氢核外的电子会产生诱导电子流,从而产生一个诱导磁场,该磁场方向与外加磁场方向恰好相反(图 13-10)。这样使这个氢核实际感受到的磁场强度要比外加磁场强度小,这就叫作这个氢受到了屏蔽作用,这种效应叫做屏蔽效应(shielding effect)。在屏蔽效应存在下要发生共振必须使外加磁场强度略为增加,以补偿诱导磁场。

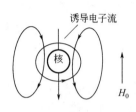

图 13-10 诱导磁场导致屏蔽效应

由于氢核在分子中所处环境不同,使得氢周围的电子云密度不同,从而受到的屏蔽作用大小也各不相同,氢周围的电子云密度越高,受到的屏蔽作用也越大。在某些情况下,诱导磁场与外加磁场一致,则氢核实际感受到的磁场强度要比外加磁场高些,这叫作氢受到去屏蔽作用(如苯环平面上及 C=C 上的氢)。这样与一个不受任何影响的氢核,或说与孤立的氢核相比,如果所加电磁辐射频率不变,则受到屏蔽作用的氢,需要增高些磁场强度才能发生共振。相反,受到去屏蔽作用的氢,则可在较低的磁场强度下发生共振吸收,所以屏蔽作用使氢核的共振吸收移向高场,而去屏蔽作用使氢核的共振吸收移向低场。这种由于屏蔽或去屏蔽作用而使氢核的共振吸收向高场或低场的转移叫化学位移(chemical shift)。在一个分子中,不同环境的氢受到的屏蔽或去屏蔽作用不同,因而有不同的化学位移值。化学位移一般以 δ 表示,大多数氢的 δ 值在 0~10。

在实际测量中,化学位移不是以未受屏蔽孤立的氢核为标准,而是以一个具体化合物为标准,得出相对的化学位移,用 ΔH 或 $\Delta \nu$ 表示。最常用的标准物质是四甲基硅$[(CH_3)_4Si]$,简称 TMS。它作为标准物是因为:①只有一种质子(12 个质子化学环境都相同),只有一个峰;②硅的电负性比碳小,它的质子受到较大的屏蔽作用,抗诱导磁场比一般有机化合物要大,所以它的共振吸收峰位于高场端,对一般有机化合物的吸收峰不产生干扰。把 TMS 的化学位移定为 0Hz,其他化合物的相对化学位移即为各质子共振吸收相对于 TMS 的位置,如图 13-11 所示。

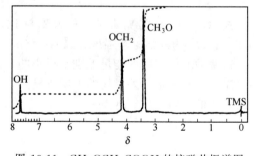

图 13-11 CH_3OCH_2COOH 的核磁共振谱图

由于同一种氢核在不同仪器上,用频率表示的化学位移值是不相同的,因此为了得到一个与仪器无关的数据,则将样品和标准物质的吸收频率之差(以 Hz 为单位),除以以 Hz 为单位的实际操作频率 ν_0(即振荡器频率),即得到无量纲的化学位移单位 δ,由于数值太小,所以乘以 10^6:

$$\delta = \frac{\nu_{样} - \nu_{TMS}}{\nu_0} \times 10^6$$

第十三章 有机化合物的波谱知识简介

在核磁共振谱图中,磁场强度增加的方向是 δ 值减小的方向。化学位移也常用 τ 来表示。τ＝10.00－δ，τ 值的增加方向与磁场强度增加的方向是一致的。

图谱中的纵坐标表示吸收强度。在核磁共振谱中,峰的强度与氢核的数目成正比,所以由吸收峰的面积可以计算各类氢的相对比例或数目。

有机化合物中处于不同化学环境的质子,受到诸如诱导效应、各向异性效应、氢键、溶剂效应等的影响,使其具有不同的化学位移,因而有机分子中处于不同结构的各种质子,都有其特征的 δ 值,如表 13-6 所示。

表 13-6　有机化合物中不同质子类型的特征 δ 值

质子的类型	化学位移 δ	质子的类型	化学位移 δ
四甲基硅烷 $(CH_3)_4Si$	0.0	碘代物的　H—C—I	2～4
环丙烷的　CH_2—CH_2＼CH_2	0.2	醇的　H—C—OH	3.4～4
伯　R—CH_3	0.9	醚的　R—O—C—H	3.3～4
仲　R—CH_2	1.3		
叔　R—CH	1.5	醛基中的　R—CHO	9～10
乙烯型的　C＝C（H）	4.6～5.9	酮(羰基化合物)的　H—C—C＝O	2～2.7
乙炔型的　—C≡C—H	2～3	酸的　H—C—COOH	2～2.6
芳环型的　Ar—H	6～8.5		
苄基型的　Ar—C—H	2～3	酯的　RCOO—C—H	3.7～4.1
烯丙基型的　C＝C—CH	1.7～1.8	酯的　H—C—COOR	2～2.2
		羟基中的　R—OH	1～5.5
氟代物的　H—C—F	4～4.5	酚的　ArOH	4～12
氯代物的　H—C—Cl	3～4	烯醇的　C＝C—OH	15～17
		羧基的　RCOOH	10.5～12
溴代物的　H—C—Br	2.5～4	氨基的　R—NH_2	1～5(峰不尖)

2. 信号的裂分——自旋-自旋耦合

在 NMR 谱图中,每一种质子都显示一个信号,如化合物 3,3-二甲基-1,1,2-三溴丁烷有三种氢,它的 NMR 谱图应有三组峰出现,如图 13-12 所示。

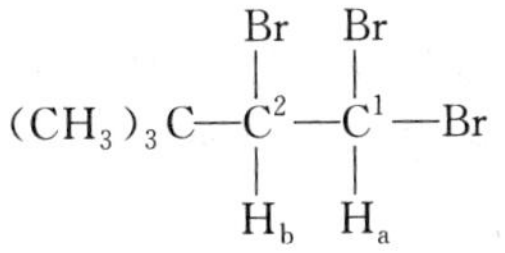

$$(CH_3)_3C-\underset{H_b}{\overset{Br}{C^2}}-\underset{H_a}{\overset{Br}{C^1}}-Br \qquad 3,3\text{-二甲基-}1,1,2\text{-三溴丁烷}$$

甲基氢为饱和碳的质子,δ1.1 为它的共振吸收峰。C^1 上的氢(a)因受两个吸电子基团（Br）的影响，共振吸收出现在低场（$\delta 6.4$），图中 $\delta 4.5$ 的峰为 C^2 氢（b）的共振吸收峰。仔细观察会发现，氢核 a 和 b 的峰分别为两重峰。这是由于这两个质子相互影响发生自旋耦合-裂分的结果。

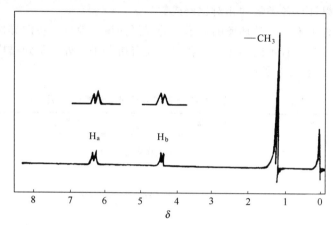

图 13-12　3,3-二甲基-1,1,2-三溴丁烷的 NMR 谱图

先考虑氢核 a 的共振吸收峰受氢核 b 影响发生分裂的情况。氢核 a 除受外加磁场和屏蔽效应影响外，还受到相邻氢核 b 自旋产生的磁场的影响。氢核 b 的自旋在外加磁场中也有两种取向，一种自旋产生的磁场与外磁场方向相同，另一种则相反。对于相邻的氢核 a 来说，这分别相当于加强或减弱了氢核 a 所感受到的外加磁场。任何时候，氢核 a 实际感受到的磁场强度是这两个不同强度中的一个。因而它的共振吸收将对称地发生在无氢核 b 耦合时的位置的左右侧，呈现的是双重峰，相对强度为 1∶1。同理，氢核 b 可受到氢核 a 的影响也分裂为两重峰。这种因自旋耦合发生分裂的现象叫自旋-自旋耦合裂分（spin-spin coupling splitting）。

应当强调的是，在核磁共振中，自旋耦合作用所引起峰的裂分现象仅有限地发生在相邻碳上不同种的氢核之间，相同碳上的氢不能发生耦合，同种相邻氢也不能发生耦合。如 $Br_2CHCHBr_2$ 中两个氢所处的环境相同，尽管相邻也不发生耦合，该化合物的 NMR 谱图上只有一个单峰。

耦合-分裂的一组峰中，两个相邻峰之间的距离，即两峰的频率差 $|\nu_a-\nu_b|$ 称为耦合常数，用符号 J 表示，单位 Hz。氢核 a 与 b 耦合常数叫 J_{ab}，氢核 b 与 a 的耦合常数为 J_{ba}，相互耦合的两个氢核耦合常数相等，$J_{ab}=J_{ba}$。两种不同氢与同一质子耦合，耦合常数一般不同。如 $J_{ab}=J_{ba}\neq J_{ac}$。耦合常数只与化学键性质有关而与外加磁场强度无关，它是 NMR 谱图分析的参数之一。

一般说来，一个信号被裂分的数目，决定于相邻氢的数目。如果有 n 个等性的相邻的质子❶，则该信号被裂分为 $n+1$ 个峰，称为 $n+1$ 规则。如上例中，与 H_a 相邻的有一个等同的 H_b，所以 H_a 的信号裂分为两个；同理 H_b 的信号也有两个裂分峰。各个被裂分的峰之间相对强度之比，一般可用二项式 $(a+b)^m$ 的展开系数表示（$m=$ 裂分峰数 $n-1$）。如双重峰为 1∶1，三重峰为 1∶2∶1 等。

3. 信号的强度——峰的面积

核磁共振信号下的面积直接与给出信号的质子数目成正比。因为等性质子是在同样的有效磁场中发生转向的。转向的质子越多，吸收峰的面积也越大。面积是由仪器中的电子积分仪测

---

❶　等性质子（或等价质子）是指化学等价（即化学位移相同），同时也必须是磁等价的质子（即耦合常数 J 相同）。

量的，在谱图上用阶梯曲线的形式表示出来，阶梯高度与峰面积成正比。梯形高度的比即为各组峰的面积比，它表示化合物中不同氢的比值，因而可以测出氢的个数。这是 NMR 谱图分析中又一重要依据。

三、NMR 图谱的解析举例

利用 NMR 图谱可推测化合物的结构，一般来说一张核磁共振谱图可以给出以下关于有机化合物分子结构的信息。

① 由吸收峰的数目可以知道有几种类型的氢；
② 由吸收峰的强度（峰面积或积分曲线高度）比可知各种类型氢的数目之比；
③ 从吸收峰的裂分数目可知邻近氢原子的数目；
④ 从吸收峰的化学位移（δ 值）可知各类型氢的归属；
⑤ 从裂分峰的外形或耦合常数值可知哪种类型的氢是相邻的。

所以 ^1H 核磁共振谱是有机物结构测定中极为有用的物理方法。

已知未知物分子式为 $C_9H_{10}O_2$，其 NMR 谱如图 13-13 所示。试推测其结构。

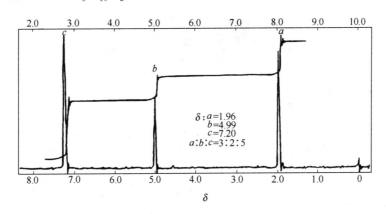

图 13-13　$C_9H_{10}O_2$ 的 NMR 谱图

解　首先由分子算出不饱和度 $U_N = C + 1 - \dfrac{H-N}{2} = 9 + 1 - \dfrac{10-0}{2} = 5 > 4$，即该化合物可能含苯环。

由 NMR 谱给出的三个吸收峰，可知化合物分子中有三种化学环境不同的氢核，其化学位移 δ 值分别为 1.96、4.99 和 7.20；积分高度之比分别为 3∶2∶5。由分子式知化合物中氢总数为 10，正好符合积分高度之比。所以 $\delta = 1.96$ 为 3 个氢，$\delta = 4.99$ 为 2 个氢，$\delta = 7.20$ 为 5 个氢。由化学位移可知 $\delta = 7.20$（5H）为苯环的氢核，从分子中扣除 —C_6H_5 剩下 $C_3H_5O_2$，其中 5 个氢为两种类型：$\delta = 1.96$（3H）为 —CH_3；$\delta = 4.99$（2H）为 —CH_2—，由化学位移 δ 值说明可能与氧相接。这两组信号峰都为单峰，说明相邻碳上无氢。由 $C_3H_5O_2$ 中再扣除 CH_3— 和 —CH_2—，最后只剩下 $-\overset{\overset{O}{\|}}{C}-O-$。综上分析，化合物为乙苄酯 ⌬—$CH_2$—O—$\overset{\overset{O}{\|}}{C}$—$CH_3$ 。

四、核磁共振波谱的应用

1. 推测有机化合物的结构

由以上分析可知,解析一张核磁共振谱图可以给出有机化合物分子结构的以下信息。

① 由吸收峰的数目可以知道有几种类型的氢;
② 由吸收峰的强度(峰面积或积分曲线高度)比可知各种类型氢的数目之比;
③ 从吸收峰的裂分数目可知邻近氢原子的数目;
④ 从吸收峰的化学位移(δ值)可知各类型氢的归属;
⑤ 从裂分峰的外形或耦合常数值可知哪种类型的氢是相邻的。

2. 含量测定

核磁共振也可以用于样品含量测定。只要知道某一基团氢核的特征吸收峰,将样品中该信号的峰面积与参比标准中相应信号的峰面积进行比较,即可求出样品含量。

3. 核磁共振在医学上的应用

磁共振像(magnetic resonance imagine,MRI)已成为当前临床诊断的一种先进手段,利用 MRI 可观察到水分子中两个质子、病态细胞的质子与健康细胞的质子有所不同,故可根据 MRI 图像把病变组织识别出来。

第五节 质谱

一、质谱基本原理

一般获得质谱的基本方法是将分子离解为不同质量带电荷的离子,将这些离子加速引入磁场,由于这些离子的质量与电荷比(简称质荷比,m/z)不同,在磁场中运行轨道偏转不同,而使它们得以分离并被检测。

有机化合物的质谱图获得是由质谱仪完成的。在质谱仪中,有机化合物分子在离子室汽化并受到强电子束的轰击,失去一个电子而成为分子离子(也可能有极少数的失去两三个电子的正离子和负离子产生)。分子离子又可被断裂成为带正电荷的与不带电的碎片,这样一种化合物在离子室内可以产生若干质荷比不同的离子。如甲烷能生成质荷比为 16 的自由基分子离子 $[CH_4]^+ \cdot$,而该离子可继续断裂形成碎片离子,碎片离子再进一步分裂,因此甲烷在质谱仪中可获得质荷比(m/z)为 16、15、14、13、12 的碎片离子:

$$M + e \longrightarrow M^+ \cdot + 2e$$
$$CH_4 + e \longrightarrow [CH_4]^+ \cdot + 2e$$

$$CH_4 \xrightarrow{e} [CH_4]^+ \cdot, CH_3^+, [CH_2]^+ \cdot, [CH]^+, [C]^+ \cdot$$
$$m/z \quad 16 \qquad 15 \qquad 14 \qquad 13 \quad 12$$

将产生的正离子流经电场加速,然后在强磁场的作用下,正离子即会沿着弧形轨道前进,此时不同质荷比的离子改变运行轨道,m/z 大的正离子,其轨道的弯曲程度小;m/z 小的正离子,其轨道的弯曲程度大,这样不同质荷比的正离子就被分离出来。进行扫描时,可以变动磁场的强度,使不同质荷比的正离子依次到达收集器,通过电子放大器放大成电流以后,用记录装置记录下来而获得化合物的质谱图。

二、质谱的表示方法

图 13-14 是甲烷质谱图，横坐标质荷比（m/z），由于大多数碎片只带单位电荷，因此 m/z 等于碎片的质量。纵坐标为相对丰度，以丰度最大的碎片的丰度为 100，每一条直线代表某一质荷比的碎片的相对丰度。这种图谱又叫作棒状图，丰度为 100 的峰称为基峰。如图中最高的峰为 m/z 16 的峰称为基峰，其相对丰度为 100%，而其他离子峰则以对基峰的相对百分值表示，峰的相对强度表示不同质荷比离子的相对含量。通常，图中最右边较强的峰是分子离子峰，用 M^+ 表示，在甲烷中分子离子 $[CH_4]^+ \cdot$ 是较稳定的，所以它的峰强度最大，可作为基峰，但在很多化合物质谱中分子离子峰并非是强峰（基峰）。

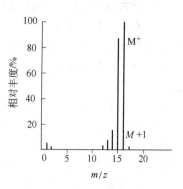

图 13-14　甲烷质谱图

质谱图中在分子离子的右边还有质荷比大于分子离子、丰度较小的峰 $M+1$、$M+2$ 等，这是由于有同位素存在所引起的，叫做同位素峰。

三、质谱的应用

1. 分子离子和分子量的确定

分子失去一个电子生成自由基分子正离子叫做分子离子。因它只带一个正电荷，质荷比 m/z 数值上与分子的质量相同，因此在质谱中找到分子离子峰就可确定分子量。这是质谱重要应用之一。

分子离子峰一般处于质荷比最高值。有些化合物分子离子较稳定，峰的强度大，在质谱图中容易找到；但有些化合物分子离子不够稳定，容易生成碎片，此时分子离子峰很弱或不存在（如支链烷烃和醇类）。那么可采用降低质谱仪撞击电子流能量的方法或以其他经验方法来确定分子离子。

各类化合物的分子离子的稳定性的次序是：芳香族化合物＞共轭烯烃＞脂环化合物＞直链烷烃＞酮＞醛＞酯＞醚＞羧酸＞支链烷烃＞醇。

分子离子峰符合 N 法则，即凡不含氮或含偶数个氮原子的化合物，其分子量必为偶数；含奇数个氮原子的化合物，分子量必为奇数。凡不符合 N 法则者，都可排除是分子离子峰。

2. 分子式确定

由质谱图确定了某化合物的分子量后并不能立即就写出该化合物的分子式，这是因为多种分子可具有相同的分子量。如 CO、N_2 和 C_2H_4 的分子离子峰 m/z 均为 28。如何确定分子式呢？一种方法是采用高分辨质谱仪增加数据的精确度以确定唯一的分子式。在分子式中 C、O、N、H 原子的实际原子量为 ^{12}C：12.000000（标准），^{1}H：1.007825，^{16}O：150994914，^{14}N：14.003050，这样分子量 CO 为 27.9949，N_2 为 28.0061，C_2H_4 为 28.0314。若应用高分辨质谱仪，数据可精确到万分之一，就可根据分子离子峰的 m/z 值写出唯一的分子式。

另一种方法是利用同位素确定分子式，例如甲烷质谱中具有 $m/z=17$ 的同位素峰。图 13-14 中 $m/z=16$ 为分子离子峰，$m/z=17$ 为 $M+1$ 峰。这两个峰的相对强度比与同位素在自然界存在的丰度有关，也与分子中所含元素的个数有关。也就是说，$(M+1)/M$ 和 $(M+2)/M$ 是由分子式决定的。通过详细计算，现已将 $(M+1)/M$ 和 $(M+2)/M$ 与含 C、H、O、N 四种元素的分子量在 500 以下的各可能分子式之间的关系制成了"质量与丰度表",叫贝农(Beynon)表。因而可从一个未知物的质谱图中算出 $(M+1)/M$ 和 $(M+2)/M$ 的数值与此表对照,即可得知分子式。

3. 碎片离子和分子结构的推断

分子离子在实验条件下,不能稳定的存在,它会裂分为碎片离子,这些碎片离子再裂分为更小的碎片离子。各种碎片离子在质谱中以不同的 m/z 值和不同强度显示各种峰,可提供判定分子结构的信息。因此掌握这些碎片离子及其断裂规律对确定分子结构具有重要意义。

(1) 分子离子分裂的一般规律　化学键的开裂主要与化学键的键能和开裂后生成的离子和中性碎片的稳定性有关。一般,羰基化合物易发生 α-开裂,若羰基化合物 γ-位有氢存在,则易进行麦克拉夫蒂(Mcla-fferty rearrangement)❶重排;烯烃、芳烃、醇、醚、胺及卤代烃易发生 β-开裂;发生半异裂的主要是烷烃的多分支部分。掌握这些规律,可按质谱图中的主要碎片离子峰,推测化合物的大致结构。

分子离子简单开裂成碎片离子与分子离子的结构有密切关系,大致可以归纳为以下几点。

① 有利于稳定碳正离子的形成。离子分裂时主要是通过形成稳定离子的途径。质谱中正离子的稳定性与普通有机化学正离子的稳定性是一致的。

② 有利共轭体系的形成。当分子离子中的一个键与双键芳香环相隔一个碳原子时,容易发生 α-开裂,生成具有共轭稳定结构的烯丙基碳正离子。

③ 有利形成小分子的开裂,即在断裂时经常伴随着失去稳定的小的中性分子。如 CO、C_2H_4、H_2O、HCN 等。这一开裂规律,可以帮助推测羰基化合物(醛、酮、酯)的结构。

(2) 利用质谱推断结构　质谱解析的一般步骤如下。

① 分子离子峰的确定。一般在高质荷比区假定的分子离子峰与相邻碎片离子峰关系合理,且符合氮规律,可认为是分子离子峰。由分子离子峰的相对强度可了解分子结构的信息,分子离子峰强度大,化合物可能是芳烃;分子离子峰弱或不出现,化合物可能是支链的烃类、醇类等。

② 推导分子式计算不饱和度。由高分辨质谱仪测出未知物精确分子量从而得到分子式。当无高分辨质谱数据,分子量小于 250 时,可利用同位素丰度与贝农(Beynon)表推出分子式。进而计算出该化合物的不饱和度。

③ 碎片离子分析。

a. 高质量端的碎片离子峰反映该化合物的一些结构特征,所以要特别注意。例如,高质量端有 $M-18$ 峰,则表示分子离子失去一分子水,该化合物可能是醇类。

b. 低质量端碎片离子系列峰,也可反映出化合物的类型。例如,低质量端有 $m/z=39$、51、65、77 系列弱峰,表明化合物含有苯基,低质量端有 $m/z=29$、43、57、71 系列碎片峰表明化合物是烷烃。

c. 分析重要的特征离子。如 $m/z=91$ 或 105 为基峰或强峰,表明化合物含有苄基($C_6H_5CH_2-$)或有苯甲酰基(C_6H_5CO-)。

综合分析以上得到的全部信息,结合分子式不饱和度,推出结构单元和分子结构。

对质谱的校核、指认。用各种裂解机理对质谱中的主要峰应得到合理解析,方能说明所

---

❶ 重排时经过六元环状过渡态使 γ-H 转移到带正电荷的原子上,同时在 α、β 原子间发生开裂,生成一个不饱和的中性碎片和一个自由基正离子,这种重排开裂称为麦氏重排开裂。

推断的结构是正确的。

现举例说明如下。

 例 13-4

化合物的分子式为 $C_6H_{12}O$，其质谱图如图 13-15 所示，推出其结构。

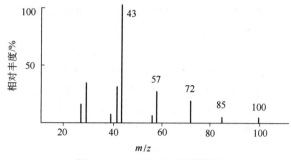

图 13-15　$C_6H_{12}O$ 的质谱图

解　图中 $m/z=100$ 的峰可能为分子离子峰，那么它的分子量为 100，与分子式 $C_6H_{12}O$ 相符。不饱和度 $UN=6+1-\dfrac{12-0}{2}=1$ 可能有一双键或环。

高质量碎片离子。$m/z=85=M-15$，说明有甲基。

低质量碎片离子。$m/z=43$ 为基峰即 $M-57$，是分子离子去掉 C_4H_9 的碎片。57 可能为 C_4H_9 碎片，可以看作 $M-15$ 即 85 碎片失去 CO（28）产生的。根据酮的裂解规律可初步断定为甲基丁酮。它的分裂方式为：

$$\left[C_4H_9\overset{②}{-}\underset{\underset{O}{\|}}{C}\overset{①}{-}CH_3\right]^+ \xrightarrow{①} CH_3\cdot + [C_4H_9C\equiv O]^+ \xrightarrow{-CO} [C_4H_9]^+$$
$$(M-15), m/z\ 85 \qquad (M-15-28), m/z\ 57$$
$$\xrightarrow{②} [C_4H_9]\cdot + [CH_3C\equiv O]^+$$
$$(M-57), m/z\ 43$$

以上结构中 C_4H_9- 可以是伯基、仲基、叔丁基，哪一个是正确的呢？图中 $m/z=72$ 的峰给我们提供了信息。它是经麦氏重排后得到的碎片，只有 C_4H_9- 为仲丁基，才能得到

$$\left[\begin{array}{c}H\\CH_2\ O\\CH_2\ \|\\CH\ C\\CH_3\ CH_3\end{array}\right]^{+\cdot} \longrightarrow CH_2=CH_2 + \left[\begin{array}{c}CH_3CH=C-OH\\|\\CH_3\end{array}\right]^+ (M-28), m/z=72$$

$m/z=72$ 的碎片。伯丁基虽然可进行麦氏重排，但不能得到 72 的碎片。

叔丁基不能进行重排。所以化合物为 3-甲基-2-戊酮。

质谱最大的优点是取样少，10^{-9} g 就可获得大量的结构信息（所含元素的种类以及分子量等）。随着技术的发展，质谱仪可与其他分离手段连用。如气相色谱与质谱联用（GC-MS），简称气-质联用；液相色谱与质谱联用（LC-MS），简称液质联用；质谱与质谱串联起来（MS-MS），简称串联质谱，已成为分离和检出临床上微量成分的一种有效分析手段。

阅读材料

质谱技术的一些进展

软电离技术 用高能电子轰击样品分子使其电离成分子离子和碎片离子而得到的质谱，通常称为电子撞击质谱（electron impact mass spectrum, ELMS），也叫硬电离（"hard" ionization）。它是最常用的电离技术。但对有些挥发性低和热稳定性差的有机化合物，用 EI 法测定时 M$^+$ 峰很低，难于检测到。这时可用软电离（"solf" ionization）技术解决。软电离技术包括化学电离（chemical ionization, CI）、场致电离（field ionization, FI）、场解吸电离（field desorption, FD）和快原子轰击（fast atom bombardment, FAB）等（详见有关专著）。

GC-MS 联机 气相色谱（gas chromatograph, GC）和质谱相连接的技术对分析混合物是十分有效的分析方法，称作 GC-MS。混合物首先通过气相色谱，把混合物的各组分分离开，然后每一个分开的组分再进入质谱仪内，从而得到每个组分的质谱。从质谱可知它们的结构。许多用人工无法分离的微量混合物，都可用 GC-MS 技术得到分析，且简便快速。尤其在天然产物混合物的结构确定上有很大的应用。

串联质谱 一个更有效的技术是把两个质谱计连接起来，叫串联质谱（tandem massspectrometry, MS-MS）。第一个质谱计把混合物的分子离子分开（它比在气相色谱中的分离速度快），接着第二个质谱计对每个分子离子进行分析。这样 MS-MS 对混合物的结构分析更有效。

软电离技术对分析不挥发的生物大分子如蛋白质、核酸等是有效的。近年来出现一些有效的方法如电火花电离（electrospray ionization, ESI）等，可用于 DNA 低聚核苷酸顺序的测定。

——摘自伍越寰编. 有机化学. 安徽：中国科学技术大学出版社，2002.

练习题

1. 指出下述化合物中，哪一个化合物能吸收较长波长光线（只考虑 π→π* 跃迁）。

   (1) CH$_3$—CH=CH$_2$ 及 CH$_3$CH$_2$=CH—O—CH$_3$

   (2)

2. 某化合物的 λ$_{max}$ 为 235nm，现用 235nm 的入射光通过浓度为 2.0×10^{-4} mol/L 的样品溶液（样品池厚度=1cm）时，其透光率为 20%，求其摩尔吸光系数 ε。

3. 根据化合物的红外谱图（图 13-16）中用阿拉伯数字所标明的吸收位置，推测化合物可能的结构式。

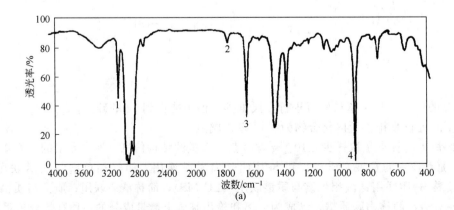

(a)

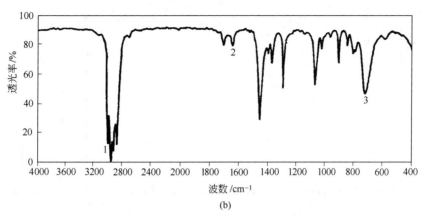

图 13-16 习题 3 化合物的红外谱图

4. 正己烷的质谱（MS）中有显著的 m/z 为 86、43 和 42 的峰，这些离子可能的结构如何？

5. 化合物 C_9H_{10} 红外光谱在 $3100cm^{-1}$、$1650\sim1500cm^{-1}$（多峰），在 $890cm^{-1}$、$770cm^{-1}$ 和 $700cm^{-1}$ 有特征吸收，该化合物被 $KMnO_4$ 氧化得到苯甲酸，写出它的结构式。

6. 化合物 $C_8H_8O_2$ 可溶于 NaOH 溶液，但不与 $NaHCO_3$ 作用，它的红外谱图在 $3600\sim2500cm^{-1}$ 有一宽的吸收峰，此外在 $3050cm^{-1}$、$1690cm^{-1}$、$780cm^{-1}$ 有特征吸收，写出它的结构式。

7. 丙烷氯代得到一系列化合物中有一个五氯代物，它的 ^1H NMR 谱图数据为 $\delta4.5$（三重峰），$\delta6.1$（双峰），写出该化合物的结构式。

8. 化合物 $C_{11}H_{12}O$ 经鉴定为羰基化合物，用 $KMnO_4$ 氧化得到苯甲酸，它的 ^1H NMR 谱图如图 13-17 所示，写出它的结构式并说明各峰的归属。

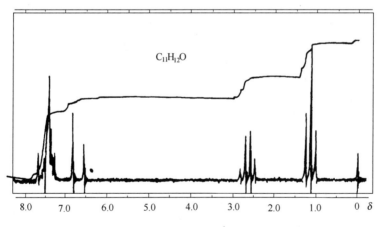

图 13-17 习题 8 化合物的 ^1H NMR 谱图

9. 某化合物分子式为 C_5H_8O，红外谱图在 $1745cm^{-1}$ 有一强吸收峰，其核磁共振谱图如图 13-18 所示，试推出它的结构。

10. 某羰基化合物 $M=44$，质谱图上给出两个强峰，m/z 分别为 29 及 43，试推定此化合物的结构。

11. 某一酯类化合物，其初步推测为 A 或 B，但质谱图上 $m/z=74$ 处给出一强峰，试推定其结构如何？
A：$CH_3CH_2CH_2COOCH_3$ B：$(CH_3)_2CHCOOCH_3$

12. 两种异构体的烃类化合物 A 和 B，分子式为 C_6H_8，经催化氢化后都得到 C，C 的 ^1H NMR 谱只在 $\delta=1.4$ 处有一信号，而 A 和 B 的 ^1H NMR 谱在 $\delta5\sim2.0$ 之间及 $\delta5\sim5.7$ 范围内有两个强度相同的吸收信号，紫外光谱测定表明：C 在 200nm 以上无吸收，B 虽然在 200nm 以上无吸收，但吸收峰接近 200nm，A 在 250～260nm 处有强的吸收，试确定 A、B、C 的结构式。

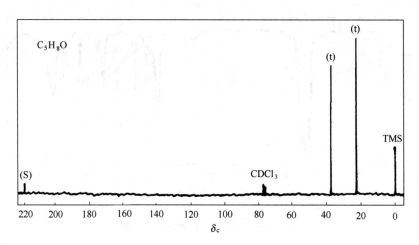

图 13-18　习题 9 化合物的核磁共振谱图

13. 从毛状蒿中分离出一种茵陈烯，分子式为 $C_{12}H_{10}$，该化合物的 UV 谱最大吸收为 $\lambda_{max}=239$nm（5000），IR 谱在 $2210cm^{-1}$、$2160cm^{-1}$ 处有吸收。其 ^1H NMR 谱如下：$\delta 7.1$（多重峰 5H），2.3（单峰 2H），1.7（单峰 3H），试确定其结构式。

14. 化合物 $A(C_6H_{12}O_3)$ 在 $1710cm^{-1}$ 有强的红外吸收峰。A 和 $I_2/NaOH$ 溶液作用生成黄色沉淀。A 与托伦试剂无银镜反应，但 A 用稀硫酸处理后生成的化合物 B 与托伦试剂作用有银镜生成。A 的 ^1H NMR 数据为 $\delta 2.1$（单峰 3H），$\delta 2.6$（双峰 2H），$\delta 3.2$（单峰 6H），$\delta 4.7$（三重峰 1H），写出 A、B 的结构式及相关反应。

第十四章 有机化合物的分离与纯化技术

知识目标：了解有机化合物的分离与纯化技术，掌握萃取、蒸馏、减压蒸馏、水蒸气蒸馏、回流、重结晶等实验操作。

能力目标：能够通过实验技术鉴别有机化合物，具备分析和解决问题的能力。

学习关键词：萃取、蒸馏、减压蒸馏、水蒸气蒸馏、回流、重结晶。

第一节 萃取

一、萃取的基本原理及种类

1. 基本原理

萃取是分析中用来提取和纯化有机化合物的常用操作之一，它是利用物质在不同溶剂中的溶解度不同来进行分离的技术。从固体或液体混合物中提取我们所需要的物质时，通常被称为"抽提"或萃取；如果是除去混合物中的杂质，则被称为"洗涤"。

2. 萃取种类

一种萃取是利用物质在两种不互溶（或微溶）溶剂中溶解度的不同来达到分离、提取或纯化目的。若物质 A 在某一有机溶剂中的溶解度比在水中大，则可将物质 A 从水中萃取到该有机溶剂中。由于有机化合物在有机溶剂中的溶解度一般比在水中溶解度大，因此通常用有机溶剂提取溶于水的有机化合物。

另一种萃取是利用萃取剂与萃取物质发生化学反应，使被萃取物成盐而溶于水，这种萃取常用于从化合物中移去少量杂质或分离混合物，可以用稀碱水溶液除去混合物中的酸；或者是用稀酸除去混合物中的碱。也可用稀碱或稀的无机酸溶液萃取有机溶剂中的酸或碱。

二、不同类型萃取的用途

根据物质所处的体系的聚集状态不同，萃取分为两种类型：一是从液体中萃取；二是从固体中萃取，现分别介绍如下。

1. 从液体中萃取

通常用分液漏斗来进行液体中物体的萃取。常见的分液漏斗有圆球形、梨形和圆筒形三种，如图 14-1 所示。

在使用之前必须先检查分液漏斗的盖子和旋塞是否严密，以防止分液漏斗在使用过程中发生泄漏而造成损失。

无论选用何种形状的分液漏斗，加入全部液体的总体积不得超过其容量的 3/4。

盛有液体的分液漏斗，应妥善放置，否则玻璃塞及活塞易脱落，而使液体倾洒，造成不应有的损失。正确放置的方法有两种：一种是将其放在用棉绳或塑料膜缠扎好的铁圈上，铁圈则牢固地被固定在铁架台的适当高度，见图 14-2；另一种是在漏斗颈上配一塞子，然后用万能夹将其牢固地夹住并固定在铁架台的适当高度，见图 14-3。不论如何放置，从漏斗口接受放出液体的容器内壁都应贴紧漏斗颈。

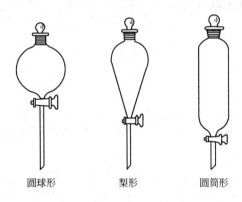

图 14-1　分液漏斗的形状

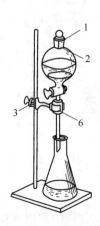

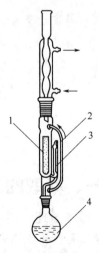

图 14-2　分液漏斗的支架装置（一）
1—小孔；2—玻塞上的侧槽；3—持夹；
4—铁圈；5—缠扎物；

图 14-3　分液漏斗的支架装置（二）
1—小孔；2—玻塞上的侧槽；3—持夹；
4—单爪夹

图 14-4　索氏提取装置
1—素瓷套筒
（或滤纸套筒，存放固体）；
2—蒸气上升管；3—虹吸管；
4—萃取用溶剂

2. 从固体混合物中萃取

从固体混合物中萃取所需要的物质，最简单的方法是把固体混合物先行研细，放在容器里，加入适当溶剂，用力振荡。然后用过滤或倾析的方法把萃取液和残留的固体分开。若被提取的物质特别容易溶解，也可以把固体混合物放在放有滤纸的锥形玻璃漏斗中，用溶剂洗涤。这样，所要萃取的物质就可以溶解在溶剂里，而被滤取出来。如果萃取物质的溶解度很小，则用该洗涤方法要消耗大量的溶剂和很长的时间。在这种情况下，一般用索氏（Soxhlet）提取器（图14-4）来萃取，将滤纸做成与提取器大小相适应的套袋，然后把固体混合物放置在纸套袋内，装入提取器内。溶剂的蒸气从烧瓶送到冷凝管中，冷凝后，回流到固体混合物里，溶剂在提取器内到达一定的高度时，就和所提取的物质一同从侧面的虹吸管流入烧瓶中。溶剂就这样在仪器内循环流动，把所要提取的物质集中到下面的烧瓶里。

三、萃取操作步骤

1. 溶液中物质的萃取操作

（1）选择和使用分液漏斗

① 选择容积较液体体积大 1~2 倍的分液漏斗。

② 检查分液漏斗的玻璃塞与活塞芯是否配套，如不配套，则需更换，因为它会造成漏液或根本无法操作。

③ 按规范洗净分液漏斗。

④ 将活塞孔与活塞芯用吸水纸擦干，并在上面薄薄地涂上一层润滑脂（如凡士林），小心地将塞芯塞进活塞孔，两者不要触及。

⑤ 沿同一方向旋转数圈使润滑脂均匀分布（呈透明状）后将活塞关闭好，再在塞芯的凹槽处套上一直径合适的橡皮圈（从直径合适的乳胶管上剪下一细圈即可），以防操作过程中液体流失。

⑥ 需用干燥的分液漏斗时，要将活塞芯拔出，洗净，才能放进烘箱烘干。

⑦ 用毕后，洗净分液漏斗，并将一张小纸片垫入塞孔与塞芯之间，放置。

（2）萃取操作步骤

① 将含有机化合物溶液和为溶液体积 1/3 的萃取溶剂，依次从上口倒入分液漏斗中，塞上玻璃塞。注意：此塞子不能涂凡士林。塞好后可再旋紧一下，玻璃塞上如有侧槽必须将其与漏斗上端口径的小孔错开。

② 取下漏斗，用右手握住漏斗上口径，并用手掌顶住塞子，左手握在漏斗活塞处，用拇指和食指压紧活塞，并能将其自由地旋转，如图 14-5 所示。

③ 将漏斗稍倾斜后（下部支管朝上），由外向里或由里向外振摇，以使两液相之间的接触面增加，提高萃取效率。在开始时摇晃要慢，每摇几次以后，就要将漏斗上口向下倾斜，下部支管朝向斜上方的无人处，左手仍握在活塞支管处，食拇两指慢慢打开活塞，使过量的蒸气逸出，这个过程称为"放气"，如图 14-6 所示，待压力减小后，关闭活塞。

④ 振摇和放气重复几次，至漏斗内压很小，再剧烈振摇 2~3min，最后将漏斗放在铁架台上的铁圈中静置。

⑤ 移开玻璃塞或旋转带侧槽的玻璃塞使侧槽对准上口径的小孔。待两相液体分层明显，界面清晰时，缓缓旋转活塞，放出下层液体，收集在大小适当的小口容器（如锥形瓶）中，下层液体接近放完时要放慢速度，放完后要迅速关闭活塞。

⑥ 取下漏斗，打开玻璃塞，将上层液体由上口倒出，收集在另一容器中。一般宜用小口容器，大小也应当事先选择好。

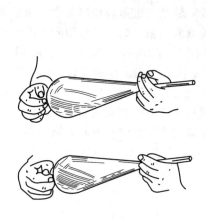

图 14-5 分液漏斗的使用

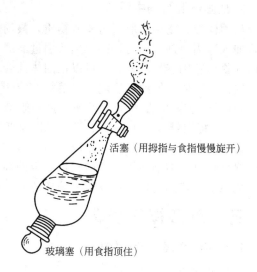

图 14-6 解除漏斗内超压的操作

(3) 操作过程中的注意事项

① 在萃取或洗涤时，上下两层液体都应该保留到实验完毕时。否则，如果中间的操作发生错误，便无法补救和检查。

② 分离液层时，下层液体应经旋塞放出，上层液体应从上口倒出。如果上层液体也经旋塞放出，则漏斗旋塞下面颈部附着的残液就会把上层液体弄脏。

③ 在萃取过程中，将一定量的溶剂分作多次萃取，其效果要比一次萃取为好。萃取次数一般为 3～5 次。

④ 有时有机溶剂和某些物质的溶液一起振荡，会形成较稳定的乳浊液。在这种情况下，应该避免急剧的振荡。如果已形成乳浊液，且一时又不易分层，则可加入食盐等电解质，使溶液饱和，以减低乳浊液的稳定性；轻轻地旋转漏斗，也可使其加速分层。在一般情况下，长时间静置分液漏斗，可达到使乳浊液分层的目的。

⑤ 若萃取溶剂为易生成过氧化物的化合物（如醚类），且萃取后为进一步纯化需蒸去此溶剂，则在使用前，应检查溶剂中是否含过氧化物，如有，应除去后方可使用。

⑥ 若使用低沸点、易燃的溶剂时，应注意通风，以防火灾的发生。

2. 固体物质的萃取操作

(1) 萃取操作装置的安装

① 如图 14-4 所示，按由下而上的顺序，先调节好热源的高度，以此为基准，然后用万能夹固定住圆底烧瓶。

② 装上提取器，在上面放置球形冷凝管并用万能夹夹住，调整角度，使圆底烧瓶、提取器、冷凝管在同一条直线上且垂直于实验台面。

③ 滤纸套大小既要紧贴器壁，又要能方便取放，其高度不得超过虹吸管，纸套上面可折成凹形，以保证回流液均匀浸润被萃取物。

(2) 萃取操作步骤

① 研细固体物质，以增加液体浸浴的面积，然后将固体物质放在滤纸套内，置于提取器中，安装好装置。

② 开启冷凝水，选择适当的热浴进行加热。当溶剂沸腾时，蒸气通过玻管上升，在冷

凝管内冷却为液体，滴入提取器中。

③ 当液面超过虹吸管的最高处时，即虹吸流回烧瓶，因而萃取出溶于溶剂的部分物质。就这样利用回流、溶解和虹吸作用使固体中的可溶物质富集到烧瓶中。然后用其他方法将萃取到的物质从溶液中分离出来。

（3）萃取操作时的注意事项

① 用滤纸包研细的固体物质时要严谨，防止漏出堵塞虹吸管。

② 在圆底烧瓶内不要忘了加入沸石。

四、萃取操作——乙醚中过氧化物的检验及除去

目的：

① 会选择和使用分液漏斗；

② 掌握萃取操作技术。

仪器：铁架台、十字头、万能夹或铁圈、烧杯、锥形瓶。

试剂：普通乙醚、2%的碘化钾溶液、稀盐酸、淀粉、硫酸亚铁。

步骤：

① 过氧化物的检验　取少量乙醚与等体积的碘化钾溶液，加入几滴稀盐酸一起振摇，若能使淀粉溶液呈紫色或蓝色，则证明有过氧化物存在。

② 硫酸亚铁溶液的配制　在110mL水中加入6mL浓硫酸，然后加入60g硫酸亚铁。

③ 过氧化物的去除　在分液漏斗中加入100mL普通乙醚和20mL的硫酸亚铁溶液，剧烈摇动，并注意不断地放气。从下层分去水溶液，同法再洗2次。最后将上层乙醚从上口倒入锥形烧瓶中，留待后用。

1. 萃取的基本原理是什么？种类有哪些？
2. 如何正确使用分液漏斗？
3. 为什么液体在通过活塞放出之前，必须打开或拿去分液漏斗上的塞子？
4. 萃取时如果出现乳化现象，应如何处理？
5. 在使用低沸点、易燃萃取剂时，操作中应注意哪些事项？
6. 在洗涤过程中为什么要进行放气操作？

一、回流的基本原理及种类

1. 基本原理

在室温下，一些有机物质的制备反应速率很小或难于进行。为了加快反应速率，常常需要使反应物质保持较长时间的沸腾。在这种情况下，为了防止长时间的加热造成反应物料的蒸发损失，以及因物料蒸发而导致火灾、爆炸、环境污染等事故的发生，就需要使用回流冷凝装置，使蒸气不断地在冷凝管内冷凝而返回反应器中，在反应过程中令加热产生的蒸气冷却并使冷凝液流回反应系统的过程称为回流，而能够实现这一过程的操作称为回流操作。

2. 回流种类

为满足不同的需求，回流装置大体分为普通回流装置和回流反应装置两大类。

二、不同类型的回流的用途

1. 普通回流装置

（1）简单回流装置　最简单的回流装置是由单口圆底烧瓶和冷凝管组成［图 14-7(a)］，它适用于常规的回流操作。将反应物质放在圆底烧瓶中，在热浴中加热。直立的冷凝管夹套中自下而上通入冷水，使夹套充满水，水流速率不必很快，能保持蒸气充分冷凝即可。加热程度也需控制，使蒸气上升的高度不超过冷凝管的1/3。

（2）带有气体吸收的回流装置　如果反应中放出有害气体（如氯化氢、溴化氢、二氧化硫等）时，可在普通回流装置的冷凝管的上口加接一气体吸收装置［图 14-7(b)］，使用该装置时要特别注意的是漏斗口（或导管口）不得完全浸入水中，在停止加热前必须将盛有吸收液的容器移去，以防倒吸。

（3）带有干燥管的回流装置　即在普通回流装置的冷凝管的上口装配有干燥管，以避免水汽进入回流体系［图 14-7(c)］。它适用于水汽的存在会影响物料的回流。为防止体系被封闭，干燥管内不要填装粉末状干燥剂。可在管底塞上脱脂棉，然后填装颗粒状或块状干燥剂，再在干燥剂上填上脱脂棉。

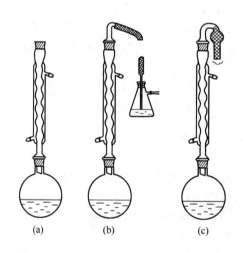

图 14-7　回流装置

2. 回流反应装置

在进行有机物制备时，为了控制反应速率及反应物选择性，常需要将反应物料分批加入，或需测定调节反应温度，加热回流、搅拌等项操作同时进行，此时的回流装置在结构上就较复杂，它通常要用二口以上的圆底烧瓶与冷凝管，再配以不同的附件组成，常见的有如下几种。

（1）带有滴加反应液的回流反应装置　它是由二口烧瓶（或在圆底烧瓶上装一二口连接管）、冷凝器和滴液漏斗组成。用于加热回流（隔绝或不隔绝湿气）同时滴加物料，如图 14-8(a) 所示。

（2）带有搅拌的回流反应装置　它是由三口烧瓶、搅拌器、滴液漏斗、冷凝器组成。用于在搅拌下向反应体系滴加物料，也可以加热回流（隔绝或不隔绝湿气）；适用于大量起始原料的合成，如图 14-8(b) 所示。

(3) 带有测温、搅拌的反应装置　它是由四口烧瓶、搅拌器、滴液漏斗、温度计组成。用于在搅拌下，一边调节内部温度，一边向反应体系中滴加物料；也可以加热回流（隔绝或不隔绝湿气），如图14-8(c)所示。

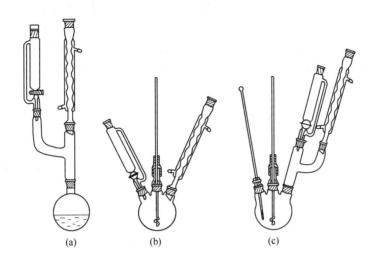

图14-8　回流反应装置

三、回流装置的安装及回流操作步骤

1. 普通回流装置的安装及操作步骤

① 选择大小合适的圆底烧瓶，将物料放在其内，物料的体积应占烧瓶容量的1/3～2/3，并加入少量沸石。

② 选择磨塞与圆底烧瓶口匹配的球形冷凝管。

③ 选择合适的加热浴［一般常用的有水浴（加热温度＜100℃）、油浴（加热温度在100～250℃）］、电炉（或煤气灯）作为加热源。

④ 将烧瓶用万能夹夹在瓶颈上端，以热源高度为基准，将烧瓶固定铁架台上，以后在装配其他仪器时，不宜再调整烧瓶的位置。

⑤ 分别在冷凝管的上下侧管套上橡胶管，其中下端侧管为进水口，橡胶管连到自来水龙头上，上端的出水口橡胶管导入水槽。上端的出水口应向上，才可保证套管内充满水。将冷凝管装在烧瓶的口上，并用万能夹将其固定在同一铁架台上。

⑥ 整个装置要求准确端正，上下在同一垂直线上，所有铁夹和铁架都应整齐地放在仪器的背部。

⑦ 开启冷却水，开始加热。使夹管充满水，水流速率不必很快，能保持蒸气充分冷凝即可。加热程度也需控制，使蒸气上升的高度不超过冷凝管的1/3。

⑧ 实验完成后，应先停止加热，再拆卸装置。拆卸时则按与装配时的顺序相反的次序进行，即从上往下先拆除冷凝管，再拆下烧瓶，最后移去热源。

2. 回流反应装置的安装及操作步骤

① 选择大小合适的圆底烧瓶，将物料放在其内，物料的体积应占烧瓶容量的1/3～2/3，并加入少量沸石。

② 将烧瓶用铁夹夹在瓶颈上端，以热源高度为基准，把烧瓶固定在铁架台上，以后在装配其他仪器时，不宜再调整烧瓶的位置。因为安装的顺序一般是先从热源处开始，然后由

下而上，从左往右依次安装，见图14-9(a)。

③ 选取合适长短的搅拌棒，它通常由玻璃棒制成，式样较多，见图14-9(b)。

④ 将搅拌棒伸入一搅拌套管（套管的大小与烧瓶的中口一致）中，如图14-10(a)所示，套管的上端与搅拌棒用一节胶管套住，达到密封的目的。胶管用甘油或蓖麻油润滑，也可使用由聚四氟乙烯制成的搅拌密封塞。它是由螺旋盖、中间的硅橡胶密封垫圈和下面的标准磨口塞组成，见图14-10(b)。使用时只需选用适当直径的搅拌棒插入标准口塞与垫圈孔中，在垫圈与搅拌棒接触处涂少许甘油润滑，旋上螺旋口至松紧合适，并把标准口塞紧在烧瓶上即可。

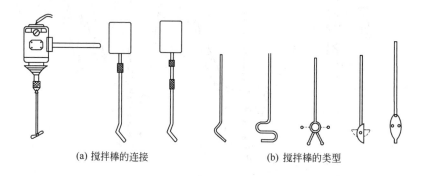

(a) 搅拌棒的连接　　　(b) 搅拌棒的类型

图14-9　搅拌棒的连接和类型

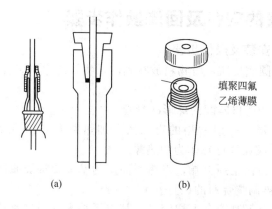

(a)　　(b)

图14-10　密封装置

⑤ 将该导向装置放入烧瓶的中口中，搅拌棒一端距离反应容器5mm。如反应容器中有温度计，则搅拌棒不能打到温度计。将电动搅拌机与烧瓶固定在同一铁架台上，并将搅拌棒与之相连［图14-9(a)］。

⑥ 分别在冷凝管的上下侧管套上橡胶管，其中下端侧管为进水口，橡胶管连到自来水龙头上，上端的出水口橡皮管导入水槽。直立于烧瓶的一斜口，并用铁夹夹住，铁夹尽量与搅拌器固定在同一铁架台上。

⑦ 然后在另一斜口上，装上滴液漏斗。在直立的支口上装上温度计。温度计的安装同搅拌棒的安装。

四、安装回流装置时的注意事项

1. 安装普通回流装置时的注意事项

① 各仪器的连接部位要紧密，以防泄漏造成不必要的损失和事故。

② 直立的冷凝管夹套中自下而上通入冷水，使夹套充满水，水流速率不必很快，能保持充分冷凝即可。

③ 控制加热程度，使蒸气上升的高度不超过冷凝管的 1/3。

④ 回流时如发现忘记加沸石，需补加时，不能在液体沸腾时加入，一定要稍冷以后才能补加。否则，液体将有冲出的可能而伤人。

2. 安装回流反应装置的注意事项

① 搅拌机、搅拌棒、烧瓶应在同一垂直线上。安装时要开动搅拌机，但速率不宜太快，以免将玻璃打破。看其是否碰撞器壁或温度计，以匀速转动没有杂声为准。

② 在安装冷凝器时，尽量不要破坏原有的垂直线，如被破坏则要重新调整。

③ 支撑所有仪器的夹子必须旋紧，以保证仪器不承受应力。

五、回流操作——乙醚中水分的除去

目的：
① 会选择和使用、安装回流装置；
② 掌握回流操作技术。

仪器：铁架台、十字头、万能夹、圆底烧瓶、球形冷凝管、滴液漏斗、调压器、电炉。

试剂：去除过氧化物后的乙醚、浓硫酸。

安全：防止火灾，防止化学灼伤。

态度：文明规范操作、认真仔细，节约意识，维护工作场所的清洁。

步骤：
① 在 250mL 的圆底烧瓶中，放置 100mL 去除过氧化物的普通乙醚和几粒沸石；
② 安装回流装置；
③ 将 10mL 浓硫酸置于滴液漏斗中，并将滴液漏斗插到球形冷凝管的上口处；
④ 开启冷凝水，将浓硫酸慢慢滴入乙醚中，由于脱水作用所产生的热，乙醚会自行沸腾；
⑤ 待乙醚停止沸腾后，拆下冷凝管，圆底烧瓶中的乙醚留待后用。

六、回流操作——乙醇中水分的除去

目的：
① 会选择和使用、安装回流装置；
② 掌握回流操作技术。

仪器：铁架台、十字头、万能夹、圆底烧瓶、球形冷凝管、水浴锅。

试剂：100mL 工业酒精、20g CaO。

安全：防止火灾、防止化学灼伤。

态度：文明规范操作、认真仔细，节约意识，维护工作场所的清洁。

实验原理：用化学法除水或用物理吸附方法除水（一般用蒸馏或分馏不能除去的水分），因为乙醇和水形成恒沸混合物，95%的乙醇，其中5%的水不能用蒸馏或分馏方法除去，只能通过化学法或物理吸附方法除水。

本实验采用化学方法（氧化钙法）：

$$H_2O + CaO \longrightarrow Ca(OH)_2$$

$$无水乙醇检验方法 \begin{cases} 无水\ CuSO_4\ 法 \\ 干燥\ KMnO_4\ 法 \\ 测折射率 \end{cases}$$

步骤：
① 在 250mL 的圆底烧瓶中，放置 100mL 工业酒精和 20g CaO 及几粒沸石；
② 安装回流装置（回流加热除水）；
③ 水浴加热回流 2h；
④ 水浴加热回流 2h 后，拆下冷凝管，圆底烧瓶中的乙醇留待后用。

1. 回流操作的基本原理是什么？实验中常用的回流装置有哪几种类型？各有什么特点？用于哪些场合？
2. 安装普通回流装置时应注意哪些事项？
3. 安装回流反应装置时应注意哪些事项？
4. 在什么场合下，使用带有气体吸收的回流装置？并应注意哪些事项？

一、蒸馏的基本原理与种类

1. 基本原理

将液体加热至沸腾，使液体变为蒸气，然后使蒸气冷却后再凝结成液体，我们把这一操作叫做蒸馏。因此蒸馏是分离和提纯液态有机化合物最常用的重要方法之一。应用这一方法，不仅可以把挥发性物质与不挥发性物质分离，还可以把沸点不同的物质以及有色的杂质等分离。

在通常情况下，纯粹的液态物质在大气压力下有确定的沸点。如果在蒸馏过程中，沸点发生变动，那就说明物质不纯。因此可利用蒸馏的方法来测定物质的沸点和定性地检验物质的纯度。但某些有机化合物往往能和其他组分形成二元或三元恒沸混合物，它们也有一定的沸点。因此，不能认为沸点一定的物质都是纯物质。

2. 蒸馏种类

在同一温度下，不同物质具有不同的蒸气压，低沸物（或易挥发物）蒸气压大，高沸物（或不易挥发物）蒸气压小。当这两种物质混在一起时，蒸气中低沸物（或易挥发物）含量比原来混合液体中高，而高沸物（或不易挥发物）则相反。因此，通过蒸馏可将易挥发的物质和不挥发的物质分离开来，也可将沸点不同的液体混合物分离开来。根据不同的物理性质将蒸馏分为普通蒸馏、水蒸气蒸馏和减压蒸馏，它们各自适用于不同的分离场合。

二、不同类型蒸馏的用途

1. 普通蒸馏

利用普通蒸馏可用来测定液体化合物的沸点，也可将液体混合物中沸点相差较大的组分进行分离。蒸馏装置主要包括蒸馏烧瓶、冷凝管、接收器三部分，如图 14-11(a) 所示。普通蒸馏一般用于沸点小于 150℃ 的液体混合物的分离，当蒸馏的物质沸点高于 140℃ 时，应该换用空气冷凝管，如图 14-11(b) 所示。

第十四章 有机化合物的分离与纯化技术

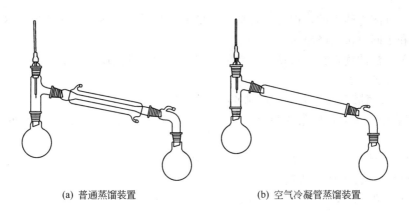

(a) 普通蒸馏装置　　(b) 空气冷凝管蒸馏装置

图 14-11　蒸馏装置

2. 减压蒸馏

很多有机化合物，特别是高沸点的有机化合物，在常压下蒸馏往往发生部分或全部分解以及氧化或聚合现象，在这种情况下，就不能采用普通蒸馏进行提纯，而采用减压蒸馏方法最为有效。

由于液体的沸点随外界压力的降低而降低，因此，如果用真空泵与蒸馏系统相连接，使系统内液体表面上的压力降低，就可降低液体的沸点，使得液体在较低的温度下汽化逸出，继而冷凝成液体，避免有机化合物的分解、氧化或聚合现象，这种在降低压力下进行的蒸馏操作称作减压蒸馏。

实验室中进行减压蒸馏所用仪器主要由两部分组成：蒸馏部分和抽气与量压部分，如图14-12 所示。

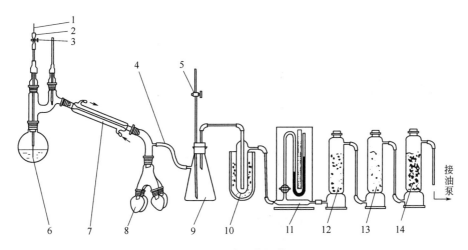

图 14-12　减压蒸馏装置
1—细铜丝；2—乳胶管；3—螺旋夹；4—真空胶管；5—二通活塞；6—毛细管；
7—冷凝器；8—接收瓶；9—安全瓶；10—冷却阱；11—压力计；
12—无水氯化钙；13—氢氧化钠；14—石蜡片

蒸馏部分与普通蒸馏相同也由蒸馏烧瓶、冷凝器、接收器三部分仪器组成。

抽气与量压部分由真空泵、安全瓶和压力计组成。

3. 水蒸气蒸馏

水蒸气蒸馏是用来分离和提纯液态或固态有机化合物的一种方法。其过程是将水或水蒸气通入不溶或难溶于热水的,但有一定挥发性的有机物质中加热,使其沸腾,然后冷却其蒸气使有机物和水同时被蒸馏出来。

水蒸气蒸馏法的优点在于可使所需要的有机物在较低的温度下从混合物中蒸馏出来,因此常用在下列几种情况:

① 在常压下蒸馏会发生分解的高沸点有机物的提纯;

② 混合物中含有大量树脂状杂质或不挥发性杂质,采用蒸馏、过滤、萃取等方法都难以分离的;

③ 从较多固体反应物中分离出被吸附的液体产物;

④ 要求除去易挥发的有机物。

使用水蒸气蒸馏时,被提纯物质应具备下列条件:

① 不溶或难溶于水;

② 共沸腾下,与水不发生化学反应;

③ 在 100℃ 左右时必须具有一定的蒸气压(一般不小于 1330Pa)。

水蒸气蒸馏操作的装置通常由四部分组成:水蒸气发生器(并配有一根长 1m 直径约为 5mm 的玻璃管作安全管,用以调节内压);蒸馏部分;冷凝部分及接收部分,如图 14-13 所示。

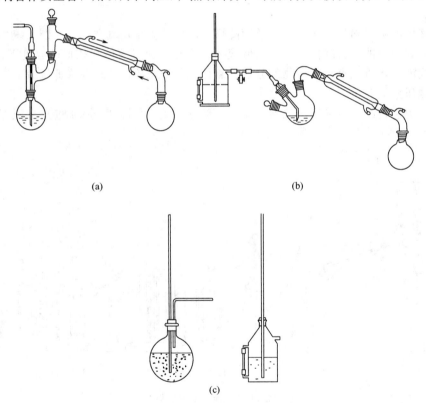

图 14-13 水蒸气蒸馏装置

三、各种蒸馏装置的安装、操作及注意事项

1. 普通蒸馏

(1) 普通蒸馏装置的安装

① 将蒸馏烧瓶用铁夹夹在瓶颈上端,以热源高度为基准,把蒸馏烧瓶固定在铁架台上,

以后在装配其他仪器时，不宜再调整烧瓶的位置。因为安装的顺序一般是先从热源处开始，然后由下而上、从左往右依次安装。

② 装上蒸馏头，将冷凝管横夹在另一铁架台上，调整铁架台铁夹的位置，使冷凝管的中心线和蒸馏头支侧的中心线成一直线后（图14-14），移动冷凝管，使其与蒸馏头支管紧密连接起来。各铁夹不应夹得太紧或太松，以夹住后稍用力尚能转动为宜，铁夹内要垫以橡皮管等软性物质，以免夹破仪器。然后再依次装上尾接管和接收器。整个装置要求准确端正，无论从正面或侧面观察，全套仪器中各个仪器的轴线都要在同一平面内。所有的铁夹都应尽可能整齐地放在仪器的背部。

③ 在蒸馏头上用搅拌套管装上一温度计调整温度计的位置，使温度计水银球的上端与蒸馏头支管的下端在同一水平线上，以便在蒸馏时它的水银球能完全为蒸气所包围，如图14-15所示。

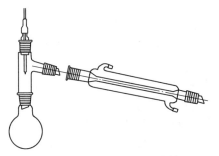

图14-14　烧瓶与冷凝器连接

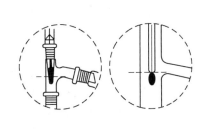

图14-15　温度计的位置

④ 假如蒸馏得到的产物易挥发、易燃或有毒，可在尾接管的支管上接一根长橡皮管，通入水槽的下水管内或引出室外。若室温较高，馏出物沸点低甚至与室温很接近，可将接收器放在冷水浴或冰水浴中冷却，如图14-16所示。

⑤ 假若蒸馏出的产品易受潮分解或是无水产品，则可在接液管的支管上连接一装有无水氯化钙的干燥管，以防湿气侵入，如图14-17所示；如果在蒸馏时放出有害气体，则需装配气体吸收装置。

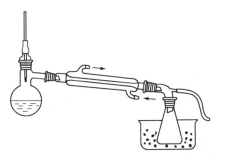

图14-16　易挥发、易燃或有毒产品的蒸馏装置

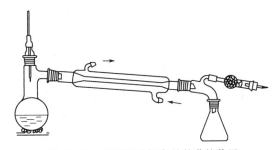

图14-17　易受潮分解产品的蒸馏装置

（2）普通蒸馏操作

① 将样品沿瓶颈慢慢倾入，加入数粒无釉的瓷片或沸石，然后按由下而上、从左往右的顺序安装好蒸馏装置。

② 再一次检查仪器的各部分连接是否紧密和妥善。

③ 接通冷凝水，开始时小火加热，以后逐渐增大火力，使温度慢慢上升，瓶中液体逐渐沸腾，此时温度计读数也略有上升，当蒸气的顶端到达温度计水银球部分时，温度计读数

就急剧上升。

④ 适当调小加热程度，使加热速率略微下降，蒸气顶端停留在原处使瓶颈上部和温度计受热，让水银球上液滴和蒸气温度达到平衡，此时温度正是馏出液的沸点。

⑤ 稍稍加大加热程度进行蒸馏，控制蒸馏速率，以每秒 1~2 滴为宜。在蒸馏过程中，温度计水银球应始终附有冷凝液的液滴，以保持气液两相的平衡，这样才能确保温度计读数的准确。

⑥ 记下第一滴馏出液落入接收器时的温度，此时的馏出液常是物料中沸点较低的液体，称"前馏分"或"馏头"。前馏分蒸完，温度趋于稳定后蒸出的就是较纯的物质，这时应更换一个洁净干燥的接收器接受。记下这部分液体开始馏出时和最后一滴时的温度读数，即是该馏分的"沸程"。纯液体沸程一般不超过 1~2℃。

⑦ 在所需要的馏分蒸出后，若维持原来加热温度，就不会再有馏液，温度会突然下降，这时就应停止蒸馏，不要将液体蒸干，以免造成瓶破及其他意外事故。称量所有馏分和蒸馏残液，并记录数据。

⑧ 蒸馏结束后，先移去热源，冷却后再停止通水。按照装配时的逆向顺序拆除装置，即从右往左，由上而下，即按次序取下接收器、接液管、冷凝管和蒸馏头、圆底烧瓶。

(3) 普通蒸馏操作时的注意事项

① 安装装置时一定要顺着玻璃仪器的角度按从下往上、从左往右的顺序安装，切不可无序安装。夹仪器的夹子不能太紧也不能太松，以夹住后稍用力尚能转动为宜。

② 加入沸石是保证液体平稳沸腾，防止液体过热而产生暴沸，因此不要忘记加沸石。每次重新蒸馏时，都要重新添加沸石，若忘记加沸石，必须在液体温度低于其沸腾温度时方可补加，切忌在液体沸腾或接近沸腾时加入沸石。

③ 整个蒸馏体系不能密封，尤其在装配干燥管及气体吸收装置时更应注意。

④ 若用油浴加热，切不可将水弄进油中，为避免水掉进油浴中的危险，在许多场合，运用甘醇浴（一缩二乙二醇或二缩三乙二醇）是很合适的。

⑤ 蒸馏过程中欲向烧瓶中加液体，必须停火后进行，但不得中断冷凝水。

⑥ 当蒸馏易挥发和易燃的物质（如乙醚），不能用明火加热，否则容易引起火灾事故，故用热水浴就可以了。

⑦ 停止蒸馏时应先停止加热，稍冷后再关冷凝水。

⑧ 若用电加热器加热，必须严格遵守安全用电的各项规定。

2. 减压蒸馏

(1) 减压蒸馏装置的安装

① 将蒸馏烧瓶用铁夹夹在瓶颈上端，以热源高度为基准，把蒸馏烧瓶固定在铁架台上，以后在装配其他仪器时，不宜再调整烧瓶的位置。

② 装上克氏蒸馏头，将冷凝管横夹在另一铁架台上，调整铁架台铁夹的位置，使冷凝管的中心线和克氏蒸馏头支侧的中心线成一直线后，移动冷凝管，使其与克氏蒸馏头支管紧密连接起来。各铁夹不应夹得太紧或太松，以夹住后稍用力尚能转动为宜，铁夹内要垫以橡皮管等软性物质，以免夹破仪器。

③ 再依次装上多头接液管和接收器。整个装置要求准确端正，无论从正面或侧面观察，全套仪器中各个仪器的轴线都要在同一平面内。所有的铁夹都应尽可能整齐地放在仪器的背部。

④ 在克氏蒸馏头的主颈中插入一根末端拉成很细的毛细管，距瓶底 1~2mm。毛细管上端套一小段乳胶管，乳胶管上用螺丝夹夹住。

⑤ 在带侧管的颈上用搅拌套管装上一温度计，调整温度计的位置，使温度计水银球的上端与蒸馏头支管的下端在同一水平线上。

(2) 减压蒸馏操作

① 检查泵抽气时所能达到的最低压力（应低于、最少要达到蒸馏时的所需值），然后安装减压蒸馏装置。

② 安装完成后，开泵抽气，检查体系内所能达到的压力能否达到所需值。检查方法为：首先开泵再关闭安全瓶上的旋塞并旋紧克氏蒸馏头上毛细管的螺旋夹子，进行抽气。若装置内真空情况保持良好，则说明系统密闭性很好；如果不是泵的问题，而不能达到所需真空度，说明漏气，则分段检查出漏气部位，特别是各接口部分及与橡皮管的连接处。在解除真空后，再在漏气部位（通常是接头处）均匀地涂上一层熔化的石蜡。

③ 当以上两项检查合格后，解除真空，装入待蒸馏液体，其量控制在烧瓶容积的 1/3～2/3，然后进行减压蒸馏。

④ 旋紧乳胶管上的螺旋夹，开启真空泵，逐渐关闭二通活塞进行抽气。

⑤ 完全关闭二通活塞，从压力计上观察体系内压力是否符合要求，如果超过所需真空，可小心旋转二通活塞，慢慢地引进少量空气，同时注意观察压力计上的读数，以调节体系内压力到所需值。

⑥ 稍稍放松螺旋夹的螺旋，使液体中有连续平稳的小气泡冒出，这样既进行了体系压力的微调，又调节了由毛细管进入体系的空气流量。

⑦ 当系统压力达到所需值后，开启冷凝水，选用合适的热浴加热蒸馏。加热时，烧瓶的圆球部位至少应有 2/3 浸入浴液中。

⑧ 在浴液中放一温度计，控制浴温比待蒸馏液体的沸点高 20～30℃，使每秒馏出 1～2 滴。在整个蒸馏过程中，都要密切注意瓶颈上温度计和压力的读数，经常注意蒸馏情况并记录压力、相应的沸点等数据。

⑨ 当达到要求时，小心转动接液管，收集馏出液，直到蒸馏结束。蒸馏沸点较高的物质时，最好用石棉绳或石棉布包裹蒸馏瓶的两端，以减少散热。

⑩ 蒸馏完毕，撤去热源，待体系稍冷后，慢慢打开毛细管上的螺旋夹子，并渐渐打开二通活塞，缓慢解除真空使体系内压力与外界压力平衡后方可关闭泵，最后关上冷凝水。拆卸装置时仍按从右往左、由上而下的顺序。

(3) 减压蒸馏操作时的注意事项

① 为保证体系接头处不漏气，最好根据真空度要求在磨口处均匀地涂上一层不同牌号的真空油脂或凡士林。

② 毛细管的粗细以能保证在减压蒸馏时能平稳地冒出一连串的小气泡为宜。在毛细管上端的乳胶管中插入一根金属丝，用螺旋夹夹住，通过调节螺旋夹的松紧来控制进入体系的空气流量。

③ 被蒸馏液中含低沸点物质时，通常先进行普通蒸馏再进行减压蒸馏。

④ 在减压蒸馏系统中应选用耐压的玻璃仪器（如圆底烧瓶、梨形瓶等），切忌使用薄壁的甚至有裂纹的玻璃仪器，尤其不要用平底瓶（如锥形瓶），否则易引起内向爆炸，冲入的空气会粉碎整个玻璃仪器。

⑤ 在蒸馏过程中若毛细管折断或堵塞应立即更换。无论更换毛细管还是接收瓶都必须先停止加热，稍冷后，松开毛细管上螺旋夹（这样可防止液体吸入毛细管），再渐渐打开二通活塞缓慢解除体系真空后才能进行。

⑥ 每次重新蒸馏，都要更换毛细管（原毛细管通气流畅未堵塞时例外）或重新添加玻璃沸石。

⑦ 在旋开活塞时，一定要慢慢地进行，使压力计中的汞柱缓缓地回复原状，否则汞柱

急速上升,有冲破压力计的危险。为此可将二通活塞的上端拉成毛细管,即可避免。

3. 水蒸气蒸馏

(1) 水蒸气蒸馏装置的安装

① 以热源高度为基准,将水蒸气发生器放置在热源上(如是烧瓶的话则用铁夹固定在铁架台上),装上安全管,安全管几乎插到发生器的底部。

② 水蒸气发生器导出管与一个T形管相连,T形管的支管套上一短橡胶管,橡胶管用自由夹夹住,以便及时除去冷凝下来的水滴。T形管的另一端与蒸馏部分的导管相连。这段水蒸气导管应尽可能短些,以减少水蒸气的冷凝。

③ 选择合适的圆底烧瓶用铁夹固定在另一铁架台上,装上克氏蒸馏头(或用二口连接管与蒸馏头连用)。将角度为90°的玻璃弯管的一端(下端)从克氏蒸馏头(或二口连接管)直管处插入圆底烧瓶中直至液面下,管口距瓶底约5mm,另一端(前端)则与T形管相连。为了减少由于反复移换容器而引起的产物损失,常直接利用原来的反应器(四口烧瓶),此时则在四口烧瓶的中口用一角度为120°的玻璃导管作为连接管,导管的一端(前端)与水蒸气发生器连接,另一端(下端、略弯)则伸入四口烧瓶直至液面下,烧瓶的另一侧口用蒸馏弯头与冷凝管相连,余下的两个侧口则用空心塞塞住,如图14-13(b)所示。

④ 将冷凝管用铁夹固定在第三个铁架台上,调整铁架台的位置,使冷凝管的中心线和蒸馏头支管的中心线成一直线后,移动冷凝管,使其与蒸馏头支管紧密连接起来。各铁夹不应夹得太紧或太松,以夹住后稍用力尚能转动为宜,铁夹内要垫以橡胶管等软性物质,以免夹破仪器。然后再依次装上接液管和接收器。整个装置要求准确端正,无论从正面或侧面观察,全套仪器中各个仪器的轴线都要在同一平面内。所有的铁夹都应尽可能整齐地放在仪器的背部。

(2) 水蒸气蒸馏操作

① 将蒸馏物倒入烧瓶中,其量不得超过烧瓶容量的1/2,安装好装置。检查各接口处是否漏气,并将T形管上螺旋夹打开。

② 开启冷凝水,加热水蒸气发生器。待水沸腾T形管的支管有蒸气冲出时,再逐渐旋紧T形管上的螺旋夹,此时水蒸气通向烧瓶。

③ 如果水蒸气在烧瓶中冷凝过多时,则会增加烧瓶中混合物的体积。因此在蒸馏过程中若发现混合物体积快要超过烧瓶容量的1/2时,可在烧瓶下置一石棉网,用小火间接加热。

④ 当冷凝的乳浊液进入接收器时,应控制加热速率以控制液体馏出速率,一般为每秒2~3滴。此外还可调节冷凝水的流量以保证混合物蒸气能在冷凝管中全部冷却成液体。

⑤ 欲中断或停止蒸馏一定要首先旋开T形管上的螺旋夹,然后停止加热,最后再关冷凝水。否则反应瓶中的混合液将倒吸到发生器中。

⑥ 如果水蒸气挥发馏出的物质熔点较高,则易在冷凝管中析出固体,此时应调小冷凝水流量,必要时可暂停冷凝水,甚至暂时将冷凝水放掉,待其熔化后再缓慢通入冷凝水。假如固体物已将冷凝管堵塞(安全管中液面明显上升),则需立即中断蒸馏,设法将其熔化后再继续蒸馏(可用电吹风从冷凝管口的扩大部分向管里吹热风使固体熔化,或向冷凝管的夹层灌热水,或用玻璃棒将阻塞的晶体捅出等)。

⑦ 当馏出液澄清透明,不含有油珠状的有机物时,即可停止蒸馏。

(3) 水蒸气蒸馏操作时的注意事项

① 水蒸气发生器上必须装有安全管,安全管不宜太短,其下端应插到接近底部。盛水量通常为发生器容量的一半最多不超过2/3~3/4,并加进沸石起助沸作用。

② 水蒸气发生器与水蒸气导入管之间必须连接有T形玻璃管,且两者连接应适当紧凑些,不宜太长,蒸气通路尽量短,以减少蒸气的冷凝。

③ 烧瓶中装入的物料量不应超过其容量的1/2。水蒸气导入管及混合物蒸气导出管的管径都不宜过细，一般选用内径大于或等于8mm的玻璃管。

④ 如果蒸馏时系统内发生堵塞，则水蒸气发生器中的水会沿安全管迅速上升甚至会从管的上口喷出，这时应立即中断蒸馏，待故障排除后继续蒸馏。

⑤ 加热反应瓶时要注意瓶内溅跳现象，如果溅跳剧烈，则不应加热，以免发生意外。

⑥ 蒸馏过程中，必须经常检查安全管中水位是否正常，有无倒吸现象，蒸馏部分混合物溅飞是否厉害。一旦发生不正常现象应立即旋开螺旋夹，移去热源，找出原因，待故障排除后才能继续蒸馏。

四、蒸馏操作——无水乙醚的制备

目的：

① 会选择和使用、安装蒸馏装置；

② 掌握蒸馏操作技术；

③ 掌握易挥发、易燃溶剂蒸馏时的操作要点。

仪器：调压器、电炉、铁架台、十字头、万能夹、圆底烧瓶、直形冷凝管、蒸馏头、接液管、锥形瓶。

试剂：脱水后的粗乙醚。

安全：防止火灾事故发生，安全使用电炉。

态度：文明规范操作、认真仔细、节约意识、维护工作场所的清洁。

步骤：

① 在圆底烧瓶中加入脱水后的乙醚、沸石，安装蒸馏装置；

② 在收集乙醚的尾接管支管上连一干燥管，并在干燥管一端的玻璃管上接一橡皮管导入水槽；

③ 开启冷凝水，用事先准备好的水浴加热蒸馏，蒸馏速率不宜太快，以免乙醇蒸气冷凝不下来而逸散室内；

④ 当瓶内只剩下少量（0.5～1mL）液体时，若维持原来的加热速率，温度计读数会突然下降，即可停止蒸馏。

五、蒸馏操作——无水乙醇的制备

目的：

① 会选择和使用、安装蒸馏装置；

② 掌握蒸馏操作技术；

③ 掌握易挥发、易燃溶剂蒸馏时的操作要点。

仪器：调压器、电炉、铁架台、十字头、万能夹、圆底烧瓶、直形冷凝管、蒸馏头、接液管、锥形瓶。

试剂：脱水后的粗乙醇。

安全：防止火灾事故发生，安全使用电炉。

态度：文明规范操作、认真仔细、节约意识、维护工作场所的清洁。

步骤：

① 在圆底烧瓶中加入脱水后的乙醇、沸石，安装蒸馏装置；

② 开启冷凝水，用事先准备好的水浴加热蒸馏，蒸馏速度不宜太快，以免乙醇蒸气冷凝不下来而逸散室内；

③ 当瓶内只剩下少量（0.5～1mL）液体时，若维持原来的加热速率，温度计读数会突然下降，即可停止蒸馏。

1. 什么叫沸点？液体的沸点和大气压有什么关系？文献记载的某物质的沸点是否就是你那里的沸点？
2. 简单蒸馏时为什么烧瓶盛液体的量不应超过其容积的 2/3，也不应少于 1/3？
3. 减压蒸馏或水蒸气蒸馏时所盛液体的量不应超过其容积的 1/2，也不应少于 1/3？
4. 简单蒸馏时为什么要加入沸石？而减压蒸馏时却不能使用沸石而用毛细管代替？
5. 如果加热后才发现忘了加沸石，应如何处理？
6. 蒸馏时应如何控制好馏出液的速率？为什么烧瓶内的液体不能完全蒸干？
7. 蒸馏易挥发、易燃溶剂（如乙醚）时应注意哪些事项？
8. 减压蒸馏时为什么必须用热浴加热，而不能用火直接加热？
9. 减压蒸馏时为什么一定要达到大致所需的真空度才开始加热，而不是先加热后减压？
10. 在停止减压蒸馏之前为什么要移去热浴，再慢慢放气，待压力几乎达到大气压时才关闭油泵或水泵？
11. 减压蒸馏操作时应注意哪些事项？
12. 在水蒸气蒸馏结束时，先熄灭火焰，再打开 T 形管下端弹簧夹，这样操作行吗？为什么？
13. 水蒸气蒸馏操作时应注意哪些事项？

第四节　重结晶

一、重结晶的基本原理与用途

晶体产品所含有的少量杂质、或由合成法制得的晶体产品所含有的少量反应副产物和未作用的原料等可借适当的溶剂进行重结晶来除去。

重结晶的原理是利用晶体化合物在溶剂中的溶解度一般是随温度升高而增大，因此利用溶剂对被提纯物质及杂质的溶解度不同，通常将被提纯物质溶解在热的溶剂中达到饱和，那么冷却时由于溶解度的降低，溶液变成过饱和而使被提纯物质从溶液中析出结晶，让杂质全部或大部分仍留在溶液中（或杂质在热溶液中不溶而趁热过滤除去），从而达到提纯的目的。

一般重结晶只适用于提纯杂质含量在 5% 以下的晶体化合物，所以从反应粗产物直接重结晶是不适宜的，必须先采用其他方法进行初步提纯，例如萃取、水蒸气蒸馏、减压蒸馏等，然后再进行重结晶提纯。

进行重结晶的溶剂必须不与被提纯物质起化学反应；在较高温度时能溶解较多的被提纯物质，而在室温或更低的温度时只能溶解很少量；对杂质的溶解度非常大或非常小；溶剂的沸点不宜太低，也不宜太高；能析出较好的结晶。

当重结晶物质易溶于甲溶剂（良溶剂）而难溶于乙溶剂（不良溶剂），且甲、乙二者又能互溶时，则可将它们按一定比例配成混合溶剂来重结晶。

二、重结晶中使用的装置及其操作技术

1. 样品溶解器皿

溶解样品时常用锥形瓶或圆底烧瓶作容器，以减少溶剂的挥发。若采用的溶剂是水或不

第十四章 有机化合物的分离与纯化技术

可燃、无毒的有机液体，只需在锥形瓶或圆底烧瓶上盖上表面皿即可。若溶剂是水，还可用烧杯作容器，盖上表面皿即可。但当采用的溶剂是易燃或有毒的有机液体时，必须选用回流装置。

2. 常压过滤装置及其操作技术

（1）**常压过滤** 常压过滤是最为常用和简便的方法，其所用仪器主要是过滤器（漏斗和滤纸组成）和漏斗架（也可用带有铁圈的铁架台代替）。过滤前按固体物料的多少选择合适的漏斗，并由漏斗大小选用滤纸的大小，将滤纸对折两次（如滤纸是正方形的，此时将它剪成扇形），拨开一层即成内角为 60° 的圆锥体（与漏斗吻合），并在三层一边撕去一个小角，使其与漏斗紧密贴合，如图 14-18 所示。放入漏斗的滤纸边缘应低于漏斗边沿 0.3~0.5cm。然后左手拿漏斗并用食指按住滤纸，右手拿洗瓶，用少量蒸馏水将滤纸润湿，并用洁净的手指轻压，挤尽漏斗与滤纸间的气泡，并在漏斗颈中形成一水柱，以使过滤通畅。

将贴好滤纸的漏斗放在漏斗架上，并使漏斗颈下部尖端紧靠接收容器的内壁。然后将玻璃棒的一端置于三层滤纸处，用倾泻法进行过滤，如图 14-19 所示。

图 14-18 滤纸的折叠与装入漏斗

图 14-19 常压过滤操作

过滤时，将静置沉降完全的上层清液沿玻棒倾入漏斗中，液面应低于滤纸边缘 1cm。待溶液滤至接近完成再将沉淀转移到滤纸上过滤。沉淀转移完毕，用少量蒸馏水淋洗盛放沉淀的容器和玻璃棒，洗涤液全部转入漏斗中。

如沉淀需洗涤，应先转移溶液，然后用少量洗涤剂洗沉淀。充分搅拌并静置一段时间，沉淀下沉后，再照上法操作将上方清液滤去，如此重复洗涤两三遍，最后再将沉淀转移到滤纸上。

（2）**热过滤** 在趁热过滤时，一般选用无颈漏斗（或将漏斗颈截去），避免热溶液冷却而在颈中结晶造成堵塞。也可选用热水漏斗（图 14-20）。安装时只需将漏斗放在锥形瓶上即可，或用万能夹夹住，或放在缠有石棉绳的铁圈上。

置于漏斗中的滤纸采用折叠式，其折叠方法如图 14-21 所示。

在折叠时，折纹集中的圆心处在折时切勿重压，否则滤纸的中央在过滤时容易破裂。在使用前，应将折好的滤纸翻转并整理好后再放入漏斗中，这样可避免被手指弄脏的一面接触滤过的滤液。

热过滤前，将漏斗、烧瓶在烘箱中烘热。热过滤时，先用少量热水润湿折叠滤纸，然后将热溶液通过折叠滤纸。注意：每次倒入漏斗的液体不要太满，也不要等溶液全部滤完后再加，在过滤过程中应保持溶液的温度；若未过滤的部分溶液已冷，可用小火加热后，继续过滤；待所有溶液过滤完毕后，用少量热水洗涤烧杯和滤纸。也可用热水漏斗进行热过滤。

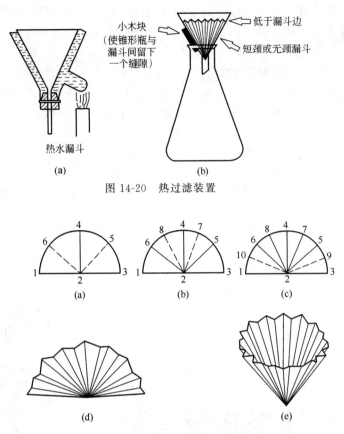

图 14-20 热过滤装置

图 14-21 折叠滤纸的方法

3. 减压过滤装置

减压过滤是抽走过滤介质上面的气体,形成负压,借大气压力来加快过滤速率的一种方法。减压过滤装置由布氏漏斗、过滤瓶、安全缓冲瓶、抽气泵组成,如图 14-22 所示。

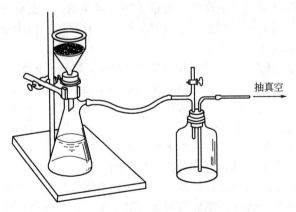

图 14-22 减压过滤装置

布氏 (Büchner) 漏斗是瓷质的多孔板漏斗,规格 (外径) 有 51mm、67mm、85mm、106mm、127mm、142mm、171mm、213mm、269mm。

过滤瓶是具有上支嘴的锥形玻璃瓶,容量有 125mL、250mL、500mL、1000mL、2500mL、5000mL、10000mL、15000mL。

安全缓冲瓶一般用过滤瓶，壁厚耐压，瓶上的二通（或三通）活塞供调节系统压力及放气之用，并与抽气泵相连。

抽气泵之一的水喷射泵有玻璃和金属的两种（图 14-23），其效能与其结构以及使用时的水压、水温有关。

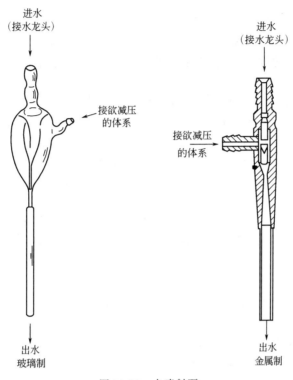

图 14-23 水喷射泵

4. 减压过滤操作步骤

① 在布氏漏斗上配置一橡胶塞并与过滤瓶相连，密封性要好，布氏漏斗下端斜口应正对过滤瓶的侧管。

② 过滤瓶的侧管用较耐压的橡胶管与安全缓冲瓶的二通相连，安全缓冲瓶的侧管再用较耐压的橡胶管与泵相连。

③ 在布氏漏斗内铺上一张滤纸，滤纸的大小要比布氏漏斗内径略小，但必须要把漏斗的小孔全部覆盖。滤纸也不能太大，否则会贴到漏斗壁上，造成溶液不经过过滤沿壁直接漏入过滤瓶中。

④ 过滤时，应先用溶剂将平铺在漏斗上的滤纸润湿，然后开启水泵，使滤纸紧贴在漏斗上。小心地将要过滤的混合物倒入漏斗中，为了加快过滤速率，可先倒入清液，后使固体均匀地分布在整个滤纸面上，一直抽气到几乎没有液体滤出为止。为了尽量把液体除净，可用玻璃塞压挤过滤的固体——滤饼。

⑤ 停止抽滤前应先将过滤瓶侧管上的橡胶管拉去或打开安全瓶上的安全阀（使内外压力平衡，防止水泵的水或油泵的油倒吸），才能关闭水龙头或电闸。

5. 减压过滤操作注意事项

① 减压过滤速率较快，沉淀抽吸得比较干，不宜用于过滤胶状沉淀或颗粒很细的沉淀。

② 具有强酸性、强碱性、强氧化性溶液的过滤，会与滤纸作用而破坏滤纸，因此常用

石棉纤维、玻璃布、的确良布等代替。对于非碱性溶液也可用玻璃坩埚或砂芯漏斗过滤。

③ 防止水或油的倒吸。

三、重结晶操作步骤

1. 溶剂的选择

正确选择溶剂是重结晶好坏的关键，一般可通过查阅手册或辞典中的溶解度一栏或通过试验来决定采用什么溶剂。溶剂的最后选择只能用实验方法决定。其方法如下：

① 取 0.1g 待结晶的固体样品研细放于一小试管中，用滴管逐滴加入溶剂，并不断振荡。

② 若加入的溶剂量达 1mL 仍未见全溶，可小心加热混合物至沸腾。

③ 若此物质在 1mL 冷的或温热的溶剂中已全溶，则此溶剂不适用；若此物质完全溶于 1mL 沸腾的溶剂中，且冷却后析出大量结晶，这种溶剂被认为是合适的。

④ 如果该物质不溶于 1mL 沸腾溶剂中，则继续加热，并分批补加溶剂，每次加入 0.5mL 并加热使沸。当加入溶剂总量达到 4mL，而物质仍然不能溶解，则必须寻求其他溶剂。

⑤ 如果该物质能溶在 1~4mL 沸腾的溶剂中，则将试管冷却观察结晶析出的情况；如采用一些措施仍不能析出结晶，则此溶剂也不适用；如果结晶能正常析出还应注意析出的量。

2. 步骤

① 选择大小合适的锥形瓶或圆底烧瓶作溶解样品的器皿，通常物料的体积不超过容器容量的 2/3，不小于 1/3。

② 将样品和计算量的溶剂一起放入容器中加热至沸腾（该温度不能高于样品的熔点），直到样品全部溶解。若无法计算所需溶剂的量，可将样品先与少量溶剂一起加热至沸，然后逐渐添加溶剂，每次加入后再加热至沸，直到样品全部溶解，如有不溶性杂质则趁热过滤。

③ 若样品完全溶解后溶液有色，则将沸腾溶液稍冷后加入相当于样品质量 2%~5% 的活性炭，不时搅拌或振摇，加热煮沸 5~10 min 以后再趁热过滤之。

④ 将热过滤后的溶液静置，自然冷却，则结晶慢慢析出。

⑤ 安装好减压过滤装置。

⑥ 将容器中母液和晶体分批转移至布氏漏斗中，残留在容器中的少量晶体用滤液（母液）涮洗一并转移至漏斗中，进行抽滤。

⑦ 抽滤至无滤液滤出时，打开安全瓶上的活塞排除真空后，用冷的新鲜且同一种溶剂洗涤布氏漏斗中的晶体，洗涤溶剂的用量应尽量少，以滴入的新鲜溶剂至刚好能覆盖住晶体为准。

⑧ 用刮刀或玻璃棒小心搅动（不要使滤纸松动或戳破），使所有晶体湿润后再进行抽气。为使溶剂和结晶更好地分开，在进行抽气的同时用清洁的玻璃塞倒置在结晶表面上并用力挤压，一般重复洗涤 1~2 次即可。

⑨ 在测定熔点前，晶体必须充分干燥。常用的干燥方法有空气晾干、烘干、用滤纸吸干、置真空干燥器中干燥。

3. 重结晶操作时的注意事项

① 在溶解过程中，应避免被提纯的化合物成油珠状，这样往往混入杂质和少量溶剂，对提纯产品不利。

② 溶解样品过程中，不要因为重结晶的物质中含有不溶解的杂质而加入过量溶剂。

第十四章 有机化合物的分离与纯化技术

③ 为避免热过滤时在漏斗或漏斗颈中析出晶体造成损失，溶剂可稍过量，一般控制在已加入量的20%左右。

④ 不能向正在沸腾的溶液中加入活性炭，以免溶液暴沸。

⑤ 过滤易燃溶液时，附近的火源必须熄灭。热过滤时应注意用毛巾等物包裹住热的容器，趁热将溶液较移到漏斗中。否则会由于手握很烫的容器，引起烫伤或操作忙乱，将溶液倒入滤纸与漏斗内壁之间缝隙里漏过或将溶液洒落，使产品受到不应有的损失。

⑥ 在冷却过程中不要振摇滤液，更不要将其浸在冷水甚至冰水里快速冷却，否则往往得到细小的结晶，表面上容易吸附较多的杂质。但晶粒也不宜过大，否则往往有母液和杂质包在内部。当发现有生成大晶粒的趋势时，可缓缓振摇，以降低晶粒的大小。如滤液冷却后不结晶，通常可加入少许事先留下的样品的细晶粒于冷的溶液中，诱发结晶。或用玻璃棒摩擦液面附近的容器壁也可引发结晶。

⑦ 从漏斗上取出结晶时，注意勿使滤纸纤维附于晶体上，通常情况下，晶体与滤纸一起取出，待干燥后用刮刀轻敲滤纸，结晶即全部下来。

想一想

在重结晶过程中，必须注意哪几点才能使产品的产率高、质量好？

四、重结晶操作的试验

1. 乙酰苯胺的提纯

目的：

① 了解重结晶基本原理；

② 会选择和使用合适的溶解器皿；

③ 学会重结晶操作技术；

④ 学会热过滤、减压过滤操作技术。

仪器：250mL烧杯、150mL烧杯、250mL锥形瓶、无颈漏斗、减压抽滤装置、滤纸。

试剂：粗乙酰苯胺。

安全：防止烫伤，安全使用电炉。

态度：文明规范操作，认真仔细，节约意识，维护工作场所的清洁。

步骤：

① 在250mL锥形瓶或烧杯中，加3g粗乙酰苯胺、60mL水和几粒沸石，盖上表面皿；在加热过程中不断用玻棒搅动，使固体溶解。若有未溶解固体，每次加3~5mL热水，直至沸腾溶液中的固体不再溶解，然后再加2~5mL热水，记录用去水的总体积。

② 稍冷被加热的溶液后，加入活性炭，搅拌使混合均匀，继续加热微沸5min。

③ 取出事先在烘箱烘热的无颈漏斗，按图14-20装好热过滤装置。并用少量热水润湿滤纸。

④ 将上述热溶液通过折叠滤纸迅速滤入150mL烧杯中；每次倒入漏斗中的液体不要太满；过滤过程中始终保持溶液的温度。

⑤ 将滤液重新加热溶解，用表面皿将烧杯盖好，于室温下放置，让其慢慢冷却。

⑥ 减压过滤收集晶体，于红外灯下烘干，称量，计算回收率。

2. 萘的提纯

目的：

① 了解重结晶基本原理；

② 会选择和使用合适的溶解器皿；
③ 掌握回流操作技术；
④ 学会重结晶操作技术；
⑤ 学会热过滤、减压过滤操作技术。

仪器：100mL圆底烧瓶或锥形瓶、100mL烧杯、球形冷凝管、无颈漏斗、减压抽滤装置、滤纸、水浴锅。

试剂：粗萘、活性炭、70%的乙醇溶液。

安全：防止烫伤，安全使用电炉，防止火灾事故。

态度：文明规范操作、认真仔细，节约意识，维护工作场所的清洁。

步骤：
① 选择合适的加热浴，并安装回流装置；
② 在圆底烧瓶或锥形瓶中加入3g粗萘，加入20mL体积分数为70%的乙醇和1～2粒沸石，开启冷凝水；
③ 在热浴上加热至沸，并不时振摇瓶中物，以加速溶解，若所加乙醇量不够时，则从冷凝管上端继续加入少量70%的乙醇直至完全溶解，再多加5mL 70%的乙醇；
④ 灭去火源，移去水浴，稍冷后取下冷凝管，向烧瓶中加入少许活性炭，并稍加摇动，再重新在水浴上加热煮沸5min；
⑤ 趁热用预热好的无颈漏斗和折叠滤纸过滤，用少量热的70%乙醇润湿折叠滤纸后，将上述热溶液滤入干燥的100mL锥形瓶中，滤完后用少量热的70%乙醇洗涤容器和滤纸；
⑥ 将盛滤液的锥形瓶用塞子塞紧，自然冷却；
⑦ 减压过滤收集晶体；
⑧ 抽干后，将晶体移至表面皿上，放在空气中晾干或置于干燥器中干燥，称量，计算回收率。

设有一化合物极易溶解在乙醇中，但难溶于水中，对此化合物应怎样进行重结晶？

第五节　熔点的测定

一、熔点测定的基本原理与用途

1. 熔点

熔点是固体有机化合物固液两态在大气压力下达成平衡的温度，纯净的固体有机化合物一般都有固定的熔点，固液两态之间的变化是非常敏锐的，自初熔至全熔（称为熔程）温度不超过0.5～1℃。加热纯有机化合物，当温度接近其熔点范围时，升温速率随时间变化约为恒定值，此时用加热时间对温度作图（见图14-24）。

化合物温度不到熔点时以固相存在，加热使温度上升，达到熔点；开始有少量液体出现，而后固液相平衡；继续加热，温度不再变化，此时加热所提供的热量使固相不断转变为液相，两相间仍为平衡，最后的固体熔化后，继续加热则温度线性上升。因此在接近熔点时，加热速率一定要慢，每分钟温度升高不能超过2℃，只有这样，才能使整个熔化过程尽可能接近于两相平衡条件,测得的熔点也越精确。

当含杂质时(假定两者不形成固溶体),根据拉乌耳定律可知,在一定的压力和温度条件下,在溶剂中增加溶质导致溶剂蒸气分压降低(图 14-25 中 $M'L'$),固液两相交点 M' 即代表含有杂质化合物达到熔点时的固液相平衡共存点,$T_{M'}$ 为含杂质时的熔点,显然,此时的熔点较纯品的低。

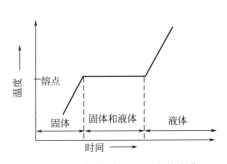 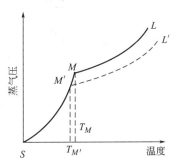

图 14-24　相随时间和温度的变化　　　　图 14-25　物质蒸气压随温度变化曲线

2. 混合熔点

在鉴定某未知物时,如测得其熔点和某已知物的熔点相同或相近时,不能认为它们为同一物质。还需把它们混合,测该混合物的熔点,若熔点仍不变,才能认为它们为同一物质。若混合物熔点降低、熔程增长,则说明它们属于不同的物质。故此种混合熔点试验,是检验两种熔点相同或相近的有机物是否为同一物质的最简便方法。多数有机物的熔点都在 400℃ 以下,较易测定。但也有一些有机物在其熔化以前就发生分解,只能测得分解点。

二、熔点测定的操作步骤

1. 样品的装入

将少许样品放于干净表面皿上,用玻璃棒将其研细并集成一堆。把毛细管开口一端垂直插入堆集的样品中,使一些样品进入管内,然后,把该毛细管垂直桌面轻轻上下振动,使样品进入管底,再用力在桌面上下振动,尽量使样品装得紧密。或将装有样品、管口向上的毛细管,放入长 50～60cm 垂直桌面的玻璃管中,管下可垫一表面皿,使之从高处落于表面皿上,如此反复几次后,可把样品装实,样品高度 2～3mm。熔点管外的样品粉末要擦干净以免污染热浴液体。装入的样品一定要研细、夯实,否则影响测定结果。

2. 测熔点

按图 14-26 搭好装置,放入加热液(液体石蜡),用温度计水银球蘸取少量加热液,小心地将熔点管黏附于水银球壁上,或剪取一小段橡胶圈套在温度计和熔点管的上部。将黏附有熔点管的温度计小心地插入加热浴中,以小火在图示部位加热。开始时升温速度可以快些,当传热液温度距离该化合物熔点 10～15℃ 时,调整火焰使每分钟上升 1～2℃,愈接近熔点,升温速度应愈缓慢,每分钟 0.2～0.3℃。为了保证有充分时间让热量由管外传至毛细管内使固体熔化,升温速度是准确测定熔点的关键;另一方面,观察者不可能同时观察温度计所示读数和试样的变化情况,只有缓慢加热才可使此项误差减小。记下试样开始塌落并有液相产生时(初熔)和固体完全消失时(全熔)的温度读数,即为该化合物的熔距。要注意在加热过程中试样是否有萎缩、变色、发泡、升华、碳化等现象,均应如实记录。

熔点测定,至少要有两次的重复数据。每一次测定必须用新的熔点管另装试样,不得将已测熔点的熔点管冷却,使其中试样固化后再做第二次测定。因为有时某些化合物部分分

278 有机化学

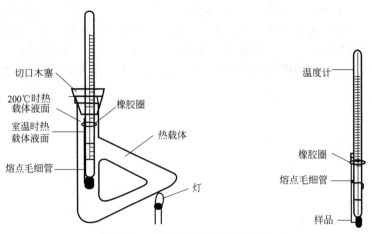

图 14-26　毛细管测定熔点的装置

解，有些经加热会转变为具有不同熔点的其他结晶形式。

如果测定未知物的熔点，应先对试样粗测一次，加热可以稍快，知道大致的熔距。待浴温冷至熔点以下 30℃ 左右，再另取一根装好试样的熔点管做准确的测定。

熔点测定后，温度计的读数需对照校正图（图 14-27）进行校正。

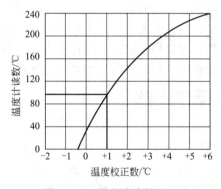

图 14-27　温度计读数校正

一定要等熔点浴冷却后，方可将硫酸（或液体石蜡）倒回瓶中。温度计冷却后，用纸擦去硫酸方可用水冲洗，以免硫酸遇水发热使温度计水银球破裂。

熔点测定中常用标准样品的熔点如表 14-1 所列。

表 14-1　常用标准样品熔点

样品名称	熔点/℃	样品名称	熔点/℃
水-冰	0	尿素	135
α-萘胺	50	二苯基羟基乙酸	151
二苯胺	54～55	水杨酸	159
对二氯苯	53	对苯二酚	173～174
苯甲酸苄酯	71	3,5-二硝基苯甲酸	205
萘	80.6	蒽	216.2～216.4
间二硝基苯	90	酚酞	262～263
二苯乙二酮	95～96	蒽醌	286(升华)
乙酰苯胺	114.3	肉桂酸	133
苯甲酸	122.4		

三、熔点测定操作——萘的熔点测定

实验目的：
① 了解熔点测定的意义；
② 掌握熔点测定的操作方法；
③ 了解利用对纯有机化合物的熔点测定校正温度计的方法。
药品：液体石蜡，萘。
仪器：温度计，b形管（Thiele管）。
安全：防止烫伤，安全使用电炉，防止火灾事故。
态度：文明规范操作、认真仔细，节约意识，维护工作场所的清洁。
实验步骤：
① 样品填装（研碎迅速，填装结实，样品高度2~3mm为宜）。
② 毛细管安装在温度计精确位置，再固定在b形管中心位置，按图14-26安装。
③ 加热升温测定，注意观察，做好记录。

  加热升温速度 开始时，可快些约5℃/min；
          将近熔点15℃时，1~2℃/min；
          接近熔点时，0.2~0.3℃/min。

每个样品至少填装三支毛细管，平行测定三次。
数据记录和处理。
操作要点和说明：影响毛细管法测熔点的主要因素及措施如下。
① 熔点管本身要干净，管壁不能太厚，封口要均匀。初学者容易出现的问题是，封口一端发生弯曲和封口端壁太厚，所以在毛细管封口时，一端在火焰上加热时要尽量让毛细管接近垂直方向，火焰温度不宜太高，最好用酒精灯，断断续续地加热，封口要圆滑，以不漏气为原则。
② 样品一定要干燥，并要研成细粉末，往毛细管内装样品时，一定要反复冲撞夯实，管外样品要擦干净。
③ 用橡皮圈将毛细管缚在温度计旁，并使装样部分和温度计水银球处在同一水平位置，同时要使温度计水银球处于b形管两侧管中心部位。
④ 升温速度不宜太快，特别是当温度将要接近该样品的熔点时，升温速度更不能快。一般情况是，开始升温时速度可稍快些（5℃/min），但接近该样品熔点时，升温速度要慢（1~2℃/min），对未知物熔点的测定，第一次可快速升温，测定化合物的大概熔点。
⑤ 熔点温度范围（熔程、熔点、熔距）的观察和记录。注意观察时，样品开始萎缩（塌落）并非熔化开始的指示信号，实际的熔化开始于能看到第一滴液体时，记下此时的温度，到所有晶体完全消失呈透明液体时再记下这时的温度，这两个温度即为该样品的熔点范围。

想一想

是否可以使用第一次测定熔点时已经熔化了的试料使其固化后做第二次测定？
⑥ 熔点的测定至少要有两次重复的数据，每一次测定都必须用新的熔点管，装新样品。进行第二次测定时，要等浴温冷至其熔点以下30℃左右再进行。
⑦ 使用硫酸作加热浴液（加热介质）要特别小心，不能让有机物碰到浓硫酸，否则使溶液颜色变深，有碍熔点的观察。若出现这种情况，可加入少许硝酸钾晶体共热后使之脱

色。采用浓硫酸作热浴，适用于测定熔点在220℃以下的样品。若要测熔点在220℃以上的样品可用其他热浴液。

测熔点时，若有下列情况将产生什么结果？
① 熔点管壁太厚。
② 熔点管底部未完全封闭，尚有一针孔。
③ 熔点管不洁净。
④ 样品未完全干燥或含有杂质。
⑤ 样品研得不细或装得不紧密。
⑥ 加热太快。

第六节　综合实验

一、综合技能训练的意义和目的

许多化学理论的建立和相关基本规律的掌握都是通过多次实验而获得的。同时也要依据实验的探索和检验来应用和评价这些理论及规律。所以化学实验技术是一项非常重要的技术。尤其是对分析专业及相关专业的学生来讲，它还是相当重要的职业技能。通过正规系统的化学实验训练，可以使同学们掌握必需的化学实验技能，从而为今后更好地胜任专业工作打下坚实的基础。

通过综合技能训练，可以达到以下几方面的目的。
① 掌握物质变化的规律，熟悉常见化合物的基本反应；掌握重要化合物的一般制备、分离方法，从而加深对基础理论中基本原理和基础知识的理解和掌握。
② 学会科学的实验方法，掌握扎实的化学实验技术，培养独立思考、仔细观察的良好习惯及创新能力。
③ 具有准确记录实验现象，分析实验结果及娴熟的文字运用能力。
④ 培养学生实事求是的科学态度和严谨细致的工作作风，养成清洁整齐的工作习惯。
⑤ 树立科学的思维方法和一丝不苟的敬业精神。
⑥ 了解实验室的各项规则和实验工作基本程序，掌握可能发生的一般事故的处理方法及基本的实验室管理知识。

二、综合技能训练的要求

综合技能训练是将前面的各单元实验技术，组合在一个或几个实验中进行，可通过完成一个或几个实验达到以下要求：
① 能正确选择且安全使用常用的实验仪器设备；
② 能正确安装且安全使用常用的实验装置；
③ 能正确综合运用实验技术制备、分离和纯化有机化合物；
④ 初步具备查阅文献资料和正确处理实验数据的能力；
⑤ 初步具有独立思维和独立工作的能力；

⑥ 具有深入细致的观察能力及一定的科学工作方法；
⑦ 养成实事求是的科学态度、良好的科学素养和工作习惯。

三、综合技能训练的内容

1. 柠檬酸的提纯

目的：
① 会正确使用真空干燥箱和磁力搅拌器；
② 学会蒸发浓缩和结晶操作技术；
③ 了解固体有机化合物的纯化过程。

设备：真空干燥箱、磁力搅拌器、真空泵、台秤、调压器、电炉。

仪器：蒸发皿、表面皿、100mL 量筒、减压抽滤装置、100mL 烧杯、干燥器、酒精灯、洗瓶、玻璃棒、玻璃漏斗、漏斗架、滤纸。

试剂：粗柠檬酸、活性炭、沸石。

安全：用电安全，使用真空干燥箱的安全，防止烫伤。

态度：文明规范操作，认真仔细，节约意识，维护工作场所的清洁。

步骤：
① 称取 25g 粗柠檬酸于 100mL 烧杯中，加入 30mL 去离子水；
② 将磁力搅拌子放入烧杯中，置烧杯于磁力搅拌器的磁盘上；
③ 接通磁力搅拌器的电源，调节适当转速搅拌溶液，至柠檬酸完全溶解后停止搅拌，关闭电源，取出搅拌子；
④ 在溶液中加入 1.5g 活性炭，加热微沸 5min，冷却，同时准备常压过滤装置；
⑤ 将上述溶液进行常压过滤，滤去活性炭；
⑥ 将滤液转移至蒸发皿中，加入少许沸石，将蒸发皿置于电炉上，用小火进行蒸发浓缩，至溶液体积约为 10mL 后停止蒸发，于室温下自然冷却结晶；
⑦ 待结晶完成后，进行减压过滤，收集晶体；
⑧ 将收集的柠檬酸晶体置于真空干燥箱中，于 40℃ 干燥 20min 后停止干燥；
⑨ 取出柠檬酸放到干燥器中，待冷至室温后，称量，计算回收率。

2. 三组分（甲苯、苯胺、苯甲酸）混合物的分离

目的：
① 了解混合物分离的基本原理；
② 熟练且正确使用分液漏斗；
③ 会进行减压蒸馏操作；
④ 熟练掌握萃取操作、蒸馏操作技术。

设备：电炉、调压器、水浴锅、台秤、铁架台、万能夹、十字头、真空泵。

仪器：量筒、温度计套管、温度计、蒸馏头、克氏蒸馏头、直形冷凝管、接液管、分液漏斗、圆底烧瓶、锥形瓶、布氏漏斗、抽滤瓶、烧杯。

试剂：甲苯、苯甲酸、苯胺、4mol/L 盐酸、饱和碳酸钠溶液、6mol/L 氢氧化钠溶液、pH 试纸。

安全：防止化学药品的侵害及腐蚀，真空操作的安全，用电安全。

态度：文明规范操作，认真仔细，节约意识，维护工作场所的清洁。

步骤：
① 量取 30mL 甲苯、20mL 苯胺，称取 3g 苯甲酸，置于 100mL 烧杯中混匀；

② 充分搅拌后逐滴加入 4mol/L 盐酸，使混合溶液 pH=3，将其转移至分液漏斗中，静置分层，分出水相置于 100mL 锥形瓶待处理；

③ 继续向分液漏斗中的有机相加入适量的水，洗去附着的酸，分离弃去洗涤液，边振荡边向有机相逐滴加入饱和碳酸氢钠溶液，使 pH 为 8～9，静置，被分出的水相置于 100mL 烧杯中；

④ 向有机相加入适量的水，洗涤，弃去洗涤液，分出有机相置于一干燥的锥形瓶中，加入适量无水硫酸镁，干燥 0.5h，并贴上标签，记作甲苯；

⑤ 安装蒸馏装置，将干燥后的甲苯滤至圆底烧瓶中，进行蒸馏，收集 110～120℃的馏分，即得到纯净的甲苯，称量，计算回收率；

⑥ 将置于 100mL 烧杯中的水相在不断搅拌下，滴加 4mol/L 盐酸，至溶液 pH=3，此时有大量白色沉淀析出，减压过滤，洗涤并收集晶体，此晶体为苯甲酸；

⑦ 将收集的晶体，用水作溶剂进行重结晶，得到纯苯甲酸，烘干后，称量，计算回收率；

⑧ 将上述第一次置于锥形瓶待处理的水相，边振荡边加入 6mol/L 氢氧化钠，使溶液 pH=10，静置分层，弃去水层，并用水洗涤有机相，弃去洗涤液；

⑨ 分出的有机相置于一干燥的锥形瓶中，加入粒状氢氧化钠干燥 0.5h，贴上标签，记作苯胺；

⑩ 安装减压蒸馏装置，将干燥后的苯胺滤入圆底烧瓶中，进行减压蒸馏，收集 68～73℃/26.7kPa 的馏分，称量，计算回收率。

3. 从茶叶中提取咖啡因

目的：

① 会正确使用电热恒温水浴箱；

② 会从固体中萃取物质；

③ 会进行升华操作；

④ 学会溶剂的纯化方法。

设备：电炉、调压器、电热恒温水浴箱、台秤、铁架台、万能夹、十字头、烘箱。

仪器：索氏提取器、球形冷凝管、圆底烧瓶、蒸馏头、直形冷凝管、接液管、锥形瓶、玻璃漏斗、蒸发皿、温度计。

试剂：石灰、95%乙醇、茶叶、氧化钙。

安全：防止烫伤，使用易燃溶剂的防火安全，用电安全。

态度：文明规范操作，认真仔细，节约意识，维护工作场所的清洁。

步骤：

① 称取茶叶末 10g，放入索氏提取器的滤纸套筒中；

② 在圆底烧瓶内加入 80mL 95%乙醇，用水浴加热；

③ 连续提取 2～3h 后，待冷凝液刚刚虹吸下去时，立即停止加热；

④ 取下索氏提取器，改装成蒸馏装置，回收抽取液中的大部分乙醇；

⑤ 将残液倾入蒸发皿中，拌入 3～4g 生石灰粉，置于水浴恒温箱上蒸干；

⑥ 最后将蒸发皿移至电炉上焙炒片刻，务必使水分全部除去，冷却后擦去边上的粉末，以免在升华时污染产物；

⑦ 取一只合适的玻璃漏斗，罩在隔以刺有许多小孔的滤纸的蒸发皿上，用砂浴小心加热升华，当纸上出现白色毛状结晶时，暂停加热，冷至 100℃左右；

⑧ 揭开漏斗和滤纸，仔细地把附在纸上及器皿周围的咖啡因用小刀刮下，残渣经拌和

第十四章 有机化合物的分离与纯化技术

后用较大的火加热片刻，使升华完全；

⑨ 合并两次收集的咖啡因，称量，计算产率。

4. 从黄连中提取黄连素

目的：

① 了解从植物中提取天然产物的原理和方法；

② 熟练且正确使用分液漏斗；

③ 熟练掌握回流、蒸馏和重结晶等操作技术。

设备：电炉、调压器、水浴锅、台秤、铁架台、万能夹、十字头、真空泵。

仪器：索氏提取器、量筒、温度计套管、温度计、蒸馏头、克氏蒸馏头、直形冷凝管、接液管、分液漏斗、圆底烧瓶、锥形瓶、布氏漏斗、抽滤瓶、烧杯。

试剂：黄连、95％乙醇、10％乙酸溶液。

安全：防止化学药品的侵害及腐蚀，真空操作的安全，用电安全。

态度：文明规范操作，认真仔细，节约意识，维护工作场所的清洁。

步骤：

① 称取 10g 中药黄连，在研钵中捣碎后放入 250mL 圆底烧瓶中，加入 100mL 95％乙醇，安装普通回流装置，水浴加热回流 40min，再静置浸泡 1h，也可安装索氏提取装置，加热连续提取 2h。

② 减压抽滤，滤渣用少量 95％乙醇洗涤两次。

③ 将滤液倒入 250mL 圆底烧瓶中，安装普通蒸馏装置。用水浴加热蒸馏，回收乙醇，当烧瓶内残留液呈棕红色糖浆状时，停止蒸馏，注意不可蒸干。

④ 向烧瓶内加入 30.0mL 10％乙酸溶液，加热溶解，趁热抽滤，以除去不溶物。

⑤ 将滤液倒入 200mL 烧杯中，滴加浓盐酸至溶液出现浑浊为止（约需 10mL）。

⑥ 将烧杯置于冰水浴中充分冷却后，黄连素盐酸盐呈黄色晶体析出，减压抽滤。

⑦ 将滤饼放入 200mL 烧杯中，先加少量水，用小火加热，边搅拌边补加水至晶体在加热条件下恰好溶解。

⑧ 停止加热，稍冷后，将烧杯放入冰水浴中充分冷却，抽滤。

⑨ 在布氏漏斗上用冰水洗涤两次，再用少量丙酮洗涤一次，压紧抽干，称量。

5. 从橙皮中提取柠檬油

目的：

① 熟悉从植物中提取香精油的原理和方法；

② 掌握水蒸气蒸馏装置的安装与操作；

③ 熟练掌握利用萃取和蒸馏提纯液体有机物的操作技术。

原理：香精油的主要成分为萜类，是广泛存在于动、植物体内的一类天然有机化合物。大多具有令人愉快的香味，常用作食品、化妆品和洗涤用品的香料添加剂，由于其容易挥发，可通过水蒸气蒸馏进行提取。

柠檬、橙子和柑橘等水果的新鲜果皮中含有一种香精油，叫做柠檬油，为黄色液体，具有浓郁的柠檬香气，是饮料的香精成分。

本实验中以橙皮为原料，利用水蒸气蒸馏提取香精油，馏出液用二氯甲烷进行萃取，蒸去溶剂后，即可得到柠檬油。

设备：电炉与调压器、水浴锅、减压水泵、剪刀。

仪器：三口烧瓶（500mL），直形冷凝管、接液管、锥形瓶（50mL、100mL、250mL）、分液漏斗（125mL），水蒸气发生器，梨形烧瓶（50mL），蒸馏头，温度计（100℃），安全管，蒸汽导管。

试剂：橙皮（新鲜）、二氯甲烷、无水硫酸钠。

步骤：

① 水蒸气蒸馏　将 50g 新鲜橙皮剪切成碎片后[1]，放入 500mL 三口烧瓶中，加入 250mL 水。安装水蒸气蒸馏装置，加热进行水蒸气蒸馏。控制馏出速率为每秒 2~3 滴。收集馏出液约 80mL 时[2]，停止蒸馏。

② 溶剂萃取　将馏出液倒入分液漏斗中，用 30mL 二氯甲烷分三次萃取（有机相在哪一层？）。

③ 干燥除水　合并萃取液，放入 50mL 干燥的锥形瓶中，加入适量无水硫酸钠，振摇至液体澄清透明为止。

④ 回收溶剂　将干燥后的萃取液滤入干燥的 50mL 梨形烧瓶中，安装低沸易燃物蒸馏装置。用水浴加热蒸馏，回收二氯甲烷[3]。当大部分溶剂基本蒸完后，再用水泵减压抽去残余的二氯甲烷[4]。烧瓶中所剩少量黄色油状液体即为柠檬油，可交指导教师统一收存。

实验指南与安全提示：也可选用柠檬或柑橘皮作为实验原料；二氯甲烷有毒！萃取操作最好在通风橱中进行。

注释：

[1] 果皮应尽量剪切得碎些，最好直接剪入烧瓶中，以防精油损失。

[2] 此时馏出液中可能还有油珠存在，但量已很少，限于时间，可不再继续蒸馏。

[3] 二氯甲烷有毒，接收器应浸入冰浴中，以防其蒸气挥发。接液管的支管应连接一长橡胶导管，接入下水道。

[4] 常压下用水浴加热，很难将残余的二氯甲烷蒸馏殆尽，所以需用水泵减压将其抽出。

6. 从菠菜中提取天然色素

目的：

① 熟悉从植物中提取天然色素的原理和方法；

② 熟悉柱色谱分离的原理与方法；

③ 熟练掌握萃取、分离等操作技术。

原理：绿色植物的茎、叶中含有叶绿素（绿色）、叶黄素（黄色）和胡萝卜素（橙色）等多种天然色素。

叶绿素以两种相似的异构体形式存在：叶绿素 a（$C_{55}H_{72}O_5N_4Mg$）和叶绿素 b（$C_{55}H_{72}O_6N_4Mg$）。它们都是吡咯衍生物与金属镁的配合物，是植物进行光合作用所必需的催化剂。

胡萝卜素（$C_{40}H_{56}$）是具有长链结构的共轭多烯，属萜类化合物。有三种异构体：α-、β-和 γ-胡萝卜素。其中 β-异构体具有维生素 A 的生理活性，在人和动物的肝脏内受酶的催化可分解成维生素 A，所以 β-胡萝卜素又称做维生素 A 原，用于治疗夜盲症，也常用作食品色素。目前已可进行大规模的工业生产。

叶黄素（$C_{40}H_{56}O_2$）是胡萝卜素的羟基衍生物，在绿叶中的含量较高。因为分子中含有羟基，较易溶于醇，而在石油醚中溶解度较小。叶绿素和胡萝卜素则由于分子中含有较大的烃基而易溶于醚和石油醚等非极性溶剂。

本实验以菠菜叶为原料，用石油醚-乙醇混合溶剂萃取出色素，再用柱色谱法进行分离。叶黄素分子中含有两个极性的羟基，增加洗脱剂中丙酮的比例，便随溶剂流出；叶绿素分子中极性基团较多，可用正丁醇-乙醇-水混合溶剂将其洗脱。

设备：低沸易燃物蒸馏装置、减压过滤装置、水浴锅、电炉与调压器。

第十四章　有机化合物的分离与纯化技术

仪器：研钵、分液漏斗（125mL）、滴液漏斗（125mL）、玻璃漏斗、酸式滴定管（25mL）、锥形瓶（100mL）、烧杯（200mL）、剪刀。

试剂：菠菜叶（新鲜）、石油醚（60～90℃馏分）、95％乙醇、丙酮、中性氧化铝（150～160目）。

步骤：

① 萃取、分离　将新鲜菠菜叶洗净晾干，称取20g，剪切成碎块放入研钵中。初步捣烂后，加入20mL体积比为2∶1的石油醚-乙醇溶液，研磨约5min[1]。减压过滤。滤渣放回研钵中，重新加入10mL 2∶1石油醚-乙醇溶液，研磨后抽滤。再用10mL混合溶剂重复上述操作一次。

② 洗涤、干燥　合并三次抽滤的萃取液，转入分液漏斗中，用20mL蒸馏水分两次洗涤[2]，以除去水溶性杂质及乙醇。分去水层后，将醚层（在哪一层？）倒入干燥的100mL锥形瓶中，加入适量无水硫酸钠干燥。

③ 回收溶剂　将干燥好的萃取液滤入100mL圆底烧瓶中，安装低沸易燃物蒸馏装置。用水浴加热蒸馏，回收石油醚。当烧瓶内液体剩下约5mL时[3]，停止蒸馏。

④ 色谱分离

a. 装柱　用25mL酸式滴定管代替层析柱。取少许脱脂棉，用石油醚浸润后，挤压以驱除气泡，然后借助长玻璃棒将其放入色谱柱底部，上面再覆盖一片直径小于柱径的圆形滤纸。关好旋塞后，加入约20mL石油醚，将层析柱固定在铁架台上。从层析柱上口通过玻璃漏斗缓缓加入20g中性氧化铝，同时小心打开旋塞，使柱内石油醚高度保持不变，并最终高出氧化铝表面约2mm[4]。装柱完毕，关好旋塞。

b. 加入色素　将上述菠菜色素的浓缩液，用滴管小心加到色谱柱内，滴管及盛放浓缩液的容器用2mL石油醚冲洗，洗涤液也加入柱中。加完后，打开下端旋塞，让液面下降到柱面以下1mm左右，关闭旋塞，在柱顶滴加石油醚至超过柱面1mm左右，再打开旋塞，使液面下降。如此反复操作几次，使色素全部进入柱体。最后再滴加石油醚至超过柱面2mm。

c. 洗脱　在柱顶安装滴液漏斗，内盛约50mL体积比为9∶1的石油醚-丙酮溶液。同时打开滴液漏斗及柱下端的旋塞，让洗脱剂逐滴放出，柱色谱即开始进行。先用烧杯在柱底接收流出液体。当第一个色带即将滴出时，换一个洁净干燥的小锥形瓶接收，得橙黄色溶液，即胡萝卜素。

在滴液漏斗中加入体积比为7∶3的石油醚-丙酮溶液，当第二个黄色带即将滴出时，换一个锥形瓶，接收叶黄素[5]。

最后用体积比3∶1∶1的正丁醇-乙醇-水为洗脱剂（约需30mL），分离出叶绿素。将收集的三种色素提交给实验教师。

实验指南与安全提示：

① 也可选择韭菜、油菜等其他绿叶蔬菜作为实验原料；

② 石油醚易挥发、易燃，使用时应注意防火。

注释：

[1] 应尽量研细。通过研磨，使溶剂与色素充分接触，并将其浸取出来。

[2] 洗涤时，要轻轻振摇，以防产生乳化现象。

[3] 不可蒸得太干，以避免色素溶液浓度较高，由烧瓶倒出时，沾到内壁上，造成损失。

[4] 应注意使氧化铝在整个实验过程中始终保持在溶剂液面下。

[5] 叶黄素易溶于醇，而在石油醚中溶解度较小，所以在此提取液中含量较低，以致有时不易从柱中

分出。

7. 阿司匹林的制备

目的：

① 学习用乙酸酐作酰基化试剂酰化水杨酸制乙酰水杨酸的酯化方法；

② 巩固重结晶、熔点测定、抽滤等基本操作；

③ 了解乙酰水杨酸的应用价值。

仪器：250mL 锥形瓶、100mL 烧杯、酒精灯、洗瓶、玻璃棒、无颈漏斗、漏斗架、滤纸、布氏漏斗、抽滤瓶、温度计、天平。

试剂：乙酸酐、水杨酸、浓硫酸、饱和碳酸氢钠、盐酸、沸石、1% 氯化铁溶液。

安全：用电安全，使用浓硫酸的安全，防止烫伤。

态度：文明规范操作、认真仔细、节约意识、维护工作场所的清洁。

步骤：

① 在 250mL 锥形瓶中，加入干燥的水杨酸 7.0g（0.050mol）和新蒸的乙酸酐 10mL（0.100mol），再加 10 滴浓硫酸，充分摇动。

② 水浴加热，水杨酸全部溶解，保持瓶内温度在 80℃ 左右，维持 20min，并经常摇动。

③ 稍冷后，在不断搅拌下倒入 100mL 冷水中，并用冰水浴冷却 15min，抽滤，冰水洗涤，得乙酰水杨酸粗产品。

④ 将阿司匹林的粗产物移至另一锥形瓶中，加入 25mL 饱和 $NaHCO_3$ 溶液，搅拌，直至无 CO_2 气泡产生，抽滤，用少量水洗涤，将洗涤液与滤液合并，弃去滤渣（为何物？）。

⑤ 先在烧杯中放大约 5mL 浓盐酸并加入 10mL 水，配好盐酸溶液，再将上述滤液倒入烧杯中，阿司匹林复沉淀析出，冰水冷却令结晶完全析出，抽滤，冷水洗涤，压干滤饼，干燥。称重，计算产率。

乙酰水杨酸熔点：136℃。

存在的问题与注意事项：

① 热过滤时，应该避免明火，以防着火。

② 为了检验产品中是否还有水杨酸，利用水杨酸属酚类物质可与氯化铁发生颜色反应的特点，用几粒结晶加入盛有 3mL 水的试管中，加入 1～2 滴 1% $FeCl_3$ 溶液，观察有无颜色反应（紫色）。

③ 产品乙酰水杨酸易受热分解，因此熔点不明显，它的分解温度为 128～135℃。因此重结晶时不宜长时间加热，控制水温，产品采取自然晾干。用毛细管测熔点时宜先将溶液加热至 120℃ 左右，再放入样品管测定。

④ 仪器要全部干燥，药品也要事先经干燥处理，醋酐要使用新蒸馏的，收集 139～140℃ 的馏分。

⑤ 本实验中要注意控制好温度（水温 80～85℃）。

⑥ 产品用乙醇-水或苯-石油醚（60～90℃）重结晶。

8. 1-溴丁烷的制备

目的：

① 学习由醇制备卤代烃的原理和方法；

② 掌握带有吸收有害气体装置的回流操作，液体混合物洗涤、干燥、蒸馏提纯等基本操作。

仪器：标准回流装置（带尾气吸收装置）、标准蒸馏装置。

试剂：溴化钠、正丁醇、浓硫酸、无水氯化钙、亚硫酸氢钠、10% 的碳酸钠溶液。

第十四章 有机化合物的分离与纯化技术

安全：防止化学药品的侵害及腐蚀；真空操作的安全；用电安全。
态度：文明规范操作，认真仔细，节约意识，维护工作场所的清洁。
实验装置图：如图 14-28 所示。

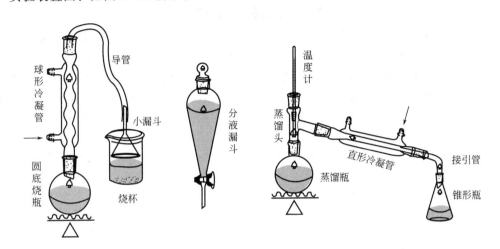

图 14-28 实验装置图

步骤：
① 在 100mL 圆底烧瓶上安装球形冷凝管，冷凝管的上口接一气体吸收装置（见实验装置图），用自来水作吸收液。
② 在圆底烧瓶中加入 10mL 水，并小心缓慢地加入 10mL 浓硫酸，混合均匀后冷至室温。
③ 再依次加入 6.2mL 正丁醇、8.3g 无水溴化钠，充分摇匀后加入几粒沸石，装上回流冷凝管和气体吸收装置。用石棉网小火加热至沸，调节火焰使反应物保持沸腾而又平稳回流。由于无机盐水溶液密度较大，不久会产生分层，上层液体为 1-溴丁烷，回流约需 30min。
④ 反应完成后，待反应液冷却，卸下回流冷凝管，换上 75°弯管，改为蒸馏装置，蒸出粗产品 1-溴丁烷，仔细观察馏出液，直到无油滴蒸出为止。
⑤ 将馏出液转入分液漏斗中，用等体积的水洗涤，将油层从下面放入一个干燥的小锥形瓶中，分两次加入 3mL 浓硫酸，每一次都要充分摇匀，如果混合物发热可用冷水浴冷却。
⑥ 将混合物转入分液漏斗中，静置分层，放出下层的浓硫酸。有机相依次用等体积的水（如果产品有颜色，在这步洗涤时，可加入少量亚硫酸氢钠，振摇几次就可除去）、10%的碳酸钠溶液、水洗涤后，转入干燥的锥形瓶中，加入 2g 左右的块状无水氯化钙干燥，间歇摇动锥形瓶，至溶液澄清为止。
⑦ 将干燥好的产物转入蒸馏瓶中（小心，勿使干燥剂进入烧瓶中），加入几粒沸石，用石棉网加热蒸馏，收集 99~103℃ 的馏分，产量约 6.5g。

实验注意事项：
① 注意浓硫酸的稀释，混合均匀；
② 溴化钠先研碎再称量；
③ 小火加热回流、否则易炭化；
④ 注意粗产物的洗涤分离，产物属于哪一层？以及每步洗涤的作用是什么？
⑤ 蒸出粗产物后，应趁热倒出残馏液，否则结块很难倒出（倒出时有大量 HBr 气体放出）。

超临界流体萃取技术

超临界流体萃取（缩写 SCFE 或 SFE）是一种新型的提取分离技术，它利用流体（溶剂）在临界点附近某区域（超临界区）内，与待分离混合物中的溶质具有异常相平衡行为和传递性能，且对溶质的溶解能力随压力和温度的改变而在相当宽的范围内变动的特点，用这种超临界流体（缩写 SCF）作溶剂，从多种液态或固态混合物中萃取出待分离的组分。这种流体可以是单一的，也可以是复合的，添加适当的夹带剂可以大大增加其溶解性和选择性。

早在 1879 年，Hannay 和 Hogarth 就曾报道过有关超临界流体对液体和固体物质具有显著溶解能力的这种物理现象。20 世纪 50 年代美国的 Todd 和 Elain 从理论上提出 SFE 用于萃取分离的可能性。60 年代以后，前联邦德国对这一技术首先做了大量基础和应用研究。但直到 70 年代才用于提取分离操作。此后各国学者迅速认识到 SCF 的独特物理化学性质，开始进行多方面的研究工作，一度使 SFE 技术成为科学研究领域的热点之一，也使 SFE 技术应用和发展到许多领域。近 20 年来的研究表明：SFE 技术特别适用于分离热敏性、高附加值的产品，广泛应用在中药有效成分提取、食品、化工和生物工程方面。

① SFE 在天然有机物提取中的应用。SFE 对非极性和中等极性成分的萃取，其优势是十分明显的。可克服传统的萃取方法中因回收溶剂而导致样品损失和对环境的污染，尤其适用于对热不稳定的挥发性化合物提取；对于极性偏大的化合物，可加入极性夹带剂如乙醇、甲醇等，改变其萃取范围提高抽提率。

② 在食品方面的应用。目前已经可以从葵花籽、红花籽、花生、小麦胚芽、可可豆中提取油脂，这种方法比传统的压榨法回收率高，而且不存在溶剂法的溶剂分离问题。

③ 在医药保健品方面的应用。在抗生素药品生产中，传统方法常使用丙酮、甲醇等有机溶剂，但要将溶剂完全除去，又不能变质，非常困难。若采用 SFE 法则完全可符合要求。

④ 天然香精香料的提取。用 SFE 法萃取香料不仅可以有效地提取芳香组分，而且还可以提高产品纯度，保持其天然香味；传统方法生产的啤酒花浸膏不含或仅含少量的香精油，破坏了啤酒的风味，而且残存的有机溶剂对人体有害，而超临界萃取技术为酒花浸膏的生产开辟了广阔的前景。

⑤ 在化工方面的应用。超临界技术还可用来制备液体燃料、从煤炭中萃取硫、油料脱沥青技术等。

——摘自汪茂天等主编.天然有机化合物提取分离与结构鉴定.北京：化学工业出版社，2006.

1. 为什么可采用水蒸气蒸馏的方法提取香精油？
2. 干燥的橙皮中，柠檬油的含量大大降低，试分析原因。
3. 蒸馏二氯甲烷时，为什么要用水浴加热？
4. 绿色植物中主要含有哪些天然色素？
5. 叶绿素在植物生长过程中起什么作用？
6. 本实验是如何从菠菜中提取色素的？
7. 分离色素时，为什么胡萝卜素先被洗脱？三种色素的极性大小顺序如何？
8. 蔬菜胡萝卜中的胡萝卜素含量较高，试设计一合适的实验方案进行提取？

参 考 文 献

[1] 袁红兰. 有机化合物及其鉴别. 北京：化学工业出版社，2002.
[2] 陈道文，杨红，等. 有机化学. 北京：化学工业出版社，2002.
[3] 黎春南. 有机化学. 2版. 北京：化学工业出版社，1998.
[4] 钱旭红，等. 有机化学. 2版. 北京：化学工业出版社，2006.
[5] 邓苏鲁. 有机化学. 4版. 北京：化学工业出版社，2007.
[6] 司宗兴. 基础化学（Ⅱ）. 北京：化学工业出版社，2002.
[7] 朱裕贞，等. 现代基础化学. 2版. 北京：化学工业出版社，2004.
[8] 王佛松，等. 展望21世纪的化学. 北京：化学工业出版社，2000.
[9] 凌永乐. 化学元素的发现. 北京：科学出版社，2000.
[10] 衣宝廉. 燃料电池. 北京：化学工业出版社，2000.
[11] 仲崇立. 绿色化学与化工. 北京：化学工业出版社，2000.
[12] 张立德. 纳米材料. 北京：化学工业出版社，2000.
[13] 凌永乐. 化学概念和理论的发现. 北京：化学工业出版社，2001.
[14] 凌永乐. 化学物质的发现，北京：化学工业出版社，2001.
[15] 夏强，马卫华，等. 世界科技365天. 石家庄：河北科学技术出版社，2001.
[16] 冯斌，谢先芝. 基因工程技术. 北京：化学工业出版社，2000.
[17] 张劲澄. 超临界流体萃取技术. 北京：化学工业出版社，2000.
[18] 陆国元. 有机化学. 南京：南京大学出版社，1999.
[19] 罗明泉，俞平. 常见有毒和危险化学品手册. 北京：中国轻工业出版社，1992.
[20] 上海市化工轻工供应公司. 化学危险品实用手册. 北京：化学工业出版社，1992.
[21] 周其镇，等. 大学基础化学实验（Ⅰ）. 北京：化学工业出版社，2000.
[22] 张毓凡，等. 有机化学实验. 天津：南开大学出版社，1999.
[23] 方珍发. 有机化学实验. 南京：南京大学出版社，1992.
[24] 兰州大学，等. 有机化学实验. 2版. 北京：高等教育出版社，1994.
[25] 李伯骥. 化学化工实验师手册. 大连：大连理工大学出版社，1996.
[26] 夏玉宇. 化验员实用手册. 2版. 北京：化学工业出版社，2005.
[27] 吕春绪，诸松渊. 化验实工作手册. 南京：江苏科学技术出版社，1994.
[28] 初玉霞. 有机化学实验. 2版. 北京：化学工业出版社，2007.
[29] 高鸿宾，王庆文. 有机化学. 北京：化学工业出版社，2000.
[30] 恽魁宏. 有机化学. 北京：高等教育出版社，1989.
[31] 邢其毅. 基础有机化学. 北京：北京大学出版社，1989.
[32] 张克立. 绿色化学化工. 北京：化学工业出版社，2002.
[33] 闵恩泽，吴巍. 绿色化学与化工. 北京：化学工业出版社，2000.
[34] 夏铮南，王文君. 香料与香精. 北京：中国物资出版社，1998.
[35] 王惠宁，杨丽敏. 有机化学. 上海：上海科技普及出版社，2000.
[36] 徐伟亮. 有机化学. 北京：科学出版社，2002.
[37] 伍越寰，李伟，沈晓明. 有机化学. 2版. 安徽：中国科学技术大学出版社，2002.
[38] 王积涛，胡青眉，张宝中. 有机化学. 天津：南开大学出版社，1998.
[39] 初玉霞. 有机化学. 3版. 北京：化学工业出版社，2013.
[40] 王来福. 有机化学实验. 武汉：武汉大学出版社，2001.
[41] 刘庄，丁辰元. 普通有机化学. 北京：高等教育出版社，1998.
[42] 谷文祥，王奎堂. 有机化学. 北京：科学出版社，2003.
[43] 杨丰科，李明，李国强. 基础有机化学. 北京：化学工业出版社，2001.
[44] 赵瑶兴，孙祥玉. 分子结构光谱鉴定. 北京：科学出版社，2003.
[45] 汪巩. 有机化合物的命名. 北京：高等教育出版社，1984.
[46] 袁运开，王顺义. 世界科技英才. 上海：上海科学出版社，1998.
[47] 贡长生，单自兴. 绿色精细化工导论. 北京：化学工业出版社，2005.

［48］尤启东，周伟澄.化学药物制备的工业化技术.北京：化学工业出版社，2007.
［49］毕玉静.反式脂肪酸的危害.现代医药研究，2010.
［50］汪茂天，等.天然有机化合物提取分离与结构鉴定.北京：化学工业出版社，2006.
［51］李艳梅，等.有机化学.北京：科学出版社，2011.
［52］吉卯祉，彭松，葛正华.有机化学.2版.北京：科学出版社，2009.
［53］陆阳，刘俊义.有机化学.北京：人民卫生出版社，2013.
［54］叶非，冯世德.有机化学：北京：中国农业出版社，2013.
［55］王全瑞.有机化学.北京：化学工业出版社，2012.
［56］马朝红，董宪武.有机化学.北京：化学工业出版社，2010.
［57］姜翠玉，夏道宏.有机化学.北京：化学工业出版社，2011.
［58］周莹，赖桂春.有机化学.北京：化学工业出版社，2011.
［59］罗一鸣.有机化学.北京：化学工业出版社，2013.
［60］王永梅，等.有机化学提要与习题精解.天津：南开大学出版社，2013.